清華科史哲丛书

大哉言数（修订版）

刘钝 著

图书在版编目(CIP)数据

大哉言数/刘钝著.—修订本.—北京:商务印书馆,2022(2023.7重印)
(清华科史哲丛书)
ISBN 978-7-100-20795-9

Ⅰ.①大… Ⅱ.①刘… Ⅲ.①数学史-研究-中国 Ⅳ.①O112

中国版本图书馆CIP数据核字(2022)第035228号

清华科史哲丛书
大哉言数
(修订版)
刘钝 著

商 务 印 书 馆 出 版
(北京王府井大街36号 邮政编码100710)
商 务 印 书 馆 发 行
北京艺辉伊航图文有限公司印刷
ISBN 978-7-100-20795-9

2022年10月第1版 开本880×1230 1/32
2023年7月北京第2次印刷 印张15⅝
定价:80.00元

总　序

科学技术史(简称科技史)与科学技术哲学(简称科技哲学)是两个有着内在亲缘关系的领域,均以科学技术为研究对象,都在20世纪发展成为独立的学科。在以科学技术为对象的诸多人文研究和社会研究中,它们担负着学术核心的作用。“科史哲”是对它们的合称。科学哲学家拉卡托斯说得好:“没有科学史的科学哲学是空洞的,没有科学哲学的科学史是盲目的。”清华大学科学史系于2017年5月成立,将科技史与科技哲学均纳入自己的学术研究范围。科史哲联体发展,将成为清华科学史系的一大特色。

中国的“科学技术史”学科属于理学一级学科,与国际上通常将科技史列为历史学科的情况不太一样。由于特定的历史原因,中国科技史学科的主要研究力量集中在中国古代科技史,而研究队伍又主要集中在中国科学院下属的自然科学史研究所,因此,在20世纪80年代制定学科目录的过程中,很自然地将科技史列为理学学科。这种学科归属还反映了学科发展阶段的整体滞后。从国际科技史学科的发展历史看,科技史经历了一个由“分科史”向“综合史”、由理学性质向史学性质、由“科学家的科学史”向“科学史家的科学史”的转变。西方发达国家大约在20世纪五六十年代完成了这种转变,出现了第一代职业科学史家。而直到20世纪末，我国科技史界提出了学科再建制的口号，才把上述“转变”提上日程。在外部制度建设方面，再建制的任务主要是将学科阵地由中国科学院自然科学史所向其他机构特别是高等院校扩展，在越来越多的高校建立科学史系和科技史学科点。在内部制度建设方面，再建制的任务是由分科史走向综合史，由学科内史走向思想史与社会史，由中国古代科技史走向世界科技史特别是西方科技史。

科技哲学的学科建设面临的是另一些问题。作为哲学二级学科的“科技哲学”过去叫“自然辩证法”，但从目前实际涵盖的研究领域来看，它既不能等同于“科学哲学”（Philosophy of Science），也无法等同于“科学哲学和技术哲学”（Philosophy of Science and of Technology）。事实上，它包罗了各种以“科学技术”为研究对象的学科，是一个学科群、问题域。科技哲学面临的主要问题是，如何在广阔无边的问题域中建立学科规范和学术水准。

本丛书将主要收录清华师生在西方科技史、中国科技史、科学哲学与技术哲学、科学技术与社会、科学传播学与科学博物馆学五大领域的研究性专著。我们希望本丛书的出版能够有助于推进中国科技史和科技哲学的学科建设，也希望学界同行和读者不吝赐教，帮助我们出好这套丛书。

吴国盛

2018 年 12 月于清华新斋

献给

中国数学史研究的两位近代奠基人

李俨先生(1892—1963)

钱宝琮先生(1892—1974)

杜石然序

本书作者要我为此书写一篇序，我很高兴地答应了他。

中国数学史是一门既年轻又成熟的学科。说她年轻，是指一般意义而言的。正如美国著名的科学史家乔治·萨顿（George Sarton，1884—1956）把科学史称作“秘史”，而把数学史称作“秘中之秘”（secreta secretorum）一样，因为数学史似乎具有永恒的魅力，罩在她脸上的面纱还不能说已被全部揭开。说她成熟，是因为在中国科学技术史的诸多研究领域，她又是历史比较长和基础比较好的。近自清代中叶阮元（1764—1849）等人编写的《畴人传》起，再至李俨、钱宝琮两位先生，他们二人上承乾嘉学派“实事求是”之余绪，加以现代数学的修养，整理古算，“筚路蓝缕，以启山林”。时至今日，中国数学史领域的研究成果已蔚为大观，各种专著不断地涌现出来。面对这样一个既年轻又成熟的学科，在这种情况下撰写此书，就难免面临既要严格、严密地忠实于历史，又要在内容和形式上都力图求新的双重考验。

我认为作者承受住了这双重的考验，书稿写得是比较好的。我认为本书有以下几个方面的特色，值得向读者介绍。

第一个特色在于此书的结构安排。《大哉言数》似乎既不是一部严格按照时间或朝代顺序编写的学科史，也不单纯是有关专题的汇编,可能和已有的各种中算史专著均有所不同。但我相信读者通过对本书的阅读,可以对中国数学史上具有代表性的成就及其源流有一个基本了解。全书共分四章,通过各章的标题,也可以看得出作者都经过了一番思考。“古算概观”介绍了古代数学名家、名著、记数制度和算具、数学与社会的关系等。“粟米衰分”的内容主要是算术,其中突出了十进位值制记数法和筹算制度,使中国人在有理数系的认识过程中不断领先于世界。“少广方程”的内容主要是代数,其中强调了中国古算的构造性质及算法机械化(程序化)倾向促成了中国式代数学的不断发展。“商功勾股”的内容主要是几何,叙述了奠基于出入相补原理、无穷分割求和原理、斜解堑堵原理及祖暅截面原理之上的中国古代几何学的特殊风貌。

第二个特色在于其对史料的严格选择并在此基础上做到翔实有据。书中对每一个经典题材和重要的史料,都尽可能地给出了原文并大都注明可供进一步核实引用的资料。对所引用的前人及当代学者的研究成果,均尽可能地注明出处。这一特色使本书不但满足了一般读者大致了解中国数学史的需要,而且为有兴趣深入探索的学者以及在相邻学科工作而想了解有关背景材料的人员提供了极大的方便。

第三个特色在于内容的充实,作者力求写进新的研究成果。由于中国数学史的研究已较有基础,同时也由于中外研究者的辛勤努力,这一领域近年来出现了一批引人注目的新成果。对这些新的成果,书中大都作了介绍。尤其是在《九章算术》及刘徽注、秦九韶的《数书九章》、明清数学、数系的演进及数的进制、多面体理论及勾股测量等方面,更有重点突出的介绍。对一些尚有争议但又不失新意的见解，书中也尽可能地作了客观的反映。此外，书中也写进了作者本人的若干心得，例如关于度量衡单位制与数学精密化的关系、关于扬雄《太玄》的三进制数理解说（以本序作者的浅陋，以上二点似日本学者已经谈及，而在国内，本书的叙述当为最早）、关于两汉经学与天人宇宙论的数学诠释、关于百鸡术造术之源、关于《张丘建算经》中若干算题的解释及其数论意义、关于秦九韶的化约求定算法、关于负数乘除法法则出现的背景、关于内插法的发展脉络和朱世杰造术之原、关于组合学的若干史料、关于沈括隙积术的复原、关于重差基本公式的应用与推广以及关于三角学中的以量代算法等。

第四个特色是作者在内外史结合方面作出了有益的尝试。特别是第一章中"古算与社会"一节，作者阐述了自己的若干观点：例如，数学的初始与王道正统观念的合一决定了其官守特征，而先秦儒墨两家显学各自代表着不同的数学传统，源于儒者"九数之流"的《九章算术》是适应大一统政治经济结构的数学范本，魏晋时期的思想解放导致后期墨家逻辑传统的短暂复兴……。在这样宏观的探索下，作者力图对数学文明史中若干现象给出自己的解释。当然这不是最精确的和无争议的最后结论，但应该被看作是非常有益的尝试。

本书作者刘钝是我的学生。在他说来，他一直是"一日门墙，终身弟子"地尊敬我；而在我说来，我总觉得我们应该是亦师亦友、教学相长，才得其乐无穷。

其实，李俨和钱宝琮两先生、刘钝和我本是三代人。回想当年，我曾代为李俨先生所编的《中国古代科学家》（科学出版社

1959年版)写序,也曾为钱宝琮先生所编的《中国数学史》(科学出版社1964年版)、《宋元数学史论文集》(科学出版社1966年版)代写过序,今天又为刘钝的书写序。说句玩笑话,好像我们这一代人就一直是写序的一代。其实,我们这一代的任务就在于"承上启下"。揠苗助长,大家都认为是可笑的,但是"新松恨不高千尺"何尝不是一般人的一种极普通的想法。当年李、钱二老曾这样看待我,今天我又这样看待刘钝和刘钝这一代。"承上启下"的真意是否即在乎此呢?

明年此书出版之时,恰值李、钱二老百年华诞,如果知道刘钝已经写出了这样的书,我想他们也一定会感到无比欣慰的。

杜石然

一九九一年八月二日序于日本国

仙台市青叶山下东北大学文学部

目　　录

第一章　古算概观

一　古算名家

中华古算,代有人出。史籍中伏羲画八卦、大挠造甲子、隶首作数、垂制规矩的传说,实际上反映了先民对族中掌握一定数学知识的人物的崇敬。先秦诸子中,也不乏通晓数理的行家里手。据《宋史·礼志》记载,北宋大观三年(1109)祀封"自昔著名算数者",共有 55 人榜上有名。清代阮元(1764—1849)等人编纂的《畴人传》及续编、三编,共有 432 名中国学者入传。[①] 本书对历代算家的介绍不可能穷原竟委,这里仅以简短篇幅,对西汉以降的一些重要人物略加勾描。

(一) 两汉数学家

1. 张苍(约公元前 253—公元前 152)

秦汉之际阳武(今河南原阳)人。秦时为柱下吏,明习天下图籍,又善算,通律历。后辅佐刘邦(公元前 256—公元前 195)建汉

① (清)阮元等:《畴人传》附《续传》《三编》,光绪二十二年(1896)上海玑衡堂刊本。

有功,公元前202年封北平侯,又迁为计相。吕后时为御史大夫。文帝时为丞相。著书18篇,并整理过古算书。

2. 耿寿昌

汉宣帝时为大司农,以善算得宣帝宠信,又习于商功分铢之事,并为宣帝造杜陵,赐爵关内侯。著有《月行度》等书,也曾整理古算书。

3. 许商

一作许商,字长伯,西汉长安(今陕西西安)人。先任将作大臣、河堤都尉,滴河就由于他领导开凿得名;后迁光禄大夫、大司农等职,并曾担任汉成帝的经师,著有《许商算术》26卷。

4. 刘歆(约公元前50—公元23)

字子骏,西汉沛(今江苏沛县)人。少为黄门郎,与父刘向(约公元前77—公元前6)总校群书,所著《七略》开中国目录学之先。莽新时代被尊为国师,又先后受封为红休侯与嘉新公,后因谋诛王莽(公元前45—公元23)被杀。刘歆精通天文星历与数术方技,所著《三统历谱》体现了他力求用数字阐述宇宙构造的理想;又造标准量器"律嘉量",按其铭文可推知他使用的圆周率约在3.1498至3.2031之间。

5. 张衡(78—139)

字平子,东汉南阳西鄂(今河南南召)人。历任郎中、太史令、尚书郎。富文采，善机巧，尤精天文历算。创制水运浑象和地动仪，著有《灵宪》《算罔论》等。曾应用重差术于他的宇宙模型，又曾讨论球体积问题。

6. 刘洪(约129—约210)

字元卓，东汉蒙阴(今山东临沂)人，为汉宗室鲁王之后。历官校尉、长史、都尉、上计掾等，封谷城门侯。曾在东观检览群书，与蔡邕(133—192)共论历法，后造《乾象历》，内中应用正负术及盈不足术，又以一次等间距内插法推算月球行度。

7. 徐岳

字公河，汉魏时代东莱(今山东掖县)人。相传受学于刘洪，对《九章算术》有研究。

(二) 三国两晋南北朝数学家

1. 赵爽

一名赵婴，字君卿，身世不详。传本《周髀算经》为赵爽所注。注文中提到仅在孙吴颁行的《乾象历》，按此推测他是三国时代吴人。《周髀算经》注中的“勾股圆方图注”对勾股定理及其应用都做了证明，“日高图注”则奠定了重差术的理论基础。

2. 刘徽(约225—约295)

魏晋时代人，生平不详。按北宋算学祀封时被封为“淄乡男”

的事实，推测他可能生于今山东淄博一带。263年前后注《九章算术》，全面证明了《九章算术》中的公式和算法，纠正了其中的若干错误，引进了一些概念和方法，对中国古代数学体系进行了理论整理。他又自撰《重差》一卷附于《九章算术》之后，后来被称为《海岛算经》。刘徽的许多工作是开创性的，在圆面积公式及圆周率的推算、多面体体积理论、球与旋转体的体积、勾股定理及其应用与测量、线性方程组、比例理论、极限思想，以及对数系的认识等方面，他都达到了当时世界上的先进水平。

3. 何承天(370—447)

东海郯(今山东郯城)人，曾在刘宋朝任著作佐郎和太子率更令等职。443年造《元嘉历》，首创调日法以求理想的分数近似值，其论周天度数和两极距离相当于给出圆周率的近似值约为3.1429。

4. 张丘建

一作张邱建，实乃后人避孔子讳所为。所撰《张丘建算经》自序后题“清河张丘建谨序”，书中有题涉及北魏献文帝所颁行的户调制度，据此推测他是5世纪的人。张丘建对最大公约数及最小公倍数、等差级数等问题都做了推广，著名的“百鸡问题”也是由他给出的。

5. 祖冲之(429—500)

字文远，范阳遒县(今河北涞水)人，生活于南朝宋齐之间，先后出任从事史、参军、县令、谒者仆射、校尉等职。曾注《九章算术》，又与子祖暅合著《缀术》，在圆周率的计算、球体积公式、带从开方等方面继承了刘徽的传统并有所突破。他的《大明历》在天文学上也多创获，又曾造指南车、欹器、水碓磨等机械。

6. 祖暅(456—536)

一作祖暅之，字景烁，祖冲之之子。少承家学，在梁朝曾任员外散骑侍郎、太府卿、太守、材官将军、奉朝请等职。525 年曾一度被北魏拘执。他曾参与《缀术》的写作，在推导球体积公式时提出了“幂势既同，则积不容异”的积分学原理。

7. 甄鸾(535—566)

字叔遵，北周中山无极(今河北无极)人。曾任司隶大夫、郡守等职，又被封为开国伯。甄鸾对多部算书进行过整理，又自撰《五曹算经》《五经算术》等书。566 年颁行的《天和历》也是他的作品。

(三) 隋唐数学家

1. 刘焯(544—610)

字士元，隋代信都昌亭(今河北冀县)人。少即以博学知名，隋炀帝时为太学博士，对《九章算术》与《周髀算经》都有研究。600 年完成《皇极历》，内中推算天体行度采用了等间距二次内插公式。

2. 王孝通

唐武德年间任算历博士，后至通直郎太史丞，参与修历。所著

《缉古算术》在勾股术、三次方程和多面体体积方面都有创新。

3．李淳风(602—670)

唐代岐州雍(今陕西凤翔)人,通晓天文、历算、阴阳、占候等学。曾为将仕郎、承务郎、太常博士、朝议大夫、太史令、上轻车都尉等,又被封爵昌乐男。唐初奉诏注释"十部算经",对保存两汉以来的数学典籍做出了贡献。又造浑天仪,编制《麟德历》。

4．张遂(683—727)

僧名一行,唐代魏州昌乐(今河南南乐)人。其曾祖为唐代开国功臣。张遂自幼博学,因不满武氏擅权而剃度为僧,后来成为天台密宗的领袖。武则天(624—705)退位后,张遂应召入京主持修历,于727年完成《大衍历》,内中出现具有正切性质的算表和不等间距二次内插算法。又曾设计制造黄道游仪、水运浑象等天文仪器,并主持大规模的大地测量。

5．边冈

唐昭宗时曾任太子少詹事,892年修成《崇玄历》,内中相减相乘法首开唐宋历家以公式算法制作天文表的先河。

(四) 宋元数学家

1．沈括(1031—1095)

字存中,北宋钱塘(今浙江杭州)人。仁宗年进士,历任县令、三司使、判军器监、提举司天监、翰林学士、知州等职。晚年居润州(今江苏镇江)梦溪园,撰成中国科技史上的重要著作《梦溪笔谈》,其中隙积术将立体体积问题推广为高阶等差级数求和;会圆术中提出的由弓形之高与径求弧长的近似公式后被郭守敬《授时历》采用。他对"棋局都数"的研究则暗用了组合方法和指数定律。

2. 贾宪

生平不详。仅知生活于11世纪上半叶,做过左班殿直,撰有《黄帝九章算法细草》和《算法敩古集》。前书录有"开方作法本源图",数学史家称之为"贾宪三角",实际上是一个正整指数的二项式系数表,在此基础上建立的增乘开方法是中国古代代数学中的一项代表性成就。

3. 刘益

北宋中山(今河北定州一带)人,生活于12世纪。所著《议古根源》首创"正负开方术",为后来一般高次方程的数值解法奠定了基础。

4. 李冶(1192—1279)

一作李治,字仁卿,号敬斋,金代真定栾城(今河北栾城)人。曾为进士、知州。金亡后隐居,一度被元朝政府召为翰林学士,但不久就以老病相辞,仍然隐居读书并著书授徒。李冶的数学著作有《测圆海镜》和《益古演段》,他对天元术,即中国古代设未知数列方程和解方程的方法进行了系统的研究,对勾股容圆等几何问题也有独特的阐述。

5. 秦九韶(1208—1261)

字道古,南宋普州安岳(今四川安岳)人。早年曾随父访习于太史局,成年后相继在四川、湖北、安徽、江苏等地做官,1247年左右写成《数书九章》。书中完善了高次方程的数值解法,从而把中国古代从开方到解高次方程的研究传统发展到最高水平。秦九韶又创造"大衍求一术",完满地解决了"孙子问题"。他还提出了十进小数的表示法和已知三边求三角形面积的公式,对线性方程组的解法也做了改进。

6. 杨辉(约1238—约1298)

字谦光,南宋钱塘(今浙江杭州)人,生平不详,著有《详解九章算法》《日用算法》《乘除通变本末》《田亩比类乘除捷法》《续古摘奇算法》等书,内中保存了不少珍贵的数学史料,贾宪的"开方作法本源图"即为一例。杨辉对各种速算捷法的记载反映了珠算产生前筹算算法变革的历史;在纵横图与高阶等差级数方面,他也做了开拓性的工作。

7. 郭守敬(1231—1316)

字若思,元代顺德邢台(今河北邢台)人。相继担任过太史令、都水监、昭文馆大学士等职。元初与许衡(1209—1281)、王恂(1235—1281)等人一道参与修历,于1281年编成《授时历》,内中应用三次内插法推求太阳行度,又引入相当于球面三角算法的黄赤坐标换算法。在天文、水利等方面也有杰出贡献。

8. 朱世杰(1249—1314)

字汉卿,号松庭,元代燕山(今北京)人,著有《四元玉鉴》和《算学启蒙》两书。他的杰出贡献是把宋代数学家创造的天元术发展成四元术,其关键是建立以筹式表达的四元高次方程组并引入消元法来解方程组。在高阶等差级数和高次内插法方面,他已实际掌握了一般三角垛的求和公式和任意次差的招差方法。

(五) 明代数学家

1. 吴敬

字信民,号主一翁,仁和(今浙江杭州)人。曾在浙江布政使司任幕宾,1450 年撰成《九章算法比类大全》,既体现古代经典《九章算术》的示范作用,又记录了明代初兴的商业算术之本来面貌,书中介绍了珠算算法。

2. 王文素(约 1465—?)

字尚彬,汾州(今山西汾阳一带)人,后移居饶阳(今河北饶阳),经商之余整理各家算书,成《通证古今算学宝鉴》,对明代算书和纵横图的记载弥足珍贵,亦曾论及珠算。

3. 顾应祥(1483—1565)

字惟贤,号箬溪,长洲(今江苏吴县)人。嘉靖年间任巡抚、都察院右副都御史、刑部尚书等职，撰有多部算书。其《测圆算术》称："每条细草，止以天元一立算，而漫无下手之处。"说明此时中算家对宋元时代的天元术缺乏了解。

4. 程大位(1533—1606)

字汝思，号宾渠，休宁(今安徽黄山)人。早年经商，1592年完成《直指算法统宗》，系统介绍珠算，对珠算算法的完备和珠算的普及做出了重要贡献。

5. 朱载堉(1536—1611)

字伯勤，号句曲山人，明代宗室郑王之后，生于怀庆(今河南沁阳)。早年历经磨难，后辞爵让国，潜心治学，所创十二平均律在世界律学史上占有重要地位。他对纵横两种"黍律"的换算相当于给出了非十进小数的概念及相关算法，在珠算开方、等比数列方面亦多创获。

6. 徐光启(1562—1633)

字子先，号玄扈，上海人。1600年结识意大利传教士利玛窦(M. Ricci，1552—1610)，随后加入天主教。徐光启于1604年考中进士，相继任礼部右侍郎、尚书、翰林院学士、东阁学士等，最后官至文渊阁大学士。他对明末西方科学的引进起了很大作用，在天文、农学、水利等领域均有建树。曾与利玛窦合作翻译了《几何原本》(前六卷)和《测量法义》，又自撰《测量异同》《勾股义》等。

7. 李之藻(1565—1630)

字振之,又字我存,号凉庵,仁和(今浙江杭州)人。1598年进士,官至工部员外郎。与利玛窦合作编译了《浑盖通宪图说》《圆容较义》《同文算指》等,第一次系统地介绍了西方的笔算。

(六) 清代数学家

1. 梅文鼎(1633—1721)

字定九,号勿庵,宣城(今安徽宣州)人。清初民间数学家,以著作勤奋受到康熙帝(1654—1722)的表彰。梅文鼎毕生致力于会通中西数学,对于清初学者了解西方数学和清代中叶传统数学的复兴起到了一定的促进作用,主要数学著作被收在《梅氏丛书辑要》中。

2. 明安图(1692—1765)

字静庵,蒙古族正白旗(今内蒙古锡林郭勒盟南部)人。青年时被选为官学生学习天文、数学,后在钦天监供职,历任五官正、监正等,参与了编纂《历象考成》等大型天文著作的任务。所著《割圆密率捷法》为清代数学家无穷幂级数展开式研究的嚆矢。

3. 汪莱(1768—1813)

字孝婴,号衡斋,安徽歙县人。一生主要以教馆为业,暮年曾任八旗官学教习和县学训导,主要著作汇集在《衡斋算学》之中,内容包括球面三角、勾股算术、弧矢割圆和代数方程论。在方程论领域的成就最为突出，而以解的存在性和唯一性贯穿始终。

4. 李锐(1769—1817)

又名李向，字尚之，号四香，元和(今江苏苏州)人。他平生主要以教馆为业，并先后为阮元、张敦仁等大吏的幕宾，整理过多部古代数学经典，为乾嘉学派在数学领域的代表人物。所著天文、数学书被人汇集成《李氏遗书》，其中最可注目者为讨论方程论的《开方说》。

5. 项名达(1789—1850)

原名万准，字步莱，号梅侣，钱塘(今浙江杭州)人。曾中进士，授知县未就，退而专攻数学，在无穷幂级数和椭圆求周问题上有所建树。著有《下学盦算学》《象数一元》等。

6. 董祐诚(1791—1823)

字方立，阳湖(今江苏常州)人。首创以垛积术处理无穷幂级数的方法，在椭圆求周问题上也有开辟草莱之功，数学著作被人汇集于《董方立遗书》之中。

7. 徐有壬(1800—1860)

字君青，又作钧卿，乌程(今浙江湖州)人。道光年进士，历任按察司、布政司、巡抚，太平军攻破苏州时为清军溃卒所杀。徐氏嗜喜数学，在无穷幂级数领域集诸家之说，参以己见，使其合理完备。

8. 戴煦(1805—1860)

原名邦棣,字鄂士,号鹤墅,又号仲乙,钱塘(今浙江杭州)人。戴煦虽淡泊于功名仕进,但思想深受曾为广东督学的长兄戴熙及儒家纲常名教之影响,后来在太平军攻克杭州之时与长兄一同自尽。他曾独立地发现有理指数的二项式定理,在对数与各种三角函数的幂级数展开及制表法方面也都有精巧研究,代表作四种合刊为《求表捷法》。

9. 李善兰(1811—1882)

原名心兰,字竟芳,号秋纫,别号壬叔,浙江海宁人。他与清末洋务集团有密切关系,晚年曾任同文馆天文算学教习,主要数学著作汇集在《则古昔斋算学》之中。李善兰创造尖锥术来处理无穷幂级数问题,得到若干积分学中的结果;在垛积术的研究中得到一些组合学的重要结论,包括著名的"李善兰恒等式";在素数论方面,李善兰证明了费尔马(P. Fermat,1601—1665)小定理并指出其逆不真;他还是《几何原本》(后九卷)、《代数学》《代微积拾级》等西方数学著作的翻译者。

二　古算书一览

大致来说,中国古代数学有两个辉煌时代:第一个在魏晋南北朝,第二个在宋金元之际。衔接这两个时代的醒目事件,是唐代官刻"算经十书"。"算经十书"既总结了前一时代的优秀成果,又为后一时代的研究者提供了研究题材和学术规范，而在“算经十书”中占据中坚位置的，就是标志着中国古代数学体系已具规模的《九章算术》。但是《九章算术》亦非无本之木，只是岁月消磨，典籍无传，我们只好对它之前的有关算书做些揣度性的论说。

（一）《九章算术》以前的数学著作

古希腊学者普罗克鲁斯（Proclus，约412—485）曾用幽默的语调谈到欧几里得（Euclid，约公元前330—公元前275）的《几何原本》给数学史带来的“伤害”。他说，由于《几何原本》的精妙与宏大，致使在它之前出现的许多古希腊数学著作被后世彻底地遗忘了。这一情况同样适于《九章算术》：近两千年来，中算家奉《九章算术》为圭臬，以致后人对《九章算术》之前有无数学著作都产生了怀疑。然而有证据表明，《九章算术》并不是中国历史上的第一部数学著作。

1. 先秦数学作品

中华文明的众多思想和学术成就都可以在先秦诸子中找到渊源。儒家重视六艺的修养，构成六艺之一的“数”在春秋战国之际已被看作一门独立的学问，《周礼·地官》明确规定了执掌贵族子弟教育的保氏要以“九数”相授。墨家和名家重视逻辑推理和理性思辨，他们提出的一些命题具有深刻的数学内涵。在《周礼》《墨子》《庄子》等先秦著作，以及《管子》这样虽为后人托名但反映了许多先秦学术成果的作品中，都可发现一些数学知识。但是诸子百家中似乎没有人贡献过一部专门的数学著作。

然而，这不等于说秦代以前未曾有过数学作品。刘徽在为《九章算术》写的序中说：

> 往者暴秦焚书，经术散坏。自时厥后，汉北平侯张苍、大司农中丞耿寿昌皆以善算命世。苍等因旧文之遗残，各称删补。故校其目则与古或异，而所论者多近语也。[①]

张苍、耿寿昌皆为西汉初年人，他们“因旧文之遗残，各称删补”。从前后文来看，这个“旧文”应该是刘徽所注之《九章算术》的前身，而且成于秦火之前，说它是战国晚期的作品大概不错。

2. 西汉《算术》

《汉书·律历志》“备数”一节称：“其法在算术，宣于天下，小学是则，职在太史，羲和掌之。”《周髀算经》中陈子语荣方曰：“此皆算术之所及。”有人认为这两处的“算术”，都是“两汉时期数学书的代用名词”。[②]

根据刘歆《七略》写成的《汉书·艺文志》录有《许商算术》26卷、《杜忠算术》16卷，可知这两本书至迟形成于西汉末年；至于它们的内容，只能大致推测。《艺文志》将它们列入“数术”略之“历谱”中；而“历谱者”，按班固(32—92)的解释为：“序四时之位，正分至之节，会日月五星之辰，以考寒暑杀生之实……。此圣人知命之

---

① 钱宝琮校点：《算经十书》(上册)，中华书局1963年版，第91页。

② 钱宝琮：《中国数学史》，科学出版社1964年版，第29页。

术也。"可见它们是与我们今日意义的天文学和占星术有关的书籍，内中可能涉及某些推算方法，与《九章算术》的性质不尽相同。[①]

3. 竹简《算数书》

1983年底，湖北省江陵县张家山西汉古墓中出土了一批珍贵的文献，内中有一套名为《算数书》的竹简。据初步考察，墓主大约卒于公元前2世纪的吕后至文帝初年，与张苍系同时代的人。从竹简的内容来看，则与今本《九章算术》颇多相似之处，有些标题和算题甚至完全一致。[②] 这一重要文献的重见天日与整理出版，必将使人们对《九章算术》成书之前中国古代数学的原貌得到更清晰的认识。

(二)《九章算术》

1. 成书年代

《周礼》虽然提到了"九数"，但未给出具体名目。郑玄(127—200)注《周礼》时引东汉初郑众(?—83)之说：

---

① 李学勤对此提出了不同的看法，认为："清王先谦《汉书补注》引沈钦韩说，据《广韵》载汉许商、杜忠、吴陈炽、魏王粲并善《九章》术，证明许、杜所为即是《九章》术，并非别为一书。所谓《许商算术》《杜忠算术》，犹如《毛诗》《左氏春秋》之类，只是推衍《九章算术》的两家作品。"见其为郭书春《九章算术》汇校本所写的跋，辽宁教育出版社1990年版，第545—546页。

② 杜石然：《江陵张家山竹简〈算数书〉初探》，《自然科学史研究》1988年第3期。

> 九数：方田、粟米、差分、少广、商功、均输、方程、赢不足、旁要，今有重差、夕桀、勾股也。[①]

其中大部分与《九章算术》的篇名对应。刘徽《九章算术》序则说："周公制礼而有九数，凡数之流则《九章》是也。"因此可以说，"九数"是《九章算术》的源头。《九章算术》是先秦以迄西汉中国古代数学知识的总结与升华，它的形成必然是一个较长的历史过程。

至于《九章算术》被最后编定的时间，即从何时起它已具备与我们今日所见到的版本大体相同的规模，数学史上历来聚讼纷纭。有人总结共有七种不同的说法。[②] 大体上来说，又可将它们分成西汉成书说和东汉成书说这两大派。江陵张家山汉简的出土对前者提供了较为有利的证据。除却《算数书》的内容与《九章算术》有相似之处外，它们同样不见于根据刘歆实录所写成的《汉书·艺文志》，而这一条恰是东汉成书说者据以论证《九章算术》在莽新时代未曾出现的重要论据。[③] 此外，与《算数书》同时出土的竹简汉律中，还有关于"均输律"的简文，而汉武帝太初元年（公元前104）置均输官的史料，过去一直被东汉成书说者当作《九章算术》晚出的一个证据。

到目前为止，关于《九章算术》的成书经过，最明确的说法还是

---

① （清）阮元校勘：《十三经注疏》（上册），中华书局1980年影印本，第731页。

② 李迪：《〈九章算术〉争鸣问题的概述》，载吴文俊主编：《九章算术与刘徽》，北京师范大学出版社1982年版。

③ 实际上在刘歆的分类体系中，未曾将数学著作单独列出，前述许商、杜忠的《算术》，可能都不是今日意义上的"算术"。

刘徽的那段话。如果没有很强的理由证明刘徽的叙述是凭空杜撰的,那么可以说,在西汉中期耿寿昌删补之后,《九章算术》已具有与今日所见之版本大体相同的形式了。

2. 结构与内容

《九章算术》包括246个应用问题,分别隶属九章,各章的名称和主要内容如下:

第一,方田:与田亩丈量有关的面积、分数问题;

第二,粟米:以谷物交换为例的比例问题;

第三,衰分:按比例分配和等差数列问题;

第四,少广:由田亩计算引出的分数、开方问题;

第五,商功:与土方工程有关的体积问题;

第六,均输:与摊派劳役和税收有关的加权比例等问题;

第七,盈不足:由两设答案求解二元算术问题的一类特殊算法;

第八,方程:线性方程组问题;

第九,勾股:勾股定理及其应用。

3. 注释与版本

《九章算术》成书后,历代都有学者研习,见诸史籍者就有东汉的马续(70—141)、郑玄、刘洪、徐岳,三国的阚泽、陈炽、刘徽,南北朝的祖冲之、甄鸾,唐代的李淳风、李籍,北宋的贾宪,南宋的杨辉,清代的戴震(1723—1777)、李潢(?—1812)等人。对《九章算术》的注释,则以刘徽的质量最高影响最大,刘徽前后诸家的注释差不多都已失传。后来李淳风奉敕整理“算经十书”，就以刘徽注本为底本。现今传世的《九章算术》则由本文、刘徽注和李淳风注三部分组成。李淳风又将《九章算术》改为《九章算经》，直到清代中叶才被恢复过来（图 1-1）。

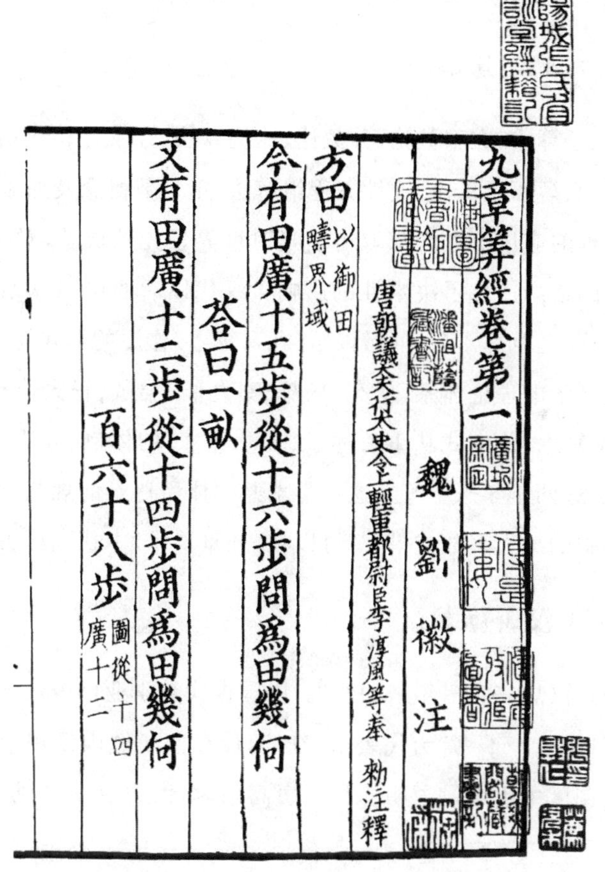

九章筭經卷第一
魏 劉徽 注
唐朝議大夫行太史令上輕車都尉臣李淳風等奉 勑注釋
方田以御田疇界域
今有田廣十五步從十六步問爲田幾何
荅曰一畝
又有田廣十二步從十四步問爲田幾何
百六十八步 圖從十四廣十二

图 1-1　南宋本《九章算经》卷首（采自《宋刻算经六种》）

现传《九章算术》有十几个不同的版本，其中最有价值的是南宋鲍瀚之刻本，可惜仅存前五章，现藏上海图书馆，为海内外孤本。1774 年戴震从明代《永乐大典》中辑录出完整的《九章算术》，从此有了更多的版本，影响较大的有《四库全书》本、武英殿聚珍版本、微波榭《算经十书》本，以及李潢的《九章算术细草图说》等。[①]

4. 成就与影响

《九章算术》在整数论、分数论、比例算法、开平方和开立方、面积和体积、盈不足算法、线性方程组解法、正负数概念及加减法则、勾股定理的应用等方面都取得了当时世界领先的成就，对中国古代数学的格局产生了决定性的影响。汉代以后的中国算家，几乎是言必称《九章算术》。刘徽以给《九章算术》作注的形式完善了中国古代数学的理论体系，贾宪、杨辉、秦九韶、吴敬、程大位等人则按《九章算术》的模式从事著述。《九章算术》的体例、方法以及术语，成了近两千年来中算家这一学术共同体所尊奉的规范，中国古代数学中的绝大多数成果，都可以在《九章算术》中找到源头。

(三) 汉唐算书

经过汉唐一千多年来的发展，中国古代数学业已蔚然大观，其著作则以“算经十书”为代表。隋唐两代在国子监内设算学馆，科举考试制度中也增设了明算科。唐高宗时，太史令李淳风与国子

① 郭书春:《关于〈九章算术〉的版本》，载《数理化信息》(二)，辽宁教育出版社 1987 年版。

监博士梁述、太学助教王真儒等受诏注释十部算经,书成后令国学行用。这十部算经就是《周髀算经》《九章算经》《海岛算经》《孙子算经》《夏侯阳算经》《张丘建算经》《缀术》《五曹算经》《五经算术》和《缉古算经》。

以上十部算经,至北宋已非完璧。元丰七年(1084)秘书省刊刻唐代立于学官的算经,其时《缀术》早已亡佚,《夏侯阳算经》亦非原本。到了南宋嘉定六年(1213),鲍翰之翻刻北宋所刻算经时,则将《数术记遗》一道付刻,用以替代失传的《缀术》,这样仍然是十部算经。下面就对《九章算术》之外的另外九部著作逐一加以介绍。

1.《周髀算经》

原名《周髀》,作者不详,书分上下两卷,约写成于公元前1世纪,但其中有更早期的内容。主要阐述西汉天文学家的盖天说和四分历法,也有相当丰富的数学知识,具体体现在复杂的分数运算、一般的勾股定理以及重差术这三个方面。赵爽、甄鸾和李淳风都曾为之作注。

2.《海岛算经》

原为刘徽附于《九章算术》之后的《重差》,李淳风将其独立出来并作为"算经十书"之一种,因其首题是关于测量海岛之高远的,故名。全书由九道测量问题组成,其中"二望"三问、"三望"四问、"四望"二问,是中国古代重差术的代表作。

3.《孙子算经》

共3卷，作者不详，大约完成于400年前后，但传本《孙子算经》中有后人篡改附加的内容。上卷叙述筹算记数制度和乘除法则，中卷说明分数和开平方算法，下卷包括一些复杂的应用题。最著名者为下卷之“物不知数”题，书中提示的解法被后世学者推广成系统的一次同余式组解法，其理论依据被史家称为“中国剩余定理”或“孙子定理”。

4.《夏侯阳算经》

唐代立于学官的《夏侯阳算经》早已亡佚，北宋刻书时以唐代中叶的一本实用算术书冒名顶替，作者可能是韩延。该书共3卷，内中记载了相当多的捷算方法并对十进小数进行了推广。

5.《张丘建算经》

5世纪张丘建所撰，成书在《孙子算经》和《夏侯阳算经》之后，共3卷。主要成就有最大公约数与最小公倍数的应用、等差级数、开带从平方和不定方程，著名的“百鸡问题”即出于此书。传本《张丘建算经》中有甄鸾和李淳风的注，以及唐代算学博士刘孝孙的细草。

6.《五曹算经》

北周甄鸾撰，共5卷。各卷标题分别是田曹、兵曹、集曹、仓曹、金曹，故总名《五曹算经》，是一部为地方行政官员编写的实用算术书。

7.《五经算术》

北周甄鸾撰,共两卷。书中对儒家经典及古代经师的注疏中涉及的数字问题进行解释,数学内容不深,但对解读经文有所裨益,是研究中国古代数学与经学之关系的最好材料。

8.《数术记遗》

卷首题“汉徐岳撰,北周汉中郡守、前司隶臣甄鸾注”,但有人认为实乃甄鸾托名所作。[①] 书中介绍了三种大数进位法和 14 种记数法,后者反映了对筹算方法进行改革的历史情况。

9.《缉古算经》

原名《缉古算术》,王孝通撰并自注,李淳风改称《缉古算经》。王孝通对此作自视颇高,其《上缉古算术表》称:“请访能算之人考论得失,如有排其一字,臣欲谢以千金。”全书不分卷,20 个问题大部分用高次方程求解,是现存最早介绍开带从立方的书籍,在多面体求积方面亦有创新。

10. 其他汉唐算书

汉唐算书中还有两部值得一提,它们都是南北朝时的作品:一

---

① 此说与今本《夏侯阳算经》为唐人著作之说均从钱宝琮,参见钱宝琮校点:《算经十书》(下册),中华书局 1963 年版,第 531、551—553 页。

是祖冲之父子的《缀术》，二是董泉的《三等数》，可惜它们都已失传了。二书皆为唐代算学馆的教科书，《缀术》在所有算书中限定学习的时间最长，可见内容相当艰深。

汉唐算书当然不止这12部，《新唐书·艺文志》之“历算类”就列有信都芳《黄钟算法》、刘祐《九章杂算文》、阴景愉《七经算术通义》、江本《一位算法》、陈从运《得一算经》、张遂《心机算术括》等多部算书。另外，敦煌卷子中还有几部唐代算书的残卷，其内容多可与《孙子算经》《张丘建算经》《数术记遗》等南北朝的数学著作相互印证。①

(四) 宋元算书

宋元两朝是中国古代数学最辉煌的时代，特别是13世纪下半叶，在短短的几十年时间里，就出现了李冶、秦九韶、杨辉、朱世杰四位伟大的数学家。宋元算书中的精品实际上就是这四大名家的代表作。②

1.《数书九章》

秦九韶著，成书于1247年。全书81题，分为大衍、天时、田域、测望、赋役、钱谷、营建、军旅和市易九大类，一类为一卷。据考此书原名《数术大略》，后被人易名《数学九章》或《数书九章》，卷数

① 编号P.2667、S.0930、P.3349、S.0019、S.5779，其中后三种为同一书。参阅王重民：《敦煌遗书总目索引》，中华书局1962年版。

② 杜石然：《中国古代数学名著简介》，载中国科学院自然科学史研究所：《中国古代科技成就》，中国青年出版社1978年版，第66—72页。

亦有变动。因为清代几种流行的版本都以《数书九章》为名，其原名几乎被人遗忘。[①] 该书在写作体例和选用题材方面都继承了《九章算术》的传统，但是中国古算构造性和机械化的特色得到了更为突出的体现，其代表成果是关于一次同余式组解法的大衍求一术和关于高次方程数值解的增乘开方法，这两项工作都远远走在世界前列。此外，在线性方程组、统计思想、几何与测量等方面，作者也都有创获。

2.《测圆海镜》与《益古演段》

二书都是李冶阐述天元术的著作。《测圆海镜》共 12 卷，著于 1248 年，原名《测圆海镜细草》。该书卷首绘出"圆城图式"，即围绕着一座圆形城池的测量问题所展开的各种几何关系，书中的 170 个问题都与这幅图形有关。首卷"识别杂记"692 条，逐一列举勾股形各边及其和、较、积与圆的关系，每一条相当于一个几何定理，因而此书含有丰富的几何学内容并具有演绎推理的倾向，这在中国古代数学著作中是绝无仅有的。但是作者的主要目的还是借助各种几何关系来建立高次方程，从而全面、系统地介绍天元术的理论和算法。《测圆海镜》是中国数学史上流传下来的最早详尽论述天元术的著作。李冶对此书极为重视，临终前曾对其子说道："吾平生著述，死后可尽燔去；独《测圆海镜》一书，虽九九小数，吾尝精思致力焉，后世必有知者，庶可布广垂永乎？"

① 李迪：《〈数书九章〉流传考》，载吴文俊主编：《秦九韶与〈数书九章〉》，北京师范大学出版社 1987 年版。

《益古演段》共3卷，作于1259年，该书在蒋周所撰《益古集》的基础上，“再为移补条段，细缙图式，使粗知十百者，便得入室啖其文”[1]。这是一部普及天元术的著作。

3.《详解九章算法》与《杨辉算法》

《详解九章算法》共12卷，作者杨辉，成于1261年，现已残缺不全。根据杨辉自序可知，该书除从《九章算术》中取出80问加以详解外，又另增《图》《乘除》《纂类》3卷。书中保存了许多珍贵的数学史料，例如贾宪的“开方作法本源”图就被其“少广”章所引用。在著作体例上，作者引入了图、草、“比类”等内容。“比类”系相对于“古问”而言，其中不乏作者的创造，如“商功”章中以方亭、方锥、堑堵、鳖臑、刍甍、刍童等立体“比类”于各种堆垛，在高阶等差级数的研究史上留下了光辉的一页。

《杨辉算法》是杨辉后期三部数学著作的合称：《乘除通变本末》共3卷，原名《乘除通变算宝》，著于1274年；《田亩比类乘除捷法》共两卷，著于1275年；《续古摘奇算法》共两卷，著于1275年。前两书包括许多实用算法，后书中有各类纵横图并讨论了若干图的构成规律。

杨辉的另一部著作《日用算法》，共两卷，著于1262年，今已失传。

---

① (元)李冶:《益古演段》自序，乾隆年间知不足斋丛书本。

4. 《算学启蒙》与《四元玉鉴》

二书皆为朱世杰所撰。《算学启蒙》共 3 卷，写成于 1299 年。全书共 259 问，分为 20 门，从乘除口诀开始，包括面积、体积、比例、开方、高次方程，由浅入深，循序渐进，确是一部很好的数学启蒙读本。

《四元玉鉴》共 3 卷，著于 1303 年，是朱世杰的藏之名山之作。全书共 288 问，分为 24 门。书中用"天""地""人""物"四字代表四个未知数，系统介绍了二元、三元、四元高次方程组的布列和解法。解法的关键是消元，将多元高次方程组化成一元高次方程，然后应用增乘开方法来解。《四元玉鉴》中的另一杰出成就是垛积招差术。垛积即高阶等差级数求和，招差即高次内插法，在这两方面作者都得到了相应于一般性的结果，比西方同类工作要早 400 年以上。

5. 其他宋元算书

除了上述四大名家的著作之外，宋元时代还有许多重要的算书。对于增乘开方法的完善起过作用的，有佚名的《释锁算书》、贾宪的《黄帝九章算法细草》、刘益的《议古根源》等；对天元术直到四元术的演化发展产生过影响的，可以举出蒋周的《益古集》、李文一的《照胆》、石信道的《钤经》、刘汝谐的《如积释锁》、李德载的《两仪群英集臻》、刘大鉴的《乾坤括囊》等。在《宋史・艺文志》《崇文总目》以及其他一些书目中，可以辑录出一份很长的书单，其知名者有蒋舜元的《应用算法》、曹唐的《曹唐算法》、韩公廉的《九章勾股测验浑天书》、杨云翼的《勾股机要》、丁巨的《丁巨算法》、贾亨的《算法全能集》、陈尚德的《石塘算书》、彭丝的《算经图解》、安止斋与何平子的《详明算法》、谢察微的《发蒙算经》、杨鉴的《明微算经》;佚名的有《透帘细草》《锦囊启源》《辨古通源》《指南算法》《谢经算术》等。此外,这一时期还有一些虽然不是专门的算书,但其中有相当多数学内容的著作,例如沈括的《梦溪笔谈》、沈立(1007—1078)的《河防通议》、刘瑾的《律吕成书》、赵友钦(1271—1335)的《革象新书》等。[①]

(五)明代算书

明代数学式微,明人所撰算书也少有新意,唯有朱载堉的工作是个例外。但从数学与社会的角度来看,吴敬、王文素、程大位等人的著作也有一定的意义;即使是顾应祥等人的作品,就其维系中国古算一线不绝的作用来说也还是值得一提的。

1.《九章算法比类大全》

吴敬撰,成于1450年,共10卷,前9卷对应《九章算术》各章。每卷先自杨辉《详解九章算法》等书引出数道"古问",后面则以应用问题进行"比类"。末卷专论开方,所用方法为北宋早期的立成释锁法。书中提到了算盘并给出了珠算加减法口诀。在宋版《九章算术》几乎失传的情况下,吴敬的这本书是后人了解汉唐数学知识的重要文献。

① 李俨:《十三、十四世纪中国民间数学》,科学出版社1957年版。

2.《通证古今算学宝鉴》

王文素撰,共 42 卷,前 30 卷完成于 1513 年,后 12 卷完成于 1522 年。全书内容丰富,结构严整。作者遍采众家,搜罗各类算题 1000 余道,又仿照杨辉、吴敬的方式予以比类,并在关键处给出自己的评述,书中也提到算盘和珠算算法。此外,作者在曲边形面积、圆的有关命题、勾股算术、纵横图等方面均有所发挥。

吴敬与王文素的书今已罕见。

3.《律学新说》《律吕精义》《算学新书》

三书均为朱载堉所撰。《律学新说》共 4 卷,作者序于 1584 年。《律吕精义》共 20 卷,序于 1596 年。《算学新书》共 1 卷,1603 年刻竣。

前两本书的主要贡献在于阐述作者所创十二平均律的理论,其数学意义是通过 25 位数字的四则与开方运算,显示了当时的数学从筹算过渡到珠算之后,仍然承继了程序化与算法化的传统。《律学新说》中还探讨了纵横两种"黍律"尺的数量关系,相当于九、十两种不同进位制小数之间的换算,其算理与现代数论中的结果完全一致。

《算学新书》具体阐述了用算盘进行高位开方运算的程序,书中说:"凡学开方,须造大算盘,长九九八十一位,共五百六十七子。"可见作者处理的数据之庞大。论及十二平均律的计算时,书中还应用了指数定律和等比数列的知识。

朱载堉还有《嘉量算经》《圆方勾股图解》等书,内容则与上述作品多有重复。

4.《算法统宗》与《算法纂要》

《算法统宗》共17卷，程大位撰，成于1592年。作者自序称此书“参会诸家之说，附以一得之愚，纂集成编”，全书592题大多摘自各家算书。前两卷介绍基础知识，包括珠算口诀；中间部分对应《九章算术》各章，但解题均用珠算；后五卷是以诗歌形式表达的“难题”和不好归类的“杂法”。书末还附有一个“算经源流”，著录了北宋元丰七年(1084)以来的数学刻本51种。该书的出版适应了明代商业繁荣的社会需要，因此得以广泛和久远的流播。明清两代被一再刊刻，并流传到日本、朝鲜、东南亚各国。1598年，程大位对《算法统宗》撮要删繁，遂有简编本《算法纂要》4卷问世。

5. 其他明代算书

现今所知最早的明代算书，大概是严恭于1372年撰成的《通原算法》，原书已经失传，但从《永乐大典》等书中可以辑出它的大部分内容。现存刻本的明代中期算书有顾应祥的《勾股算术》(1533)、《测圆海镜分类释术》(1550)、《弧矢算术》(1552)、《测圆算术》(1553)，唐顺之(1507—1560)的《勾股六论》，周述学的《神道大编历宗算会》(1558)，它们可以说是筹算系统数学著作的殿军了。介绍珠算的刻本，重要的还有徐心鲁的《盘珠算法》(1573)、柯尚迁(1500—1582)的《数学通轨》(1578)、黄嘘云(即龙吟)的《算法指南》(1604)等。

在王文素的《通证古今算学宝鉴》和程大位的《算法统宗》二书

中，都著录了许多现已失传的明代算书，如夏源泽的《指明算法》、许荣的《九章详注算法》和《九章袖中锦》、金来明的《启蒙算集》、刘仕隆的《九章通明算法》、郑高昇的《启蒙发明算法》、马杰的《改正算法》、杨溥的《算林拔萃》、朱元濬的《庸章算法》等。在各种私人藏书目录中，也可以找到大量现已亡佚的明代算书。

至于西学传入之后出现的众多译书以及与西方数学有关的著作，这里就不予介绍了。

（六）清代算书

清代算书汗牛充栋，数学史家李俨毕生搜罗，得中算著作家600余人，著作1000余种。[①] 由于不断有新的材料被发现，清代到底有多少中算书是很难统计的。下面介绍的仅限于几位影响较大的数学家的作品，其中多为著作集。

1.《梅氏丛书辑要》

这是梅文鼎的天文、数学著作集，共25种62卷，其中最后两种是梅文鼎的孙子梅瑴成（1681—1763）的作品。该书由梅瑴成率其族人整理，于1759年以承学堂名义首次刊行，在清代广为流行，但有许多不同的刊本。集中收有梅文鼎的数学著作13种，即《笔算》5卷、《筹算》2卷、《度算释例》2卷、《少广拾遗》1卷、《方程论》6卷、《勾股举隅》1卷、《几何通解》1卷、《平三角举要》5卷、《方圆幂积》1卷、《几何补编》4卷、《弧三角举要》5卷、《环中黍尺》5卷、《堑

① 李俨：《近代中算著述记》，载李俨：《中算史论丛》（第二集），中国科学院1954年版。

堵测量》2 卷。

《方程论》是梅文鼎的第一部数学著作,他在没有见到《九章算术》方程章的情况下,通过明代数学家的著作对线性方程组进行研究;在书中,他还提出了把传统的"九数"分别纳入"算术"和"量法"这两大分支的数学分类思想。《勾股举隅》中用出入相补原理证明了勾股定理和各种勾股和较公式,其中四个公式为梅氏首创,对勾股定理的证明则暗合刘徽原意。《几何通解》旨在说明他所提倡的"几何即勾股论"。《方圆幂积》中对球体积公式的推导涉及旋转体与其重心的关系,梅氏所用的模型启发了后来徐有壬的工作。《几何补编》中有许多梅氏独立钻研立体几何的结果,例如正多面体、半正多面体以及它们与球体的关系。《平三角举要》和《弧三角举要》是中国第一套三角学教科书,两书循序渐进,由定义到公式和定理,由平面到球面,并加以算例说明。《环中黍尺》则借助投影原理建立球面三角的图解法。《堑堵测量》利用多面体模型来显示天体在不同球面坐标中的关系,并对郭守敬等人在《授时历》中创造的"黄赤相求法"作出了三角学诠释。

《畴人传》对梅氏著作的评价是:"其论算之文务在显明,不辞劳拙,往往以平易之语,解极难之法,浅近之言,达至深之理,使读其书不待详求而义可晓然。"这或许就是《梅氏丛书辑要》得以广泛传播的原因。

2.《割圆密率捷法》

明安图撰。此书在明安图生前尚未定稿,他临终前嘱托门人陈际新等人算校。后者于 1774 年整理成书 4 卷,遂后有几个抄本在数学家中流传，但是直到1839年此书才正式付刻。

《割圆密率捷法》是清代数学家研究无穷幂级数的开篇之作。首卷列出了九个无穷级数公式，其中前三个为法国传教士杜德美(P. Jartoux，1668—1720)所介绍之西方成果，后六个则是明安图所创，清代有人笼统地称为"杜氏九术"是不对的。后面3卷主要阐述了九个公式的来源，作者所用的"割圆连比例法"，系在圆内构造一系列连比例关系，然后加以整理得到一串级数。书中也引入了由已知函数展开式求其反函数展开式的方法，后来被人称为"级数回求术"。

3.《衡斋算学》

《衡斋算学》是汪莱的数学著作集，共7卷，著于不同时期：首卷撰于1796年，末卷撰于1804年。第一个完整的刊本出现在嘉庆年间，比较流行的刊本则是汪莱弟子夏燮(1800—1875)于1854年刻印的《衡斋算学遗书》合刻本。

第一卷和第四卷之前半部是关于球面三角的，作者特别感兴趣的是球面三角形存在唯一解的条件，这种对解的存在性和唯一性的关注贯穿了他数学研究的整个过程。第二卷专门讨论已知勾股积与勾弦和求其他元素的勾股和较问题，作者指出梅珏成的三次方程解法可能出现两个根，因此他又提出一个可避免这一结果的新解法。在第五卷中，汪氏列出三次以下的各类方程96个，逐一讨论其是否仅有一个根；此外他还就一类三次方程讨论了根与系数的关系，给出了韦达(F. Vieta，1540—1603)定理的一个特例。第七卷进一步总结了他在方程论领域的研究成果，给出了一般三

次方程 $x^m-px^n+q=0$($m>n$ 且均为正整数,p、q 均为正数)存在正根的充分条件。第五、六卷是关于割圆问题的。第四卷的后半部名为“递兼数理”,其中明确地给出了组合的定义并讨论了组合数与古代垛积公式的关系。

汪莱还有一本名为《叁两算经》的作品,是关于非十进制的理论和算法的,收入在《衡斋遗书》之中。

4.《李氏遗书》

《李氏遗书》是李锐的天文、数学著作集,共收书 11 种 18 卷,系李锐去世后由其友人及弟子编校而成,初版于嘉庆年间,清代共有四个版本。

内中《方程新术草》(1798)、《勾股算术细草》(1808)、《弧矢算术细草》(1808)各 1 卷,系作者对古典数学特别是古本《九章算术》进行研究的结果,其研究风格体现了乾嘉学派重视文献考据的特点。《日法朔余强弱考》共 1 卷,撰于 1799 年,书中正确地阐明了南北朝何承天所创“调日法”的数学意义,并以此法来考验古代诸家历法;李锐所提出的由日法求强弱二数的方法,实际上沟通了二元一次不定方程与一次同余式组的关系。

《开方说》是李锐钻研方程论的杰作。该书共 3 卷,其中最后一卷是其弟子黎应南在他去世后续成的。在《开方说》的上卷中,作者讨论了数字方程正根个数与其系数符号序列的关系,提出了与笛卡尔(R. Descartes,1596—1650)符号法则一致的判定方法。书中还有许多方程论方面的成果,如对负根与重根的认识、各种方程变形法等。

5.《象数一原》

项名达撰，共 7 卷，前 6 卷陆续写成于 1837 年至 1846 年，后 1 卷及 4、6 两卷中的部分内容为戴煦所补。作者在董祐诚《割圆连比例图解》的基础上，应用垛积公式于表达弧矢关系的幂级数展开式，将董氏的方法推广到分弧和偶数倍弧。书中又给出一个椭圆求周公式，并得到有理指数幂的二项式展开式。在西方微积分尚未传进中国之前，项名达的工作代表了中算家用自己独特的方法处理有关无穷和极限问题的努力。

项名达早期的著作有《勾股六术》《三角和较术》《开诸乘方捷术》三种，均收入《下学盦算学》之中。

6.《求表捷术》

戴煦撰，共 3 种 9 卷，其中《对数简法》2 卷、续 1 卷分别完成于 1845 年和 1846 年，《外切密率》4 卷和《假数测圆》2 卷均成于 1852 年。

《对数简法》及其续的主要内容是关于对数函数的幂级数展开及对数表造法的。作者借助有理指数的二项式定理，得到由开方表求对数、由自然对数求常用对数、由展开式求对数，以及由三角函数的对数展开式造三角函数对数表等方法，从而推广了《数理精蕴》中所介绍的常用对数的造表法。在《外切密率》中，戴氏讨论了以前算家未曾触及的正切、余切、正割、余割四种三角函数的展开问题，共得出九个幂级数公式；在讨论正割函数展开式的系数构成时，得到与欧拉（L. Euler，1707—1783）数递推式一致的结果，并实际算出了前十个欧拉数。《假数测圆》则进一步阐述了三角函数对数表的制造方法。

《求表捷术》中的成果,较西方同类工作迟出,但戴氏使用的方法颇具特色,他的对数研究是相当全面和严格的。当时来中国的英国人伟烈亚力(A. Wylie,1815—1887)和艾约瑟(J. Edkins,1823—1905)都对他的著作给予相当高的评价。

戴煦的早年著作还有《重差图说》《勾股和较集成》《四元玉鉴细草》等,都是关于古典数学的,三书均未出版。

7.《则古昔斋算学》

李善兰撰,共 13 种 24 卷。"则"是效法的意思,"则古昔斋"是李氏为自己书斋起的名字。《则古昔斋算学》中的主要作品,多是在他 1852 年开始翻译西方科学著作之前完成的,例如《四元解》成于 1845 年,《麟德术解》成于 1848 年,《对数探源》出版于 1850 年,《弧矢启秘》和《方圆阐幽》出版于 1851 年。《则古昔斋算学》的第一个刊本是 1867 年在南京发行的。

《方圆阐幽》1 卷、《弧矢启秘》2 卷、《对数探源》2 卷、《对数尖锥变法释》1 卷都是阐释李氏所创尖锥术的,这是一种处理幂级数的几何模型,所导出的尖锥求积术相当于幂函数的定积分和逐项积分公式。《垛积比类》4 卷对中国古代的垛积术进行了系统的整理,导出了一个被后人称为"李善兰恒等式"的著名组合公式,又得到组合学中的第一种斯特灵(J. Stirling,1692—1770)数和欧拉数。《椭圆正术解》2 卷、《椭圆新术》1 卷、《椭圆拾遗》3 卷对椭圆方程进行了研究,提出了级数解和几何解两种解法。《级数回求》1

卷专门讨论如何由幂级数展开式求其反函数的问题。《四元解》2卷系作者研读朱世杰《四元玉鉴》后所作。《火器真诀》1卷以几何方法来处理弹道问题，是中国最早精密科学意义上的弹道学著作。《麟德术解》3卷、《天算或问》1卷均涉及天文学中的计算，所以也收入这一"算学"集中。

李善兰又于1872年撰《考数根法》1卷，他称之为"则古昔斋算学十四"，内中提出了四种素数判别法，证明了费尔马小定理并指出其逆命题不成立。

《则古昔斋算学》中的内容，从整体上来说是无法与已经进入高等数学阶段的同时代西方数学相比的，但是作者通过自己的创造性劳动，把19世纪末的中国数学引导到了高等数学的门槛，他在尖锥术、垛积术、素数论方面的工作尤其值得称道。

李善兰的数学著作，还有《粟布演草》《测圆海镜解》《九容图表》《造整数勾股级数法》《开方古义》《群经算学考》《代数难题解》等。

三　古记数制与古算具

（一）十进位值制的萌芽

十进位值制是人类文明进程中最美妙的创造之一。所谓十进，就是以十为基底，逢十进一位；所谓位值，就是规定同一数符因其位置不同而表示不同的量值。这一思想今日看来是如此简单，但是历史上并不是所有的古代民族都自然地采用十进位值制的：

古代巴比伦人就用六十进制，玛雅人和阿兹台克人用二十进制，罗马人则用五、十混合进制；古代埃及和希腊虽然采用十进制，但是未曾应用位值概念。在近代欧洲，人们往往把十进位值制的发明归于印度人，法国数学家拉普拉斯(P. S. Laplace，1749—1827)就曾说过："用十个记号表示一切的数，每个记号不但有绝对的值，而且有位置的值，这种巧妙的方法出自印度。这是一个深远而又重要的思想，它今天看来如此简单，以致我们忽视了它的真正伟绩。但恰恰是它的简单性以及对一切计算都提供了极大的方便，才使我们的算术在一切有用的发明中列在首位；而当我们想到它竟逃过了古代最伟大的两位人物阿基米德和阿波罗尼的天才思想的关注时，我们更感到这成就的伟大了。"[①]这段话清楚不过地表达出了十进位值制的意义，但是"这种巧妙的方法出自印度"的论断却是可以商榷的；实际上，印度是在公元初的前几个世纪里才开始应用十进位值制的，有据可凭的记载最早则见于阿耶波多(Aryabhata，476—550)的著作。应该说，中国是最早产生这一概念并应用十进位值记数制度的地区之一。

1. 甲骨文和金文中的十进制记数法

距今三千多年前的殷墟甲骨文中已有完备的十进制记数法。甲骨文中有关数字的记载很多。例如，"八日辛亥允戈伐二千六百五十六人"[②]，就是说在八日辛亥那天杀敌 2656 人。在甲骨文中

① 〔美〕T. 丹齐克：《数，科学的语言》，苏仲湘译，商务印书馆 1985 年版，第 16 页。

② 郭沫若：《卜辞通纂》，编号通 19，日本文求堂 1933 年石印版。

可以找到13个表示数目的字(图1-2)。

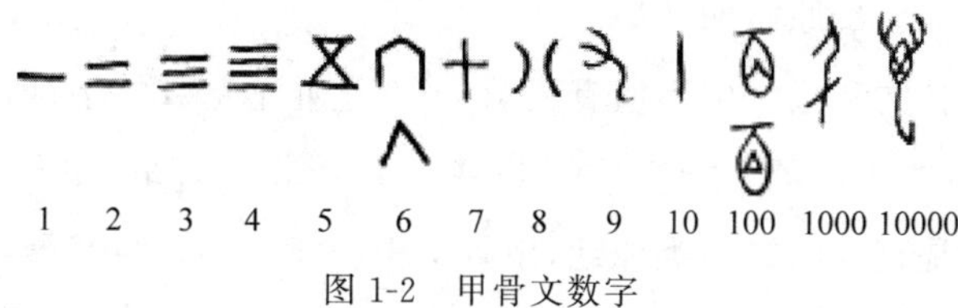

图1-2　甲骨文数字

甲骨文中十、百、千、万的倍数用合文表示,例如表示30,表示300;现已发现的最大数字是30000,写作。[①] 对于较大的多位数字,一般采用分位合书的形式,例如2656就写作;有时又以字或字隔开多位数字,如56就写作。

西周金文继承了殷商甲骨文的记数制,仅个别数符有所改变,例如将9写作、10写作等;其他则无变化,例如大盂鼎铭中的数字659就写作。[②]

2. 原始的位值概念

十进概念较容易产生,因为人类与生俱来就有10个手指头,用手指计数是十分自然的。位值制的产生却经历了一个漫长的历程。

从考古发掘出的材料来看,在距今5000—6000年前新石器时代的陶器上,就有表示数字的刻符。与早期殷商文化有着密切血缘关系的城子崖文化,其遗址出土陶片上有形如、、的刻

① 郭沫若:《殷契粹编》,编号粹1171,日本文求堂1937年石印版。

② 郭沫若:《两周金文辞大系图录考释》(第6册),科学出版社1957年版,第34页。

符；如果按专家的意见把它解释成数字 12、20、30 的话，那么这就是位值概念最原始的胚型了。[①]

甲骨文和金文中不但有表示 1～9 这九个基数的字符，还有表示位值的“十”“百”“千”“万”等字。值得指出的是，甲骨文中的“10”就是直立的“1”；类似地，甲骨文中的“20”“30”“40”等，不过是直立的“2”“3”“4”与代表十位位值的横杠之合文。至于甲骨文中的[illegible]，自刘鹗（1857—1909）以来无不将其释为 15，郭沫若（1892—1978）正确地解释为 50，从而揭示了数字合文所隐含的位值意义。[②] 日本数学史家三上义夫（1875—1950）曾据汉文的形状考证算筹的起源，提出“一”“十”“百”“千”“万”这五个字中皆有一横，但“十”“千”两字除有一横外还多一竖，认为这是筹算纵横相间制的痕迹。[③] 其实此说用来说明位值概念的起源更为恰当。

多位数字的合文向着位值制的确立又进了一步；如果把[illegible]中表示“千”“百”“十”等位值的字符[illegible]、[illegible]、[illegible]去掉，再引入表示 0 的符号，就成了地道的十进位值制了。这一变化在东周金文中有所体现：中山国出土的扁壶和铜灯上，可以看到[illegible]、[illegible]等数字，前者表示 406，后者表示 355，[illegible]则表示 0。[④]

在先秦典籍中，也可找到位值概念已然成熟的蛛丝马迹。《墨子・经上》称“一少于二而多于五，说在建”，孙诒让（1848—1908）

---

① 李迪：《中国数学史简编》，辽宁人民出版社 1984 年版，第 10—11 页。

② 郭沫若：《释五十》，载郭沫若：《甲骨文字研究》，科学出版社 1962 年版。

③ 〔日〕三上义夫：《中国算学之特色》，林科棠译，商务印书馆 1934 年版，第 48 页。

④ 孔国平：《金文中的历算知识》，《中国科技史料》1990 年第 3 期。

认为"建"当作"进"。此说如果成立,那么这里讲的是位值制:同一个字符(或算筹)在个位表示 1,故少于 2;进一位则表示 10,故大于 5。[①]《管子·轻重》篇中"一可以为十"之语也可作同样的理解。《左传》记载鲁襄公三十年(公元前 543)史赵言绛县老人年龄日数时称"亥有二首六身",士文伯则说"然则二万六千六百有六旬也"。经学家孟康、杜预(222—285)、颜师古(581—645)对此都曾注释,数学家梅文鼎则在《古算器考》中明确讲道:"下亥二画竖置身旁,盖即竖两算为二万,又并三六为六千六百六旬,而四位平列与历草同,此又(筹算)用于三代及汉晋者也。"按照他的解释:古亥字写作[illegible],下移二首至身旁成[illegible],此即 26660。[②] 如果此说成立,那就既可以作为位值制业已成熟的例子,也可看成算筹记数法出现的一个证据。

(二) 算筹与筹算

1. 算筹记数与十进位值制的确立

大约在春秋战国之际,人们开始使用一种竹制算具记数和计算,这就是算筹,它的出现使十进位值制在中国得以完备和最终确立。

用算筹来表示数目有纵横两种方式(图 1-3)。这是九个基数,零则以空位显示。用算筹表示多位数字,高位到低位从左到右横排,但相邻两位的筹式须纵横相间。对此规则《孙子算经》写道:"凡算之法,先识其位。一纵十横,百立千僵。千十相望,万百相

① (清)孙诒让:《墨子间诂》(上册),中华书局 1986 年版,第 295 页。
② (清)梅文鼎:《古算器考》,嘉庆年间南汇吴氏刻本。

𝍠	𝍡	𝍢	𝍣	𝍤	𝍥	𝍦	𝍧	𝍨
𝍩	𝍪	𝍫	𝍬	𝍭	𝍮	𝍯	𝍰	𝍱
1	2	3	4	5	6	7	8	9

图 1-3 算筹数字

当。”唐人所引《夏侯阳算经》中也说：“一纵十横，百立千僵。千十相望，万百相当。满六以上，五在上方。六不积算，五不单张。”

举例来说，2656 用算筹表示出来是𝍪𝍥𝍭𝍥，86037 用算筹表示出来是𝍧𝍮 𝍫𝍦。由于算筹纵横相间布列，以空位显示的零很容易识别。除了符号不同以外，算筹记数制所表示的自然数与现今使用的十进位值制完全一样。

2. 算筹的起源及其形制的演变

算筹的前身很可能是古代卜筮用的蓍草，后来改为竹制或木制的小棍，称为策。《周易·系辞传》曰：“乾之策二百一十有六，坤之策百四十有四。”汉代则将筹、策通用，《太平御览》引老子语曰：“善计者不用筹策。”《后汉书·马融传》引马融（79—166）《广成颂》曰：“隶首策乱，陈子筹昏。”《淮南子》则言：“筹，策也。”

从先秦典籍中的有关记载来看，算筹很可能起源于春秋战国之际。一开始它是从蓍草演化来的，先用于占卜，继而用于记数，最后才被当作计算工具。“算”字古体作“祘”，形同一堆小棍；[①]又作“筭”，《说文解字》曰：“长六寸，计历数者，从竹，从弄。”《仪礼》中

① 有人引《说文解字》中的“祘……从二示”及“示，神事也”，说明古代算学与数术的关系。参阅俞晓群：《论中国古代数学的双重意义》，《自然辩证法通讯》1992 年第 4 期。

数次提到用“筭”来记数，可见“祘”“筭”都与计算工具有关，它们既可以作动词，也可以作名词。郑玄注《礼记》则明言：“筹，算也。”西汉作品中更多地提到了筹和算。枚乘（约公元前 210—约公元前 140）在《七发》中道：“孔老览观，孟子持筹而算之。”桓宽在《盐铁论》中说：“运之六寸，转之息耗，取之贵贱之间。”①

《汉书·律历志》记载了算筹的形制，说明当时它已相当普及并被规范化：“其算法用竹，径一分，长六寸，二百七十一枚，而成六觚为一握。”《数书记遗》称：“积算，今之常算者也。以竹为之，长四寸以效四时，方三分以象三才。”《隋书·律历志》则云：“其算用竹，广二分，长三寸。正策三廉，积二百一十六枚，成六觚，乾之策也。负策四廉，积一百四十四枚，成方，坤之策也。觚、方皆径十二，天地之数也。”按汉代六寸约合 14 厘米，北周四寸约合 12 厘米，隋制三寸约合 8 厘米。总的来说，算筹的长度逐代变短，截面也从单纯的圆形变成方形或三角形；质地除了竹制外，还有骨制、玉制、牙制和铁制多种。以上形制的变化说明计算水平的提高和应用的普及：趋于短小是便于操作和携带，多边形算筹既可防止滚动又可区别正负数，骨制算筹则便于保存。在历代类书、笔记乃至小说中，都可以找到关于算筹的记载。

过去较少见到算筹的实物，这主要是当事者缺乏了解所致。例如，1955 年河北省石家庄市东郊北宋村挖掘出两座东汉晚期墓，内有骨制算筹 17 根，当时就定名为“骨条”。近年来不断有算筹的实物出土，从而为研究算筹的演化提供了丰富的证据，现举数

① 李俨：《筹算制度考》，载李俨：《中算史论丛》第四集，科学出版社 1955 年版。

例如下。[1]

关于年代，较早的有甘肃天水放马滩战国秦墓、湖南长沙左家公山和湖北云梦睡虎地战国楚墓算筹，还有湖北江陵凤凰山出土的西汉算筹，它们都是竹制的。

图 1-4 陕西旬阳出土的西汉象牙算筹(旬阳县博物馆藏)

关于长度，睡虎地战国算筹平均长 19.5 厘米，陕西千阳县出土西汉算筹约长 13.5 厘米，河北石家庄振头村出土东汉算筹长约 8.5 厘米，由此可以看出算筹有逐代变短的趋势。

关于截面形状，石家庄北宋村东汉算筹有方、圆两种形状，可以证明《数书记遗》和隋晋《律历志》中关于方形算筹的记载是有根据的。石家庄振头村算筹则全是方形的。

关于质地，除了湖南、湖北发现过放置于竹木容器中的竹制算

① 所引考古材料依次参阅《文物》1989 年第 2 期、1959 年第 1 期，《文物参考资料》1954 年第 12 期，《文物》1976 年第 9 期、1975 年第 9 期、1976 年第 2 期、1982 年第 3 期，《文物资料丛刊》1981 年第 4 期，《考古与文物》1983 年第 2 期，《旬阳文物志资料》第二集，《文物》1979 年第 4 期。

筹外，其他如江苏徐州子房山出土之西汉算筹、陕西宝鸡北郊出土之东汉算筹均为骨制，西安东郊三店村出土之西汉算筹主要成分为铅，陕西旬阳县佑圣宫汉墓和长沙马王堆三号汉墓出土的都是象牙制算筹(图 1-4)。

关于颜色，绝大多数出土的算筹皆为本质地色，因而有人怀疑刘徽关于“正算赤，负算黑”的记载仅仅是强调“两算得失相反”的形象表述；但是在徐州子房山西汉墓出土的骨质算筹中，我们确实发现了其中三根表面尚存红色漆斑，这是对刘徽注文可信程度的一个有力说明。①

关于算筹的携带，石家庄振头村和陕西千阳两种算筹，出土时均位于墓主腰胯骨处，后者还被裹于丝带中并有带钩发现，由此可知唐代段成式(约 803—863)的《酉阳杂俎》以及新旧《唐书》中关于某些官员佩带算袋的制度早有先例。战国墓出土算筹则多被储放在特制的竹筒和木匣之中。

3. 筹算

算筹指算具，筹算则指算法。更广义地讲，筹算应是由一系列算法所构成的数学体系和在中国历史上延续了一千五百年以上的学术传统，它的核心是十进位值制和分离系数法，算筹是它所倚重的表达与运算工具。

关于古代算家布算运筹的能力，可以北宋布衣学者卫朴(?—1077)为典型。沈括在《梦溪笔谈》中称他“运筹如飞，人眼不能

---

① 这是作者 1980 年与王渝生、傅祚华两位学长在徐州博物馆参观考察时发现的。

逐”。张耒(1054—1114)在其《明道杂志》中更记载了一个近乎传奇的故事:“(朴)每算历,布算满案,以手略抚之,人有窃取一算,再抚之即觉。”如果没有娴熟的技巧,很难设想祖冲之可以把圆周率正确地计算到小数点后七位有效数字,秦九韶能够解出高达10次方的数字方程。

筹算的四则运算皆由高位向低位进行。做加减法先将两数上下对齐,和或差置于第三行中。做乘法将相乘两数分别置于上下两行,上行最高位与下行最低位对齐,然后用上行各位数字依次乘下行各位数字,乘得结果随时加到中行之中,最后中行的数字便是二数之乘积。下面显示的是25×13的筹算过程。

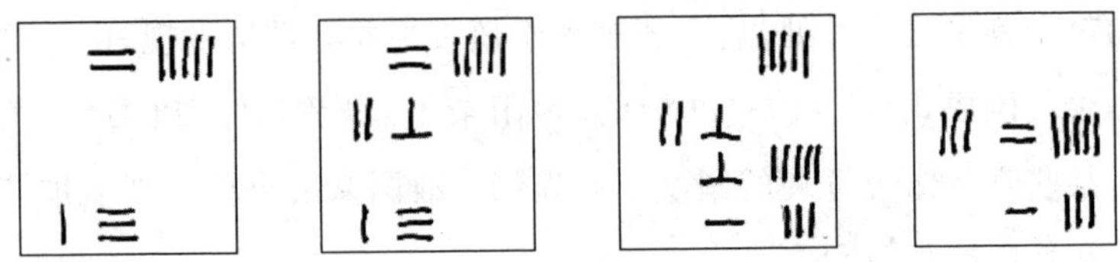

除法运算与此类似:中行置被除数,下行置除数,上行置商,进行运算时将上下行随乘随减中行,直至中行之余数小于下行之除数为止;中行不能减尽则表示无法整除,此时剩下的即余数。下图显示的是326÷13的筹算过程。

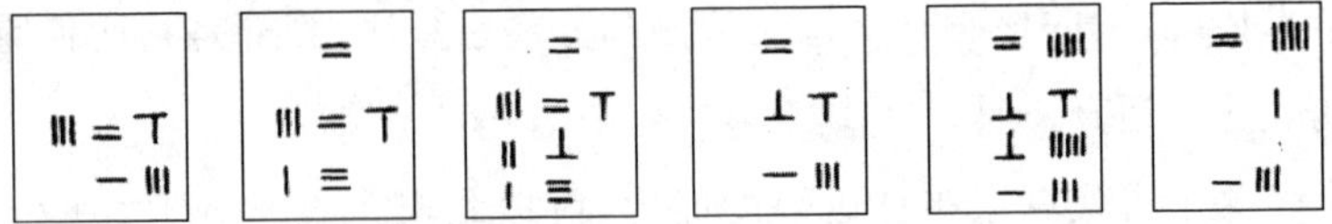

上面最后一图就是结果,最后一个方框中的数字就是除法运算后的结果,表示带分数$25\frac{1}{13}$。

筹算中分数的表示法有两种。一种源于除法，在上例中可以看到除数置下、被除数和余数置其上的结果导致了与今日分数表达法一致的形式。另一种则与多个分数的四则运算有关，对此有的算书采用左右分置子、母的形式来表达每一个分数，例如$\frac{1}{3}+\frac{2}{5}$在此就表示为

丨	丨丨丨	上数
丨丨	丨丨丨丨丨	下数
左子	右母	

。

不论哪一种表示方法，都没有相当于分数线的记号。在筹算中，负数和小数也都有一定的表示方法，我们将在后面介绍。

筹算的最大优越性是为数学家提供了应用分离系数法的途径，从而使一些数学关系的表达和有关运算得以简化，例如，

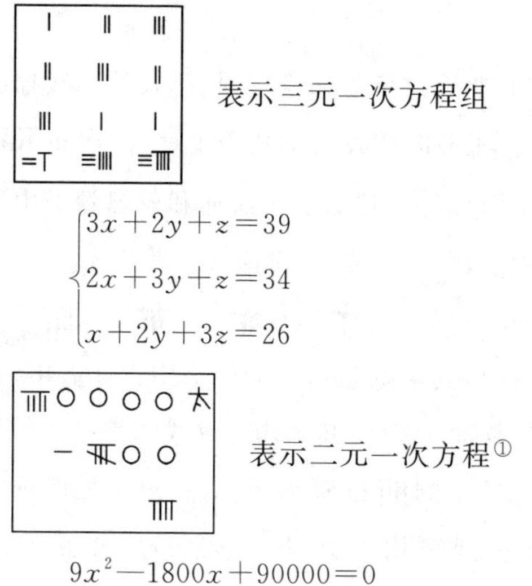

表示三元一次方程组

$$\begin{cases}3x+2y+z=39\\2x+3y+z=34\\x+2y+3z=26\end{cases}$$

表示二元一次方程[①]

$$9x^2-1800x+90000=0$$

① 这是李冶在《益古演段》中的表示法，其他著作可能略有不同。

即使更为复杂的数学关系式,筹算也能表达,例如,

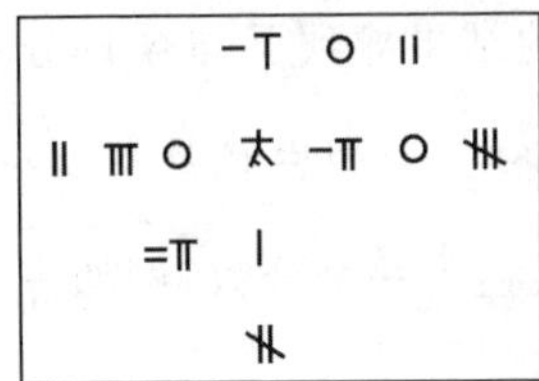

表示四元三次方程

$$x-2x^2+27xy+8y^2+2y^3+17z-3z^3+16w+2wz^2=0$$

利用算筹的纵横捭阖,中算家可以方便地解决许多计算问题。中国古代数学中一些重要的成果,诸如开平方和开高次方、解高次方程、解线性方程组和高次方程组、计算圆周率、解一次同余式组、造高阶差分表等,都得利于筹算体系的采用。

4. 算码

筹算记数不一定非要通过算筹来实现,按筹式的形状描画在纸上的数字称为筹码。王莽时代发行的货币上就有"次布𝍨百""弟布𝍧百""壮布𝍦百"等字样。居延汉简和敦煌卷子中也可看到筹码数字。司马光(1019—1086)《潜虚》以

𝍠 𝍡 𝍢 𝍣 × 𝍥 𝍦 𝍧 𝍨 ＋

表示1～10这10个数码,其中除表示5的×借用古体五字,表示10的＋在横式筹码上多加一竖外,其余均为纵式的筹码。为了书写方便,后来又对笔画较多的𝍣和𝍨做了修改:以象征四维的×表示4;5则改作[illegible]和[illegible],前者用于个、百、万等位,后者用于十、千等位;类似地,9则用[illegible]和[illegible]来表示。这种经由筹码演变来的记数符号就是算码,它在宋元数学家的著作中被广泛应用。

宋元数学家又普遍采用记号○来表示零，从而使算码成为一套完备的数字书写系统；不过他们的书写还是遵从筹算纵横相间的规则，这是由于当时的数学家主要还是用算筹来演算，算码不过用来记录运算过程和结果而已。下图是秦九韶《数书九章》中的算草，其中的算码乂‖⊥ō表示 9375，乂ⅢOⅡ表示 9807，图中又有横式的ㄨ̄。

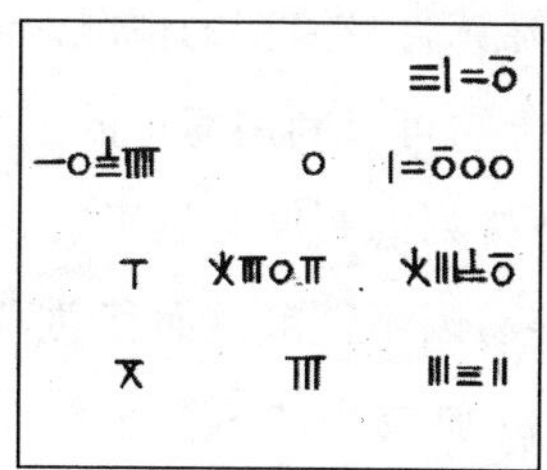

明代珠算兴起之后，算码已不再与算筹的布列发生关系，但演变后的算码依然带有筹算的痕迹：1、2、3 仍以纵横相间的筹码表示，但最高位数恒为纵式，如 32 作|||二、123 作|二|||等；4 作×，5 以上一律用横式，其中ㄅ和乂因书写快捷变成了ㄅ和夂。徐心鲁的《盘珠算法》称这些算码为马子暗数，程大位的《算法统宗》则称为暗马或暗子马数。清代数学家的算草多用暗马来书写，例如，≐夂×⊥表示 7946、|一O||8表示 11025 等。在阿拉伯数字被普遍接受之前，由筹算记数制脱胎而来的算码一直被中国数学家用来记数和表达数学关系，也被广泛应用于商业和日常簿记之中。①

① 严敦杰：《中国使用数码字的历史》，《科技史文集》1982 年第 8 辑。

(三) 算盘与珠算

具有近代形式和功能的算盘究竟起源于何时，珠算何时取代筹算成为中国人所倚借的主要运算手段，自清初梅文鼎作《古算器考》以来，300 余年聚讼纷纭。远至东汉，近至明代中叶，论者各有所据。但是有一点是诸家公认的，那就是珠算是由筹算发展而来的。为此还是先看看筹算自身演变的情况。

筹算的优越性在于它可以利用简单的工具从事相当广泛而复杂的计算，但是其纵横排列的制度必然影响布算速度，而且占地较大，运算过程中算筹容易因不慎触碰而移动，这是它的缺点。有人描述用算筹做多位数的加减法，“出算子约百余，布地上，几长丈余”①。前面所引卫朴算历的例子，也说明筹算要求相当熟练的技巧，并不是任何人都可以轻易掌握的。在频繁的商业交往和诸如军事、工程之类的野外作业中，筹算有时就显得捉襟见肘了。因此，几乎从筹算还在蓬勃发展的时代起，就出现了对其进行改革的种种尝试。这一改革延续了上千年之久，其内容则包括算具的改革和算法的改革这两个方面，最后结果是算盘取代了算筹，筹算发展成了珠算。

1. 算具改革

算具改革当以《数术记遗》所载多种记数工具为代表。该书记

① (宋)马永卿:《懒真子》卷五。转引自华印椿:《中国珠算史稿》，中国财政经济出版社 1987 年版，第 6 页。

录的14种算法分别是“积算”“太一算”“两仪算”“三才算”“五行算”“八卦算”“九宫算”“运筹算”“了知算”“成数算”“把头算”“龟算”“珠算”和“计数”。书中先假“天目先生”之口说出关于各种算法的一个八字偈语，然后各用一段注文详释每一算法或与其相配的算具。

14种算法当中，第一种“积算”就是筹算，注文称“今之常算者也”，可见筹算正是当时的标准算具；最后一种“计数”就是心算，不需借助算具。其余12种算法，都要配合一定的算具才能进行。过去有人曾认为这些算具都是甄鸾凭空杜撰出来的，没有任何实用价值；现在看来这一结论值得商榷，把它们看成早期筹算改革的产物也许更符合实际。当然，它们中的大部分在实践的检验中被淘汰了，但也有个别的改头换面存留下来。明代《算法统宗》所载“一掌金”算法，其本质与“小往大来、运于指掌”的“运筹算”一脉相承，关键是利用手指定位并借助指节的不同位置表示不同的数字；更令人感到惊讶的是，今天民间还有人掌握并传习这种算法。[①]

14种算法中的“太一算”“两仪算”“三才算”和“珠算”都要用到带珠的算具，日本学者三上义夫最早对这些算具的形制和用法进行研究。[②] 后来又有许多人继续提出各种复原设想，虽然诸说细节不一，但都认定这四种算具与后来的算盘有一定的关系。

以“太一算”为例，偈语为“太一之行，来去九道”，注文是“刻板

---

① 杨之、劳格：《“一掌金”算法探奇》，《自然杂志》1990年第2期。

② 〔日〕三上义夫：《中国算学之特色》，林科棠译，国学小丛书本1934年版，第54—56页。

横为九道，竖以为柱。柱上一珠，数从下始。故曰来去九道也”。三上义夫绘出图 1-5，认为“太一算”就是在这种刻有九条横线的算板上进行的。

另一位日本学者户谷清一强调注文中有“竖以为柱”之语，因而提出另外一种复原图（图 1-6）。①

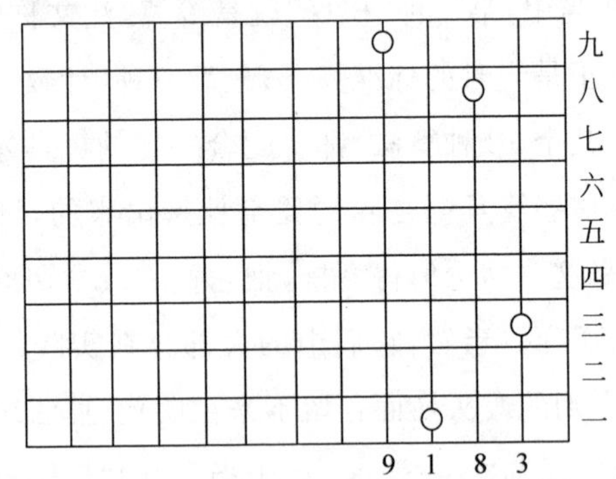

图 1-5 太一算板（三上义夫复原）

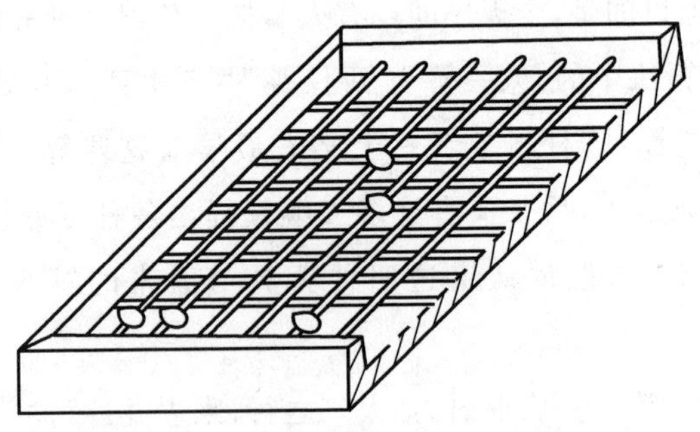

图 1-6 太一算盘（户谷清一复原）

① 〔日〕户谷清一：《论〈数术记遗〉的算盘》，《中华珠算》1986 年 6 月号。

“两仪算”和“三才算”的基本构思与“太一算”相同，只是用不同颜色的珠子表示不同的基数（图1-7、图1-8）。例如，“两仪算”就以青珠表示5、6、7、8、9，黄珠表示1、2、3、4；根据注文，位于同一道上的青黄两珠所表示的数字互补。“三才算”大同小异。

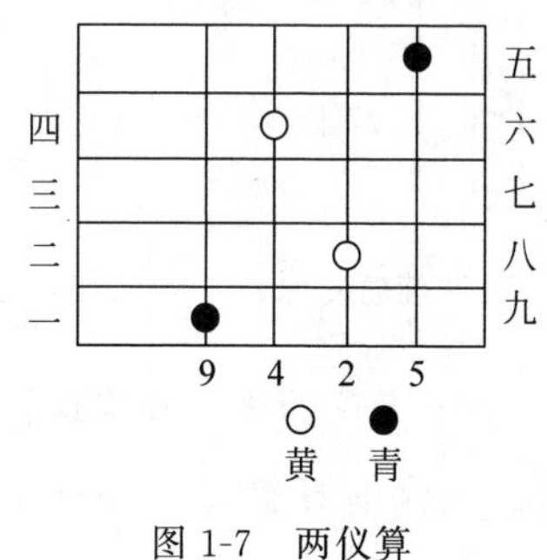

图1-7 两仪算

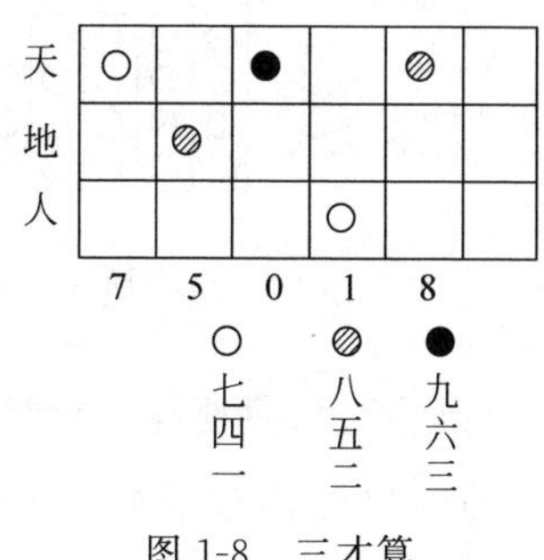

图1-8 三才算

《数术记遗》中的“珠算”与后来的算盘更为接近，其偈语曰“控带四时，经纬三才”，注文称“刻板为三分，其上下二分以停游珠，中间一分以定算位。位各五珠，上一珠与下四珠色别。其上别色之珠当五，其下四珠，珠各当一。至下四珠所领，故云控带四时。其珠游于三方之中，故曰经纬三才也”。三上义夫将“刻板为三分”理解成“刻板为三份（段）”，即“上下两段置游珠，中间一段记一、十、百、千等位。此与现今算盘中所见之原则，不稍异同。然位各五珠云云，即每行置五珠，此点与今日算盘不同。而上段之一珠，与下段之四珠，颜色各异，上段一珠表五，下段一珠表一。其上下段之珠，颜色不同，及下段有四珠，皆与现今算盘不同。然上段一珠表五，下段一珠表一，又与现今算盘完全相同者”。他又怀疑“是否有轴贯珠”，但是没有给出示意图。后来许多研究者提出了复原图，其中图1-9似乎较为贴合原文。[①]

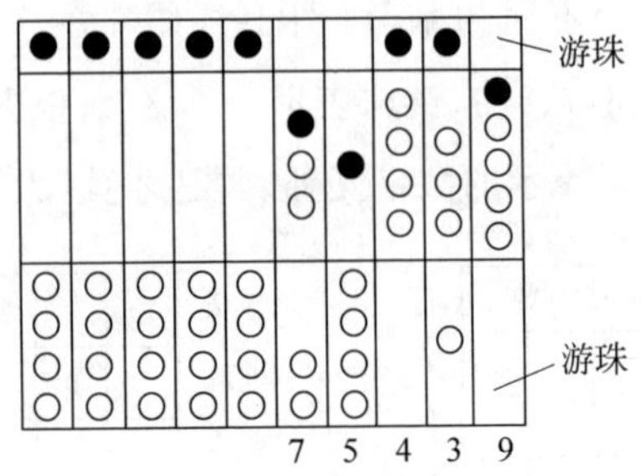

图1-9 《数述记遗》中的珠算(许莼舫复原)

可以看出,只要在此算具上装置隔开上下珠的横梁和穿珠杆,并在每一档位各自增加上下二珠,就与现代的算盘完全一样了。这也就是为什么许多人坚持认为珠算起源于南北朝或汉代的主要原因。

但是这一论点也是值得商榷的。早就有人提出过,珠算的产生应该有两个主要标志,那就是"既有横梁穿档的算盘,又有一套完善的算法和口诀"[②];前一条件相当于现代电子计算机中的硬件,后一条件相当于软件;离开了软件系统,再先进的电子计算机也是一堆废物。同样,没有相应算法和口诀的算盘是缺乏生命力的,例如古罗马的沟算盘和近代俄国的记数算盘就是。真正的珠算要到算法改革达到一定程度之后才能出现。

---

① 许莼舫:《中国算术故事》,中国青年出版社1965年版。

② 梅荣照:《从中国数学史的角度谈谈珠算史的几个问题》,《珠算史通讯》1985年第2期。

2. 算法改革

算法改革大约始于唐代中叶，一直延续到元代末年，核心是简化筹算乘除，但其结果多数可以应用到后来的珠算之中。

筹算乘除需要三重布位，操作起来相当麻烦，因而算法改革的关键是设法在同一横列里施行乘除运算，这样可以减少算筹的移动从而提高运算速度。《新唐书·艺文志》记有一本名为《一位算法》的书，据南宋王应麟(1223—1296)的《玉海》称："江本撰三位乘除一位算法三卷，又以一位因、折、进、退，作一位算法九篇，颇为简约。"似乎这部书的全名就是《三位乘除一位算法》，书名很能代表唐、宋、元三代筹算算法改革的真谛。传本《夏侯阳算经》中则有多种乘除捷法，例如将多位乘除数化为几个一位乘除数的算法，后来被宋代数学家称为"重因"并加以发展；又如针对首位或首几位数字是1的乘除数运算采用的"身外加减"，化乘法为减法的"损位乘"等。在"身外加减"法的基础上，唐代数学家还创造了"求一"方法，关键就是设法把乘除数的首位数字化成1来演算，例如将238×240化为476×120，就可用"身外加二"来算。唐代陈从运的《得一算经》、龙受益的《求一算法化零歌》大约就是介绍这种算法的。

宋代算法改革更趋活跃，沈括在《梦溪笔谈》中记道："算术多门，如求一、上驱、搭因、重因之类皆不离乘除。唯增成一法稍异其术，都不用乘除，但补亏救盈而已。"其中"求一""重因"如前所释，"搭因""上驱"意义不明，"增成"则属于归除法的一类。杨辉在《乘除通变本末》中对唐中叶以来的算法改革做了系统的总结，除了对以上各种方法进行推广外，又将当时流行的"九归"歌诀精简为"归数求成十”“归余自上加”和“半而为五计”三大类。书中又给出除数为两位以上的除法口诀，成为后来“飞归”的先河。

元代算法改革的成果可在朱世杰的《算学启蒙》、郭守敬的《授时历捷法立成》、安止斋与何平子的《详明算法》、贾亨的《算法全能集》以及丁巨的《丁巨算法》中找到踪迹。朱世杰简化了杨辉的“九归”歌诀，他的歌诀是：“一归如一进，见一进成十。二一添作五，逢二进成十。三一三十一，三二六十二。逢三进成十……”与现代珠算的乘法口诀几乎一致。朱世杰等人又在“九归”和“以减代除”的基础上发展出“归除”，其基本思想是用“九归”求得商数，然后按类似于“求一”和“身外减”的方法进行后面的运算。在“归除”法中，应用“九归”所得商数有时过大而被除数“无除”，于是有人创造了“起一”与“撞归”两法，安止斋与何平子、丁巨、贾亨的著作对此都有所论述。与此同时，元代数学家亦普遍采用了从低位入算的“留头乘法”或“下乘法”。“留头乘”“归除”等方法的出现，不但使乘除运算不需任何变通就可以在一个横列里进行，也为珠算的使用铺平了道路。

所有这些乘除捷法都是适应着唐代以后商业经济的繁荣而被逐步发展起来的，它们不但在当时的社会实践中起过积极作用，而且构成了从筹算向珠算过渡的必要桥梁。①

3. 宋元明三代算盘史料

在对筹算改革做了以上两个方面的回顾之后，对珠算的起源

---

① 梅荣照：《唐中期到元末的实用算术》，载钱宝琮等：《宋元数学史论文集》，科学出版社 1966 年版。

就不必拘泥于确定一个具体的时间上限了。大略言之,《数术记遗》中的“珠算”板即是后世算盘的坯形;而具有现代形式和功能的算盘很可能出现在北宋,只是由于算法未备,当时仅在个别地区和个别场合被应用。元朝是珠算与筹算并驾齐驱的时代,前者受到商人和部分民间数学家的青睐,后者则一向是正统历算家专擅的技术。另一方面,自唐中期开始的算法改革到元末终于完成,许多捷算方法连同口诀很自然地被珠算借用。宋元算书中尽管可能有些关于珠算的内容,但对后世未产生多大影响。明代有了较出色的珠算教科书,珠算也在明代中叶商业进一步繁荣的社会环境中蓬勃发展,而筹算则逐渐消声匿迹。

下面是关于早期算盘的一些较重要的线索。①

1921 年在河北省巨鹿宋城故址出土了一颗木珠,直径 2.1 厘米,外形呈扁圆状,中有穿孔。巨鹿故城系北宋大观二年(1108)被黄河泛滥所淹没的,如能确定该木珠为算盘珠而非他物(如念珠),此为北宋已出现算盘的实物证据。

程大位的《算法统宗》卷末著录了两部宋代算书《盘珠集》和《走盘集》,从书名来看似与珠算有关。又元末陶宗仪(1329—约1412)的《说郛》引宋代《谢察微算经》用字例有“算盘之中”“脊梁之上(下)”“盘中横梁隔木”等语。

北宋画家张择端(1085—1145)所绘《清明上河图》长卷中,卷末赵太丞家药铺柜上有一长方形器物,细辨像一只 15 档算盘。元

① 资料主要来源于李俨、严敦杰、华印椿、钱定一、大矢真一、下平和夫等,参阅华印椿:《中国珠算史稿》,中国财政经济出版社 1981 年版,第 28—35、53—57、61—66 页。

初画家王振鹏绘制的《乾坤一担图》,图中画一老者挑着货郎担,担上方则有相当清晰的算盘图像。

宋元诗文中多见珠算用语,较早可见南宋诗人张孝祥(1132—1170)作于1166年的一首诗,内有“商归斗算珠”一句。元初学者刘因(1249—1293)则有《算盘诗》一首。此外,元代禅师和当时日本来华僧人诗文中亦多有所反映,如大鉴禅师(1274—1339)在《隆藏重游乐》中咏道“百亿毛头珠走盘”,雪村友梅禅师(1290—1346)的《丹通》诗云“机前透出走盘珠”等。元曲《庞居士误放来生债》中则有“去那算盘里拨了我岁数”的唱词。陶宗仪的《南村辍耕录》以“擂盘珠”“算盘珠”和“佛顶珠”比喻婢仆的不同服务态度。

明代关于珠算的史料多不胜举。洪武年间刻印的《魁本对相四言杂字》是一部图文并茂的儿童识字读物,书中绘有算盘图。永乐年间刊行的《鲁班木经》中专门介绍了算盘的制作规格。马欢《瀛涯胜览·古里国》称“彼之算法无算盘”,可见“我”之算法有算盘。周晖《金陵琐事·历数》称“赵大洲上不得算盘,唐荆川上得算盘”。《金瓶梅》摹写汤来保狂状,“匹手夺过算盘”。《警世通言》称宋金“写算精通”,“去拿算盘,登帐簿”。《醒世恒言》《黄山迷夹竹桃》《疗妒羹记》《缀白裘》等小说话本中也都提到算盘。

4. 珠算

明代中晚期是珠算的黄金时代。这一时期出现了许多专门介绍珠算的书籍和珠算家,各种珠算算法和相应的口诀也被发展完善。也正是在这一时期,珠算不仅在中国民间广泛流行,而且被传播到朝鲜、日本、泰国等地。

明代珠算书很多，除已失传的外，主要的著作都出现在16世纪70年代至17世纪初的这30多年中。它们是1573年徐心鲁的《盘珠算法》、1578年柯尚迁的《数学通轨》、1584年朱载堉的《算学新说》、1592年程大位的《算法统宗》、1604年黄墟云的《算法指南》。其中，以程大位的书流传最广、影响最大。

值得指出的是，更早些时候吴敬与王文素的两部著作，过去一般认为主要是介绍筹算方法的，深入的研究表明此二书中关于珠算的内容占了相当大的比例。举例来说，吴敬的《九章算法比类大全》首先提出了珠算的加减法口诀，称作“起五诀”“成十诀”“破五诀”和“破十诀”；后来徐心鲁将它们综合成“上诀”和“退诀”，一直行用至今。关于珠算乘法的次序，吴敬首先介绍了“留头乘”，王文素的《通证古今算学宝鉴》在“留头乘”外又介绍了“掉尾乘”和“破头乘”，程大位的《算法统宗》又增加了“隔位乘”。珠算的四种后乘法始得完备。

珠算的乘法口诀就是九九口诀，除法一般用宋元数学家创造的九归口诀。程大位明确规定了“九九合数”即乘法应“呼小数在上，大数在下”；“九归歌”即除法应“呼大数在上，小数在下”。例如，“六八四十八”即乘法口诀，“八六七余四”是九归口诀。

除了通常的四则运算外，珠算也用于开方、解高次方程和其他计算问题。程大位的《算法统宗》涉及的各类计算问题均用珠算解决，朱载堉的《算学新说》详细介绍了珠算开方的程序。可见作为计算工具，珠算基本可以涵盖筹算的功能，但其迅捷便当却是后者无法比肩的。

珠算与筹算一脉相承，尤其是在计数方法上。算盘中的一颗

上珠相应大于5的筹码上方异向排列的一根算筹，熟悉筹算的人只需一个不太复杂的转换就可以毫无困难地接受珠算。珠算与筹算的最大区别就在于它依赖于算法口诀。筹算虽然也可应用口诀，但因布算速度的限制，这一要求并不迫切，运筹基本是一种心算配合筹码记数的过程。珠算则不然，熟练的算盘师无需经过心算这一步骤（特殊的心算结合珠算法除外），呼出口诀的同时就拨出了得数。举例来说，筹算作6＋7的运算，操作者将筹码丅换成一|||全凭心算并要熟练掌握筹算计数规则；而珠算只要按“七上二去五进一”的口诀拨珠即可，速度显然大大高于前者。

珠算的精华正在于它的算法口诀。利用汉语单字发音的特点，将各种计算程序概括成若干字一句的口诀，演算时随呼口诀随拨结果，颇像现代电子计算机中调出预先编好的程序进行运算的过程。明代数学书中的创新，主要是对珠算算法及其相应程序的改进，“金蝉脱壳”“损乘”“归除”“飞归”等方法都被纷纷改进或创造出来。同时，算法口诀也逐渐演变得更为规范和符合技术上的要求。以加法为例，吴敬、王文素皆以“一起四作五、二起三作五”来表示4＋1、3＋2等，徐心鲁则改作“一下五除四、二下五除三”。二者似乎没有区别，但是实际操作时前者需先去下珠再拨上珠，后者则由上而下一气拨成，显然提高了速度。到了清代，还出现了专门讲求珠算指法的书籍，如张豸冠的《珠算入门》和潘逢禧的《算学发蒙》。

清代虽已传入西方的笔算、纳皮尔筹算、比例规算法等，但珠算仍是主要的计算手段。直到今天，珠算仍然在我们的生活中发挥着作用。

四　古算与社会

本书所论述的中国古代数学，主要是在中国秦汉至清末这一政治经济与社会环境中发展起来的一门知识，它既有数学自身的一些性质，又带有浓厚的时代与地域色彩，其基本框架是与中国古代大一统的政治经济结构及相应的人文环境相适应的。

(一) 大一统帝国的数学观

1. 圣人制数与王道正统

早期人类往往把知识的起源归于本氏族的领袖和英雄，这就是圣人制数说的文化学渊源。值得研究的是，这一类传说在中国古代是被当作信史看待的；而它们滥觞的时代，又几乎与儒家思想逐步取得统治地位和秦汉大一统帝国逐步建立的过程同步，这就不得不令人对这类传说的思想政治背景去作一番探索。

《易传》中多次谈到人类的历史和宇宙的起源。《系辞传下》称："古者庖牺氏之王天下也，仰则观象于天，俯则观法于地，观鸟兽之文与地之宜，近取诸身，远取诸物，于是始作八卦以通神明之德，以类万物之情。"《说卦传》称："昔者圣人之作《易》也，幽赞于神明而生蓍，参天两地而倚数，观变于阴阳而立卦，发挥于刚柔而生爻，和顺于道德而理于义，穷理尽性以至于命。"

《世本》则称："黄帝使羲和占日，常仪占月，臾区占星气，泠纶造律吕，大挠作甲子，隶首作算数，容成综此六术而著调历也。”①

《易传》和《世本》都是战国时期的作品，它们反映了刚刚从神学脱胎而出的早期哲学与历史学的原貌，也体现了中国封建制度后期逐渐走上主导地位的儒家学说的政治理想和世界观。鼓吹乌托邦的唐虞盛世需要呼唤古代英雄，强调宇宙自然与人类存在的和谐导致“天道”与“人道”相统一的自然-历史哲学；而作为“通神明”“类万物”的数学，由介乎“天”“人”之间的圣人掌握和传授就是十分自然的了。

其他一些典籍也涉及远古数学的传说。例如，《山海经·海外东经》称禹命竖亥步地，竖亥“右手把算，左手指青丘北”；《管子·轻重》称“宓戏作九九之歌”；《尸子》称“垂为规矩准绳，使天下仿焉”。

汉代是大一统帝国成熟完善的时代，“天人合一”的自然-历史观成为维护王道正统的理论支柱，圣人制数说则被采入官修正史之中。《史记·历书》称“黄帝考定星历，建立五行，起消息，正闰余”。《夏本纪》说大禹治水，“左准绳，右规矩”。《汉书·律历志》云：“自伏羲画八卦由数起，至黄帝、尧、舜而大备。”《汉书·魏相传》则有“太昊乘震执规司春”“少昊乘兑执矩司秋”“黄帝乘坤艮执绳司下土”等语。圣人制数说在此时还出现了一个新的变种，那就是河洛起源说。按《系辞传》原有“河出图，洛出书，圣人则之”的说法，但“河”“洛”“圣人”究何所指均未明确。《汉书·五行志》则引

① 此据司马贞《史记索隐》，参阅《史记》卷二十六《历书》，上海古籍出版社、上海书店《二十五史》本 1986 年版，第 163 页。

刘歆说谓:"宓羲氏继天而王,受河图,则而画之,八卦是也;禹治洪水,赐洛书,法而陈之,洪范是也。"郑玄则以数字排列说明《系辞传》中天地生成数和《周易乾凿度》的太乙行九宫,后来被宋儒说成是数学起源之河图与洛书。在汉代出土砖石画中,也通常可见伏羲执矩、女娲执规的形象(图 1-10)。

图 1-10 汉武梁祠石室造像(拓片)

这些都说明,随着大一统意识形态的确立,圣人制数说成了皇家钦定的理论,它与统治阶级极力鼓吹的君权神授思想是协调一致的。在数学家方面,不管他们的真正认识如何,论及数学的起源大率祖述圣人制数说。《周髀算经》第一句话就以"昔者周公"开头,随后又借周公与商高的对话谈到"包牺立周天历度","禹之所以治天下者,此数之所生也"。在刘徽的《九章算术》序中也可以觅到《易传》与《世本》的影子:

昔在庖牺氏始画八卦,以通神明之德,以类万物之情,作九九之术以令六爻之变。暨于黄帝神而化之，引而伸之，于是建历纪，协律吕，用稽道原，然后两仪四象精微之气可得而效焉。[①]

类似的例子不胜枚举，它们从一个侧面反映了中国古代数学与政治的关系。

2.《九章算术》的政治经济背景

秦灭六国，废封邑，立郡县，完成一统天下的大业。汉承秦制，又通过一系列政治经济措施抑制地方豪强，使大一统的集权式国家官僚机器臻于完善。这一历程在《九章算术》这样的数学典籍中亦有所反映。对于《九章算术》，历史学家和经济学家另有一种读法，那就是透过形形色色的数学应用问题，去发掘秦汉之际的典章制度以及政治经济方面的丰富史料。[②]

统一度量衡是实现大一统国家的重要政策。《九章算术》中就包括大量与度量衡单位换算有关的问题，其单位名称和进制都与秦汉制度相同。东汉光和二年(179)所造大司农斛的铭文则明确指出《九章算术》的规范作用：

大司农以戊寅诏书，秋分之日，同度量，均衡石，捔斗桶，

① 钱宝琮校点：《算经十书》(上册)，中华书局1963年版，第91页。

② 陈直：《〈九堂算术〉著作的年代》，《西北大学学报》(自然科学版)1957年第1期；宋杰：《〈九章算术〉记载的汉代的"程耕"》，《北京师院学报》1983年第2期；宋杰：《〈九章算术〉在社会经济方面的史料价值》，《自然辩证法通讯》1984年第5期。

正权概，更特为诸州作铜斗、斛、称、尺。依黄钟律历，九章算术，以均长短、轻重、大小，用齐七政，令海内都同。[①]

修驰道，治沟洫，建官仓，整顿边防，这些统治者用以巩固大一统帝国的具体措施在《九章算术》中都有反映。商功章的实际背景是秦汉之际频繁不断的官营工程：穿地、筑城、修堤、挖渠皆非普通百姓所能组织；方垛壔、圆垛壔是军事城堡的缩样；容粟万斛的方仓、圆囷显然是官家所修；方亭则使人联想到至今仍矗立在咸阳古原上的汉代皇帝们的陵墓。配合浩大的政府工程，汉初即颁行均输令，郡县设均输官，《九章算术》则专有均输一章：前 4 题涉及四至五县数万人丁的劳役摊派，动辄上万乘车，调粟数十万斛，若无强有力的号令断然组织不起来；第 9 题“太仓粟输上林”，反映了从官仓调粮的情况；第 21 题“甲发长安，五日至齐”，在阡陌遍野的封建割据时代则是不可想象的。

秦汉之际的阶级和经济关系在《九章算术》中也有所折射。衰分章第 1、6 题按“大夫、不更、簪裹、上造、公士”五级爵位分配物品：位高者多，位低者少；第 8 题则按爵位分摊税款：位高者少，位低者多。题中爵名也都是秦汉之制。商功章第 4、5、6、7、21、22 题皆以“用徒几何”设问，反映了刑徒或百姓充役的事实。均输章第 27 题“持米过关”、第 28 题“持金过官”，反映了政府的抑商政策和对百姓外出的限制。西汉初年奖励农桑，提倡耕垦，推广代田法，实行粮食交易的官方控制和盐铁官营等，这些经济手段都对强化

① 邱隆等编：《中国古代度量衡图集》，文物出版社 1984 年版，第 97 页。

大一统帝国起到了积极作用。《九章算术》方田章第3、4题量地以里为计,实乃当时政府大规模丈量土地的写照。少广章前11题均以田广若干求田一亩,似与当时"假民公田"的政策有关。所谓"假民公田",就是由政府将官地租给农民耕种,收取的地租称为"假税"。均输章第24题"今有假田,初假之岁三亩一钱"即为一例。粟米章首先列出各类谷物交换的比率,反映了政府对粮食交易的严格控制。

总而言之,《九章算术》的内容与秦汉大一统帝国的政治经济是相适应的。难怪有人认为"它是当时政府为了适应培养行政官员的需要而由国家组织力量编纂的一部代表时代水平的数学教科书"[①]。

3. 从治乱看数学

中国数学史上有一个令人困惑的现象,那就是古代数学发展的两个高峰期,一个在魏晋南北朝,一个在宋辽金元对峙的时代,它们都处于战乱频仍、中央集权式微的政治低谷期。而在社会相对稳定的时代,如汉唐明清的全盛时期,数学却较少表现出创造性来。

对于这一现象,科学史家们曾从不同角度尝试给出解释。例如,把南北朝数学的繁荣归于民族大融合,把宋辽金元对峙时代数学的短暂勃兴归于知识分子仕途的断绝等。但是这种局部着眼的

---

① 李继闵:《〈九章算术〉及其刘徽注研究》,陕西人民教育出版社1990年版,第16页。

解释显得单薄脆弱，往往一个反例就足以颠覆整个结论；而在形形色色的历史事件和人物中去搜寻反例，会比利用反例推翻一个数学命题还容易。

如果从中国古代数学与大一统的政治经济之关系着眼，对此现象似有希望提出一个宏观的解答。中国古代数学体系的坯形，与儒家治国思想得到重视，以及大一统帝国建立的过程几乎同步发展，其奠基作《九章算术》就反映了统治者透过儒生阶层来管理这一庞大国家机器的种种需要。因而在河清海晏、政通人和的时代，数学是在《九章算术》的框架中，以与大一统的政治经济相适应的形式平缓地发展的。北周开国伯甄鸾撰《五曹算经》和《五经算术》，前者纯为政府官吏所作，后者则体现了汉代设置五经博士的流风，亦为数学服务于官方提倡的正统学术之最好注脚。隋唐至北宋设明算科，开算学馆，官刻算书，都显示了数学的官僚化倾向。王孝通的《上缉古算术表》称："夫为君上者司牧黔首，有神道而设教，采能事而经纶，尽性穷源莫重于算。"这把数学与人治融为一体。北宋官僚机构膨胀，死去的数学家也叨光受封；然而封爵的标准却不是受封者的实际贡献而是道统的尊卑：如大挠、隶首等虚构人物俱封为公，耿寿昌、张衡、何承天等朝官俱封为侯，而刘徽、张丘建、夏侯阳等不见官志者仅封为男。盛世时代的数学家往往兼有显赫的官方身份：耿寿昌是大司农，张衡是太史令，李淳风为朝议大夫、上轻车都尉，顾应祥为刑部尚书。这种时代中较重要的数学成果，也多涉及国家机器的运作，例如《大衍历》中的数学成果就与张遂组织的官方性的天文及大地观测有关。

相反，在礼崩乐坏、纲纪散乱的时代，尽管《九章算术》中的问题和方法依然是数学进步的源泉和数学家尊奉的规范，但是它所体现的那种与大一统政治经济相适应的文化特征，在当时的数学中已黯然褪色。刘徽、赵爽都表现出与儒家济世理想不同的追求纯学术的风格，《测圆海镜》的几何模型与演绎化倾向与《九章算术》异相旨趣，天元术发源于13世纪中叶河北、山西交界的山区，各种纵横图的突然出现似乎与社会经济活动毫无关系。刘徽、赵爽、张丘建、夏侯阳都无官方身份，朱世杰是教书先生，杨辉为地方小吏，秦九韶、李冶的仕进皆因战乱受到影响。一句话，动乱时代的数学由于较少受到传统和官方两方面的束缚，往往以出人意料的速度向前发展。当然，它们还取决于合适的学术气氛和文化环境，这一点留待后文继续讨论。

4. 数学与律历

另一足以显示中国古代数学之社会性质的事实，就是它与律历的关系。律者音律，历者历法。这里要说明的是，在中国古代，历学与天文有着不同的内涵：前者近似于今日意义的数理天文学，常与算学相提并论；后者系将天象作为一种帝王独占的通天手段，与星占学十分相似，不在本书论述范围之内。[①]

在中国古代，律、历两学向来为官方所垄断，这可由历代官修史书得到明证。司马迁的《史记》为中国正史创榛辟莽，其记载官方典章制度及天文舆地等事的“八书”，内中就有《律书》和《历书》。

---

① 江晓原：《中国古代历法与星占术——兼论如何认识中国古代天文学》，《大自然探索》1988年第3期。又可参阅本丛书江晓原的另一专著《天学真原》（辽宁教育出版社1993年版）。

汉武帝时邓平以黄钟自乘之数为日法造《太初历》,《汉书》遂以律、历合为一志。自时厥后,《后汉书》《晋书》《魏书》《隋书》《宋史》无不因循这一律历合述的传统。[①]

至于律、历两学的功用,《史记·律书》称:"王者制事立法,物度轨则,壹禀于六律,六律为万事根本焉……,百王不易之道也。"《史记·历书》称:"王者易姓受命,必慎始初,改正朔,易服色,推本天元,顺承厥意。"《汉书·律历志》开篇就引《尚书·舜典》"同律度量衡"一句,说明律历的作用是"齐远近立民信也"。可见律与历,在中国传统社会中扮演着十分重要的角色,是直接服务于最高统治者的王学。

中国古代数学与律、历两学可以说是共生共荣,尤其与后者的关系更为密切。《史记·律书》谈到"数"与"声"的关系时这样说:"神生于无,形成于有,形然后数,形而成声,故曰神使气,气就形。"除却"神生于无"这一纯属意识形态的套话,可以看出作者的本意是强调数学与律学具有同样的物质基础。《汉书·律历志》在阐述历法之前有"备数""和声""审度""嘉量""权衡"五事,而以"备数"居先,"夫推历生律制器,规圆矩方,权重衡平,准绳嘉量,探赜索隐,钩深致远,莫不用焉"。

从中国古代典籍的分类也可看出数学与历学的关系。《汉书·艺文志》为中国现存最早的书目,内中并无"算术"一门,有关

① 历代官修正史中,三国及南北朝多缺律、历等志,《宋书》《旧唐书》则依《史记》旧例分述律和历,《新唐书》以下则不再单独述律。有些朝代的史志名称亦有变化,如《旧唐书》在《音乐志》中介绍律学,《新五代史》和《清史稿》分别以《司天考》和《时宪志》介绍历学。

著作被放在“术数”略之“历谱”类中。《隋书·经籍志》确立了四部分类体系，数学书则被归入“子”部“历数”类，这种做法遂后被各代史志及官修书目承袭。《四库全书》亦将天文、算法合为“子”部之一类。一些大型类书也采取类似的方法，《玉海》将算学归入“律历”一门。《古今图书集成》则将“测量”“算法”“数目”三部归入“历象汇编”之“历法典”。康熙御制《律历渊源》100 卷，包括《律吕正义》5 卷、《历象考成》42 卷、《数理精蕴》53 卷，可谓律、历、数三位一体。

在中国古代，数学家多为历家，即今日意义上的天文学家。一部《畴人传》即以历法改革为主线贯彻始终。[①] “畴人”一词出自《史记·历书》，原指家业世代相传的专门家，特别指通历者，后来则泛指历算家。曾经删补过《九章算术》的张苍就是一个有案可稽的历算家，《汉书·律历志》称：“汉兴，北平侯张苍首推律历事。”祖冲之闻达于朝廷不是由于推算圆周率，而是因为与戴法兴辩历和创制《大明历》，他对圆周率的计算结果被《隋书·律历志》记录才留传于后世。刘焯、李淳风、张遂、秦九韶、郭守敬、梅文鼎、李善兰这些在不同时期代表中国古代数学水平的大学者都是兼通历算于一身的人物。

中国古代数学中的许多成果与律历直接相关，最典型的例子是古代分数理论及算法的发达，在很大程度上受惠于历法普遍以分数表达天文基本数据，以及律学中采用三分损益法来确定基本

① 傅祚华：《〈畴人传〉研究》，载梅荣照主编：《明清数学史论文集》，江苏教育出版社 1990 年版。

音程这两桩事实。确定基本音程这一问题后来还导致非十进制算术的研究。至于数学与历学相得益彰的例子更是俯拾皆是：正负术、重差术、调日法、内插法、同余式组解法、会圆术、增乘开方法，这些成果都有历学方面的背景并反过来为制定历法服务。

在大一统的政治制度中，律历关系着改正朔、易服色等国家最高利益和郊祀宾射等象征王道的诸般大礼，因而是上层建筑中的上层，与它们关系密切的数学也就难免带有特定的政治色彩。

（二）学术思潮演变中的中国古代数学

1. 先秦显学与两种数学传统

先秦诸子中，儒墨并称显学。春秋战国之际的数学，肯定受到这两派学术思想的影响。

孔子（公元前551—公元前479）直接论算的言论不见《论语》等儒家经典，但他“少也贱，故多能鄙事”，“曾为委吏，主积出纳仓”。这“委吏”就是会计，显见他是长于书计的。况且作为一个大教育家，他所教授的内容就包括数学。《史记·孔子世家》称孔门弟子“盖三千焉，身通六艺者，七十有二人”，“六艺”即五礼、六乐、五射、五御、六书和九数，而这里的“九数”可能就是《九章算术》的源头。

孔子所创儒家学说，主要关注的是社会政治秩序和相应的人伦道德规范，它“祖述尧舜，宪章文武”，借以宣传一种贵族民主制的政治理想。儒家经典《周礼》详细叙述了周代国家机构的职能，其中涉及许多科学与技术部门，例如冯相氏掌历法，保章氏掌观天星占，医师掌医药，草人、稻人掌农耕，大行人掌标准量器，职方氏掌地图，土方氏掌测地等。被用来取代《周礼·冬官》佚文的《考工记》更包括门类齐全的国家技术部门职守规定和各种工艺规范。这种严密的专业分工和学术官守的性质无疑对后世产生了影响，例如汉代就有太史令、太医令分掌皇家天文、医学机构，有将作大臣、尚方监管理国家土木工程，大司农则为主管农业的最高辅臣。[①]《九章算术》与秦汉政治经济形态的高度和谐，隋唐和北宋时代数学的官僚化倾向，这些现象的背后都衍射出儒家治国理想的光环。

儒家的自然观强调事物的变化和宇宙整体的和谐。被他们尊为六经之首的《周易》，实际上是一个由阴阳两爻构成的符号系统及相应的解说。它对中国古代数学的影响有两个方面：一个是象数观念的流行，另一个是组合数学的发端。前者属于数术，后者属于数学，不过在中国古代数术和数学是很难截然分开的。

墨子（约公元前468—约公元前376）批评儒者崇礼之烦琐与奢侈，因而“背周道而称夏政”，声言“非禹之道也，不足谓墨”，其学“以绳墨自矫”“又善守御”。[②] 这些特征都使人相信墨子是精通数学的。

《墨经》中含有丰富的科学内容和逻辑知识。《非命》等篇提出的“三表法”可以概括成检验真理的三条标准：“本”上考历史，“原”下察百姓耳目所闻见，“用”观实际效果。《经上》《经下》《经说上》

---

① 薄树人：《试论孔孟的科技知识和儒家的科技政策》，《自然科学史研究》1988年第4期。

② （清）孙诒让：《墨子间诂》（下册），中华书局1986年版，第629—641页。

《经说下》《大取》《小取》六篇，一般认为是墨家后学所作，是他们与惠施、公孙龙等名家相訾相应的文字记录。《小取》是一篇关于逻辑学的完整论文，内中提出墨家逻辑的三个手段："以名举实，以辞抒意，以说出故"；"名"是概念，"辞"是判断，"说"是推理，类似于演绎数学中的定义、定理和证明。同篇又提到效、譬、侔、援、推五种推理方法；研究者认为"效"就是墨家后学的演绎法，"推"是归纳法，"譬"和"侔"是比喻，"援"是类推。①

《经说上》言："小故，有之不必然，无之必不然……。大故，有之必然，无之必不然。"这里的"小故"相当于必要条件，"大故"相当于充分必要条件。

《经上》由 92 条定义组成，《经说上》则进一步解说这些定义。举例来说，关于几何形状的有：

> [经]圆，一中同长也。[说]圆，规写支也。
> [经]方，柱隅四欢也。[说]方，矩见支也。

关于几何性质的有：

> [经]平，同高也。
> [经]直，参也。
> [经]同长，以正相尽也。[说]同，捷与狂之同长也。

---

① 胡适：《先秦名学史》，学林出版社 1983 年版，第 76—95 页。郭沫若指出《小取》中还有"或"和"假"两种推理方法，不过认为七种方法都是辩论的技巧，参阅其《十批判书》，科学出版社 1956 年版，第 297—298 页。

[经]厚,有所大也。[说]惟无所大。

[经]端,体之无厚而最前者也。[说]端,是无间也。

关于空间关系的有:

[经]中,同长也。[说]心,中,自是往相若也。

[经]有间,中也。[说]有间谓夹之者也。

[经]间,不及旁也。[说]间谓夹者也。尺前于区穴而后于端,不夹于端与区内。及,非齐及之及也。

[经]纑,间虚也。[说]纑虚也者,两木之间谓其无木者也。

[经]盈,莫不有也。[说]盈,无盈无厚,于石无所往而不得。

[经]撄,相得也。[说]撄,尺与尺俱不尽,端与端俱尽,尺与端或尽或不尽,坚白之撄相尽,体撄不相尽。

[经]仳,有以相撄有不相撄也。[说]仳,两有端而后可。

[经]次,无间而不相撄也。[说]次,无厚而后可。

[经]穷,或有前不容尺也。[说]穷,或不容尺,有穷;莫不容尺,无穷也。①

可以看出,墨家后学对几何学非常感兴趣。《经下》《经说下》

① 钱宝琮:《中国数学史》,科学出版社 1964 年版,第 16—18 页。钱氏所引诸家考证和时贤的一些新论均未引用。

中关于光的直线传播、小孔成像、球面镜与平面镜成像原理，也都属于几何光学的范围。

通过以上粗略的描述，隐约可以发现先秦数学呈现出两种不同的传统：儒家以“九数”为核心，具有鲜明的政治和人文色彩，并以《周易》象数宇宙论为哲学依托；墨家则以几何学为核心，具有一定程度的抽象性和思辨性，论辩带有一定的逻辑色彩。这两种传统都对中国古代数学发展产生了影响：汉代独尊儒术，与大一统政治经济结构相适应的《九章算术》和体现天人合一自然观的象数学盛行一时；魏晋思想解放，墨家的逻辑传统在刘徽、赵爽等人的工作中得到一定的体现。

先秦诸子中的名家也有许多关于数学的讨论，其关注焦点主要是在对无穷性质的认识上。他们对中国古代数学的影响是局部的，这里就不细说了。

2. 汉代经学与天人宇宙论的数学解说

先秦诸子学说至西汉初年演成新的格局：名墨两家不能适应社会的发展而走向衰亡，儒家则吸收融合道、法、阴阳诸家学说而逐渐成为时代的主导思想。这一局面对数学的影响是，墨家的几何和逻辑传统就此偃旗息鼓，而儒家的“九数”传统和《周易》象数观，则分别通过《九章算术》和汉儒对天人宇宙论的数学诠释得到发扬光大。《九章算术》与儒家治国理想及大一统政治经济的关系，前面已经提及，下面仅就《周易》象数观与汉代天人宇宙论的关系做一些探讨。

大一统的政治经济要求意识形态的统一，汉武帝刘彻（公元前

156—公元前87)采纳董仲舒(公元前179—公元前104)的建议"罢黜百家,独尊儒术"后,儒家经学得以大昌于天下,成为西汉学术的主流。董仲舒倡导的儒家学说,实际是融合吸收了道、法、阴阳诸家学说的一种新的理论体系,其核心是旨在沟通自然现象与王道政治的"天人感应"。阴阳五行学说和儒家经典是他建构这一天人宇宙论的两大支柱。通过数字的匹配来论证"天"与"人"的同构,则成了汉代经学家强烈关注的一个问题。这一问题也在一定程度上影响了汉代数学的面貌。

刘歆的《三统历》可以说是这种天人宇宙论的一个样板。它首先援引《周易》《左传》等儒家经典,把董仲舒黑、白、赤三统循环的历史观推广到自然和人事,认为万物之"元"莫不俱备三种相位;再由数字三出发,依据候气理论导出律、历和度量衡的基准——黄钟之数九。在此基础上,他又"考之于经传,咸得其实",用黄钟之数配合《周易》和五行学说,从数学上完善了"参五以变,错综其数"的天人宇宙论模型。举例来说,《三统历》的月法之实2392就是通过《周易·系辞传上》"大衍之数五十"的经文解说的。

《系辞传上》称:"大衍之数五十,其用四十有九,分而为二象两,挂一以象三,揲之以四以象四时,归奇以扐以象闰,五岁再闰,故再扐而后挂。"对于这段纯粹关于占蓍程序的记载,刘歆给予了象数学的解释:"是故元始有象一也,春秋二也,三统三也,四时四也,合而为十,成五体。以五乘十,大衍之数也。而道据其一,其余四十九,所当用也,故蓍以为数。"绕了很大一个圈子,把"元""春秋""三统""四时""五体""道"这些不同范畴的东西放在一起,为的是说明"当用之数"49的来源,用算式表达就是:

［(1＋2＋3＋4)×5］－1

刘歆接着说："以'象两'两之，又以'象三'三之，又以'象四'四之，又'归奇象闰'十九及所据一加之，因以'再扐'两之，是为月法之实。"[①]这样就把《三统历》中的"月法之实"，与上述《系辞传》的经文联系起来，用算式表示出来就是

(49×2×3×4＋19＋1)×2＝2392

这里仅是刘歆借助经文和象数学解说其天人宇宙模型的一个例子。用类似的方法，他对日法、闰法、会数、章月、五星会合周期、五数、五声、十二律、度量衡制度以及算筹形制都作了解说。[②]

人们通常把致力于发现宇宙的和谐与彰显数学之完美，作为自毕达哥拉斯(Pythagoras，约公元前 570—公元前 495)以来西方科学的一个重要特征，其实刘歆的《三统历》也体现了同样的追求。刘歆的同代人扬雄(公元前 53—公元 18)著《太玄》，把《周易》的阴阳二元符号体系推广成天地人三元符号体系，把六十四卦推广成八十一首，又将八十一首与《太初历》的八十一分法联系起来，实际上也是天人宇宙论的一种数学图解。

刘歆、扬雄等人的工作，过去因被归入数术之流而不为科学史家重视；其实在中国古代，数术与数学是很难截然分开的。从某种程度上讲，数术比数学的地位还要高，《汉书·艺文志》有"数术"类

① (东汉)班固：《汉书·律历志》卷二十一上，上海古籍出版社、上海书店《二十五史》本 1986 年版，第 98 页。根据班固的记载，这一部分是依据刘歆的《三统历》《三统历谱》写成的。

② 〔日〕川原秀城：《三统历与刘歆的世界观》，《中国古代科学史论》(京都人文科学研究所报告集)，1989 年。

却未列《九章算术》就是一个例子。王孝通的《上缉占算术表》称："六艺成功，数术参于道化。"秦九韶在其《数书九章》序中则说：

> 今数术之书尚三十余家，天象历度谓之缀术，太乙壬甲谓之三式，皆曰内算，言其秘也；九章所载，即周官九数，系于方圆者为吏术，皆曰外算，对内而言也。其用相通，不可岐二。[①]

可见在秦九韶这样的大数学家眼里，我们今日所理解的数学仍然是"数术"中的一类"外算"而已。这样讲当然不是要把刘歆等人的贡献限制在形而上的层面，他制定标准量器必定要以"外算"推定各类量器的数值。扬雄的《太玄》则蕴含着三进制的思想（详后）。

3. 魏晋思想的解放与逻辑传统的再现

中国社会发展到魏晋时代，秦汉帝国那种高度集权的政治局面已呈现变化，代之而起的是军阀割据和农民对大庄园主的依附。在思想界，本来经学和图谶已走入末流，际逢乱世的知识分子对讲求修齐治平的儒家学说失去兴趣，而以谈易、老、庄为中心的玄学则开始成为思想界的主导，绝迹数百年的名墨学说也借着谈辩风的兴起得到复苏的机会。

这种思想震荡对魏晋学术风貌和知识分子的心理人格都带来很大的影响：谈玄使实用不再成为学术的主要价值判断，礼法失控的结果是更多的个体自觉。这一时代的大学者也往往表现出建构

---

① （南宋）秦九韶：《数书九章》序，道光二十二年（1842）宜稼堂丛书本。

理论体系的兴趣：曹操(155—220)之于军事、陆机(261—303)之于文学、顾恺之(约345—406)之于绘画、王羲之(303—361)之于书法、葛洪(283—363)之于炼丹、陶弘景(456—536)之于本草、华佗(约145—208)之于医学、王叔和(约210—约280)之于脉学、裴秀(224—271)之于地图绘制，就都是以纯学术的追求和自我完成的热情，在各自专业领域建树理论的例子。[①] 在数学上，刘徽与赵爽几乎同时出现也非偶然。

刘徽、赵爽同为布衣数学家，他们的数学研究不像前辈张苍、耿寿昌那样具有功利目的，也不像刘歆、扬雄那样受到经学的制约；他们的工作是纯学术性的。刘徽通过给《九章算术》作注，从理论上完善了中国古代数学体系；赵爽通过给《周髀算经》作注，对勾股理论做了系统的证明。他们的思想、方法都深受魏晋时代谈辩之风的熏染，甚至他们的一些用语都和当时的名士相通。举例来说，王弼(226—249)的《周易略例》称“夫少者，多之所贵也；寡者，众之所众也”；刘徽则有“少者多之始，一者数之母”；嵇康(224—263)的《养生论》称“夫至物微妙，可以理知，难以目识”；刘徽言“数而求穷之者，谓以情推，不用筹算”；赵爽则有“天不可穷而见，地不可尽而观……，故当制法而理之”。何晏(196—249)之《列子》注称“同类无远而相应，异类无近而不相违”；刘徽有“数同类者无远，数异类者无近。远而通体知，虽异位而相从也；近而殊形知，虽同列而相违也”；赵爽则有“术教同者则当学通类之意，事类同者观其旨

① 洪万生：《重视证明的时代——魏晋南北朝的科技》，载洪万生：《中国文化新论·科技篇》，(台湾)联经出版公司1983年版。

趣之类”。[①]

魏晋思想家崇尚清谈，好言名理，因此讲究辩胜艺术的墨家学说在一定程度上得到重视。西晋隐士鲁胜曾注《墨子》，其序称：“墨辩有上下经，经各有说，凡四篇。”[②]可见当时存留下来的，主要是关于墨家逻辑学的部分。先秦数学中重视几何与逻辑的墨家传统，在刘徽和赵爽的工作中都有所体现。

魏晋数学中最引人注目的成果大多属于几何学领域：刘徽、赵爽对勾股定理及有关算法的证明、对重差术的系统整理，刘徽对各类面积和体积公式的推导等，都是从少数几个原理出发，运用逻辑手段导出的结果。他们所用的逻辑方法多与墨家思想相近。

墨家重视定义，前文已举出《经上》与《经说上》中的许多数学定义。刘徽在粟米章今有术中就提出“审辩名分”，不但对自己提出的每一个新概念都给出界说，也对《九章算术》中大量约定俗成的术语作了精确的定义。例如，他在方田章中首先提出“幂”的概念，接着就给出定义“凡广从相乘谓之幂”；又如《九章算术》虽有正负数加减法则，但何谓正负则没有说明，刘徽则说：“今两算得失相反，要令正负以名之。”有时他还从不同角度对同一概念进行定义，很有点像《墨经》中“经”与“说”的关系，例如他在方田章经分术中就对“率”给出了如下的定义：

---

① 郭书春：《刘徽思想探源》，《中国哲学史研究》1984 年第 2 期。

② （唐）房玄龄等：《晋书》卷九十四《隐逸传》，上海古籍出版社、上海书店《二十五史》本 1986 年版，第 1528 页。

> 凡数相与者谓之率。率者，自相与通。有分则可散，分重叠则可约也。等除法实，相与率也。[①]

如果把第一句当作“经”，后面三句就是“说”。

赵爽的注文虽然不多，但也对原文中的“方”“矩”“广”“修”“经”“隅”等概念下了定义。

墨家对“类”这一逻辑范畴十分注意。《大取》中就有“夫辞以类行者也，立辞而不明于其类则必困矣”的说法；《小取》则提出“推也者，以其所不取者同于其所取者抒之也”的类推原则。刘徽、赵爽在注文中提到“类”的地方很多，例如刘徽的“令出入相补，各从其类”、赵爽的“言不能通类，是情智有所不及而神思有所穷滞”等。

辩同异也是墨家关注的一个逻辑问题，《经上》称：“同，异而俱之于一也。”这是墨家“同异交得”方法的一个精辟概括。刘徽在《九章算术注》中广泛使用了墨家的求同方法，他善于从不同的问题中归纳出具有普遍意义的算法，例如他把今有术称为“都术”，通过“率”这一概念把它与齐同、衰分、返衰、均输、经率、其率、重差等不同类的问题联系起来。赵爽则力图通过勾股圆方图注来“统叙群伦，宏纪众理”。

研究者还进一步指出，刘徽甚至在语言上也体现出承继墨家的某些痕迹。例如，《墨经》中常有“说在某某”这样的句型，刘徽注中也有“其说如某某也”的表述；《墨经》有“不可断”，刘徽则有“不

① 钱宝琮校点：《算经十书》（上册），中华书局 1963 年版，第 99 页。

可割”;《墨经》有“直,参也”,刘徽则有“参相直”。[①]

刘徽对数学理论的关心在中国古代数学史上可以说是绝无仅有的,他虽然是在《九章算术》这一框架中对中国古代数学的理论奠基,但其思想与孕育了《九章算术》的儒家治国精神相距甚远,在相当程度上体现了墨家重视几何与逻辑的传统。刘徽的事业后继乏人与中国古代数学中演绎证明的相对匮乏,大概与墨家传统在中国古代社会的绝大部分时期未能得到重视有关。

4. 宋代理学与代数学的发达

如果说魏晋玄学曾间接刺激了中国古代几何学的发展,那么宋代理学与中国古代代数学的进一步发展也有着一定的关系。

宋代理学门派众多,各家观点互有出入。就本体论而言,宋元数学家似乎更倾心于早期具有唯物色彩的气一元论理学家。天元术、四元术以“元”或“太”字来标识特定的代数项,或许就是这种影响在形式上的反映。秦九韶说:“昆仑磅礴,道本虚一。”“数与道非二本也。”“其用本太虚生一,而周流无穷。”[②]

什么是“太虚”呢?张载(1020—1077)认为“太虚即气”。可见在秦九韶眼里,数与道皆由气而来。李冶也认为数“出于自然”。[③]朱世杰则以“一气混元”“两仪化元”“三才运元”“四象会元”表率四类列方程和解方程问题的“假令四草”。

在认识论上,宋元数学家多表现出重视人伦道德的倾向,秦九

① 周瀚光:《刘徽的思想与墨学的兴衰》,《自然辩证法通讯》1981 年第 5 期。

② (南宋)秦九韶:《数书九章》凡例、序,道光二十二年(1842)宜稼堂丛书本。

③ (元)李冶:《测圆海镜》序,嘉庆三年(1798)知不足斋丛书本。

韶在谈到数学之功用时说："大则可以通神明顺性命，小则可以经世务类万物。""人事之变无不该，鬼神之情莫能隐。"[①]朱世杰在谈到四元术的用途时说："凡习四元者，以明理为务，必达乘除升降进退之理，乃尽性穷神之学也。"[②]这与二程"穷理、尽性、至命，只是一事"[③]的至"理"名言一脉相通。李冶强调数学是可以认识的，他说："谓数为难穷，斯可；谓数为不可穷，斯不可。何则？彼其冥冥之中，固有昭昭者存。夫昭昭者，其自然之数也。非自然之数，其自然之理也。""苟能推自然之理，以明自然之数，则虽远而乾端坤倪，幽而神情鬼状，未有不合者矣。"[④]这与朱熹（1130—1200）等人提倡的"格物致知"精神是一致的。

宋元数学中的一些成果，又与理学家推崇的《周易》有直接的关系。南北朝以后，儒释道并称于世，虽有正统儒者如韩愈（768—824）力斥佛老，毕竟未能阻挡住这两派思想在意识形态领域的广泛渗透。这是因为佛教为论证四大皆空、万般俱幻的各种思想，以及道教推崇自然、宣扬造化的宇宙观，正是儒家传统中较为缺少的内容。宋代理学则以吸收改造释道哲学为宗旨，力图从内部对它们进行批判，从而达到再建孔孟传统的目的。而在儒家经典中，足以与释道哲学相颉颃的，充满先秦理性精神的《周易》是最合适的选择。[⑤] 宋代理学家对《周易》的研究中，邵雍（1011—1077）、刘牧

① （南宋）秦九韶：《数书九章》序，道光二十二年（1842）宜稼堂丛书本。

② （元）朱世杰：《四元玉鉴》卷一，道光十六年（1836）刻本。

③ （北宋）程颢、程颐：《河南程氏遗书》卷十八，光绪十八年（1892）刊本。

④ （元）李冶：《测圆海镜》序，嘉庆三年（1798）知不足斋丛书本。

⑤ 李泽厚：《中国古代思想史论》，人民出版社 1986 年版，第 220—224 页。

(1011—1064)、蔡元定(1135—1198)、朱熹等人对易图结构的探索特别引人瞩目。[①]

《周易》可以看成是一个二元符号系统及相应的操作规则之集成，蕴含着旋转、反射、反演等对称性质并能派生出置换、组合、排列、同余等一系列代数问题。邵雍托名伏羲作先天图，首先开启易图的数理研究；刘牧、蔡元定分别以东汉末郑玄所注九宫数为河图、洛书；朱熹创造的卦变图体现了有限重复排列的原则，这些内容本身就具有一定的数学意义。至于它们对纯数学的启发，可以纵横图研究为例。在宋代之前，中国记录在案的纵横图只有一个3阶的九宫数且仅具形上意义；而在杨辉的《续古摘奇算法》中，不但给出了3～10阶的标准纵横图，还包括一些非标准纵横图和异形纵横图，他还就若干图的构成规律进行了讨论。这一工作完全抛开了经学框架而体现了对数学美的追求。另一个典型例子是秦九韶对《周易》筮法的研究：《系辞传上》中介绍的筮法，实质上是一种利用同余式性质求得预期余策的技巧；秦九韶的"蓍卦发微"对其程序做了新的解释，又从纯数学角度解决了一次同余式组算法中的求乘率问题，为了表明这种算法与《周易》筮法的关系，他特意把自己的方法命名为"大衍求一术"。

中国古代代数学具有很强的构造性，宋元时代的一系列代数学成果，如开方作法本源图的出现、增乘开方法的完善、垛积招差术的表格化，都显示了当时数学家对构造性问题的关心；它们在多大程度上受到理学家探索易图结构的影响，这是一个值得深入研

① 董光璧：《易图的数学结构》，上海人民出版社1987年版，第15—19页。

究的方向。

5. 清代乾嘉学派与传统数学的复兴

清代学术矜称朴学，在乾嘉时代达到鼎盛，形成了一个在中国近代思想文化史上有相当影响的乾嘉学派。乾嘉学派以复古为职志，以考据相标榜，“凡立一义必凭证据”，“选择证据以古为当”[①]。他们主张在占有第一手资料的基础上，运用严密审慎的科学方法研究古代经典。乾嘉学派的大师多为学问淹博的通儒，经史之外，往往兼通音韵、文字、训诂、天文、舆地和算学。

中国古代数学自元代中叶以后就缺少重大的创新，明代除珠算和少数零星成果外，整个数学处于衰退状态。西学传入后围绕着历法改革而展开的中西之争，至清代初年终以西学的彻底胜利而收场，时人遂以为天文算学是西方的专擅。后来虽有梅文鼎等人表彰古算，但由于文献无征，一时还未形成大的气候。清初民间所能见到的古代数学经典，“算经十书”中仅《周髀算经》和《数术记遗》有明刻本流传，宋元算书中也只有一个《测圆海镜》。正是在乾嘉学派那里，大批古代数学经典被重新挖掘出来并得到整理校勘，一些新的成果也在此基础上衍生出来，从而形成中国传统数学的一次短暂复兴。

乾嘉学派的主要兴趣是经学，在其领袖人物眼里，数学如同考据一样，也是一种释经明道的工具。戴震在编纂《四库全书》的过程中，从明代《永乐大典》中先后辑得《九章算术》《海岛算经》《孙子

① 梁启超：《清代学术概论》，中华书局1954年版，第34—35页。

算经》《五曹算经》《夏侯阳算经》《周髀算经》《五经算术》《数书九章》《益古演段》等古代数学名著，并对其中的多部做了校勘。他又自撰《勾股割圆记》，"因《周髀》首章之言衍而极之，以备步算之大全，补六艺之逸简"[①]。1753年，他在一封信中阐述了自己对经学研究方法的三条意见：其一是要以文字考据为基础，其二是要广泛利用包括数学在内的各种知识，其三是要求"淹博""识断"和"精审"。同信中他还用实例说明天文算学知识对于研究经学的重要性："诵《尧典》数行，至'乃命羲和'不知恒星七政所以运行，则掩卷不能卒业。""不知少广旁要，则《考工》之器不能因文而推其制。"[②]这些话足以说明戴震的数学研究是服务于经学的。

钱大昕(1728—1804)是乾嘉学派的另一位领袖，"于儒者应有之艺，无不习，无不精，又无一不轨于正"[③]。他认为："数为六艺之一，由艺以明道，儒者之学也。自世之学者卑无高论，习于数而不达其理，囿于今而不通乎古，于是儒林之实学，遂下同于方技，虽复运算如飞，下子不误，又曷足贵乎？"[④]可见在他眼里，"明道""达理""通古"才是习算者的最终目标。

李锐是乾嘉学派在数学领域的代表，他的工作体现了该学派的数学观。他曾先后校算整理过《测圆海镜》《益古演段》《缉古算术》《数书九章》《杨辉算法》等书，对《九章算术》也有深入的研究。通过编写《畴人传》，他对历算源流做了系统的研究。李锐还参加

① (清)戴震：《勾股割圆记》后记，乾隆年间微波榭算经十书本。

② (清)戴震：《戴震文集》卷九，中华书局1980年版，第139—141页。

③ (清)罗士琳：《畴人传续》卷四十九，光绪八年(1882)花雨楼刊本。

④ (清)钱大昕：《三统术衍铃》，李锐跋引语，嘉庆六年(1801)浙江抚署刻本。

了阮元主持的《十三经注疏》的编纂工作，他的许多作品是直接服务于经学的。他认为"历学诚致治之要，为政之本"[①]。在《三统术注》中，他对"伐桀""伐纣""摄政""获麟"等古史或传说作了年代学的推算；在《召诰日名考》中，以历法知识对《尚书》所记日名予以考证。在对古代数学进行整理研究的基础上，李锐运用综合、分析、归纳、类推等多种手段，在某些经典课题中推陈出新而取得了很好的结果。例如，在对调日法的考察中他创造出以求一术解二元一次不定方程的方法，在增乘开方法的算理基础上对代数方程论进行了相当深入的研究。

然而，古代数学的矿脉并非取之不尽的创造源泉，乾嘉学派一味在古代经典中挖掘研究题材，是不能给数学带来持久活力的，他们的经学至上主义更限制了数学的自由发展。因而尽管中国古代数学在清代中叶出现了短暂的复兴景象，但其堕入末流的颓势却已无法逆转了。

（三）中国古代的数学教育

中国古代数学教育的内容和形式都与当时的社会环境有密切关系。东周以前政教一体，学术带有官守性质。中央集权的政治制度成熟之后，国家机器日趋复杂，学术则以官守、师儒两种形式并存。表现在数学教育方面，则是一面有国家设算学馆之举，一面有广泛的民间数学活动。本节论述将兼及这两个方面，但以官方数学教育为主。

---

① （清）罗士琳：《畴人传续》卷五十，光绪八年（1882）花雨楼刊本。

1. 周代和封建社会早期的数学教育

甲骨文中就有关于教育的内容，例如“丁酉卜，其呼以多方小子小臣其教戒”[①]，就说明当时邻邦派遣子弟到殷都游学的情况。最早明确提到数学教育的文字是《周礼・地官》之保氏一节：“保氏掌谏王恶，而养国子以道。乃教之六艺：一曰五礼，二曰六乐，三曰五射，四曰五御，五曰六书，六曰九数。”六艺中又分为大艺和小艺两种：礼、乐、射、御为大艺，数、书为小艺；前者为大学所授，后者乃小学所习。无论大学、小学，均离家就傅。《礼记・王制》称：“小学在公宫南之左，大学在郊。”至于入小学的年龄，则有两种说法：《礼记・内则》称：“六年教之数与方名，十年出就外傅，居宿于外，学书计。”《大戴记・保傅》称：“古者年八岁而出，就外舍学小艺焉，履小节焉；束发而就大学，学大艺焉，履大节焉。”

古代图籍和礼乐之器皆为官方垄断，因而唯官有学而民无学。章学诚(1738—1801)说：“有官斯有法，故法具于官。有法斯有书，故官守其书。有书斯有学，故师传其学。有学斯有业，故弟子习其业。官守学业，皆出于一，而天下以同文为治，故私门无著述文字。”[②]章炳麟(1869—1936)说：“《周官》三百七十有余品，约其文辞，其凡目在畴人世官。”[③]学术官守，作为“究天人之际”和“王者制事立法”之工具的数学自不例外。西周的这种教育制度对后世数学家有很大的影响，刘徽在《九章算术》序中就曾感叹：“算在六

---

① 郭沫若：《殷契粹编》，编号粹 1162，日本文求堂 1937 年石印版。

② (清)章学诚：《校雠通义》卷一，中华书局《四库备要》本。

③ 章炳麟：《检论》卷二，上海古书流通处章氏丛书本 1924 年版。

艺，古者以宾兴贤能，教习国子……。当今好之者寡，故世虽多通才达学，而未必能综于此耳。”

周室东迁，学庠废坠，《左传》论郑子产不毁乡校就足以说明当时官学的危机；所谓“天子失官，学在四夷”，“畴人子弟分散”，都是当时学术不景气的真实写照。“然春秋诸国虽无学校，亦未尝无教育。大概国家有保傅之官，小民受家庭之教，而官师之学亦间有传其世者。”[①]到了战国百家争鸣的时代，私学纷纷兴起，出现了许多民间教育家，孔子、墨子皆为一代师表，孔墨两家对数学的认识前已述及。

汉代官学再兴，武帝专立五经博士，开办太学；王莽更在全国范围内建立学校制度。刘向、刘歆父子以易、书、诗、礼、乐、春秋为六艺，古代对青年贵族在精神、智力和体能诸方面的全面要求至此蜕化成经学一门。原先涵盖“书”与“数”的“小学”自汉代开始专指文字学，数学则从官学中被摒除出去。《九章算术》虽为中国古代数学之“洪范九畴”，绝非太学和各级地方庠序所习功课，其读者主要是政府官吏。西汉迄南北朝约800年间，似乎没有官学开设数学教育的记载。但是民间数学活动一直很活跃：徐岳受学于刘洪，祖暅秉承家学，赵爽、刘徽、张丘建、夏侯阳俱不见于史志，表明当时数学在民间师师相传是可能的。

2. 隋唐时代的数学教育

隋朝统治时期很短，但在中国历史上却开启了一个新的时代。

① 黄绍箕：《中国教育史》卷四，沈曾植署检本1902年版，第36页。

隋文帝杨坚(541—604)实行均田,废除九品中正制,开科举选士之途,标志着中国传统社会进入成熟期。就数学教育而言,隋代开始把西周小学限习的“书”“数”两科置于国学之中。据《隋书·百官志》记载,当时国子寺除有国子、太学、四门外,“书、算各置博士、助教、学生等员”;其中算学博士、助教各2人,算学生80人。然而比起国子、太学、四门诸科,书、数两科人数较少,待遇也最低。

唐朝继承了隋朝的科举制度,在明经、进士二科外,又增设秀才、明法、明字、明算,共称六科。唐初还由官方校注颁行了十部算经,供国子监学生学习和明算科考试之用。关于唐代国子监内算学教育和明算科考试的情况,《旧唐书》《新唐书》《唐六典》《通典》《唐会要》等典籍都有记载,细节或有出入,但大致情况是清楚的。

从官员的品第和学生人数来看,算学的地位远远不能与其他科目相比。根据《旧唐书·职官志》,唐代国子监设算学博士2人,官位为最低的从九品下,算学生的人数为30。相比之下,国子博士2人均为正五品上,助教1人从六品上,学生300人;太学博士3人均为从六品上,助教3人均为从七品上,学生500人;四门博士3人皆为从七品上,助教3人皆为从八品上,学生人数也是500。此外,算学科还时兴时废,经费和生员皆不能得到可靠保障。例如,根据《唐会要》等书的记载,显庆元年(656)始设算学馆,至显庆三年(658)则“以书、算学业明经,事唯小道,各擅专门,有乖故实”为借口废去;到龙朔二年(662)重又设置算学官员1人,学生则减为10人,隶属秘书局管辖。

唐代算学科的学制是七年。30名学生分成两组:一组15人学习《九章算术》《海岛算经》《孙子算经》《五曹算经》《张丘建算经》

《夏侯阳算经》《周髀算经》《五经算术》这八部书，其中《九章》《海岛》共学三年，《张丘建》《夏侯阳》各一年，《孙子》和《五曹》共一年，《周髀》和《五经》共一年；另外一组 15 人专攻《缀术》和《缉古算经》，这两本书分别要学习四年和三年。在此七年期间，两组成员还都要兼习《数术记遗》和《三等数》。明算科的考试全部基于这 12 部著作。据《新唐书・选举志》记载："凡算学录大义本条为问答，明数造术，详明数理，然后为通。试《九章》三条，《海岛》《孙子》《五曹》《张丘建》《夏侯阳》《周髀》《五经算》各一条，十通六；《记遗》《三等数》帖读，十得九，为第。试《缀术》《缉古》，录大义为问答者，明数造术，详明数理，无注者合数造术，不失义理，然后为通；《缀术》七条，《缉古》三条，十通六；《记遗》《三等数》帖读，十得九，为第。落经者虽通六不第。"考试及格者送吏部备案，分配从九品下的官职。

由此可见，唐代算学馆的教育水平不高，其培养目标主要是能为政府职能部门司算的低级官吏；不过为算学馆而选编注释的十部算经对中国古代数学的继续发展起到了积极作用。

隋唐数学教育制度也被传播到日本。6—10 世纪，日本各朝均有算博士和算生，其官品、编制、学习内容和考试方法几乎照搬中国。①

3. 北宋的官方数学教育

北宋官僚机构膨胀，统治集团内部党争不断，这些在官方数学

① 李俨：《唐宋元明数学教育制度》，载李俨：《中算史论丛》（第四集），科学出版社 1955 年版。

教育中也有所反映。南宋鲍瀚之的《九章算术》序称："本朝崇宁亦立于学官，故前世算数之学相望有人。自衣冠南渡以来，此学既废，非独好之者寡，而《九章算经》亦几泯没无传矣。"又查《宋史·职官志》，北宋"建隆(960)以后合班之制"条下记有"算学博士"，而南宋"绍兴(1131)以后合班之制"条下则无，说明北宋官学中有数学科目而至南宋废绝。

北宋官学的科目设置，大抵与皇帝的个人爱好有关。太祖赵匡胤(927—976)乃军人出身，因而开始设置武学。后来的皇帝多喜欢书法绘画，国子监内遂设书学、画学。但在北宋初年，国子监内只有五学，即国子、太学、武学、律学和算学，其中国子、太学合称文学，系相对于新设的武学而言。后来又增加了书、画、医等学。这些科目中，国子、太学、武学地位最高，其次是律、算、书、画，医学作为技术则属末流。南宋王栐的《燕翼诒谋录》称："技术不得与士大夫齿，贱之也。至道二年(996)正月申严其禁……，此与书学、画学、算学、律学并列于文、武两学异矣。"可见算学等四科一度尚能得到与文、武学并列的光荣。但是随着党争的演变和皇帝本人好恶的转移，算学的命运也时常发生变化，甚至同一年内由同一个皇帝先后下达罢算学和复算学的两个诏文。算学科的辖属也不一定，有时归国子监，有时归秘书省，有时又归太史局。总的来说，报考算学的人不多，据《续资治通鉴长编》记载，元丰年间曾令工部在武学东修造算学，后因"其试选学官未有人应格，窃虑将来建学之后，养士设科，徒有烦费"，哲宗赵煦(1077—1100)一上台就"诏罢修建"。

南宋本《数术记遗》后附有"崇宁国子监算学令"等三份官方文

件，对照《宋史·选举志》中有关记载，可以看出宋代官方数学教育的大致规模，该法令称：

> 诸学生习九章、周髀义及算问（谓假设疑数），兼通海岛、孙子、五曹、张丘建、夏侯阳算法，并历算、三式、天文书。
>
> 诸试以通、粗并计，两粗当一通。算义、算问以所对优长通及三分以上为合格。历算即算前一季五星昏晓宿度，或日月交食，仍算定时刻早晚及所食分数。三式即射覆及预占三日阴阳风雨。天文即预定一月或一季分野灾祥。并以依经备草合问为通。①

与唐代算学馆相比，教材与考试都趋于简化；数学以《九章算术》和《周髀算经》为主，但增加了历算、三式和天文（即星占）的内容。

"崇宁国子监算学格"是关于人员编制和考试条例的，这简直是北宋庞大官僚机器的一个缩影：算学设官属五人，其中博士四人分讲九章、周髀、历算、三式和天文；学正一人"举行学规"；职员八人，其中学录一人"佐学正纠不如规者"，学谕一人"以所习业传谕诸生"，司计一人"掌饮食支用"，直学二人"掌文籍及谨学生出入"，司书一人"掌书籍"，斋长一人"纠斋中不如规者"，斋谕一人"掌佐斋长道谕诸生"；学生共 260 人，分外、内、上舍，大约相当于三个年

① （南宋）鲍瀚之刻《数术记遗》卷末《宋刻算经六种》，文物出版社 1981 年影印本。

级,各舍人数分别是 150、80 和 30[①]。考试则采用王安石(1021—1086)时代所定之三舍法:外舍升内舍、内舍升上舍均需三场考试,每场又由公私两试组成;上舍毕业考试仅一场。

“崇宁国子监算学对修中书省格”为上舍毕业生的分配方案:上等授通仕郎,中等授登仕郎,下等授将仕郎。

北宋官方数学教育还有两件事值得一提,那就是元丰七年(1084)秘书省校刻算经十书和大观三年(1109)礼部太常寺请封历代著名算师。

4. 南宋金元之交的民间数学教育

1127 年,金兵攻下汴梁(今河南开封),北宋秘阁所藏图籍尽遭毁坏,元丰年监本算书的印版也散失殆尽。南宋朝廷年年处于北兵南侵的威胁中,自然无暇顾及数学。值得一提的是嘉定年间学者鲍瀚之悉心搜罗北宋刊刻算经十书,又在汀州(今福建长汀)任职时从当地道观录得《数术记遗》,于 1213 年刻了一套算书,这就是南宋本的算经十书。其中,《周髀算经》《孙子算经》《张丘建算经》《五曹算经》《数术记遗》和《九章算术》(残五卷)各有孤本流传至今,是目前所知中国数学著作的最早印刷本。程大位的《算法统宗》卷末“算经源流”称:“宋元丰七年刊算经十书入秘书省,又刻于汀州学校。”由此推测鲍刻算书系为州学数学教育之用。

南宋末年的杨辉是卓越的数学教育家,他的著作大多通俗易

① 此数与《宋史·选举志》所记略有不同,后者称“算学,崇宁三年始建,学生以二百一十人为额”。

懂,在民间广为流传。杨辉在《乘除通变本末》之上卷列出一个习算纲目,实际上是针对数学教育提出的一项教学大纲,其要点有三:(1)循序渐进结合熟读精思;(2)积极诱导培养学习者的计算能力;(3)重视学习过程中的细小环节。[①] 杨辉制定的学习进度依次为:(1)乘法:学习 1 日,复习 5 日;(2)除法:学习 1 日,复习 15 日;(3)乘除综合练习:以《五曹算经》和《应用算法》为主,《诸家算法》为辅,并参阅《详解九章算法》,每日 2—3 题,熟练为止;(4)加法:学习 1 日,复习 3 日;(5)减法:学习 1 日,复习 5 日;(6)九归:学习 1 日,复习 1 日;(7)求一:(学习 1 日?)复习 1 日;(8)飞归:参阅《详解九章算法》,未定习日;(9)分数:以《九章算术》方田章为教材,日习一法,10 日内毕,然后复习 2 个月;(10)开方:以《九章算术》少广、勾股两章为教材,开平方、开平圆、开立方、开立圆、开分数、开三乘以上方、开带从方,一日一法,7 日毕,然后复习 2 个月;(11)演习《九章算术》:方田、粟米两章共 1 日,衰分、少广、商功、均输四章各用 3 日,盈不足、方程、勾股三章各用 4 日;[②](12)精读《详解九章算法》之"纂类":未限时日。"纂类"是杨辉对《九章算术》246 题所作的重新分类,目的是"以法问浅深,资次类章",其名目依次为乘除、分率、合率、互换、衰分、叠积、盈不足、方程、勾股。故言"更将《九章纂类》消详,庶知用算门例,《九章》之义尽矣"。学

① 严敦杰:《宋杨辉算书考》,载钱宝琮等:《宋元数学史论文集》,科学出版社 1966 年版。

② 杨辉的原话是:"《九章》二百四十六问,除习过乘、除、诸分、开方,自余方田、粟米只须一日;下编衰分功在立衰,少广全类合分,商功皆是折变,均输取用衰分互乘,每一章作三日演习,盈不足、方程、勾股用法颇杂,每一章作四日演习。"因为各种算法已经学习过,所以这里用时不多。

完全部课程估计需要 8 个月的时间。

金元之际一些著名的数学家也都热心数学教育，李冶的《益古演段》和朱世杰的《算学启蒙》都是优秀的数学入门读物。李冶自称受数学于号称洞渊的隐者，他自己也曾在封龙山授徒讲学。他反对故弄玄虚，提倡通俗易懂的写作风格。他在《益古演段》序中的一段话，可以看作对时下数学教育不力的批评："今之为算者，未必有刘(徽)李(淳风)之工，而偏心局见，不肯晓然示人，惟务隐互错糅，故为溟涬黯黮，惟恐学者得窥其仿佛也。"朱世杰更以教授数学知名，莫若为其《四元玉鉴》所写的序中称："燕山松庭朱先生以数学名家周游湖海二十余年矣。四方之来学者日众，先生遂发明九章之妙以淑后学。"祖颐为该书所写的后序也说："汉卿名世杰，松庭其自号也。周流四方，复游广陵，踵门而学者云集。"由此可见他的学生很多。

民间数学研究的活跃导致一些数学中心的出现。在 13 世纪中叶的中国北方某些地区，主要是现今河北与山西的南部，陆续出现了几个与数学有关的学术集团。第一个在河北武安的紫金山中，以研习与历法有关的数学闻名，代表人有王恂、郭守敬、刘秉忠(1216—1274)、张文谦(1211—1283)、许衡等人；他们后来都被元朝统治者重用，成为元初修改历法的主力。第二个在河北元氏的封龙山中，李冶、张德辉(1195—1274)、元好问(1190—1257)等人在此开办封龙书院，数学教育的中心内容自然是天元术，李冶的《益古演段》就是供其弟子学习而写的。第三个在今山西临汾、新绛一带，而以推广天元术为特征，知名的有蒋周、刘汝谐、元裕、李德载、刘大鉴等。[①]

5. 明清时代的数学教育

明代初年科举要求复试数学，明太祖朱元璋(1328—1398)还曾颁诏在国子监开设数学课程。《明实录·太祖三年》称："中试者后十日复以五事试之，曰：骑、射、书、算、律。"太祖二十五年(1392)称："命学校生员兼习射与书、数之法……数习九章之法，务在精通，俟其科贡，兼考之。"嘉靖年间后期整理的《皇明太学志》称："凡生员每日务要习学算法，必由乘、因、加、归、除、减，精通九章之数。"不过宣德之后，国学馆就不再开设数学功课，对此有的官员曾提出过批评意见，《明实录·宣德四年》载："北京国子监助教王仙言：近年生员，止记诵文字，以备科贡，其于字学、算法，略不晓习。改入国监，历事诸司，字画粗拙，算数不通，何以居官莅政？"

清初以选择皇子葬日为契机爆发了长达十年的"历讼"，其斗争焦点在钦天监的领导权和争论中西历法之优劣，后来清代官方的数学教育都与钦天监有密切关系。顺治年间设有专门的算学馆，钦天监内的天文生要学习数学，精通历法推算者分配到时宪科供职。康熙十分重视数学教育，1713年诏设算学馆于畅春园之蒙养斋，选派八旗世家子弟和有才能的汉族青年到此学习。陈厚耀(1648—1722)、梅瑴成、何国宗(?—1767)等人都曾主持教学，《数理精蕴》等书也是在这里编成的，但是这个算学馆在康熙去世后不

① 杜石然：《朱世杰研究》，载钱宝琮等：《宋元数学史论文集》，科学出版社1966年版。

久就停止了活动。雍正年间一度在八旗官学中增设算学一门，每日用 2 小时学习数学。官学生的来源为各旗选送的青少年。乾隆三年(1738)，有人上奏“算法一艺，理数精微，非童稚所能骤通”，于是停止在官学教习数学，而重新设置专业性强的算学馆。据《清文献通考·太学考》称：“乾隆三年，……所有官学生习算之例概行停止。寻议令钦天监附近专立算学，额设教习二人，满汉学生各十二人，蒙古、汉军学生各六人。”学制为五年，待遇与钦天监的天文生一样，毕业后交吏部分配。《清会典·国子监·算学》称：“算法中，线、面、体三部各限一年通晓，七政共限二年，每季小试，岁终大试，由算学会同钦天监考试，勤敏者奖励，惰者黜退别补。”可以看出，其课程设置为前三年数学，后二年天文历算。算学馆的负责人，往往由钦天监监正兼任。这种情况一直延续到清末。

鸦片战争以后，洋务派官僚开始兴办同文馆、广方言馆等新式学校，它们也属于官办性质，北京同文馆就直属总理各国事务衙门管辖。1866 年北京同文馆议设天文算学，邀请邹伯奇(1819—1869)、李善兰担任教习。邹伯奇以老病相辞，李善兰在结束了上海墨海书馆的翻译工作之后，于 1888 年到任，担任天文算学教习直到去世。同文馆天文算学科的学制为七年，学习内容基本上是西方式的数学。其他如广州、上海的广方言馆、福建马尾的船政学堂、天津的北洋水师学堂和武备学堂、广东的陆军学堂和水师学堂、湖北的武备学堂等也都开始推行西式的数学教育。[①]

---

① 李俨：《清代数学教育制度》，载李俨：《中算史论丛》(第四集)，科学出版社 1955 年版。

明清两代民间数学教育可以程大位和梅文鼎为代表。程大位“幼耽习是学(指数学),弱冠商游吴楚,遍访明师,绎其文义,审其成法,归而覃思于率水之上。余二十年,一旦怅然若有所得。于是乎参会诸家之法,附以一得之愚,纂集成编”①。这就是被视为明清两代标准珠算教科书的《算法统宗》。该书明刊本前面有一幅师生问难图,吴继绶于1593年写的序中亦称此书是作者“举平生师友之所讲求、咨询之所独得”的结果。1716年程大位曾孙光绅翻刻此书作序道:“(此书)风行宇内,迄今盖已百有数十年。海内握算持筹之士,莫不家藏一编,若业制举者之于四子书、五经义,翕然奉以为宗。”程大位还曾将《算法统宗》删繁就简,揭示要义,编成更为通俗的《算法纂要》,以供广大初学者习用。

梅文鼎则以数学传家,其弟文鼐,子以燕,孙珏成、玕成,曾孙鈖、钦、鉁、钫、镠等也都通习数学。李子金(1622—1701)、杜知耕、潘耒(1646—1708)、杨锡三、杨作枚、揭暄(1613—1695)、年希尧(1671—1738)、陈万策、陈厚耀、庄亨阳(1686—1746)、孔兴泰、游艺这些数学家也都与他有过学术交往。刘湘煃“鬻产走千里,受业其门,湛思积悟,多所创获”。张雍敬“裹粮走千里往见梅文鼎,假馆授餐逾年,相辩论者数百条。去疑就同,归于不疑之地”②。江永(1681—1762)私淑梅文鼎,著书名《翼梅》。清代中叶以前,“梅学”几乎等同于历算学,正如《畴人传》所说:“自征君(指梅文鼎)以来,通数学者后先辈出而师师相传,要皆本于梅氏。”清代数

① (明)程大位:《算法统宗》书后,康熙五十五年(1716)刊本。

② (清)阮元等:《畴人传》卷四十,光绪二十二年(1896)上海玑衡堂刊本。

学家之间的师承关系亦非常明显，《畴人传》《汉学师承记》《清儒学案》等书都有论述，这里不再赘说。

清末开始出现数学团体和数学刊物，这是民间数学教育更为普及和深化的标志。数学团体中较知名的有江苏松江的云间算学会、四川重庆的算学馆、江苏扬州的知新算社、湖南浏阳的算学社、浙江瑞安的学计馆等。较早的数学刊物有上海的《算学报》和《中外算报》、南通的《数学杂志》等。上述数学团体和刊物研究和介绍的内容，大多属于西方初等数学和浅显的微积分知识，故而不在本书的论述范围之内。值得一提的是，当时一些热心创办数学团体的人士，希望通过推进数学教育来提高国民素质，进而达到富国强兵的目的。孙诒让在《瑞安新开学计馆叙》中写道："学计馆之开，专治算学，以为致用之本。盖古者小学六艺之一端，而造乎其微，则步天测地，制器治兵，厥用不穷，今西人所为挟其长以雄视五洲者，盖不外是。"谭嗣同（1865—1898）的《兴算学议》则宣称："儒生益不容不出而肩其责，孜孜以教育贤才为务矣，此议立算学格致馆之本意也。"

辛亥革命前后，中国古代数学已渐次融汇于整个世界数学发展的洪流之中，附属于科举制度的官方数学教育制度和以《九章算术》为代表的中国古代数学著作，也逐渐为各种新式的学校和教科书取代了。

第二章　粟米衰分

一　有理数系

十进位值制与算筹记数法使中国古代数学在表达有限数字方面具备得天独厚的条件，在扩展对有理数系认识的历史进程中，中算家自然地走在世界前列。中国人不但很早就认识了自然数的性质并有了零的概念，而且建立发展了古代最完备的分数理论。此外，中国古代数学家还是小数与负数的发明者。

（一）自然数和零

1. 数的起源

对应和序列是现代数学中的两个重要概念，其实也是远古人类赖以发展记数技术的两个基本原则。《周易·系辞传》说："上古结绳而治，后世圣人易之以书契。"原意是说书籍的起源，古人用结绳记事，从狭义上讲也可理解成一种记数的技术：利用绳结与所记事物的一一对应来表达该物的多寡。文化学的考察表明，近代某些仍处于原始状态的民族，就保持着结绳记数的习俗。金文中

"数"字写作[illegible]，恐怕就是这一习俗的流风余韵。如果把结绳理解成记数的技术，《系辞传》中的那句话就可以做如下的文化学解说，那就是人类对数的认识远在其发明文字之先，这应该是符合实际的。

刻痕、堆石或用手指头来表示物体的数量，与结绳一样，都是利用对应原则在记数。在距今数万年以前的中国山顶洞人的遗址中，就发现了刻有规则记号的骨物，研究者认为这就是早期人类刻痕记数的证明。[①] 在距今约6000年前的半坡遗址中，出土了饰有三角形点阵圈案的陶器，图案由按自然数序列排列成的圆点构成：第一层1个、第二层2个、第三层3个……第九层9个。[②] 这可以看成当时人类已具备自然序列观念的一个证据。

殷商甲骨文中的数字，既有用作基数的，也有用作序数的。用作基数的数字，在句子中的主要功用是修饰名词，或作定语居前，如"允隻获八豕"(乙3214)；或作补足语居后，如"虎一、鹿四十、犷一百六十四、麑一百五十九"(乙2908)。用作序数的数字，全都位于名词之前，如"其用四卜"(粹1256)就表示用第四卜，"四且丁"(粹20)就是大丁、沃丁、中丁之后的第四个名丁者即祖丁。[③] 此外，商代采用干支纪日，在一块甲骨(契165)上就刻着一份完整的六十甲子表，这是排序原则的具体应用。

以上例子中，数字都与名词相连：八头猪、一只虎、第四个名丁者等，它们反映了早期数概念的具体性。英国数学家罗素

① 李迪：《中国数学史简编》，辽宁人民出版社1984年版，第5—7页。

② 中科院考古所等编：《西安半坡》，文物出版社1963年版，图版一四九。

③ 郭沫若：《殷契粹编》，日本文求堂1937年石印版，第357页。

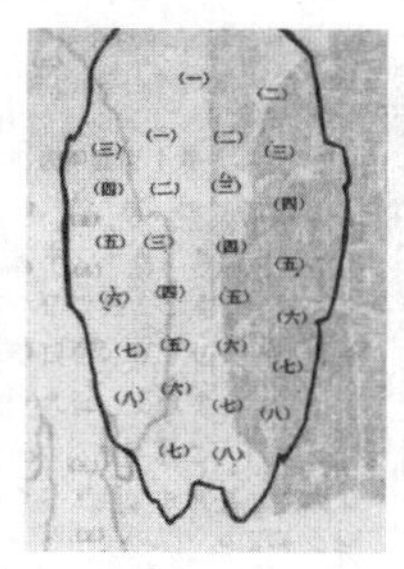

图 2-1　自然数甲骨文及释文(乙 6422,采自《殷墟文字乙编》)

(B. Russell,1872—1970)说过:"不知道要经过多少年,人类才发现一对锦鸡和两天都是数字二的例子。"①从这一意义上来讲,一些单纯刻烙数字的卜甲就显得格外珍贵。图 2-1 所示的一块龟甲上就有四组自然数,它表明当时的卜师具有抽象的数概念。

2. 奇偶:数的最早分类

图 2-2 所示的一块龟甲上也刻烙着四组数字,但它们不是普通的自然序列,而是分别奇偶由小到大排列的:左起一、三两列为奇数组,二、四两列为偶数组,推测应该是商代卜师的筮占工具,上面刻烙的正是两组天地之数。这是迄今所知中国古代对数进行分类的最早记录。

奇偶与阴阳一样,在中国传统文化中起着十分重要的作用。《系辞传上》介绍筮法,开始就说:"天一,地二;天三,地四;天五,地六;天七,地八;天九,地十。"又说:"天数五,地数五,五位相得各有合。天数二十有五,地数三十,凡天地之数五十有五。此所以成变

① 〔美〕T. 丹齐克:《数,科学的语言》,苏仲湘译,商务印书馆 1985 年版,第 4 页。

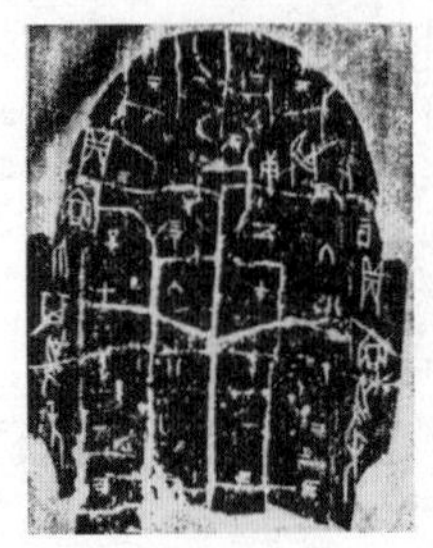

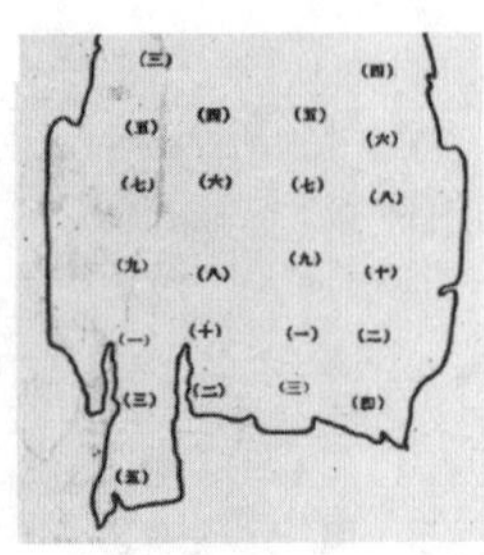

图 2-2 天地数甲骨文及释文(乙 7672,采自《殷墟文字乙编》)

化而行鬼神也。”这是把事物的对立属性(以天与地或阳与阴为代表)归为数的奇偶,从而借助数术来建构对立统一的天人宇宙观。一般认为,《周易》经文是商周之际卜辞的汇编,《系辞传》中介绍的筮法很可能就是由商代筮法演变来的。

3. 大数记法

前面提到,现已发现的甲骨文中最大的记数单位是万,最大的数字是三万。《汉书·律历志》备数一节称:“数者,一、十、百、千、万也,所以算数事物,顺性命之理也。”这里列举的仅是前五个记数单位,依次以 10 进位。至于万以上的记数单位,汉代以前就出现过亿、兆、经、垓等名目,其进制则无统一规定,往往因人因典而异。例如,赵爽注《周髀算经》中引《河图括地象》之数据,就称“十万曰亿也”;毛苌注《诗经》“胡取禾三百亿兮”,则以“万万为亿”。南北朝时代董泉所撰《三等数》应是系统介绍大数记法的著作,可惜已经失传。从唐代学官把它与《数术记遗》并列为辅助读物和帖试教材来看,其内容恐与《数术记遗》有相似之处。

《数术记遗》中介绍的三等数，正是万以上的大数记法，其原文为：

> 黄帝为法，数有十等。及其用也，乃有三焉。十等者，亿、兆、京、垓、秭、壤、沟、涧、正、载。三等者，谓上、中、下也。其下数者，十十变之，若言十万曰亿，十亿曰兆，十兆曰京也。中数者，万万变之，若言万万曰亿，万万亿曰兆，万万兆曰京也。从亿至载，终于大衍。上数者，数穷则变，若言万万曰亿，亿亿曰兆，兆兆曰京也。下数浅短，计事则不尽。上数宏廓，世不可用。故其传业，惟以中数耳。[①]

《孙子算经》"大数之法"一节从亿到载都从万万进，相当于上述中等记数法；而"量之所起"一节从亿到载都从十进，相当于上述下等记数法。敦煌文献中有两种唐代算经也涉及大数记法：其中编号为 P. 3349、S. 0019 和 S. 5779 的三种写经为同一部书，介绍的是中等记数法，不同的是"载"后还有一个单位"极"（万万载曰极）；编号为 S. 0930 的一种名为《立成算经》，介绍的是下等记数法。[②] 唐代所译佛经中出现了许多印度数名，例如实叉难陀所译《大方广佛华严经》有 120 多个大数名，诸数之间采用混合进制；慧琳的《一切经音义》称："今案此经十、百、千、万，十十变之；从万至亿，百倍变之；从亿已去，皆以能量为一数，复数至与能量等。"佛经

① 钱宝琮校点：《算经十书》（下册），中华书局 1963 年版，第 540 页。
② 李俨：《唐代算学史》，载李俨：《中算史论丛》（第五集），科学出版社 1955 年版。

所译数名大多佶屈聱牙，其中有些也被中国采用。《算法统宗》在“载”之后，就还有“极”“恒河沙”“阿僧祇”“那由他”“不可思议”“无量数”等大数单位。

有关大数记法的记载，反映了古人对自然数后续性质的初步认识。按照《数术记遗》中的三种大数记法，最后一个单位“载”的量纲分别是 10^{14}、10^{72} 和 10^{4096}。值得指出的是，该书还借刘洪之口问道：“先生之言上数者数穷则变，既云终于大衍，大衍有限，此何得无穷？”天目先生的回答是：“数之为用，言重则变，以小兼大，又加循环。循环之理，岂有穷乎？”

古希腊数学家阿基米德（Archimedes，约公元前 287—公元前 212）写过一本名为《数砂者》的专著，其内容是计算一个有限球体宇宙中包含的砂粒总数。由于古希腊使用字母来记数，他不得不用冗长的叙述来说明自己的思想。他把万称作第一级大数单位，万以上的各级单位一律采用万万进位，这与《数术记遗》中称为“故其传业”的中等记数法是一致的。他的最后结论是：“以恒星天为界的球体内所容砂粒的数目比第八类单位的一千万倍为小。”[①]用《数术记遗》中的单位来表示这一量纲，就是一千万沟，即 10^{63}。

4. 零的概念和表示

中国古代数学家在筹算中用空位表示零，如≟π□Ⅲ表示 8703。由于严格遵循纵横相间的规则布列或书写，上述筹码不会

① T. L. Heath ed., *The Works of Archimedes with the Method of Archimedes*, Dover Pub., New York, pp. 221-232.

被误认成 873 或 87003。以空位表示零的方法后来被历家借用，刘洪的《乾象历》用“损□”、何承天的《元嘉历》用“益□”来表示天体运动的变速度为零。

空位的表示法容易被读者忽视，后来干脆用“空”字显示零之所在。唐代傅仁均的《戊寅历》首创“盈空”这样的用法，以后各家历法多有采纳。杨辉的《乘除通变本末》和佚名的《透帘细草》也都用“空”字表示零，例如杨辉就将 107 写作𝍠空𝍦。宋元律学著作中则以方框□表示零及其所在位数。蔡元定的《律吕新书》中“林钟十一万八千□□九十八”，两个□表示“零百”，即林钟之数为 118098。刘瑾《律吕成书》中“姑洗之实一万□□□□六十六万三千二百九十六”，连续 4 个□表示“零千零百”，即姑洗之实为 100663296。在这里，方框□还不完全等同于零的记号。《律吕成书》中的算草则完全把□当作零来使用，例如𝍩□𝍮𝍢𝍮𝍧𝍮𝍢就表示 10636863。

在用毛笔记录筹码时，很容易将□一笔画成个圆圈，这就是○号在中国的起源。最早出现的○号见于金代《大明历》，其朔离表中有“初损四百○三”之类的字样，只是用得不规范，有时又出现“四百三”这样的记法。元代《授时历》和宋元数学著作中则普遍使用○号了。《测圆海镜》《益古演段》《数书九章》《四元玉鉴》等书中，○号还被用来标示空的代数项。例如《数书九章》中的

𝍣○𝍦𝍫𝍡ό𝍲○○○○
○
𝍭𝍦𝍫𝍡○○
○
𝍲

就表示一元四次方程

$$-x^4+763200x^2-40642560000=0$$

《四元玉鉴》中的

丨 〇 太 〇 丨

〇 〇 〇 〇 〇

〇 〇 丨 〇 〇

就表示三元二次方程

$$x^2+y^2+z^2=0$$

式中的 11 个〇分别对应 x^2y^2、x^2z^2、x^2y、xy^2、x^2z、xz^2、xy、xz、x、y、z 诸项,它们的系数都是 0。

在进行增乘开方和四元术的如积相消时,都要涉及零项的加、减、乘法运算。这就清楚地表明,在宋元数学家那里,〇已不仅是一个记号,而且是一个实实在在的数,可以也必须与其他数一道参加运算。

零的发现被认为是人类文明史上的伟大成就,国外许多著作都把它归于古代印度人。以上论述表明,零的概念和记号在中国的筹算系统中是自然出现的。唐代《开元占经》中曾介绍"每空位处恒安一点"的印度古代表示零的方法,但是由于中国早已有了零的清晰概念和自己的表示法,这一印度记法未对中国古代数学产生影响。①

(二) 分数

1. 分数的起源

分数的概念来源于对物品实行分配。据考证甲骨文中的"八"

① 严敦杰:《中国使用数码字的历史》,《科技史文集》1982 年第 8 辑。

字就含有分的意思,《说文解字·八部》称:“八,别也。象分别相背之形。”金文中屡见“分”字,《说文解字》释为:“分,别也。从八从刀,刀以分别物也。”当所分配物品少于分配对象时,就可能产生分数的概念。

人类最先认识的是一些个别的分数。1/2 大概是人类最早认识的一个分数,甲骨文中就出现了“半”字。金文中常见一个从八从斗的“**𣂑**”字,会意为分斗,古文字学家认为它就是《说文解字·斗部》中的“料”字,释为:“料,量物分半也。从斗、半,半亦声。”按此解释“**𣂑**”和“料”都不是具称数量半斗,而是抽象数字 1/2 的专名。类似地,战国量器铭文中还可见到“**𣁽**”字,也是“半”字的又一写法。金文中又有“**㕘**”“**𡔼**”等字,则是 1/3、1/4 的专名。[①]

《墨子》《商君书》《考工记》等先秦典籍中,都有关于某些特殊分数的记载:《墨子》分别以少半、大半称呼 1/2、1/3,这一方法为后世历算家继承并发展。[②]《商君书》分别以什一、什二、什四来称 1/10、2/10、4/10。《考工记》有“五分其轸间,以其一为之轴围”“五分其毂之长,去一以为贤,去三以为轵”这样的技术参数,相当于给出了分数值 1/5、4/5、2/5 等。战国末已流行“几分几”这样的分数命名法,湖北云梦睡虎地出土秦律竹简中就有“十分一”“三分取

---

① 李继闵:《中国古代的分数理论》,载吴文俊主编:《〈九章算术〉与刘徽》,北京师范大学出版社 1982 年版。

② 各家对特殊分数的命名不尽统一:《九章算术》《张丘建算经》称 1/3、1/2、2/3 为少半、半和太半;《孙子算经》则称小半、中半、大半;《夏侯阳算经》又引入四分之一单位,称 1/4、3/4 为弱半和强半。汉代以后,律学、历法、漏刻普遍采纳这种特殊分数命名法,兹以《宋书·历志》所载《景初历》为例,共出现 11 个特殊分数,分别是:强(1/12)、少弱(2/12)、少(3/12)、少强(4/12)、半弱(5/12)、半(6/12)、半强(7/12)、太弱(8/12)、太(9/12)、太强(10/12)、辰弱(11/12)。

一”等语。最早出现“几分之几”这样一直沿用至今的分数命名法的著作,大概是成书年代尚有争议的《管子》。

中国古代分数理论的发达与律、历两学有密切关系。律学中的核心问题是确定以标准律管长度为标尺的基本音程,长期以来律学家都采用三分损益法来推算律管长度。具体来说就是将起始律管的长度均分成三份,去其一份(相当于乘以 2/3)为损,增其一份(相当于乘以 4/3)为益,逐步得到其他律管之长度。显而易见,这是一种依赖分数四则运算的数学方法。记载这种方法的文字或由此方法推出的十二律管数据,见诸《管子·地员》《吕氏春秋·音律》《淮南子·天文训》《周礼·春官》郑玄注以及《史记·律书》等汉代文献,但研究者普遍认为三分损益法最早产生于公元前 6—前 4 世纪。另一方面,古代天文学家很早就发现了一个回归年为 365 又 1/4 日和 19 年 7 闰的规律,据此可算出每个月的平均日数为

$$365\frac{1}{4}\div 12\frac{7}{9}=29\frac{499}{940}$$

秦代颁布的《颛顼历》以及几部先秦古历就是依据这些基本数据制定的。由于历法中的基本数据采用分数形式,为了符合经学或者出于美学的考虑,历算家总是费尽心机地使其数据整齐划一,这种努力无疑刺激了分数理论的发展。

2. 分数的定义与基本性质

《九章算术》方田章合分术云:“实如法而一。不满法者,以法命之。”实、法分别为被除数和除数,前四个字就是进行除法运算;后一句话相当于说,如果被除数或余数小于除数,就得出一个以除

数作分母的分数,这就是由除法运算所导出的分数定义。

刘徽对合分术的注文说:“约而言之者,其分粗,繁而言之者,其分细。虽则粗细有殊,然其实一也。”就是说同一分数值可以表示得简单些,只要分得粗(即份数少);也可以表示得繁复些,只要分得细(即份数多),但简繁二者在数值上可以相等。他在同一章约分术的注文中又说:“物之数量,不可悉全,必以分言之。分之为数,繁则难用。设有四分之二者,繁而言之,亦可分为八分之四;约而言之,则二分之一也。虽则异辞,至于为数,亦同归尔。法实相推,动有参差,故为术者先治诸分。”这里先肯定引入分数概念的必要性,进而用数例说明约分的意义,最后点出“法实相推,动有参差”这一形象化的分数基本性质:即分数的分子和分母同乘或除以一个不为零的数,其值不变。约分和通分这两个分数算法的关键技术,正是建立在此性质基础上的。

《九章算术》约分术的程序是:先看分子、分母是否均为偶数,如是,则以 2 分别约子和母;如不是就用更相减损术来求最大公约数,再用最大公约数分别约子和母。《张丘建算经》和《夏侯阳算经》也都介绍了约分,其步骤与《九章算术》大致相同。

分数加减法需要通分,《九章算术》合分、减分二术都涉及通分运算。刘徽在合分术注中则提出“齐同”的概念来阐释通分的理论依据:“凡母互乘子谓之齐,群母相乘谓之同。同者,相与通同共一母也;齐者,子与母齐,势不可失本数也。”这里的“同”,就是求公分母;“齐”,就是利用分数基本性质保证分数值不变。刘徽又说:“乘以散之,约以聚之,齐同以通之,此其算之纲纪乎?”《张丘建算经》序中也说道:“夫学算者不患乘除之为难,而患通分之为难。”按照

《九章算术》方田章的通分术，一般并不得到诸分母的最小公倍数为公分母；少广章中的通分算法则可得到最小公倍数作为公分母，这一点将留待后文介绍。

3. 分数运算与应用问题

战国时魏相李悝(公元前455—公元前395)所著《法经》中，开列了一个五口农家年收支的细账，实际上是一道包括分数乘法在内的复杂四则应用题。[①] 此外，律学中三分损益法的应用和古代黄帝、颛顼、夏、殷、周、鲁六部历法采用复杂的分数数据，这些都说明至迟在战国时代，中国人已掌握了分数四则运算的规律。

《九章算术》则对这些运算规律做了总结，书中把分数的加、减、乘、除分别称为合分、减分、乘分和经分。

合分术文为："母互乘子，并以为实，母相乘为法，实如法而一。"用现代数学符号来表示，即

$$\frac{b}{a}+\frac{d}{c}=\frac{bc+ad}{ac}$$

减分术文为："母互乘子，以少减多，余为实，母相乘为法，实如法而一。"即

$$\frac{b}{a}-\frac{d}{c}=\frac{bc-ad}{ac}\quad\left(\text{设}\frac{b}{a}>\frac{d}{c}\right)$$

乘分术文为："母相乘为法，子相乘为实，实如法而一。"即

$$\frac{b}{a}\times\frac{d}{c}=\frac{bd}{ac}$$

① 按：《法经》已亡佚，这笔细账实为《汉书·食货志》辑录。参阅上海古籍出版社、上海书店二十五史本1986年版，第476页。

经分术紧接在一道分钱题后,故曰:“以人数为法,钱数为实,实如法而一。有分者通之,重有分者同而通之。”这里的“重有分者”,就是除数与被除数皆为分数的情况,为此刘徽注道:“又以法分母乘实,实分母乘法。此谓法实俱有分,故令分母乘全内子,又令分母互乘上下。”也就是将被除数与母、子颠倒后的除数相乘,用数学符号写出来,即

$$\frac{b}{a}\div\frac{d}{c}=\frac{b}{a}\times\frac{c}{d}=\frac{bc}{ad}$$

刘徽这里所说的“乘全内子”,系对带分数进行通分,如

$$2\frac{1}{3}=\frac{3\times2+1}{3}=\frac{7}{3}$$

这里 3×2 即“乘全”(整数 2 为“全”),再加上分子上的 1 即为“内(纳)子”。

《九章算术》还有课分、平分两术。前者与减分类似,目的是比较分数的大小;后者是求若干分数的平均值,又与合分、经分有关。

分数概念既然是由“实不满法”导出的,那么它除了可以被看作一个实在的数外,也可以被看成一对实与法的比,分数运算的过程就是要做到“法实相推”,不同类的法实比率则需通过“齐同”术来化为同类,这样就可以把分数理论纳入到内涵更丰富的比率理论之中。刘徽等中国古代数学家正是利用比率性质来解释一些应用问题的,现用两个例子说明。

《九章算术》均输章第 20 题为:

今有凫起南海,七日至北海;雁起北海,九日至南海。今

> 凫、雁俱起,问何日相逢?[①]

术文是:“并日数为法,日数相乘为实,实如法得一日。”也就是

$$(7\times9)\div(9+7)=63\div16=3\frac{15}{16}(\text{日})$$

对此术文刘徽提出了两个解释:(1)首先“齐其至,同其日”,得到63日内凫9至、雁7至的结果,然后求63日内凫、雁“共至”数为16;而“凫、雁俱起”至相逢的路程实际就是1个“共至”的路程,所以用16除63得问;(2)由凫日行全程1/7、雁日行全程1/9,“齐而同之”,得“南北相去六十三分,凫日行九分,雁日行七分”,凫、雁1日共行16分,除“南北相去”63分,得问。

《孙子算经》卷下第17题也很有名,被张丘建称为孙子之“荡杯”:

> 今有妇人河上荡杯。津吏问曰:“杯何以多?”妇人曰:“家有客。”津吏曰:“客几何?”妇人曰:“二人共饭,三人共羹,四人共肉,凡用杯六十五,不知客几何?”[②]

术文为:“置六十五杯,以一十二乘之,得七百八十,以十三除之,即得。”由妇人的回答可知,1人用饭、羹、肉的杯数分别是1/2、1/3和1/4,所以每人要用杯数为

$$1/2+1/3+1/4=13/12$$

① 钱宝琮校点:《算经十书》(上册),中华书局1963年版,第315页。

② 钱宝琮校点:《算经十书》(下册),中华书局1963年版,第198页。

用它去除共用杯数 65 即得。这只是一种思路，古人更可能的想法还是基于“齐同术”，也就是同其人，齐其杯，得 12 人共用了 6 个杯子吃饭、4 个杯子喝汤、3 个杯子食肉，即 12 人用 13 杯，以下再用比例算法（即今有术，详后文）求出客人数。

4. 中国古代分数论的评价

中国古代数学家从除法导出分数概念，在应用问题中又把分数看成一对比率，在形式上则自上而下或自左而右地列出分子和分母的筹式，同时律、历学中又普遍采用分数数据，这些都是中国古代分数论的重要特点。中国古代分数论的内容十分丰富，除了以上谈到的之外，由分数论还可得到最大公约数和最小公倍数的算法，以及有关近似方法等，这些内容将在本书后面叙述。

古埃及人在代表分母的字符上画一个椭圆来表示单位分数，而将分子不为 1 的分数化成若干个单位分数之和，例如 2/13 就化成 1/8＋1/52＋1/104。在距今约三千六百多年前的阿默斯(Ahmose)纸草上，有一份将形如 2/(2n＋1)的分数化成单位分数之和的表。如果所考虑的分数的分子既不是 1 也不是 2，就得设法改造，例如 9/10 就得改写成 1/5＋2/3＋1/30；所以该纸草上提到，如果将 9 个面包平均分给 10 个人，则每人所得为一个面包的 1/5 加上一个面包的 2/3 再加上一个面包的 1/30。① 这种处理分数的形式妨碍了一般算法的发展，因而埃及人的分数论尽管很华

---

① 〔英〕斯科特：《数学史》，侯德润等译，商务印书馆 1981 年版，第 10—13 页。按：阿默斯纸草即莱茵德(Rhind)纸草。前者以古埃及的作者或书记员命名，后者以英国近代收藏家命名。

丽，但是并不实用。

古巴比伦人采用六十进制，分数运算也很麻烦。古希腊人在音律学中也有类似三分损益法的确定基本音程的方法（不同的是他们以弦长而不是管长为标准），但是他们的文字记数制度表示起分数来十分不便。古代印度人的分数表示法与筹算中由除法导出的分数表示法一致，例如他们把$\frac{1}{3}$写成$\begin{matrix}1\\3\end{matrix}$，$1\frac{2}{5}$写成$\begin{matrix}1\\2\\5\end{matrix}$等。至于在欧洲，系统的分数算法及理论到文艺复兴时代才被人们普遍认识，德语中至今还有这样的俗语，当形容某人陷入绝境时就说他 in die Brüche fallen，直译出来就是“掉到分数里去了”①。

(三) 小数

1. 小数的计量学渊源

计量的概念在中国肇源甚古，《大戴记·五帝德》称黄帝“设五量”，《世本·帝系》称少昊“同度量，调律吕”，《尚书·舜典》称舜“协时月正日，同律度量衡”，这些记载都在一定程度上反映了古人对标准计量重要性的认识。由于中国古代采用十进位值制记数，计量单位一般也采纳十进制度。

中国历史博物馆和上海博物馆各藏有一把商代牙尺，它们的形制十分相似，因而很可能是当时的标准器具。两尺正面均有十进刻度：尺面被均分成 10 份，每份又被均分成更小的 10 个

① 梁宗巨：《世界数学史简编》，辽宁人民出版社 1981 年版，第 77 页。

间隔。[①]

周初从中央到地方都设有专管度量衡的官吏,《周礼·天官》之内宰、《周礼·秋官》之大行人、《周礼·地官》之质人即是。春秋战国诸侯并起,各侯国均有自己的度量衡制度,但总的趋势是逐渐走向统一。周秦一些计量单位多采用十进制,只是还不够系统并缺乏足够的文字记载。

最早关于十进计量单位的系统记载见于西汉。贾谊(公元前200—公元前168)《新书·六术》篇曰:"数度之始,始于微细,有形之物,莫细于毫,是故立一毫以为度始,十毫为发,十发为厘,十厘为分。"这里把"数"与"度"的精细单位同归于毫,实开后世数学家借用度量单位表达小数位值的先河。刘歆协助王莽改革度量衡制度,当时颁制的许多计量器具一直存留至今。关于这一改革的详细记录后来被收入《汉书·律历志》,成为中国历史上第一部完整的度量衡史文献。《汉书·律历志》给出的各种度量衡单位及进位关系是

审度　1 引 $=10$ 丈 $=10^2$ 尺 $=10^3$ 寸 $=10^4$ 分

嘉量　1 斛 $=10$ 斗 $=10^2$ 升 $=10^3$ 合 $=2\times10^3$ 龠

权衡　1 石 $=4$ 钧 $=30\times4$ 斤 $=16\times30\times4$ 两 $=24\times16\times30\times4$ 铢

这就是五度、五量和五权。除此之外,《汉书·律历志》"备数"一节

① 邱隆等编:《中国古代度量衡图集》,文物出版社 1981 年版,第 2 页。

又说："度长短者不失毫厘，量多少者不失圭撮，权轻重者不失黍絫。"说明当时还有比分、龠、铢更微小的度量衡单位。考察当时典籍及器物，可知厘、毫和絫、黍皆为十进，即 1 分＝10 厘＝10^2 毫，1 铢＝10 絫＝10^2 黍；而撮、圭分别是五进和四进，即 1 龠＝5 撮＝4×5 圭。

根据中国历史博物馆所藏始建国铜方斗的铭文和实测数据，莽新时代 1 尺约合今 23.03 厘米，1 斗约合今 1978.25 毫升；由此推算当时的 1 毫约为 23.03÷10^4＝0.0023 厘米，当时的 1 圭约为 1978.25÷10^2÷2÷5＝0.4946 毫升。同样道理，根据四川省博物馆所藏莽新时代四两铜环权，可推得当时的 1 黍约为 0.0064 克。[①] 就当时的计量对象来说，如此精细的单位似乎不会有太大用场，况且当时的工艺水平也无法达到这样的精度，因而毫、圭、黍等单位的出现，与其说是满足实际计量的需要，不如说是出于计量理论或数学上的考虑。刘徽在推算圆内接正多边形时，就借用了尺、寸、分、厘、毫、秒、忽等七个十进度量单位，但是他并不关心这些单位的绝对长度。《孙子算经》则在度量单位中以丝代秒，又把容量单位统一成十进制，具体换算关系如下：

度　1 引＝10 丈＝10^2 尺＝10^3 寸＝10^4 分＝10^5 厘＝10^6 毫＝10^7 丝＝10^8 忽

量　1 斛＝10 斗＝10^2 升＝10^3 合＝10^4 勺＝10^5 抄＝10^6 撮＝10^7 圭＝6×10^7 粟

① 邱隆等编：《中国古代度量衡图集》，文物出版社 1981 年版，第 84、147 页。

传本《夏侯阳算经》则将《孙子算经》的“六粟为一圭”改成“十粟为一圭”。至此，长度和容量单位进制已全部整齐划一。

重量单位古来进制不一，汉代才出现累和黍这两个十进单位。汉唐之际普遍流通的最小货币名为五铢，但各朝所铸五铢钱的价值与重量多无关系。唐朝武德四年(621)官方废五铢而发行开元通宝，明令规定每钱重 2 铢 4 累，10 钱合重 1 两。由于这种制钱与其自身重量具有对等关系，“钱”就被用来表示两以下的重量单位，后来又借用长度单位分、厘、毫、丝、忽等作为更小的重量单位，全都采取十进制。北宋淳化三年(992)，政府规定钱、分、厘、毫等与铢、累、黍并用，但后者已鲜为民间所用。后来又废去钧、石两个重量单位，而改以 100 斤为 1 担。这样，除了斤、两外，中国的度量衡到宋朝已全部演变成十进单位制。

2. 小数的律历渊源

中国古代以律管长度来确定基本音程，一般若取定黄钟之管长为整数单位，其他管长就不一定由整数单位表出。尽管历代律学家采用的生律方法和度量管长的尺度不尽相同，他们都可以通过增加度量的精细单位来提高律管的精度，这与数学家引入小数来提高计算精度在道理上是一致的。以黄钟、大吕之律管为例，《后汉书·律历志》的数据分别为 9 寸和 8 寸 4 分小分 3 弱，朱熹《琴律说》的数据分别是 9 寸和 8 寸 3 分 7 厘 6 毫，朱载堉《律学新说》纵黍新法的数据分别是 9 寸和 8 寸 4 分 4 厘 0 毫 6 丝 7 忽。以小数表示，以上三个大吕律管之长分别为 8.43 寸、8.376 寸和 8.44067 寸。元代刘瑾在其所著《律吕成书》中采用降一格书写的

形式表示小数部分，如将 744580.4184 忽写成

𝍯 𝍣 𝍬 𝍤 𝍰 □

十 万 千 百 十 忽 𝍣 𝍩 𝍧 𝍬

除此之外，由于同时采用九进和十进两种尺度来衡量律管的长度，律学家在推算这两种尺度的关系时，实际上导出了不同进制小数之间的换算方法。

中国古代历法习用分数形式表示天文常数的奇零部分，一开始对各类数据的分母没有统一的考虑，后来逐渐引入一个称之为总法（或通法、统法）的公分母来简化计算程序，而以 10 的整数次幂为总法就导致历法中出现大量小数形式的数据。历学家中最早用同一常数来表示各种数据奇零部分共同分母的是李淳风，他的《麟德历》以 1340 为总法。705 年，南宫说造《神龙历》，内中以 100 为总法，整数以下称为余，余下称为奇，奇下称为小分，俱从百进，如云：

> 期周三百六十五日，余二十四，奇四十八；
>
> 月法二十九日，余五十三，奇六；
>
> 月周法二十七日，余五十五，奇四十五，小分五十九；
>
> 交周法二十七日，余二十一，奇二十二，小分十六，七分。

就是说，一回归年为 365.2448 日，一平朔月为 29.5306 日，一近点月为 27.554559 日，一交点月为 27.2122167 日。

《神龙历》由于用了武则天的年号，不为后来的唐宋历家重视，但它开创了中国古代历法以 10 的整数幂为总法表示天文数据奇零部分的先例。又过了几十年，民间历家曹士蒍造《符天历》，采用 10000 为母法，故又称为万分历，天文数据的奇零部分一律以四位数字显示。边冈的《崇玄历》和姚舜辅的《纪元历》则部分采用了百分制度和万分制度。

元代《授时历》继承和发展了《神龙历》的方法，系统地采用百分制度表示天文数据，并彻底废除由特定分数表示的日法。具体讲就是将 1 日分为 100 刻，1 刻分为 100 分，1 分分为 100 秒；1 个周天弧度也分为 100 分，分下又分为 100 秒。举例来说，《授时历》推出的回归年长度为 365 日 24 刻 25 分，黄赤交角为 23 度 90 分 30 秒，即相当于 365.2425 日和 23.9030 度。《授时历》中的许多天文表格均不标明单位，仅以数字的大小和位置来显示位值，例如上述黄赤交角在黄道出入赤道内外度表中就被表示为二十三 $\frac{\text{九〇}}{\text{三〇}}$，而火星行度表中的二十八日 $\frac{\text{九十六}}{\text{四十五}}$ 即表示从某一时刻起算的第 28.9645 天。①

3. 数学著作中的小数问题

明确从数学上提出小数概念的是刘徽，他在处理开方不尽问题时建议采用一种微数方法。刘徽在《九章算术》少广章之开方

---

① 《授时历》之数据均为竖直书写，上书整数单位（度或日），下右方小字书第一个百分单位（分或刻），下右方小字书第二个百分单位（秒或分）。以上两数据引自《历代天文律历等志汇编》第九册，中华书局 1976 年版，第 3406、3427 页。

注云：

> 微数无名者以为分子，其一退以十为母，其再退以百为母。退之弥下，其分弥细，则朱幂虽有所弃之数，不足言之也。[1]

这句话有三个要点：(1)“微数无名”，表明不需要借助度量衡单位来标识奇零位值；(2)“一退”“再退”皆以10的整数次幂为分母，可避免通分引起数字变化；(3)可用微数无穷逼近方根。设对某数A开方至某一单位得到数据为 a_0，若还有余数，仍然按照原先的程序开下去，依次求得的数字序列 a_1、a_2、a_3…就称为微数，则

$$\sqrt{A}=a_0+a_1/10+a_2/100+a_3/1000+\cdots a_0+$$
$$a_1/10+a_2/100+a_3/1000+\cdots$$

可以看出，微数 a_1、a_2、a_3…正是 $\sqrt{A}$ 的小数部分。

微数方法自然也可以用在除法中，刘徽在引入微数之前就举例说道：“譬犹以三除十，以其余为三分之一，而复其数可举。”

刘徽虽然提出了微数方法，但在他的《九章算术注》中却很少应用，唯一的例子是在对圆田术的注释中。在开平方求圆内接正多边形边长进而推算圆周率时他写道：“开方除之，下至秒忽。又一退法，求其微数。微数无名者以为分子，以十为分母。”实际上刘徽在推算圆内接正多边形面积的时候，用了尺、寸、分、厘、毫、秒、忽七个长度单位，仅在忽以下使用了一位微数，这是因为十进长度

① 钱宝琮校点：《算经十书》(上册)，中华书局1963年版，第150页。

单位制早已为人熟知的缘故。另一方面，这也说明用度量衡的精细单位表达奇零数据与引入微数是并行不悖的。在一般情况下，中国古代数学家乐于借用度量衡单位来表达奇零数据。祖冲之继承刘徽的工作，在圆周率的计算中取得了出色的成就。据《隋书·律历志》记载，他从直径为一丈的圆出发，推出“圆周盈数三丈一尺四寸一分五厘九毫二秒七忽，朒数三丈一尺四寸一分五厘九毫二秒六忽”，相当于给出

$$3.1415926<\pi<3.1415927$$

所谓祖冲之计算圆周率值精确到小数点后第六位，其根据就在这里。

在中国古代数学著作中，分、厘、毫、丝等长度单位经常被用来表示小数的位值，这种做法一直被沿用至今。传本《夏侯阳算经》卷中第 8 题答案为“五贯八百八十九文二分一厘六毫”，《数书九章》卷 12 累收库本题的答案是“二万四千七百六贯二百七十九文三分四厘八毫四丝六忽七微七沙三莽一轻二清五烟”，实际生活中文以下的货币单位都不存在。这两个答案分别相当于 5889.216 文和 24706279.3484670703125 文。《算学启蒙》卷首列出小数名目：分、厘、毫、丝、忽、微、纤、沙皆为十进，以下尘、埃、渺、模糊、逡巡、须臾、瞬息、弹指、刹那、六德、虚、空、清、净等皆为万万进，后面这些精细单位显然是来自佛经的。[①] 这些名目均不具有任何计量学的意义，纯粹是标识小数位值的文字记号而已。

① 《数述记遗》引《楞伽经》提到的小数名目有“阿耨”“铜上尘”“水上尘”“兔毫上尘”“羊毛上尘”“牛毛上尘”“响中由尘”“虮”“虱”“麦横”“指节”等，皆为七进；“二十四指节为一肘”。参阅钱宝琮校点：《算经十书》(下册)，中华书局 1963 年版，第 528 页。

宋元数学家的算草中，往往不注小数名目，仅在相当于个位数字的筹码下写一个单位名称，这一汉字就起着小数点的作用。例如，《数书九章》中就有𝍰〇𝍮𝍦石〇𝍣𝍯𝍣𝍩𝍧和〇寸〇〇〇𝍤𝍯𝍨𝍪，《测圆海镜》中有𝍤步𝍯𝍥，《四元玉鉴》中有𝍠𝍱分𝍥等记法，它们分别相当于 8067.047418 石、0.0005792 寸、5.76 步和 19.6 分。《测圆海镜》中有时还不注名目而表示纯小数，例如把 0.25 记作〇𝍪𝍤。此外，涉及斤两换算的口诀也都不注名目，例如《日用算法》之“一求隔位六二五，二求退位一二五，三求一八七五”，相当于说“1/16＝0.0625、2/16＝0.125、3/16＝0.1875”。

小数运算的规则与整数没有本质的区别。《数书九章》中的许多问题都涉及小数运算，作者一律采用类似于整数的方法处理。卷一之大衍总数术根据问数的不同情况分成四格，即元数、收数、通数、复数四种类型，其中元数即整数，收数即小数。书中称：“收数者，乃命尾位分厘作单零，以进所问之数，定位讫，用元数格入之。”也就是将小数扩大 10 的整数次幂倍后按整数来处理。至于小数的增乘开方则与整数无异，以卷 12 囤积量容题所立方程 $16x^2+192x-1863.2=0$ 为例，开得正根的整数部分 3 之后继续开方，最后得 $x=3.65$(寸)有奇。

数学著作中用到小数位数最多的是朱载堉的《算学新说》，书中以 25 位数字进行四则与开方运算，小数则以长度单位结合微数混合表示。作者称：“小数名色虽多，自纤以下初学者难晓，算家亦不常用，故略之。”举例来说，书中得出蕤宾倍律为“一尺四寸一分四厘二毫一丝三忽五微六纤二三七三〇九五〇四八八〇一六八九”，相当于算出$\sqrt{2}$的近似值为 1.414213562373095048801689。

西方由于统一的十进单位制出现较晚，古代计算技术也因为缺少先进的记数制和算具这两方面的原因而落后于中国，因而直到 16 世纪才有人对小数予以注意。德国人鲁道夫（Christoph Rudolff，1499—1545）于 1530 年左右曾用一竖来隔开整数与小数部分。1585 年，荷兰人斯蒂汶（S. Stevin，1548—1620）系统地陈述了小数的理论，并建议用特殊的记号来标记小数位值，如将 5.912 写作 5〇9①1②2③。1608 年，德国人克拉维斯（C. Clavius，1538—1612）首先用一个黑点来作整数与小数的分界标志，这就是现代小数点的起源。

(四) 负数

1. 负数的起源和发展

负数的概念源于经济生活中的“不足”和“亏损”。战国时李悝《法经》中就有“不足四百五十”这样的用语；《汉书·佞幸传》记邓通被没籍，“家尚负责数钜万”；居延汉简中则有许多“负算”的实例，例如第 206.4 号简文为“万岁侯长充受官钱定课四千，负四算，毋自言堂煌者第一，得七算，相除定得三算，第一”[①]。这些都是负数概念的现实原型。它们表明，随着人类对数的认识的深入，必然会意识到存在着具有相反意义的量，比较它们之间的关系，一般总

① 谢桂华等编：《居延汉简释文合校》（上册），文物出版社 1987 年版，第 319 页。

可以用小量去减大量来得到，上述简文中的“相除”就是这个意思。

但是并不是所有的数字比较问题都可以通过以小减大来实现的，在用消元法解线性方程组时就会遇到这样的问题：无论消掉哪一个未知数，都不可避免减数大于被减数的情况，这时就需要引进负数来扩充减法的功能。事实上，世界上关于负数的最早应用就出现在《九章算术》的方程章中。这表明，起码在秦汉之际，中国人已有了负数概念。《九章算术》方程章第3题为：

> 今有上禾二秉，中禾三秉，下禾四秉，实皆不满斗。上取中，中取下，下取上各一秉而实满斗。问上、中、下禾实一秉各几何？[①]

设上、中、下禾每秉出谷量分别为 x、y、z 斗，则有

$$\begin{cases} 2x+y=1 \\ 3y+z=1 \\ 4z+x=1 \end{cases}$$

对于这一线性方程组，只要采取分离系数的筹式算法进行消元，就无法回避被减数小于减数情况的出现，因而本题的术文提出“以正负术入之”，即引入负数及其加减法则来求解。

有些题目本身就含有负项，例如紧接着的一道题为

> 今有上禾五秉，损实一斗一升，当下禾七秉。上禾七秉，

---

① 钱宝琮校点：《算经十书》(上册)，中华书局1963年版，第224页。

损实二斗五升，当下禾五秉。问上、下禾一秉各几何？[①]

设问为 x、y 升，则由题意可列方程组

$$\begin{cases}5x-11=7y\\7x-25=5y\end{cases}$$

刘徽对该题术文的注释为："言上禾五秉之实多，减其一斗一升，余，是与下禾七秉相当数也。故互其算，令相折除，以一斗一升为差。"这里的"互其算""相折除"就相当于移项变号，因此上述第一个方程在原书中写作 $5x-7y=11$；同理，第二个方程也写作 $7x-5y=25$。无论哪一种写法，方程组本身都带有负项。

由古代方程问题引出的负数概念在增乘开方法（即高次方程数值解法）中得到进一步发展。刘益把传统的开带从平方推广到"负方"和"益隅"两种类型，即承认二次方程的一次项或二次项系数为负数，后人称其"引用带从开方正负损益之法，前古之所未闻也"[②]。秦九韶则明确规定"实常为负"，即令高次方程的常数项恒为负数，其他项则可正可负，所以增乘开方法亦称正负开方术。李锐由增乘开方法研究代数方程论，在中国数学史上第一次引入负根概念，其《开方说》卷中称："异名相步所得为正商，同名相步所得为负商。"书中还研究了负根个数的判定法则、改变根之符号的方程变换法等。

① 钱宝琮校点：《算经十书》（上册），中华书局1963年版，第226页。

② （南宋）杨辉：《田亩比类乘除捷法》序，宜稼堂丛书本。

2. 负数的定义和表示法

刘徽在正负术的注文中给出了正负数的定义和表示法，他说：

> 今两算得失相反，要令正负以名之。正算赤，负算黑。否则以邪正为异。[①]

“两算得失相反”，相当于说加负等于减正，减正等于加负，这是由运算规则导出的正负数定义。用算筹区分正负数则有两种方法：或用红黑两种颜色的筹来区别，红筹表示正数，黑筹表示负数；或以正斜排列的两种筹式分别表示正负数。

刘徽又论及正负数的相对性质，他说：“方程自有赤黑相取、左右数相推求之术。”“凡正负所以记其同异，使二品互相取而已矣。言负者未必负于少，言正者未必正于多，故每一行之中虽赤黑异算无伤。”这相当于说，在一个方程中，引入“正”“负”不过是为了区别相反意义的量而已，称为“正”者未必就多，称为“负”者未必就少，通过同时改变各项的符号可以使方程保持同解。

刘徽记述的两种表示负数的方法为后世所继承。《隋书·律历志》讲到算筹规格时说：“正策三廉，积二百一十六枚，成六觚，乾之策也。负策四廉，积一百四十四枚，成方，坤之策也。”“廉”即棱，这里的意思是分别取正负算筹的截面为正三角形和正方形。宋代用筹码记录算草，或以红黑两色数码分别表示正负，或在表示负数

① 钱宝琮校点：《算经十书》（上册），中华书局1963年版，第225—226页。

的筹码下书一“益”字，但更普遍的做法是在最后一位有效数字的筹码上添一斜杠表示负数，例如𝍧𝍪𝍣和𝍢𝍮〇就表示－824和－360.

3. 负数运算法则

《九章算术》方程章中的正负术，是世界上关于负数加减法则的最早文献，原文是：

> 正负术曰：同名相除，异名相益，正无入负之，负无入正之。其异名相除，同名相益，正无入正之，负无入负之。①

整个术文分为两部分：前一部分讲减法，后一部分讲加法。“同名相除，异名相益”，系指两数作减法运算时，如果同号则绝对值相减，如果异号则绝对值相加，“正无入负之，负无入正之”，系指正数减零为负数，负数减零为正数。相应地，后面四句话系指两数作加法运算时，如果同号则绝对值相加，如果异号则绝对值相减，正数加零为正数，负数加零为负数。

在《九章算术》中，凡是涉及负数的加减运算时，就说“以正负术入之”，也就是依照上述规则来决定和或差。在中国古代，这一法则并不限于解线性方程组，《后汉书·律历志》在推算二十四气中星所在时就用到正负术，特别提到减法规则为：“强，正；弱，负也。其强弱相减，同名相去，异名从之。”类似的表述亦见于刘洪的

① 钱宝琮校点：《算经十书》(上册)，中华书局1963年版，第225—226页。

《乾象历》,原文是:“强正弱负。强弱相并,同名相从,异名相消。其相减也,同名相消,异名相从。无对互之。”最后这一句“无对互之”,就是《九章算术》中“正无入负之,负无入正之”的概括。在宋元数学家的天元术和增乘开方法中,正负数的加减法则也起着十分重要的作用。

《九章算术》和刘徽注都没有明确地用文字表达正负数的乘除法则,但是在实际问题中已涉及负数与正数的乘法或除法运算。例如,方程章第8题列出的线性方程组为

$$\begin{cases}2x+5y-13z=1000\\3x-9y+3z=0\\-5x+6y+8z=-600\end{cases}$$

根据刘徽的注文,解此方程组的第一步是将中间方程的两边同乘以2,这样就出现了$2\times(-9)$的计算问题。再如第18题,根据刘徽的注文,解题过程中须用62去除方程$-310z+186u=0$的两边,这样就出现了$(-310)\div 62$的问题。这两个例子说明《九章算术》和刘徽注中已含有正数乘除负数的规则。① 在实际运算中,这种乘除法无须改变算筹的颜色,即原先表示负数的黑筹在乘除后仍为黑筹,因而不像加减法那样麻烦;另一方面,古代方程问题中未出现负数与负数相乘除的算法上的需求,所以《九章算术》中的正负术仅限于加减法,刘徽注也没有直接提到乘除规则。

在天元术和四元术中,均出现两个多项式相乘的算法。例如,

---

① 吴裕宾、朱家生:《〈九章算术〉与刘徽注中正负数乘除法初探》,《自然科学史研究》1990年第1期。

《四元玉鉴》卷上示范性的三才运元题中，经过一次消元后得

$$\begin{cases}(7+3z-z^2)x+(-6-7z-3z^2+z^3)=0\\(13+11z+5z^2-2z^3)x+(-14-13z-15z^2-5z^3+2z^4)=0\end{cases}$$

为了消去 x 就得进行互乘相消，这就引出了

$$(-14-13z-15z^2-5z^3+2z^4)\times(7+3z-z^2)$$

$$(-6-7z-3z^2+z^3)\times(13+11z+5z^2-2z^3)$$

这两个带有负项的多项式相乘的运算，因而宋元数学家必然要总结负数与负数乘除的一般规律。[①] 朱世杰的《算学启蒙》“总括”之“明乘除”一节曰：

> 同名相乘为正，异名相乘为负。[②]

这是世界数学史上最早的关于正负数乘除法则的文字记载。

负数的概念和算法首先出现在中国绝非偶然，与分数、小数的情况一样，中国古代数学的算法机械化倾向促成了它的诞生。而在世界上其他地区，人们认识和接受负数经历了一个相当漫长的历程。印度人在 7 世纪左右开始认识到负数，婆罗摩笈多(Brahmagupta，约 598—约 668)对负数的解释也是亏负。阿拉伯人在运算中则抛弃负数。欧洲人长期以来认为负数是荒谬的：韦达根本不理睬负数；卡当(G. Cardano，1501—1576)、笛卡尔等人都称负数为“假数”；帕斯卡(B. Pascal，1623—1662)认为从 0 减去

① 杜石然：《朱世杰研究》，载钱宝琮等：《宋元数学史论文集》，科学出版社 1966 年版。

② (元)朱世杰：《算术启蒙》总括，光绪八年(1882)醉六堂刊本。

4 纯粹是胡说，他的好友、神学家兼数学家阿诺尔德(A. Arnauld，1612—1694)拒绝承认−1/1=1/−1，理由是小数与大数的比不会等于大数与小数的比。①

二　数的整除与进位

中算家在初等数论领域也取得过不俗的成绩。本节将要论述涉及最大公约数和最小公倍数的算法、有关素数的认识和研究，以及非十进制的概念和理论；它们分别属于数的整除与进位范畴。中算家在不定分析方面的工作将留待第三章介绍。

(一) 数的整除性

1. 约分与最大公约数

中国古代最大公约数的概念来源于对分母进行约分。《九章算术》方田章第 6 题为："今有九十一分之四十九。问约之得几何？"附于题后的约分术文为：

> 可半者半之，不可半者，副置分母子之数，以少减多，更相减损。求其等也。以等数约之。②

---

① 〔美〕M. 克莱因：《古今数学思想》(第 1 册)，张理京等译，上海科学出版社 1979 年版，第 293 页。

② 钱宝琮校点：《算经十书》(上册)，中华书局 1963 年版，第 95 页。

这里说的“等数”，就是最大公约数。此题的等数为 7，约分后为 7/13。

中算家很少将一个整数分解成素因数，分数约分时首先观察，如有明显的公约数如 2、3 等则先行约去，然后再应用一套机械化的算法求出等数进行约分。《张丘建算经》的序说：“凡约法：高者下之，偶者半之，奇者商之。副置其子及其母，以少减多，求等数而用之。”与《九章算术》所述约分术大同小异。

等数是中国古代数学中的一个重要概念，古代历法中的分数数据，除非有保持统一分母的特别需要，一般皆以既约分数的形式出现，这就是求等数约分的结果。在涉及化多个整数模为两两互素模的算法中，等数也起着重要作用。

2. 更相减损术

等数的求法已包含在《九章算术》约分术中，其实质可由术文中的“更相减损”四个字概括。以上述方田章第 6 题为例，更相减损的程序为：

$$r_1=91-49=42$$

$$r_2=49-42=7$$

$$r_3=42-7-7-7-7-7=7$$

这里 $r_2=r_3$，故被称为等数。刘徽解释求等数约分的道理时说：“其所以相减者，皆等数之重叠，故以等数约之。”也就是说，分子、分母(或一对整数)及运算过程中出现的各余数，都可以看作是等数的倍数，这是对更相减损原理所作的极为精炼的解说。

欧几里得的《几何原本》第 7 卷介绍了一种求最大公约数的辗

转相除法，仍以上题为例，用现代形式写出来就是：

	91	49	1
	49	42	
1	42	7	6
	42		
	0		

可以看出，除了最后一步外，更相减损术与欧几里得辗转相除法是完全对应的。在数目较大或较多的时候，用这种方法求最大公约数远比分解素因数方法要简便。

在中国古代，更相减损术的用途不仅限于求最大公约数和约分，在求最小公倍数、解一次不定方程和一次同余式组，以及解线性方程组中都可派上用场，渐近分数的算法也有相当大的可能来源于更相减损术。更相减损术传到日本之后，在 17—18 世纪成为和算家处理数论问题的有力工具。关孝和(1642—1708)等人的互约术、累约术、剩一术等和算方法，就是在更相减损术的基础上发展起来的。[①]

3. 通分与最小公倍数

《九章算术》方田章中的合分、减分两术均涉及通分，而以“母相乘为法”，即以分母的乘积为公分母。这样得到的公分母一般并不是原先诸分母的最小公倍数，同书少广章则含有一种最小公倍

① 沈康身：《更相减损术源流》，载吴文俊主编：《〈九章算术〉与刘徽》，北京师范大学出版社 1982 年版。

数的算法。少广章前11个题目可以概括为：在一块长为1＋1/2＋1/3＋…1/n步的土地中划出一亩田来，问宽是多少步？少广术的第一步就需要求出几个单位分数的和，有关术文为：

> 置全步及分母子，以最下分母遍乘诸分子及全步，各以其母除其子，置之于左。命通分者，又以分母遍乘诸分子及已通者，皆通而同之。①

现以少广章第7题为例，“置全步及分母子”，就是列出题设各单位分数

1,1/2,1/3,1/4,1/5,1/6,1/7,1/8

“以最下分母遍乘分子及全步”，就是用最后一数的分母8依次乘前各数；“各以其母除其子”，就是对乘得之数能约分者就约分，这样得到

8,4,8/3,2,8/5,4/3,8/7,1

“又以分母遍乘诸分子及已通者”，就是再以倒数第2、3、4…个数的分母依次乘前各数，乘得之结果能约分就约分，于是逐步可得

56,28,56/3,14,56/5,28/3,8,7

168,84,56,42,168/5,28,24,21

840,420,280,210,168,140,120,105

“皆通而同之”是说已将所有分数通分为同分母840，最后一组数实际是通分后的各个分子。

---

① 钱宝琮校点：《算经十书》(上册)，中华书局1963年版，第143页。

由于采取了将每次乘积化为既约分数(即“各以其母除其子”)的措施,如此得到的公分母,实际上就是原来诸分母的最小公倍数。[①]

《孙子算经》卷下第35题讲三女回家,长女5日一归,中女4日一归,少女3日一归,问多少日三姐妹相聚一次?这是中国古代最早明确表示出来的最小公倍数问题,只是题中数字两两互素,结果只需互乘就可得到。

4. 化约求定算法

非两两互素数字的最小公倍数算法由秦九韶创造的化约求定术引出。所谓化约求定,实乃解一次同余式组之大衍总数术的一个子程序,其实质是将一组非两两互素的整数(称为元数)化为两两互素的整数(称为定数),并使化约后的整数之乘积(称为衍母)是化约前诸整数的最小公倍数。

秦九韶提出了三种基本的化约求定算法,它们是:(1)求总等化约法:“求总等,不约一位约众位。”(2)连环求等化约法:“两两连环求等,约奇弗约偶(或约得五而彼有十,乃约偶而弗约奇)。”(3)求续等化约法:“以续等约彼则必复乘此。”另外还有两条补充原则:一是“勿使两位见偶”,另一是“勿使见一太多”。[②]

---

① 《九章算术》少广章前11道题中有9题均得到最小公倍数,仅第5、11题分别得到最小公倍数的2倍和3倍,这是作者没有严格实行“各以其母除其子”所致,但是少广术文给出的程序是正确无误的。参阅梅荣照:《〈九章算术〉少广章中求最小公倍数的问题》,《自然科学史研究》1984年第3期。

② 王渝生:《秦九韶求“定数”方法的成就和缺陷》,《自然科学史研究》1987年第4期。

为了叙述方便起见，下文用(a,b)表示整数对a和b的最大公约数d，$\{a,b\}$表示它们的最小公倍数，$[a,b]\xrightarrow{d}[c,b]$表示用$d$约$a$的过程（式中$c=a/d$），三个或更多整数的情况亦仿此类推。现对秦氏的三种化约求定术逐一加以介绍。

方法(1)容易理解：如果若干个整数有一个最大公约数（即“总等”），就保留其中的一个而约其余几个，这样做的目的是力求简化运算同时保持最小公倍数不变，但并不一定就能得到两两互素的定数。如$(4,6,8)=2$，$[4,6,8]\xrightarrow{2}[2,3,8]$，得到2、3、8并不两两互素，但是最小公倍数不变，即$\{2,3,8\}=\{4,6,8\}$。

方法(2)应用最广泛，引起的争论也最多，争论的焦点在于对术文中“奇”“偶”的理解。“两两连环求等”，就是按照一定的程序求出每一对元数的最大公因数；“约奇弗约偶”，系指在一般情况下用最大公约数去约两个元数中能使商为奇数的那一个而保留另一个不变，这样至少可以得到一个奇数，从而使两数互素的可能性较大。例如，对于元数6和4，$[6,4]\xrightarrow{2}[3,4]$就是“约奇”，得到互素的3和4；若$[6,4]\xrightarrow{2}[6,2]$则为“约偶”，此时得到的6和2属于“两位见偶”，应该尽量避免。再如对4和100，以最大公约数4去约任何一个，结果都属于“约奇”，但是约前一个数字，即$[4,100]\xrightarrow{4}[1,25]$，将导致“见一”，这也是应该避免的①；因此要约后一数字，即$[4,100]\xrightarrow{4}[4,25]$，得到4和25互素。

① “两位见偶”必然还有约数，“见一太多”可能约掉相异素因子的最高次幂，所以都要避免。

但是“约奇”也不能保证一定得到互素的数对，如对 20 和 25，若以最大公约数 5 约后者即 $[20,25]\xrightarrow{5}[20,5]$，是为“约奇”，但是得到的 20 和 5 并不互素；在这种情况下就要改用“约偶而弗约奇”，即取 $[20,25]\xrightarrow{5}[4,25]$，这样得到 4 和 25 互素。术文中用小字注出的“或约得五而彼有十，乃约偶而弗约奇”就是这个意思。

还有的时候无论“约奇”还是“约偶”，均不能得到互素的两数，术语叫作“犹有类数存”，这时就要用到方法(3)。其关键是要在保证乘积不变的情况下使约得的结果互素，因而用第一次化约后所得数对的最大公约数(即“续等”)去约其中一数的同时，必须再乘另一数，所以它也称为复乘求定之理。应用方法(3)的主要问题是在续等化约过程中决定孰乘孰除，有的研究者认为术文没有讲明，因而秦氏的这一方法是欠严密的。其实不然，术文“以续等约彼则必复乘此”已指明了乘和除的对象：“彼”指“那一个”，“此”指“这一个”；首次求等化约的对象是“此”，“约彼”说明续等化约的对象是另一个，首次化约的对象“此”则成了复乘的对象，而且“彼”和“此”一经确定，在整个续等化约过程中就不再改变。[①] 核验《数书九章》大衍类九问中涉及算法(3)的三处算草和术文，可以知道秦九韶的确是按这一原则决定孰乘孰除的。例如，对于 90 和 12，“约奇”为：$\begin{bmatrix}90,12\\ \text{此彼}\end{bmatrix}\xrightarrow{6}\begin{bmatrix}15,12\\ \text{此彼}\end{bmatrix}$；“约偶”为 $\begin{bmatrix}90,12\\ \text{彼此}\end{bmatrix}\xrightarrow{6}\begin{bmatrix}90,2\\ \text{彼此}\end{bmatrix}$。二

① 清代时曰醇在《求一术指》中对续等化约乘除对象的讨论正是这样理解的，只是他比秦九韶表达得更细致罢了。参阅王翼勋：《秦九韶、时曰醇、黄宗宪的求定数方法》，《自然科学史研究》1987 年第 4 期。

者皆“有类数存”，因此需要按照上述规则求续等化约，即 $\begin{bmatrix}15,12\\ \text{此彼}\end{bmatrix}\xrightarrow{3}\begin{bmatrix}45,4\\ \text{乘约}\end{bmatrix}$ 或 $\begin{bmatrix}90,2\\ \text{彼此}\end{bmatrix}\xrightarrow{2}\begin{bmatrix}45,4\\ \text{约乘}\end{bmatrix}$，都可以得到互素的数对 45 和 4。

下面就以《数书九章》卷一之推计土功题为例，说明将元数化为定数的这三种算法，此题元数为

$$54,57,75,72$$

因为(54,57,75,72)＝3，有“总等”，应用方法(1)，留第一位数字约其他，得

$$54,19,25,24$$

再应用方法(2)，令“两两连环求等”，再以等数约之。此题用前后两数，等数为 6

$$[54,24]\xrightarrow{6}[9,24]$$

又因(9,24)＝3，有“续等”，就要应用方法(3)

$$\begin{bmatrix}9,24\\ \text{此彼}\end{bmatrix}\xrightarrow{3}\begin{bmatrix}27,8\\ \text{乘约}\end{bmatrix}$$

至此诸元数化成定数：27,19,25,8。

衍母为 27×19×25×8＝102600，也就是{54,19,25,24}＝102600。

现代数论中，求若干个整数的最小公倍数是通过素因数分解后提取公因子得到的，但在数目较大和较多的情况下，分解素因数和提取公因子都很困难。秦九韶的化约求定方法则通过一套机械化的程序，不但一举获得最小公倍数，而且把原先非两两互素的整数组化成两两互素的整数组。他虽然没有用到素因数概念，但其算法的作用完全相当于析取质因子的结果。有人认为，他的这一

工作是“没有素数概念的素数论”，由其复乘求定之理可以得到“和自然数论中算术基本定理有同样的重要性”的广义整数环的基本定理。[①]

5. 分数的公共周期

《张丘建算经》中有两道题涉及分数的公共周期，相当于整数论中的最小公倍数问题，而求解的关键步骤是利用最大公约数进行化约。其卷上第10题为：

> 今有封山周栈三百二十五里。甲、乙、丙三人同绕周栈行，甲日行一百五十里，乙日行一百二十里，丙日行九十里。问周行几何日会？[②]

术文给出的解法是：“置甲、乙、丙里数，求等数为法。以周栈里数为实。实如法而得一。”即

$$\frac{325}{(150,120,90)}=\frac{325}{30}=10\ \frac{5}{6}(\text{日})$$

这一算法的理论依据，一些中算史著作不是略而不谈，就是以烦琐的解说结合现代数论加以论证。其实它的道理非常浅显，不过是比率理论的应用而已：把三个人的日行里数看成行率，再以最大公约数化约得相与率，甲为 150/30＝5，乙为 120/30＝4，丙为 90/30＝3。这就是说，甲、乙、丙各行 5、4、3 周的时候又都相会于出发点，

① 莫绍揆：《假如没有素数概念该怎么办?》，《数学研究与评论》1982 年第 4 期。

② 钱宝琮校点：《算经十书》（下册），中华书局 1963 年版，第 336 页。

此时甲行日数为$\frac{325\times5}{150}=\frac{325}{150/5}=10\ \frac{5}{6}$；同理乙、丙行日数为$\frac{325\times4}{120}=\frac{325}{120/4}$、$\frac{325\times3}{90}=\frac{325}{90/3}$，结果都一样。这就是术文中"求等数为法，以周栈里数为实"的道理。

第11题稍微复杂，但算理是一样的。题曰：

> 今有内营周七百二十步，中营周九百六十步，外营周一千二百步。甲、乙、丙三人直夜，甲行内营，乙行中营，丙行外营，俱发南门。甲行九，乙行七，丙行五。问各行几何周，俱到南门？①

术文称："以内、中、外周步数互乘甲、乙、丙行率，求等数约之，各得行周。"讲得过于简略，现结合唐代刘孝孙的细草解释如下：先将内、中、外营周数化约得3、4、5，故有三人行率各为9/3、7/4、1，通分同其母为4，齐其子为3×4=12、7和1×4=4。这就是由相与率即最小整数组所表示的甲、乙、丙三人的行率，换句话说就是甲行12周、乙行7周、丙行4周后三人同至南门。

对此两题还可以给出另外一种解释，兹以前题为例，可知甲、乙、丙三人日行里数分别是周栈里数的150/325、120/325和90/325，则三人绕山一周所需日数分别是325/150、325/120和325/90，所问"几何日会"就相当于找到一个最小的有理数，使其与325/150、325/120和325/90的商皆为整数，这个最小的有理数，

① 钱宝琮校点：《算经十书》（下册），中华书局1963年版，第337页。

就是三个“所需日数”的公共周期。在现代数论中可以证明

$$a/b, c/d \cdots e/f \text{ 的公共周期是} \frac{\{a, c \cdots e\}}{(b, d \cdots f)}$$ [①]

在封山围栈题中，$a=c=e=325$。

6. 素数

中算家创造的一些乘除捷法需要先行分解因数，这是导致认识素数的一条途径。例如，传本《夏侯阳算经》中介绍的重因法就要将高位数的乘数化为若干低位数的乘数。杨辉的《乘除通变本末》卷中有一道题将乘数 23121 分解，书中说：“先以九约，又以七约，乃见三百六十七，更不可约也。”即将 23121 化为 $7\times9\times367$，“不可约”就是素数。该书卷下逐一讨论乘数在 300 以内的各种捷乘方法，其中 200 至 300 之间不可约的乘数皆标明“连身加某某”，例如乘数是 223，就“连身加二三”，意思是将被乘数先加自身，然后在加得结果的右面 2 位再加上被乘数的 23 倍。[②] 杨辉说明需要用连身加法的数共有 16 个：211、223、227、229、233、239、241、251、257、263、269、271、277、281、283、293。它们正好是 200 至 300 之间的全部素数。[③]

导致中算家认识素数的另一条途径是化整数为两两互素的算法，这一算法在数论中的意义前面已经提到过了。事实上，刘徽的

① 沈康身：《〈数书九章〉大衍类算题中的数论命题》，《杭州大学学报》1986 年第 4 期。

② 设被乘数为 A，$A\times223=200A+23A=(A+A)\times100+23\times A$，这就是“连身加二三”。

③ 沈康身：《中算导论》，上海教育出版社 1986 年版，第 46—47 页。

相与率概念就是由“等除法实”这一算法所定义的，因而一对相与率往往就是两个互素的数。秦九韶则把两数互素称为“求等得一”，这与今日用$(a,b)=1$表示a、b互素是完全一致的。在这种由算法描述的互素概念中，实际上隐含着素数的下述定义：若一整数与比它小的所有整数均“求等得一”，它就是一个素数。

清代数学家邹伯奇的《乘除捷法》给出1000以内纯杂表；纯数即素数，杂数即合数。黄宗宪的《求一术通解》通过析取素因数来解决大衍求一术的求定数和衍母问题。他们的工作可以说是分别沿着古代中算家分解因数和求相与率这两条途径发展来的。

李善兰在翻译《几何原本》后九卷时把素数译成“数根”，其第7卷卷首之界说11称：“数根者唯一能度而他数不能度。”李善兰、华蘅芳（1833—1902）、方士鑅等人均钻研素数的性质，并得到一些重要的判定定理。[①]

（二）数的进位法

1.《周易》与二进制数理

《易卦》可以看成是一个二元符号系统：它的基本符号只有两个，即阴爻--和阳爻—，由阴阳两爻按三个一组排列成八卦，又由八卦两两相重组成六十四卦，分别表示64种事物或现象的可能状态。如果分别用0、1两个数码代替阴、阳两爻，全部易卦就被转换成二进制的数码。例如，自下而上地用数字置换爻符，通行本《周

① 严敦杰：《中算家的素数论》，《数学通报》1954年4—5月号；互见张祖贵：《〈数根丛草〉研究》，《自然科学史研究》1992年第2期。

易》中的八卦可以写成

乾☰ 坤☷ 震☳ 巽☴ 坎☵ 离☲ 艮☶ 兑☱

111 000 100 011 010 101 001 110

恰好是二进制的全部8个三位数码,但是并无顺序可言。

汉儒所传通行本《周易》中八卦和六十四卦的排列,大致采用相反或相因的比附原则。例如,上列乾卦后面紧接坤卦,以显示天与地、阳与阴、男与女、父与母、君与臣、尊与卑、刚与柔、健与顺等对立关系。《易传》中的《说卦》和《序卦》就是专门解说这种排序道理的。

《易传》中的《系辞》则隐含着另外一种排序原则,其辞称:"易有太极,是生两仪,两仪生四象,四象生八卦。"宋儒发挥了这一思想,而以邵雍托名伏羲所作八卦次序、八卦方位、六十四卦次序、六十四卦方位等四幅易图为极致。据朱熹称邵雍的四幅图实为五代宋初的华山道士陈抟(871—989)所传,朱熹又将它们收录于自己所著《周易本义》卷首,统称为伏羲先天图,而把按照传统比附原则排成的易图称为文王后天图。所谓《周易》中蕴含着二进制的数理,实际上主要是指邵雍所绘先天图而言。

图2-3显示了六十四卦的生成过程:黑色表阴,白色表阳,自下而上共六层,底下第一层为两仪:

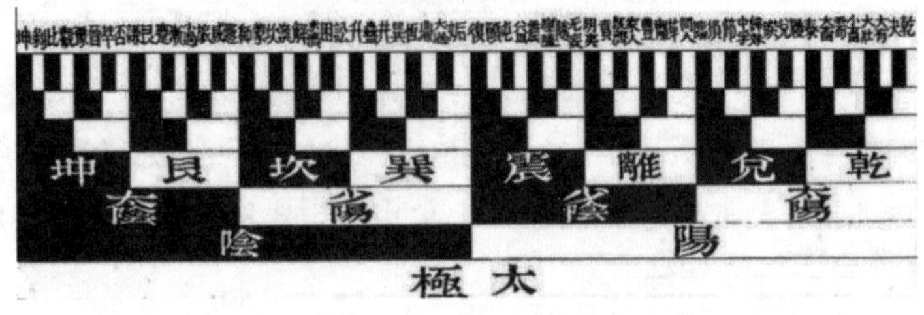

图2-3 六十四卦先天次序

阴 ⚋ 0　　　　阳 ⚊ 1

第二层为四象：

太阴 00　　少阳 01　　少阴 10　　太阳 11

第三层为八卦：

坤 000　艮 001　坎 010　巽 011　震 100　离 101　兑 110　乾 111

第六层为六十四卦：

坤 000000　剥 000001　比 000010　观 000011　……　大壮 111100　大有 111101　夬 111110　乾 111111

将八卦和六十四卦的二进制数码依次换成十进制数码，分别得到

0,1,2,3,4,5,6,7

和　　0,1,2,3…60,61,62,63①

可见先天次序图中的八卦和六十四卦，不仅可以分别转换成二进制的全部 8 个三位数码和全部 64 个六位数码，而且给出了一个从小到大的排列顺序。图 2-4 是邵雍所绘六十四卦先天方位图，其卦位排列与图 2-3 的次序是一致的。

用 n 个二元符号有序地表达 2^n 种不同事物或可能状态，这就是二进制数码与先天图的相通之处。由于存在着这样的对应关系，人们可以借助二进制来研究易图的数学结构。② 这里只举一个例子来说明：明代来知德（1525—1604）在研究易图的对称性质

① 一般 p 进制数码 $(a_n a_{n-1} \cdots a_1 a_0)_p$ 对应的十进制数值为 $\sum_{i=0}^{n} = a_i p^i$ $(0 \leqslant a_i \leqslant p-1$，可重复)，例如二进制数 $(111011)_2 = 1\times 2^5 + 0\times 2^4 + 1\times 2^3 + 0\times 2^2 + 1\times 2^1 + 1\times 2^0 = 32 + 8 + 2 + 1 = 43$。

② 董光璧：《易图的数学结构》，上海人民出版社 1987 年版。

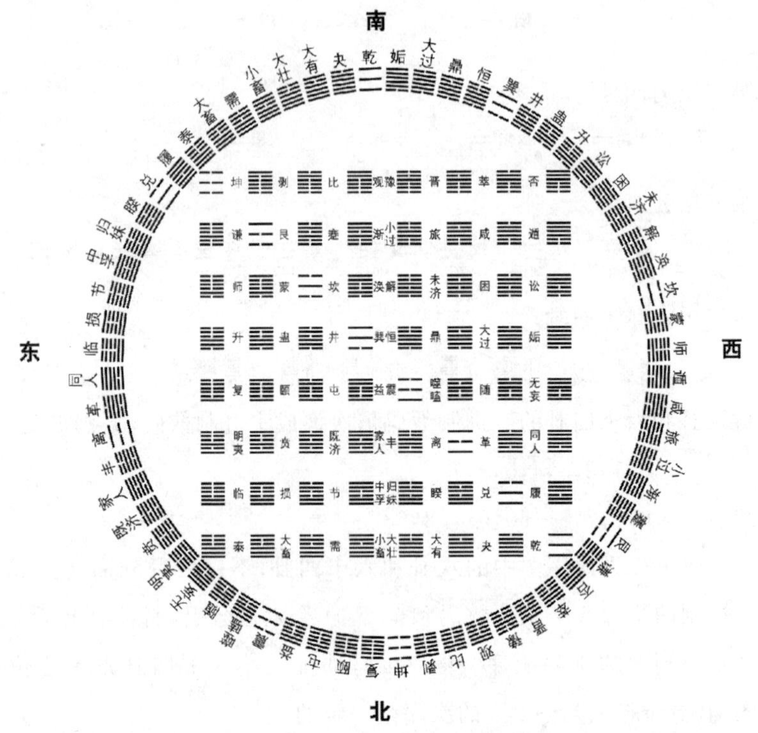

图 2-4 六十四卦先天方位

时首先提出错卦的概念；所谓错卦，就是一对卦的爻序正好相反，例如乾和坤就是一对错卦。从二进制的观点来看，一对错卦的二进数码是互补的，也就是说它们的和是 111111，化成十进制是 63。如蒙卦䷃的二进数码是 010001，其错卦革卦䷰的二进数码就是 101110，它们分别相当于十进制的 17 和 46。

关于《周易》与二进制的关系，长期以来存在着两个误解：一说《周易》就是二进制算术，另说莱布尼茨（G. W. Leibniz，1646—

1716)受到《周易》的启发发明了二进制算术。由于这两种说法都有一定的传播市场,这里需要简单辨明一下。

首先,易卦的二元符号系统可以转换成二进制数码,并不等于《周易》就是二进制算术,因为《周易》中丝毫没有构成算术基本要素的运算规则,充其量只能说明它蕴含着类似二进制数码构成规律的某些性质而已。

第二,莱布尼茨从事二进制算术研究的时间,最迟不会晚于1679年,因为在这一年的3月15日他完成了一篇名为《论二进制》的手稿。1697年1月2日他曾将自己亲自设计的纹章作为新年礼物献给庇护者奥古斯塔斯(Ernest Augustus,1629—1698)大公,在纹章大公侧身像一面的下方绘有一个由数字1和0组成的王冠图案,另一面则绘出了前16个二进制数码以及一个加法和一个乘法的二进制算草。1701年2月26日,莱布尼茨向巴黎科学院提交名为《试论新数的科学》的论文,内中详细介绍了二进制算术的原理。所有这些,都在他见到具有二进制意义的易图之前。1701年11月4日在北京的法国传教士白晋(J. Bouvet,1656—1730)给莱布尼茨写了一封信并附上邵雍的先天次序及方位图,这封信辗转到莱布尼茨手中的时间是1703年4月1日。他见到这两幅易图后非常兴奋,因为白晋告诉他这是数千年前中国圣贤伏羲的作品。几天后他就写成一文,题目是《关于仅用0与1两个记号的二进制算术的说明并附有其效用及关于据此解释古代中国伏羲图的探讨》,于4月17日送交《巴黎科学院纪要》发表。由此看来,认为莱布尼茨是受到《周易》的启发而发明二进制算术的说法是站不住脚的。但这也不等于说莱布尼茨的二进制算术与《周易》

全无关系，一个值得注意的线索是他在首篇二进制的手稿写成后，将近20年的时间没有过问这一课题，而当他再度表现出对二进制算术的兴趣时，恰好是从到过中国的耶稣会士那里了解到一些关于中国的知识，并于1697年编辑出版了《中国最新消息》一书的时候，因此很有可能他在当时听说过《周易》这样一本书并猜测其二元符号系统与自己过去的设想不谋而合，因而重新燃起对二进制算术的研究热情。另一方面，白晋也正是在读到《中国最新消息》之后才与莱布尼茨通信的。①

2.《太玄》与三进制数理

在第一章中已经提到，扬雄的《太玄》是一个三元符号系统，但是无论在历史上还是在今天，对《太玄》的数理研究远没有像对《周易》那样受到重视。

《太玄》是扬雄模仿《周易》的占筮之书，但是他也吸收了两汉之交的自然科学与哲学的成果，提出了一个天、地、人互相关联的宇宙图景和哲学体系。《太玄》的基本卦画为三种：阳—、阴－－，以及它们的和－－－，分别对应天、地、人，称为三方（即三统）；三方又各分为三，名之为九州；九州又各分为三，名之为二十七部；每部又各分为三，名之为八十一家。这就是《太玄·图》说的“一玄都覆三方，方同九州，枝载庶部，分正群家”。这样由四重三元符号构成的某方、某州、某部的某家，《太玄》称之为首。八十一首的作用

① 〔英〕E. J. 爱顿：《莱布尼茨、中国与二进制》，解延年据日译文转译，《科学史译丛》1985年第1期。

与《周易》中的六十四卦是一样的,分别代表着 81 种事物或现象的可能状态。①

如果自上而下地用数字 0、1、2 分别代替阳、阴、和这三个卦画,《太玄》中的八十一首不但可以转换成三进制的全部 81 个四位数码(图 2-5),而且正好对应着自然数列的顺序。将下图中的三进制数码换成十进制数,正好是 0、1、2…79、80 这 81 个从小到大排列的数字。

中 0000	周 0001	礥 0002	闲 0010	少 0011	戾 0012	上 0020	干 0021	㺯 0022
羡 0100	差 0101	童 0102	增 0110	锐 0111	达 0112	交 0120	耎 0121	傒 0122
从 0200	进 0201	释 0202	格 0210	夷 0211	乐 0212	争 0220	务 0221	事 0222
更 1000	断 1001	毅 1002	装 1010	众 1011	密 1012	亲 1020	敛 1021	彊 1022
睟 1100	盛 1101	居 1102	法 1110	应 1111	迎 1112	遇 1120	竈 1121	大 1122
廓 1200	文 1201	礼 1202	逃 1210	唐 1211	常 1212	永 1220	度 1221	昆 1222
减 2000	唫 2001	守 2002	翕 2010	聚 2011	积 2012	饰 2020	疑 2021	视 2022
沈 2100	内 2101	去 2102	晦 2110	瞢 2111	穷 2120	割 2112	止 2121	坚 2122
成 2200	䦯 2201	决 2202	剧 2210	驯 2211	将 2212	难 2220	勤 2221	养 2222

图 2-5 太玄八十一首

明代叶子奇(约 1327—1390)的“一玄都覆三方图”和清代陈本礼(1729—1818)的“方圆一气图”,分别相应于邵雍所绘六十四卦先天次序图和六十四卦先天方位图,形象地显示了八十一首生成的过程以及它们与三进制数码的关系。

---

① 郑万耕:《太玄校释》,北京师范大学出版社 1989 年版。

二进制与三进制算术，都很容易由物理方法实现，因此在现代电子计算机中得到广泛应用。另一个有趣的事实是：在电子计算机设计理论中可以证明，最能节省存储设备量的进位制是 e 进制，但是采用无理数作基数会引起算法上的不便，于是接近 e 的两个整数 3 与 2 就是最合理的进制。这一惊人的契合是《周易》与《太玄》的作者始料不及的。

3. 一般非十进制的理论和算法

如果说《周易》和《太玄》分别蕴涵着二进制与三进制数理的话，清代汪莱的《参两算经》则从理论上阐述了这两种进制的意义，同时书中也介绍了一般低于十的整数进制的有关理论和算法，它是中国乃至世界上最早系统论述非十进制数学的文献之一。①

《参两算经》分为经、说两部分，经又分为“原始”“立纲”“汇奇”“列偶”“会归”五节。“原始”相当于序，“立纲”说明“逢身进一”这一记数制的基本原理，“汇奇”“列偶”分别论述九、七、五和八、六、四进制的乘除法则，“会归”点明三进制和二进制的合理性及必要性；还有一个“参两数说”是对以上经文的总结说明。

根据“逢身进一”的原则，书中列出了各种进制的乘法口诀，翻译成现代形式就是

① 李兆华：《汪莱〈递兼数理〉〈参两算经〉略论》，载吴文俊主编：《中国数学史论文集》（二），山东教育出版社 1986 年版。

九进制　8×2=17　8×3=26　8×4=35　8×5=44

8×6=53　8×7=62　8×8=71

7×2=15　7×3=23　7×4=31　7×5=38

7×6=46　7×7=54

6×2=13　6×3=20　6×4=26　6×5=33

6×6=40

5×2=11　5×3=16　5×4=22　5×5=27

4×2=8　4×3=13　4×4=17

3×2=6　3×3=10

2×2=4

八进制　7×2=16　7×3=25　7×4=34　7×5=43

7×6=52　7×7=61

6×2=14　6×3=22　6×4=30　6×5=36

6×6=44

5×2=12　5×3=17　5×4=24　5×5=31

4×2=10　4×3=14　4×4=20

3×2=6　3×3=11

七进制　6×2=15　6×3=24　6×4=33　6×5=42

6×6=51

5×2=13　5×3=21　5×4=26　5×5=34

4×2=11　4×3=15　4×4=22

3×2=6　3×3=12

六进制　5×2=14　5×3=23　5×4=32　5×5=41

4×2=12　4×3=20　4×4=24

	3×2=10	3×3=13		
五进制	4×2=13	4×3=22	4×4=31	
	3×2=11	3×3=14		
四进制	3×2=12	3×3=21		
	2×2=10			
三进制	2×2=11			
二进制	1×1=1			

三进制和二进制的乘法口诀最为简单，所以书中说："曰参曰两，乃数之原。立数于参，二乘一一。立数于两，一乘不烦。是以生诸数之法而不受裁于法。"

《参两算经》又论述非十进的除法以及与整除性有关的问题，提出应根据实际问题来选择进制以使数据保持完整的思想。为此书中引入了"法数相宜"的概念：在一般整数 p 进制中，所有小于 p 且使其商为整数或有限小数的整除数，就称为与 p 相宜的法。在十进制中，相宜的法有四个，即 2、4、5 和 8；九进制中只有一个 3；八进制中是 2 和 4；六进制中是 2、3 和 4；四进制中只有一个 2；其余进制中不存在相宜的法。下面是书中列出的"法实相宜"的除法：

九进制	10/3=3	20/3=6	30/3=10	
八进制	10/2=4	20/2=10		
	10/4=2	20/4=4	30/4=6	40/4=10
六进制	10/2=3	20/2=10		
	10/3=2	20/3=4	30/3=10	

10/4=1.3　20/4=3　30/4=4.3[①]　40/4=10

四进制　10/2=2　20/2=10

书中又称："若它数为法，析之不可终穷已。"也就是说，用其他小于 p 的整数除它或它的整倍数，都不能得到有限数字的商。所以书中提出："数之体也，当其用则皆因法数而定实数也。造律者，因欲三分损益为法，故立数于九。近代窥天者，因以日十二时为法，故立天数三百六十度；因以时日百二十分为法，故立辰数千八百分。"说明进位制的选择是由实际问题所决定的。

4. 不同进制的换算

律学中采用的九、十两种进制尺度，其尺的长度一样，尺以上单位又同为十进，唯尺以下单位分别为九进和十进，因而用它们度量同一律管就引出了九、十两种进制小数的换算问题。

东汉末郑玄在《周礼》注中给出了以寸为单位的十二律管之长，它们是

黄钟 9 寸　林钟 6 寸　太簇 8 寸　南吕 5 又 1/3 寸

姑洗 7 又 1/9 寸　应钟 4 又 20/27 寸　蕤宾 6 又 26/81 寸

大吕 8 又 104/213 寸　夷则 5 又 451/729 寸　夹钟 7 又 1075/2187 寸

① 清刊本《衡斋遗书》内以上三句口诀误作"四一一二，四二二四，四三命四"，即 10/4=1.2，20/4=2.4，30/4=4。今依李兆华校正。

无射 4 又 6524/6561 寸　中吕 6 又 12974/19683 寸

这一组数据是按如下方法得到的：假定黄钟为 1，由三分损益法逐步求得其他律数，《史记·律书》将此过程叫作生钟分；生得诸分后，各以 9 寸相乘即得。例如，蕤宾生钟分为：$1\times\frac{2}{3}\times\frac{4}{3}\times\frac{2}{3}\times\frac{4}{3}\times\frac{2}{3}\times\frac{4}{3}=\frac{2^9}{3^6}=\frac{512}{729}$，蕤宾管长即$\frac{512}{729}\times 9=6\frac{26}{81}$（寸）。显而易见，这就是把黄钟管长当作九进制的 1 尺推得的结果。故而上列那一组数据，实际上是九进尺以寸为单位的诸管之长度，不过它们的数值却是用十进数码表示的，这是因为寸以下的奇零部分皆由分数显示，未涉及九进小数的换算问题。

南宋朱熹的《琴律说》和蔡元定的《律吕新书》均载有如下的十二律管长数据，它们是

黄钟 9 寸　林钟 6 寸　太簇 8 寸　南吕 5 寸 3 分
姑洗 7 寸 1 分　应钟 4 寸 6 分 6 厘　蕤宾 6 寸 2 分 8 厘
大吕 8 寸 3 分 7 厘 6 毫　夷则 5 寸 5 分 5 厘 1 毫
夹钟 7 寸 4 分 3 厘 7 毫 3 丝　无射 4 寸 8 分 8 厘 4 毫 8 丝
中吕 6 寸 5 分 8 厘 3 毫 4 丝 6 忽

这一组数据是将郑玄用十进分数表示的各管寸余部分依次化成九进制的分、厘、毫、丝、忽等而得来的。转化的办法与郑玄将钟分尺数化为寸数一样，每乘 9 降一单位，但是前面已经化毕的单位数值

不再参加运算。兹以夹钟为例，其长度为 $7\frac{1075}{2187}$寸，现在需要把寸余即分数部分依次化为九进制的分、厘、毫、丝，算法是

$$
\begin{aligned}
7\frac{1075}{2187}\text{寸} &= 7\text{寸}+\frac{1075}{2187}\text{寸}\times 9\frac{\text{分}}{\text{寸}}\\
&= 7\text{寸}\,4\frac{103}{243}\text{分}\\
&= 7\text{寸}\,4\text{分}+\frac{103}{243}\text{分}\times 9\frac{\text{厘}}{\text{分}}\\
&= 7\text{寸}\,4\text{分}\,3\frac{22}{27}\text{厘}\\
&= 7\text{寸}\,4\text{分}\,3\text{厘}+\frac{22}{27}\text{厘}\times 9\frac{\text{毫}}{\text{厘}}\\
&= 7\text{寸}\,4\text{分}\,3\text{厘}\,7\frac{1}{3}\text{毫}\\
&= 7\text{寸}\,4\text{分}\,3\text{厘}\,7\text{毫}+\frac{1}{3}\text{毫}\times 9\frac{\text{丝}}{\text{毫}}\\
&= 7\text{寸}\,4\text{分}\,3\text{厘}\,7\text{毫}\,3\text{丝}
\end{aligned}
$$
[①]

丝下无余，表明再无奇零。这里丝、毫、厘、分、寸皆为九进，若以寸为单位表示夹钟管长，则为 7.4373 寸，不过要知道这是一个九进制数码。用现代符号写出来，上述转换相当于给出

$$\left(7\frac{1075}{2187}\right)_{10}=(7.4373)_9$$

朱熹和蔡元定关于换算方法的记载都十分简略，明代朱载堉

① 李兆华:《三分损益律与九进制》,《中学数学》1989 年第 1 期。

在他们工作的基础上系统地研究了不同进制尺度的换算关系。[①]他把十进尺叫作横黍尺，根据传说是由标准黍粒横排而成，10粒排成1寸，100粒排成1尺；相应地，九进尺称作纵黍尺，由标准黍粒纵排而成，9粒排成1寸，81粒排成1尺，两种尺的长度则是一样的（古书是竖排的，因此10粒横黍排列的长度相当于9粒纵黍排列的长度）。在《律学新说》卷一和《律吕精义·内篇》卷四中，他都给出了由这两种尺度表示的十二律管数据。[②] 关于两尺度的换算方法，他总结成"从微至著，用九乘除"这一口诀，又进一步解释道："若置纵黍之律以求横黍之度，则用九归；若置横黍之度以求纵黍之律，则用九因。"兹以新法横黍大吕度长化纵黍律长为例，《律学新说》中写道：

> 大吕横黍度长九寸四分三厘八毫七丝四忽，大吕纵黍律长八寸四分四厘〇六丝七忽。置九寸四分三厘八毫七丝四忽为实，初九因至寸位住，得八寸；又九因至分位住，得四分；又九因至厘位住，得四厘；又九因至毫位住，得〇毫；又九因至丝位住，得六丝；又九因至忽位住，得七忽。凡九因六遍。共得八寸四分四厘〇六丝七忽，为大吕。[③]

---

① 戴念祖：《明代大乐律家朱载堉的数学工作》，《自然科学史研究》1986年第2期。

② 朱载堉用两种方法推求十二律管长：十二平均律系他独创，称为新法；三分损益律系承继传统，称为旧法，因此共有四组基本数据，即新法横黍律、新法纵黍律、旧法横黍律、旧法纵黍律。此外，各组数据还可有变率。本书这里只考虑纵横两黍尺给出的对应数据，而不关心新法抑或旧法的问题。

③ （明）朱载堉：《律学新说》卷一，密率律度相求，文渊阁四库全书影印本，第21册，台湾商务印书馆1986年版。

这一过程可用算草表述如下：

	0.	943874	尺
×		9	
	8.	494866	寸
×		9	
	4.	453794	分
×		9	
	4.	0.84146	厘
×		9	
	0.	757314	毫
×		9	
	6.	815826	丝
×		9	
	7.	342434	忽

上列六个被乘数中虚线左边的个位数字都不参加运算，最后的结果则由这些数字自上而下组成：0 尺 8 寸 4 分 4 厘 0 毫 6 丝 7 忽，即 0.844067 尺。这一运算相当于给出 $(0.943874)_{10}=(0.844067)_{9}$。

朱载堉又论述九进制换算成十进制的算法，兹以旧法纵黍大吕律长化横黍度长为例，《律学新说》中写道：

> 大吕纵黍律长八寸三分七厘六毫，大吕横黍度长九寸三分六厘四毫四丝二忽。置八寸三分七厘六毫在位，先从末位毫上算起，用九归一遍，得六毫六丝六忽奇；却从次位厘上算起，再九归一遍，得八厘五毫一丝八忽奇；又从次位分上算起，再九归一遍，得四分二厘七毫九丝八忽分奇；又从首位寸上算起，再九归一遍，得九寸三分六厘四毫四丝二忽奇。[①]

① （明）朱载堉：《律学新说》卷一，约律律度相求。原文“大吕纵黍（度长九寸三分六厘四毫四丝二忽）”误，应为“大吕横黍”。

这一过程可用算草表述如下：

除数	被除数						单位
9	0.8	3	7 ⁞	6			(毫)
9	0.8	3 ⁞	7	6	6	6	(厘)
9	0.8 ⁞	3	8	5	1	8	(分)
9	⁞ 0.8	4	2	7	9	8	(寸)
	0.9	3	6	4	4	2	(尺)

上列四个被除数中，虚线左边的数字都不参加运算，最下一行则直接得出十进制的尺数：0.936442。显然，这一算法相当于给出 $(0.8376)_9=(0.936442)_{10}$。

一般地，p 进纯小数 A_0，可表成十进纯小数为

$$A_0=a_1p^{-1}+a_2p^{-2}+\cdots a_{n-1}p^{-n+1}+a_np^{-n}$$

则
$$A_0p=a_1+(a_2p^{-1}+\cdots a_{n-1}p^{-n+2}+a_np^{-n+1})=a_1+A_1$$

$$A_1p=a_2+(a_3p^{-1}+\cdots a_{n-1}p^{-n+3}+a_np^{-n+2})=a_2+A_2$$

$$\cdots$$

$$A_{n-2}p=a_{n-1}+a_np^{-1}=a_{n-1}+A_{n-1}$$

$$A_{n-1}p=a_n$$

所以只要将十进纯小数逐次乘以 p，而乘得的个位数不参加下面的运算，就可逐步得到相应 p 进制的各位小数 a_1、$a_2\cdots a_{n-1}$、a_n，它们正是各次乘积的个位数。将上述过程逆推回去，则有

$$a_n\div p=A_{n-1}$$

$$(a_{n-1}+A_{n-1})\div p=A_{n-2}$$

$$\cdots$$

$$(a_2+A_2)\div p=A_1$$

$$(a_1+A_1)\div p=A_0$$

这就是朱载堉“从微至著，用九乘除”的理论依据。

三　比率及有关问题

率或比例是古代数学中一个最基本的概念，无论在东方还是在西方均无例外。在古希腊，欧多克斯（Eudoxus of Cnidus，公元前408—公元前355）等人创立的比例论，主要目的在于克服不可通约量引起的数学基础方面的危机，而以在几何学方面的应用显示其威力。在古代中国，并不存在由无理数引起的困惑，中算家关于率的概念是围绕着一系列算法而产生和发展的：它不仅构成中国古代分数论的理论基础，而且是处理中国古算系统中一系列涉及多个数量关系之算法的有力工具。由于采用算筹记数和表达数量关系，中算家在率的概念之深刻、应用之广泛以及有关算法的灵活性和机械化程度等方面，较之古代西方都略胜一筹。本节所论将主要集中在算术问题上，比率在代数与几何方面的应用后面还要介绍，这里仅在个别相关处作一点提示。

（一）比率的理论和基本算法

1．率的概念

先秦文献中屡见“率”字。《孟子·尽心上》称：“大匠不为拙工改废绳墨，羿不为拙射变其彀率。”《墨子·备城门》称：“城下楼卒，率一步一人，二十步二十人。城大小以此率之。”“彀率”表示弯弓的程度，实际上是弓长与弦长之比；“率一步一人”表示人数与步数的比值，这两个“率”字都涉及两个量的比，与我们今日对率的理解十分相近。最后一个“率之”的“率”则作动词，表示用比率来计算。[①]

《墨子·杂说》则提供了另一个更复杂的比率计算的实例：“升食终岁三十六石，参食终岁二十四石，四食终岁十八石，五食终岁十四石(四)升，六食终岁十二石；升食食五升，参食食三升(少半)，四食食二升半，五食食二升，六食食一升大半。”这相当于给出

$$36:24:18:14\frac{4}{10}:12=5:3\frac{1}{3}:2\frac{1}{2}:2:1\frac{2}{3}$$

书中没有交待这一关系是怎样得来的，但由此可以看出当时人们对比率已有相当的认识。这个例子也说明比率概念的一个来源是古代的物质分配。[②]

比率概念的另一个来源是古代的易物贸易。《九章算术》粟米章的篇首就列出20种谷物的交换比率，第一种为“粟率五十”，自第二种起省略率字而只称“粝米三十”“粺米二十七”等。这就是说，50单位的粟米可换30单位的粝米或27单位的粺米等。可见古代把易物贸易中等价物相应的数值称为率，这一用法与先秦文献中把两个量的比值称为率是有区别的。

在中国古算中，率的含义主要是指粟米章的这一种，即把一组成比例数中的任何一个称作一个率。例如，中算家所谓的圆周率，就不是特指π值，而是指相对于径率的周率而言；所以《隋书·律

① 郭书春：《〈九章算术〉和刘徽注中之率概念及其应用试析》，《科学史集刊》1984年第11期。

② 白尚恕：《〈九章算术〉与刘徽的今有术》，载吴文俊主编：《〈九章算术〉与刘徽》，北京师范大学出版社1982年版，第246—255页。

历志》记祖冲之推求的近似分数为："密率：圆径一百一十三，圆周三百五十五；约率：圆径七，圆周二十二。"再如，线性方程组的每行系数都可以视为一组率，这里的率并不限于两个量的比值。至于一组率之间的关系，刘徽通常用"势"字来表达。举例来说，合分术注中的"子与母齐，势不可失本数"，就是说将分母、分子这一对率同乘某数，它们之间的关系即由分数值所表达的"势"不变；再如勾股容方术注中的"其相与之势不失本率也"，就是说两相似勾股形的勾率、股率、弦率之间的关系是一样的。这里的两个"势"，都是指一组率之间的关系而言。①

率在中国古算中的意义，可由刘徽的下述论断看出来："凡九数以为篇名，可以广施诸率。所谓告往而知来，举一隅而三隅反者也。"换言之，就是在九章系统的中国古算中，各种问题都可以归结为率的演算。《隋书·律历志》把这一思想阐述得更为明晰："夫所谓率者，有九流焉：一曰方田，以御田畴界域；二曰粟米，以御交质变易；三曰衰分，以御贵贱廪税；四曰少广，以御积幂方圆；五曰商功，以御功程积实；六曰均输，以御远近劳费；七曰盈朒，以御隐杂互见；八曰方程，以御错糅正负；九曰勾股，以御高深广远。皆乘以散之，除以聚之，齐同以通之，今有以贯之。则算数之方，尽于斯矣。"认为九章范围内的所有问题都可归为率的乘、除、齐同、今有等算法来解决，可见率确实是中国古代数学中首屈一指的概念。

① 李继闵：《〈九章算术〉中的比率理论》，载吴文俊主编：《〈九章算术〉与刘徽》，北京师范大学出版社 1982 年版，第 228—245 页。

2. 率的定义和基本性质

“凡数相与者谓之率。”这是刘徽在《九章算术》方田章经分术中给出的率的定义。这里的“相与”，就是相关的意思。考察刘徽关于率的应用，可知一组率之间皆为正比例关系，亦即线性关系。所谓“数相与者”，就是一组线性相关的数中的任意一个，如粟率50、粝米率30、粺米率27等。

刘徽进一步用率的内涵来界说其定义：“率者，自相与通。有分则可散，分重叠则可约也。”前一句说明作为一组率的每个数与其他数都是关联的；后一句指出率的基本性质：一组率可以同乘或除以一个不为零的数而保持其势不变。在另一处刘徽又写道：“凡所得率知，细则俱细，粗则俱粗。两数相抱而已。”[①]这是就两个数的情况而以形象的语言说明率的基本性质。

从率的基本性质出发，刘徽又导出了相与率的概念：“等除法实，相与率也。”这里的“等”指最大公约数，显而易见相与率就是化约成最简形式的一组率。例如，由粟率50和粝米率30可约去10，得其相与率是5和3。在实际问题中，相与率往往是解开症结的关键，《张丘建算经》中封山周栈和三人巡营题就是很好的例子。显然，在两个数的情况下，一对相与率必然是互素的。秦九韶继承了刘徽关于相与率的思想，以泛率和定率严格分别一组率是否存在最大公约数。

---

① 此为刘徽对衰分章第17题的注文，引文参阅郭书春汇校：《九章算术》，辽宁教育出版社1990年版，第244页。

3. 比率基本算法之一:今有术

今有术在《九章算术》中被表述为:

> 以所有数乘所求率为实,以所有率为法,实如法而一。[①]

设所有率是 a,所求率是 b,所有数是 c,所求数是 d,遂有比例式 $a:b=c:d$,亦即 $d=bc/a$。这是已知比例式中的三项求第四项的算法,被刘徽称为"都术",意为普遍的法则。他又进一步论道:"诚能分诡数之纷杂,通彼此之否塞,因物成率,审辨名分,平其偏颇,齐其参差,则终无不归于此术也。"的确,《九章算术》中凡是涉及正比、反比、复比、配分比、合比、分比的问题,都归为"以今有求之",关键在于根据已知条件确定所有率、所求率、所有数和所求数而已。至于成比例的四数应取什么单位,刘徽论道:"可俱为铢,可俱为两,可俱为斤,无所归滞也。"

关于今有术法则的来源,刘徽以粟、粝互换为例,提出了两种解释。

一种是:首先将粟数 b 除以粟率 a 以化为若干个交换的单位,即 b/a=若干交换单位;再将这若干个交换单位乘以粝率 c 化为粝数 d,即若干交换单位乘以 c 得 d,也就是 $(b/a)\times c=d$;但因先作除法可能会遇到分数,故改作先乘后除,即有 $d=bc/a$。

① 钱宝琮校点:《算经十书》(上册),中华书局 1963 年版,第 114 页。

另一种解释是：粟与粝的相与率是 5 与 3，若以分数来表示就是 1 和 3/5，于是粝数＝3/5×粟数，也就是 $d=bc/a$。

古代印度也有相当于今有术的比例算法，但有关记载均在《九章算术》之后。在阿耶波多的著作中称为三率法，三率各有专名，相当于今有术中的所有率、所求率和所有数。16 世纪这一方法经阿拉伯人传到欧洲，由于在商业上得到广泛应用，被欧洲人称为黄金法则。一个名叫霍德的英国人说："如此称呼是恰如其分的，因为它远胜过算术中的其他各种方法，就好比黄金是一切金属中最宝贵的一种那样。"[①]

4. 比率基本算法之二：齐同术

齐同的概念源于分数通分：诸分数求公分母谓之同，借助分数性质使诸分子相应变化谓之齐；只有同才能进行加减运算，只有齐才能保证原来数值不变。由于中算家习惯于把分母、分子视作一对率，因此不难用率的基本性质来解释通分中的齐同过程。另一方面，齐同的概念也可以自然地推广到若干组率的演算之中：所谓同，就是要求处于不同组中的某一率在数值上相同，这样各组率才能相通而进行运算；所谓齐，就是要求同组各率的变化系数保持一致，这样才能做到不失本数。刘徽说："凡率错互不通者，皆积齐同而用之。"从本质上讲，广义的齐同术就是将"错互不通"之率化为可以互通之率的算法。

现以《九章算术》均输章第 10 题为例，对这一算法的实质作一

---

① 转引自沈康身：《中算导论》，上海教育出版社 1986 年版，第 81—82 页。

解释。题为：

> 今有络丝一斤为练丝一十二两，练丝一斤为青丝一斤十二铢。今有青丝一斤，问本络丝几何？[①]

此为已知络丝、练丝之比及练丝、青丝之比，由青丝数求络丝数的连比例问题。术文给出的算法是

$$络丝斤数=\frac{络丝一斤合两数\times练丝一斤合铢数\times青丝斤数}{练丝十二两\times青丝一斤十二铢}$$

$$=\frac{16\times384\times1}{12\times396}斤^{②}$$

刘徽对此提出了两种解释：一种是先由青丝求练丝，再由练丝求络丝，由于两次应用了今有术，他称之为“重今有”；另外一种就是运用齐同术直接推出青丝、络丝之关系，然后用一次今有术求出答案。他的后一种解释可表述如下：

先将两组率化约成相与率，即

$$\begin{pmatrix}16, & 12\\ 络率 & 练率\end{pmatrix}\xrightarrow{4约}\begin{pmatrix}4, & 3\\ 络率 & 练率\end{pmatrix},$$

$$\begin{pmatrix}384, & 396\\ 练率 & 青率\end{pmatrix}\xrightarrow{12约}\begin{pmatrix}32, & 33\\ 练率 & 青率\end{pmatrix}$$

这两组率都含有练率但数值不同，所以前组的络率 4 与后组的青

① 钱宝琮校点：《算经十书》(上册)，中华书局 1963 年版，第 19 页。

② 络丝 1 斤＝16 两，故络率为 16，练率为 12；练丝 1 斤＝1×16×24＝384 铢，青丝 1 斤 12 铢＝384＋12＝396 铢，故练率为 384，青率为 396。

率 33 也无法沟通，这就是“率错互不通”，需要“积齐同而用之”，即

$$\begin{pmatrix} 4, & 3 \\ \text{络率} & \text{练率} \end{pmatrix} \xrightarrow{32\text{乘}} \begin{pmatrix} 128, & 96 \\ \text{络率} & \text{练率} \end{pmatrix},$$

$$\begin{pmatrix} 32, & 33 \\ \text{练率} & \text{青率} \end{pmatrix} \xrightarrow{3\text{乘}} \begin{pmatrix} 96, & 99 \\ \text{练率} & \text{青率} \end{pmatrix}$$

于是两组率得以互通为(络率 128、练率 96、青率 99)。再由络率 128、青率 99，以今有术就可以求出 1 斤青丝兑成络丝之数。

齐同术不仅适用于通分和连比例运算，而且是盈不足术和方程术的理论基础，所以被刘徽称为“算之纲纪”。他还说：“然则齐同术要矣，错综度数，动之斯谐，其犹佩觿解结，无往而不理焉。”多于两组的若干组率也可以仿此齐同为一组相应的率，所以刘徽又说：“仿此，虽四五转不异也。”实际上，秦九韶的雁翅算法就是齐同术应用于这类连锁比例的例子(详后)。

(二) 比率算法的各种应用

1. 配分比例算法：衰分术

衰含有减少的意思，衰分就是按照一定规律递减分配，因而衰分术就是现今的配分比例算法，它在一定程度上反映了秦汉之际的等级分配制度。《九章算术》衰分章首题为：

> 今有大夫、不更、簪裹、上造、公士，凡五人，共猎得五鹿。欲以爵次分之，问各得几何？[1]

① 钱宝琮校点：《算经十书》(上册)，中华书局 1963 年版，第 131 页。

“以爵次分之”，就是按五级爵位分别为5、4、3、2、1的比例递减分配。题前给出的衰分术为：

> 各置列衰，副并为法，以所分乘未并者各自为实，实如法而一。不满法者，以法命之。[①]

第一步“列衰”即列出分配比例之权：(5，4，3，2，1)；第二步“副并”即将各权相加：5+4+3+2+1=15；第三步“以所分乘未并者”：$(5,4,3,2,1)\xrightarrow{5\text{乘}}(25,20,15,10,5)$；第四步以“副并”遍除并化简 $(25,20,15,10,5)\xrightarrow{15\text{除}}\left(1\frac{2}{3},1\frac{1}{3},1,\frac{2}{3},\frac{1}{3}\right)$，即五人各得 $1\frac{2}{3}$、$1\frac{1}{3}$、1、$\frac{2}{3}$、$\frac{1}{3}$(鹿)。

衰分术实际上是今有术的推广，对此刘徽注道：“于今有术，列衰各为所求率，副并为所有率，所分为所有数。”以不更分得数为例，所求率为4，所有率为15，所有数为5，故所求数为$\frac{4\times5}{15}=1\frac{1}{3}$。

衰分术的关键步骤是列衰，对此刘徽注道：“列衰，相与率也。重叠，则可约。”这里要求将分配的权数化成最简形式，亦即相与率。以衰分章第2题为例：“今有牛、马、羊食人苗，苗主责之粟五斗。羊主曰：‘我羊食半马。’马主曰：‘我马食半牛。’今欲衰偿之，问各出几何？”按羊、马二主所云列衰为相与率 $\left(\frac{1}{4},\frac{1}{2},1\right)\xrightarrow{4\text{乘}}$

① 钱宝琮校点：《算经十书》(上册)，中华书局1963年版，第131页。

(1,2,4),这就是术文说的“置牛四,马二,羊一,各自为列衰”。再以第3题为例:“今有甲持钱五百六十,乙持钱三百五十,丙持钱一百八十,凡三人俱出关,关税百钱。欲以钱数多少衰出之,问各几何?”按条件列衰则应为(560,350,180)$\xrightarrow{10\text{除}}$(56,35,18)。

2. 反比例算法:反衰术

衰分章第8题与第1题意思相反:

> 今有大夫、不更、簪褭、上造、公士,凡五人,共出百钱。欲令高爵出少,以次渐多,问各几何?①

“令高爵出少,以次渐多”,就是按五级爵位分别为1/5、1/4、1/3、1/2、1的比例递增分摊钱数。题前的反衰术文是:

> 列置衰而令相乘,动者为不动者衰。②

术文写得过于简约,对此刘徽注道:“今此令高爵出少,则当使大夫五人共出一人分,不更四人共出一人分,故谓之反衰。人数不同,则分数不齐,当令母互乘子,母互乘子则动者为不动者衰也。”也就是说,第一步先列出反衰(1/5,1/4,1/3,1/2,1);第二步“令母互乘子”,即(1×4×3×2×1,1×5×3×2×1,1×5×4×2×1,1×5×

① 钱宝琮校点:《算经十书》(上册),中华书局1963年版,第136页。
② 同上书,第131页。

4×3×1,1×5×4×3×2);在筹式运算中,与第一步相应的筹码为“不动者”,与第二步相应的结果为“动者”,“动者为不动者衰”即 $\left(\frac{1}{5},\frac{1}{4},\frac{1}{3},\frac{1}{2},1\right)\longrightarrow(24,30,40,60,120)\longrightarrow(12,15,20,30,60)$。以下的运算则与衰分术完全一样:“副并为法”$12+15+20+30+60=137$,$(12,15,20,30,60)\xrightarrow{100\text{乘}}(1200,1500,2000,3000,6000)\xrightarrow{137\text{除}}\left(8\frac{104}{137},10\frac{130}{137},14\frac{82}{137},21\frac{123}{137},43\frac{109}{137}\right)$,此即五人依次出钱数。

反衰术的关键是列出反衰,然后将其化为相与率的形式。均输章第5题为:“今有粟七斗,三人分舂之,一人为粝米,一人为粺米,一人为糳米,令米数等。问取粟为米各几何?”由粟米章可知,粝、粺、糳之率为(30,27,24),化约成(10,9,8),由于舂成精米所用粟数多于舂成同样多粗米所用粟数,此题是为反衰,即应按(1/10,1/9,1/8)的比例分配粟数。以下的步骤为

$$\left(\frac{1}{10},\frac{1}{9},\frac{1}{8}\right)\xrightarrow{360\text{乘}}(36,40,45),\quad 36+40+45=121$$

$$(36,40,45)\xrightarrow{7\text{乘}}(252,280,315)\xrightarrow{121\text{除}}\left(2\frac{10}{121},2\frac{28}{121},2\frac{73}{121}\right)$$

即为三人依次取粟数。

在反衰问题中,爵位越高出钱越少,或者舂米越少取粟越多,这都属于反比例问题。《张丘建算经》卷上第31题则更为明显:“今有七百人造浮桥,九日成。今增五百人,问日几何?”人数越多,用时越少,按照术文可求所需日数为$\frac{9\times700}{700+500}=5\frac{1}{4}$。不过在中国古代数学中,并没有特别强调反比例算法,上题中只是把9当作

所有数，700 当作所求率，1200 当作所有率，以今有术来解而已。

3. 正反比混合分配算法：均输术

均输，按字面解释就是合理推派。均输术是包含着正反比例在内的复杂分配问题，它来自秦汉之际官方徭役和赋税制度。《九章算术》均输章的前四题为均输本法，兹以第 1 题为例：

> 今有均输粟：甲县一万户，行道八日；乙县九千五百户，行道十日；丙县一万二千三百五十户，行道十三日；丁县一万二千二百户，行道二十日，各到输所。凡四县赋，当输二十五万斛，用车一万乘。欲以道里远近，户数多少，衰出之。问粟、车各几何？
>
> 术曰：令县户数，各如其本行道日数而一，以为衰。甲衰一百二十五，乙、丙衰各九十五，丁衰六十一，副并为法。以赋粟车数乘未并者，各自为实。实如法得一车。有分者，上下辈之。以二十五斛乘车数，即粟数。[①]

以下分六步解释这一术文：

(1)“令县户数，各如其本行道日数而一，以为衰”：这是以每户为单位，要求参加运输的天数与出车数之积均等，以此为前提来安排各县的运粮任务。对此刘徽以甲乙两县为例，说明出车数与行道日数应成反比，而与各县户数应成正比的道理：“据甲行道八

---

① 钱宝琮校点：《算经十书》（上册），中华书局 1963 年版，第 179—180 页。

日，因使八户共出一车；乙行道十日，因使十户共出一车。计其在道则皆户一日出一车，故可为均平之率也。”故列衰为(10000/8，9500/10，12350/13，12200/20)，相与率为(125，95，95，61)。

(2)“副并为法”：125＋95＋95＋61＝376。

(3)“以赋粟车数乘未并者，各自为实”：(125，95，95，61) $\xrightarrow{10000\text{乘}}$ (1250000，950000，950000，610000)。

(4)“实如法得一车”：(1250000，950000，950000，610000) $\xrightarrow{376\text{除}}\left(3324\frac{176}{376},2526\frac{224}{376},2524\frac{224}{376},1622\frac{128}{376}\right)$。

(5)“有分者，上下辈之”：这是调整答案取整数，刘徽注道：“辈，配也。车、牛、人之数，不可分裂。推少就多，均赋之宜。”调整的原则是尽可能地在相邻两数中按四舍五入的原则一进一退，故原来诸数调整为(3324，2527，2527，1622)，这就是各县应出的车数。

(6)“以二十五斛乘车数，即粟数”：根据条件可知每车运25斛，故乘以25，即(3324，2527，2527，1622) $\xrightarrow{25\text{乘}}$ (83100，63175，63175，40550)。

这就是各县应出的粟数。

除了(1)(5)两步外，其余步骤都与衰分相同。均输术的主要问题也在于列衰，即根据实际情况决定以什么为正衰、以什么为反衰。

由上可知，均输问题可归结为以$\left(\frac{a_1}{b_1},\frac{a_2}{b_2}\cdots\frac{a_n}{b_n}\right)$为列衰的衰分问题求解，它体现了中算家在处理正反混合比例问题时的技巧和筹算运算机械化的特色。①

4. 复杂的比率应用问题

《九章算术》中的许多复杂应用问题都可以利用比率算法求解，它们大多数被归入均输章，但不局限于均输本术。一些题目设问与解题的巧妙令人赞叹，现择数例说明。

(1) 均输章第 9 题大意为：空车日行 70 里，重车日行 50 里，从甲地运物至乙地，5 日可往返 3 趟，问两地相距里数？

由题意知空车行 1 里需 1/70 日，重车行 1 里需 1/50 日，故往返 1 里需(1/70+1/50)日，通分得 6/175 日，即往返 175 里需 6 日；再据今有术可得 5 日往返里数为$\frac{175\times 5}{6}$；此为三个往返里数，故两地相距即一个往返里数为$\frac{175\times 5}{6}\div 3=48\frac{11}{18}$里。

(2) 均输章第 14 题大意为：兔先行 100 步，犬追了 250 步后还差 30 步，问照此速度犬还要多少步能追上兔？

这是追及问题。按刘徽的解释：兔先行率为 100－30＝70，犬追及率为 250，化约为 7 和 25；前者为所有率，后者为所求率，犬不及兔的 30 步为所有数，由今有术得所求数为$\frac{25\times 30}{7}=107\frac{1}{7}$，即犬追上兔还要跑的步数。

(3) 均输率第 16 题大意为：客人已行 1/3 日，主人开始追赶，

① 李继闵：《〈九章算术〉及其刘徽注研究》，陕西人民教育出版社 1990 年版，第 167—177 页。

赶上后立即返回原地时至3/4日，已知客马日行300里，问主人马日行几何？

这是反比例问题，不过仍用今有术解：主人往返用时为3/4－1/3＝5/12日，追上客人用时为5/12÷2＝5/24日，此刻客人用时为1/3＋5/24＝13/24日，由此得比率关系，主客行同样距离的用时率为5和13；不过用时率与马行率应成反比。对此刘徽注道："然则主人用日率者，客马行率也；客用日率者，主人马行率也。"于是以客马行率5为所有率，主马行率13为所求率，客日行里数300为所有数，得所求数为13×300/5＝780，即主人马日行780里。

(4) 均输章第26题大意为：五渠单独注满水池用时分别为$\frac{1}{3}$、1、2$\frac{1}{2}$、3、5日，问五渠共注几日池满？

这是工程问题。书中提出的齐同术解法与凫雁俱起题道理完全一致。

(5) 衰分章第20题大意为：已知贷款1000，月息30，问贷款750，9日归还，应付息多少？

这是复比例问题。书中提供的解法是$\frac{9\times750\times30}{1000\times30}=6\frac{3}{4}$。对此刘徽解释道：以30日乘1000钱为所有率，月息30钱为所求率，9日乘750钱为所有数，故得所求数，即贷款750钱9日归还应付利息6$\frac{3}{4}$钱。

(6) 衰分章第17题大意为：原有30斤生丝晾干要消耗3斤12两，现有12斤干丝需要多少生丝制得？

书中提示的答案是：现生丝$=\frac{\text{原生丝}\times\text{现干丝}}{\text{原生丝}-\text{原耗丝}}$，注意到其中分子上的现干丝＝现生丝－现耗丝，此题实际上应用了如下的分比法则：若$\frac{a}{b}=\frac{c}{d}$，则$\frac{a}{a-b}=\frac{c}{c-d}$。

(7)《数书九章》卷17第3题大意为：用度牒（有价文书）3张可换盐13袋，盐2袋可换布84匹，布15匹可换绢3.5匹，绢6匹可换银72钱，现在换到银91728钱，问原来有多少张度牒？

这是连比例问题。秦九韶提出一种雁翅法来求解："以粟米互乘易法求之，列各数，以本色相对如雁翅，以多一事者相乘为实，以少一事者相乘为法除之。"即列出算式如下：

3度牒

2盐　13盐

15布　84布

6绢　3.5绢

91728银　72银

每一类物品称为一色，每一色两数相对形同雁翅；其中列前者为"多一事"，居后者为"少一数"，按照数文有$\frac{3\times2\times15\times6\times91728}{13\times84\times3.5\times72}=$180，此即所求度牒张数。

5. 比率在其他方面的应用

比率不但是中国古代算术的主要内容，在代数和几何领域也有广泛的应用。这里仅以简略文字稍作提示，有关题材的历史演进则将留待后两章叙述。

（1）线性方程组。刘徽用比率的理论来解释线性方程组的同解变形，他说的“令每行为率”，就是把每一个方程的诸项系数连同常数项看作一组相关的率，根据率的基本性质可以令其扩大或缩小同样倍数而使方程同解。关于直除和互乘这两种消元法，他则借助齐同术来说明：“先令右行上禾乘中行，为齐同之意。为齐同者谓中行直减右行也。”也就是“同”两个方程中需消元的系数，“齐”其他系数和常数项，而“举率以相减，不害余数之课也”。在方程新术中，刘徽通过消元求出剩下诸元的相与率，然后归为今有术或衰分术来解。

（2）不定方程。刘徽在《九章算术》勾股章中给出了三元二次不定方程 $a^2+b^2=c^2$ 整数解的通解公式，出发点和归宿都是勾股并与股的相与率，其结果勾率$\frac{1}{2}(m^2-n^2)$、股率 mn、弦率$\frac{1}{2}(m^2+n^2)$也成相与率。《九章算术》方程章中五家共井题，书中仅给出一组最小的正整数解，刘徽指出这是“举率以言之”，其实质是把这组解看成一组相与率，其余组解可由其扩大一定倍数而得到。

（3）勾股测量。刘徽在勾股章第 15 题的勾股容方术注中，明确表达了相似勾股形对应边成比例的原理：“幂图方在勾中，则方之两廉各自成小勾股，而其相与之势不失本率也。”他又利用同一图形阐述了合比法则：若$\frac{a}{b}=\frac{c}{d}$，则$\frac{a+b}{b}=\frac{c+d}{d}$。

在以下几题的注释中，他运用今有术从上述勾股“不失本率”原理出发，概括出具体的勾股测量公式，如见勾$=\frac{见股\times勾率}{股率}$，见

$勾=\frac{(见勾+见股)\times 勾率}{勾率+股率}$，$勾=\frac{(勾+股+弦)\times 勾率}{勾率+股率+弦率}$等。在此基础上，刘徽对重差术进行了理论整理，明确指出"勾股必以重差为率"[①]的造术原理。

（4）立体体积。中算家习用比较截面方法来处理体积问题，圆柱、圆锥、圆台及球的体积都由与它们相应的多面体体积所导出；二者的关系，"犹圆率之于方率"，这一思想后来被发展成祖暅原理。在阳马术注中，刘徽提出了"阳马居二，鳖臑居一，不易之率"的原理，又把率应用于无穷分割，使这一多面体体积的基本原理得到证明。[②]

（三）盈不足算法

1. 盈不足术的比率渊源

盈不足是中国古代数学中一个独特的算法，《九章算术》则专为一章，其首题为：

> 今有共买物，人出八，盈三；人出七，不足四。问人数、物价各几何？
>
> 答曰：七人，物价五十三。

盈不足术为：

① 李继闵：《从勾股比率论到重差术》，《科学史集刊》1984年第11期。

② 郭书春：《〈九章算术〉和刘徽注中之率概念及其应用试析》，《科学史集刊》1984年第11期。

置所出率，盈、不足各居其下。令维乘所出率，并以为实。并盈、不足为法。实如法而一。有分者，通之。

盈不足相与同其买物者，置所出率，以少减多，余，以约法、实。实为物价，法为人数。

其一术曰：并盈不足为实。以所出率以少减多，余为法。实如法得一人。以所出率乘之，减盈、增不足即物价。①

设两次付款数(即所出率)分别是 a_1、$a_2(a_1>a_2)$，盈、不足数分别是 b_1、b_2，人数为 z，物价总数为 y，每人应出钱数为 x，则上述术文可分成三段，共包含五个公式：

(1)“置所出率，盈、不足各居其下”，即将已知四数排成下式：

“维乘”就是交叉相乘，“并以为实”就是以 $a_1b_2+a_2b_1$ 作为被除数；“并盈、不足为法”即以 b_1+b_2 为除数；“实如法而一”即有

$$x=\frac{a_1b_2+a_2b_1}{b_1+b_2}$$

此为每人应出钱数。

(2)“置所出率，以少减多”，即 a_1-a_2。“余，以约法、实。实为物价，法为人数。”这里的“实”与“法”分别指(1)式中分子与分母，于是有物价总数 y 与人数 z：

$$y=\frac{a_1b_2+a_2b_1}{a_1-a_2} \quad 和 \quad z=\frac{b_1+b_2}{a_1-a_2}$$

① 钱宝琮校点：《算经十书》(上册)，中华书局1963年版，第205—207页。

此题中 $a_1=8,a_2=7,b_1=3,b_2=4$，将它们代入以上两式，分别得物价总数 $y=53$，人数 $z=7$。

(3)“其一术”就是别一种方法的意思，这里提供了另外两个物价公式，其中较大“所出率乘之”(这里的“之”指人数)则“减盈”；较小“所出率乘之”则“增不足”，于是有

$$y=a_1\frac{b_1+b_2}{a_1-a_2}-b_1 \quad 或 \quad y=a_2\frac{b_1+b_2}{a_1-a_2}+b_2$$

2. 齐同术与赢不足

按此题可以列出如下二元一次方程组

$$\begin{cases}a_1z-b_1=y\\a_2z+b_2=y\end{cases}$$

解这个方程组，可以验证以上五个公式都是正确的。但是如果认为中算家就是由此导出盈不足术的就错了。在《九章算术》中，盈不足章在介绍线性方程组的方程章之前而有关比率算法的粟米、衰分、均输三章之后；按照刘徽的解释，盈不足术的功能是“以御隐杂互”，方程术的功能是“以御错糅正负”，它们都是比率算法的推广和应用。这一观点可以从刘徽对盈不足术的注释得到进一步证明。

刘徽用齐同术解释第一个公式：若把两次付款数(刘徽称为“假令”)和相应的盈不足(刘徽称为“朒”)数看作两组率(a_1,a_2)和(b_1,b_2)，刘徽说：“齐其假令，同其盈朒。”即将上面两组率化为(a_1b_2,b_1b_2)和(a_2b_1,b_1b_2)。根据题意，如果买一次物品，每人付钱 a_1 则多出 b_1 钱；每人付钱 a_2 则差 b_2 钱。经过以上齐同运算

则可以做如下解释：如果买 b_2 次物品，每人付钱 a_1b_2 则多出 b_1b_2 钱；如果买 b_1 次物品，每人付钱 a_2b_1 则差 b_1b_2 钱。那么如果每人付钱 $a_1b_2+a_2b_x$ 共买 b_1+b_2 次物品，盈亏恰好抵消，因此买一次物品每人应出钱数就是(1)中的 $x=\frac{a_1b_2+a_2b_1}{b_1+b_2}$。

关于(2)中的人数公式，刘徽的解释是，盈数 b_1 与不足数 b_2 之和是众人两次付款总数之差，两个所出率 a_1 和 a_2 之差是一个人两次付款数之差，二者相除即得人数 $z=\frac{b_1+b_2}{a_1-a_2}$。

其余三个公式都可以由这两个公式导出，因此刘徽没有再做注释。据刘徽的注释说明，盈不足术的确是从比率算法发展来的。

3. 盈不足本法的五种类型

所谓盈不足本法，就是指适于那些明确提到两次假设结果之题目的算法，按照假设结果的不同共分五种类型，即盈不足、两盈、两不足、盈适足和不足适足。

盈不足章前四题都是关于盈不足类型的，其解法已经介绍过。

第 5 题为两盈类型，大意为：若干人合伙买金子，每人出 400 钱则多 3400，每人出 300 钱则多 100，求人数和金价各多少？答案为人数 33，金价 9800 钱。

第 6 题为两不足类型，大意为：若干人合伙买羊，每人出 5 钱则差 45，每人出 7 钱则差 3，求人数和羊价各多少？答案是人数 21，羊价 150 钱。

两盈、两不足类型公式为

$$x=\frac{|a_1b_2-a_2b_1|}{|b_1-b_2|},\quad y=\frac{|a_1b_2-a_2b_1|}{|a_1-a_2|},\quad z=\frac{|b_1-b_2|}{|a_1-a_2|}$$

这里 a_1、a_2、b_1、b_2 都是正数，且在减法运算中一律以少减多。

第 7 题为盈适足类型，大意为：若干人合伙买猪，每人出 100 钱则多 100，每人出 90 钱则正好，求人数和猪价各多少？答案是人数 11，猪价 900。

第 8 题为不足适足类型，大意为：若干人合伙买狗，每人出 5 钱则差 90，每人出 50 钱则正好，求人数和狗价各多少？答案是人数 2，狗价 100。

盈适足与不足适足类型的公式为

$$x=a_2,\quad y=\frac{a_2b_1}{|a_1-a_2|},\quad z=\frac{b_1}{|a_1-a_2|}$$

这里 a_1、a_2、b_1、b_2 都是正数，其中 a_2 为适足的所出率，在减法运算中也一律以少减多。

如果引入负数，用负的盈数表示不足、负的不足数表示盈，再以 0 表示适足，那么上述五种类型可以统一用第一种类型的盈不足公式来求解。例如，对于第 6 题，$a_1=5$，$a_2=7$，$b_1=-45$，$b_2=3$，将它们代入盈不足公式有

$$z=\frac{-45+3}{5-7}=21,\quad y=\frac{5\times3+7\times(-45)}{5-7}=150$$

即人数 21，羊价 150。

4. 盈不足本法的推广

盈不足术还有更广泛的用途：在许多复杂的算术问题中，如果任意假设两个答案，再分别以它们为前提推出可与题设条件相比

较的结果，这两个结果与已知数据的关系必然会是盈不足本法的五种类型之一，因此原来的问题就可化为盈不足术求解了。为了更好地说明这一算法的普遍意义，下面用几道算术难题加以说明。

(1)《九章算术》盈不足章第13题为："今有醇酒一斗，值钱五十；行酒一斗，值钱一十。今将钱三十，得酒二斗。问醇、行酒各得几何？"

书中给出的术文是："假令醇酒五升，行酒一斗五升，有余一十。令之醇酒二升，行酒一斗八升，不足二。"也就是说，第一次假设有5升醇酒和1斗5升行酒，则应值钱 $5\times5+15\times1=40$，与已知条件30钱相比，尚有盈数10；第二次假设有2升醇酒和1斗8升行酒，则应值钱 $2\times5+18\times1=28$，与已知条件30钱相比，不足数为2。若把醇酒数改成每人出钱数，原来的问题就转化为："今有共买物，人出五，盈十；人出二，不足二，求每人应出钱数？"代入盈不足术的人出钱数公式即有 $x=\frac{5\times2+2\times10}{10+2}=2\frac{1}{2}$。这就是说，醇酒为 $2\frac{1}{2}$ 升，则行酒为 $17\frac{1}{2}$ 升。

(2) 盈不足章第14题为："今有大器五、小器一容三斛；大器一、小器五容二斛。问大、小器各容几何？"

按照术文，解此题先设大器容5斗，则由第一组条件知小器容 $30-5\times5=5$ 斗，再由此得1件大器、5件小器共容 $1\times5+5\times5=30$ 斗，较之第二组条件2斛有盈10斗；次设大器容5.5斗，则由第一组条件知小器容 $30-5\times5.5=2.5$ 斗，再由此得1件大器、5件小器共容 $1\times5.5+2\times2.5=18$ 斗，较之第二组条件2斛不足2

斗，因而可由盈不足术公式得到大器实际容量为$\frac{5\times2+5.5\times10}{10+2}=\frac{65}{12}$斗，再由任何一组条件都可得小器实容$\frac{35}{12}$斗。

(3) 盈不足章第15题为："今有漆三得油四，油四和漆五。今有漆三斗，欲令分以易油，还自和余漆。问出漆、得油、和漆各几何？"题意是：已知3分漆可换得4分油，4分油可调和5分漆；现在有3斗漆，要用其中的一部分换油并恰好能调和剩余的漆，问需要倒出多少漆，可换得多少油，又可调和多少漆？

按照术文，解此题先设出漆9升，则可换油12升，调漆15升，但3斗漆倒出9升后尚余21升，所以不足6升；次设出漆12升，则可换油16升，调漆20升，然而3斗漆倒出12升后还剩18升，所以盈余2升，代入盈不足公式可得实际应出漆$\frac{9\times2+12\times6}{6+2}=11\frac{1}{4}$升，再由已知条件可得换油15升，调漆$18\frac{3}{4}$升。

(4) 盈不足章第16题为："今有玉方一寸，重七两；石方一寸，重六两。今有石立方三寸，中有玉，并重十一斤。问玉、石重各几何？"

题中"立方三寸"即$3^3=27$立方寸，11斤$=11\times16=176$两。按照术文，先假设全是玉，则应重$27\times7=189$两，多出13两；再假设全是石，则应重$27\times6=162$两，不足14两，因而可以代入盈不足术公式求解。

此题还有一个特殊解法，正如术文指出："不足为玉，多为石。"对此刘徽解释道：因为玉、石每立方寸差1两，第一次假设多出的

13 两，是由于把石当成了玉所引起的，所以多出的数恰好是石的方寸数；同理，第二次假设所少的 14 两，是由于把玉当成了石所引起的，所以少的数恰好是玉的方寸数①，因而石为 13 立方寸，玉为 14 立方寸，各自乘以其比重，可知此石中有玉 98 两，有石 78 两。

以上四题，有的已知和所求之间的关系不十分明显，有的比率缠绕交错，用普通的算术方法很难解决，但是通过两次巧妙的假设，就把原先的问题转化成盈不足问题，从而借助现成的公式求出答案。这种以特定数学模型处理一大类应用问题的方法，正是中算家所擅长的。实际上，凡属线性关系的数学问题，都可以应用盈不足术来求解。由于应用的广泛，盈不足算法成了中算家著作中一部分相当重要的内容；除了《九章算术》之外，《孙子算经》《张丘建算经》以及宋元算书中都有许多精彩的应用。

5. 盈不足算法的影响

在古代埃及和印度，都有通过一次假设再借助比例关系求得答案的算法，可以用来解决简单的线性问题。例如，阿默斯纸草中就有一道题相当于求解

$$\frac{2}{3}x+\frac{1}{2}x+\frac{1}{7}x+x=37$$

古埃及人似乎不具备解这一方程的知识，此题据说是由一次假设法求解的：先假设一个答案，例如 $x_1=42$，这样

$$\frac{2}{3}x_1+\frac{1}{2}x_1+\frac{1}{7}x_1+x_1=97$$

① 这一过程与比率算法中其率术的推理颇为相似（详后）。

这说明 $x : x_1 = 37 : 97$，所以 $x = \frac{37x_1}{97} = \frac{37 \times 42}{97} = 14\frac{28}{97}$。①

但是无论是在古代埃及还是在古代印度，都不存在通过两次假设来求解复杂应用问题的算法。

大约从 9 世纪开始，阿拉伯数学著作中出现了盈不足算法，值得注意的是阿拉伯数学家对这一算法的称呼。阿尔·花剌子模（al-khwarizmi，约 780—约 850）和伊本·埃兹拉（Abraham ibn Ezra，1096—约 1167）都提到一种算书，译成拉丁文就是 *Liber augmenti et diminationis*。其中 *augmenti* 和 *diminationis* 分别含有"增加"和"减少"的意思，因此有人推测这一书名可能是与"盈不足术"有关。

伊本·鲁伽（Qusta ibn Luqa，820—912）、阿尔·卡西（al-Kashi，约 1380—1429）等人都用 hisab al-khataayn 来称呼盈不足算法，其中 hisab 一词是"算法"的意思，Khataayn 则可能由"契丹"一词的音译转化而成，而契丹正是中世纪以来阿拉伯与西方文献中对中国北部地区的一般称谓，至今俄语、波斯语以及土耳其斯坦语系中还可以找到这一称谓的痕迹。因此 hisab al-khataayn，也许就是来自中国的算法的意思。②

除了上述两种称呼外，有些阿拉伯数学家，例如阿尔般那（al-

---

① 如前所述，古埃及人把这一数值表示为单位分数形式，即 14＋1/97＋1/56＋1/679＋1/776＋1/194＋1/388，参阅〔英〕斯科特：《数学史》，侯德润等译，商务印书馆 1981 年版，第 12 页。

② 关于这一点尚有争论，有人指出 al-khataayn 在阿拉伯语中意指"两次假设"，参阅 J. Needham, *Science and Civilisation in China*, Vol. 3, Cambridge University Press, 1959, p. 118.

Banna,1256—约 1321)还把这种算法称作 Alm bi'l Kaffa-taim,意为"天秤术"。这大概是因为在计算中需要把两次假设及相应结果排成两两并列的形式,然后交叉相乘,因而构成形如天平的图式所致。如果确实如此,那么这种做法显然来源于盈不足术中的"维乘"图式,这种图示在杨辉的著作中可以看到。[①]

盈不足算法又经阿拉伯人传到西欧。意大利数学家斐波那契(L. Fibonacci,约 1170—约 1240)在其有名的《算盘书》中就专辟一章介绍盈不足术,他称之为 De regulis elchataym,其中 elchataym 就是 al khataayn 的对音。文艺复兴时代的其他一些欧洲学者也有类似的命名,例如帕西欧里(L. Pacioli,约 1447—约 1517)称为 el-Cataym,塔塔利亚(N. Tartaglia,约 1499—1557)称为 regola Helcataym,帕格纳姆(Pagnam)称为 regole del Cattaino。

到了 16 世纪,当盈不足算法在欧洲扎根并被当作一种解决算术问题的万能方法时,在它的故乡中国反而遭到冷落。明代算书中虽然也提到盈朒问题,但仅限于介绍盈不足本法而已,那种古代盈不足术"以御隐杂互见"的功能几乎难觅踪迹,以至于李之藻等编译《同文算指》时,一面把拉丁文的双设法(regula falsi duplicis positions)译成"迭借互征",一面妄称"旧法未知借推之妙",这可真是"乡音未改"而"相见不相识"了。

下面的例子选自一本全名为《欧罗巴西镜录》的珍稀抄本,曾在明清之际一些学人中间流传,书中提到的"双法"就是盈不足算

① 杜石然:《试论宋元时期中国和伊斯兰国家间的数学交流》,载钱宝琮等:《宋元数学史论文集》,科学出版社 1966 年版。

法。其“双法”第10题为：

> 国君以廉金一百，令工人造鼎，工人盗金而和之银。鼎成奉上，上见金淡，命识算天文者亚尔日白腊算盗金多少……

这显然是因袭阿基米德为叙拉古王鉴定金冠的故事编写的题目，书中提供的解法是：在已知金银及制成鼎的合金对水的比重分别是100/60、100/65和100/90的前提下，先假设工匠盗金40，则剩金60，出水60×60/100＝36；掺银40，出水为40×90/100＝36；金银共出水72，而合金之鼎100出水为65，两相比较得到一个盈数7。再假设工匠盗金30，仿此可推出又一盈数4，利用两盈公式就可求出实盗金数为$16\frac{2}{3}$。可以看出，这道题与前面介绍的《九章算术》盈不足章玉石并重题在本质上是一样的，只不过后者给出的解法更为简练而已。

6. 作为一种近似方法的盈不足术

在处理非线性关系的应用问题时，由盈不足术得到的解是近似值。在初等微积分中可证明(图2-6)，闭区间$[a_1,a_2]$连续的单调函数$f(x)$，若在两个端点具有不同的符号即$f(a_2)f(a_1)<0$，则方程$f(x)=0$在开区间(a_2,a_1)有一个根，其近似值为$x_0=\dfrac{a_2f(a_1)-a_1f(a_2)}{f(a_1)-f(a_2)}$。

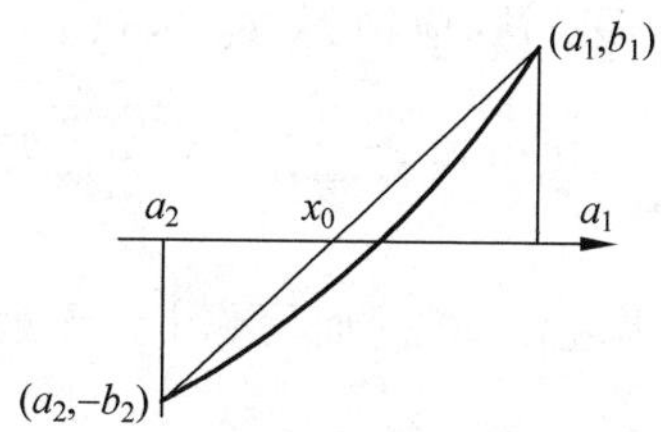

图 2-6　盈不足术作为近似算法的几何意义

若令 $f(a_1)=b_1$，$f(a_2)=-b_2$，上式则成 $x_0=\dfrac{a_1b_2+a_2b_1}{b_1+b_2}$，正是盈不足术中的人出钱公式，这里 $f(x_0)=0$ 表示出钱总数适足物价。

如果问题属于线性关系，$f(x)$就是通过$(a_2,-b_2)$和(a_1,b_1)两点的直线，这时上述公式给出的就是精确值。《九章算术》盈不足章全部 20 道题中，有 17 道属于这种情况。

但是数学研究的对象必将超过简单的比例和线性关系范畴，在有关代数方法还没有被充分发展起来的时候，盈不足术就成了解决这类问题的一种有效的近似方法。

盈不足章第 11、12 两题都涉及指数关系，第 19 题则为二次函数，书中均以盈不足术求解，所得结果都是近似值。

四　一般近似方法

(一) 四舍五入

《淮南子·天文训》给出的十二律管长度是以黄钟管长八十一

为前提的，按照三分损益法，应钟、蕤宾、大吕、夷则、夹钟、无射、中吕的管长皆非整数。其中蕤宾应作 $56\frac{8}{9}$ 而写作 57，大吕应作 $75\frac{23}{27}$ 而写作 76，夷则应作 $50\frac{46}{81}$ 而写作 51，无射应作 $44\frac{692}{729}$ 而写作 45，中吕应作 $59\frac{2039}{2187}$ 而写作 60，这里已具“过半进一”的雏形。[①]

前引商功章第 1 题中，求得各县应出车数之后需“上下辈之”，按照刘徽的话来说是“推少就多”，实质上运用了四舍五入原则。

最早用文字表述这一原则的是三国时的杨伟，他于 237 年完成的《景初历》中说：“半法以上排成一，不满半法废弃之。”这一原则为后世律历家普遍采纳，南北朝时代的《元嘉历》《正光历》《兴和历》和隋代的《皇极历》《大业历》中都有类似的记载，其中以《皇极历》讲得最为明确：“过半从一，无半弃之。”为了表明所取数据是不足近似值还是过剩近似值，律历家往往还在数据后面用“强”“弱”等字标记。例如，刘焯在《皇极历》中就写道：“半以上为进，以下为退；退以配前为强，进以配后为弱。”如 7.3 为退，写作 7 强；7.6 为进，写作 8 弱。

又有更细致标识近似程度的安排，一般用“微强”“少强”“半强”“大强”分别表示在 1/4、1/2、3/4 和 1 以内的舍弃余分；用“微弱”“少弱”“半弱”“大弱”分别表示在相应区间内的进位余分。例

① 另外两个数据应钟、夹钟分别为 $42\frac{2}{3}$ 和 $67\frac{103}{243}$，书中分别写作 42 和 68，没有遵循四舍五入的原则；后来的《宋书·律志》则将这两个数据改成 43 和 67。

如,《后汉书·律历志》所列六十律中,色育应为 8.9807 而写作 8.98 微强,未育应为 4.6139 而写作 4.61 少强,变虞应为 7.0153 而写作 7.01 半强,执始应为 8.8788 而写作 8.87 大强,丙盛应为 8.7593 而写作 8.76 微弱等。①

以上事实表明,自汉魏以迄南北朝,律历家已普遍采用四舍五入原则来处理奇零数据。这一方法在数学著作中也有所反映,刘徽的“推少就多”即为一例。《数书九章》卷 5 均分梯田题中解得答案 $40\frac{52284}{58709}$步后,秦氏加注曰:“大约百分步之八十九。”将$\frac{52284}{58709}$化为$\frac{89}{100}$,应该是通过小数再由四舍五入原则得来,因为$\frac{52284}{58709}\approx 0.89056\approx 0.89$。

宋元以后由于普遍采用十进小数进行运算,四舍五入原则就显得更为必要。《算法统宗》对此再次做了说明:“今但有奇零者至于毫忽,以五收之,以四去之。”四舍五入这一名称的来源大概就出于这句话。

(二) 其率术与反其率术

《九章算术》粟米章最后九问提出了一种特殊的分数近似法,这就是其率术和反其率术。第 42 题为:“今有出钱一万三千九百七十,买丝一石二钧二十八斤三两五铢。欲其贵贱斤率之,问各几何?”“欲其贵贱斤率之”,意思是以斤为单位按照丝的优劣定出两种价格。该题之下其率术称:“各置所买石、钧、斤、两以为法,以所

① 李俨:《中算家的分数论》,载李俨:《中算史论丛》(第一集),科学出版社 1954 年版。

率乘钱数为实，实如法而一。不满法者反以实减法，法贱实贵。”①

依术文演草：

“所买”即法为$\{[(1\times4+2)\times30+28]\times16+3\}\times24+5=79949$铢；

“所率”为1斤，折合$1\times16\times24=384$铢；

“所率乘钱数”即实，等于$384\times13970=5364480$钱；

“实如法而一”，即$5364480\div79949=67\frac{7897}{79949}$钱。

以上过程是求每斤丝的价格，《九章算术》中称为经术术。由于所得答案不是整数，这就产生了将丝分成两品分别定价的其率问题，“其”字在这里具有商议和近似的双重意思。其率术的关键是后面几句：“不满法者”即上述除法中的余数7897；“反以实减法”即$79949-7897=72052$。②

“法贱”即在原先放置除数位置上的数字，作为贱丝数72052铢，每斤值67钱；“实贵”即在原先放置被除数位置上的数字，就是贵丝数7897铢，每斤值68钱。

一般来说，若物价总数为M钱，物品单位数为N，而$M\div N=P$余r，则贱品为$N-r$单位，单价为P；贵品为r单位，单价为$P+1$。这就是其率术的要点。对此刘徽的解释是：为了使单价为整数，可将余数r钱分到r个单位中而令每个单位提高1钱，这样就

① 钱宝琮校点：《算经十书》（上册），中华书局1963年版，第126—127页。

② 在筹式除法运算中，余数最后的数字就是在原来被除数即实的位置上，因此这里“反以实减法”的“实”系指余数7897；同理，下面一句“法贱实贵”的“法”与“实”，也是指筹式运算开始时除数与被除数的位置而言。这一解释可由盈不足术中“以约法实，实为物价，法为人数”一句得到旁证。

有 r 单位的价格为 P+1 钱，是为“法贵”；剩下 N－r 个单位的价格则为 P 钱，是为“实贱”。

当钱少物多（即 M＜N）时，就用“每钱值几物”的形式计价，为此需用钱数来除物数，这就是反其率术：

> 以钱数为法，所率为实，实如法而一。不满法者反以实减法，法少，实多。二物各以所得多少之数乘法实，即物数。[①]

即由带余除法 N÷M＝P 余 r，得贱物共值 r 钱，每钱可购 P+1 物，是为“实多”；得贵物共值 M－r 钱，每钱可购 P 物，是为“法少”；又得贱物总数为 r×(P+1)，贵物总数为(M－r)×P，合计正好是 MP+r＝N。举例来说，粟米章第 46 题已知用 980 钱买 5820 枚箭杆，“欲其贵贱率之，问各几何？”因为 5820÷980＝5 余 920，可知贵者 5 枚值 1 钱，共(980－920)×5＝300 枚；贱者 6 枚值 1 钱，共 920×6＝5520 枚。

朱世杰的《算学启蒙》卷中有贵贱反率门共八问，其设问造术均与《九章算术》一致。

综上所述，可知其率术和反其率术的基础都是带余除法，其实质是把分数数据化成一对整数的不足近似值和过剩近似值（即贱率和贵率），它们是中算家分数近似法的先导，有的数学史论著把

① 钱宝琮校点：《算经十书》（上册），中华书局 1963 年版，第 128 页。

它们说成是不定方程组问题是错误的。[①]

(三) 调日法

调日法是中算家习用的另一种分数近似法,据《宋史·律历志》记载,周琮的《明天历》中首先提到调日法,并称创自南北朝时期的天文学家何承天:

> 宋世何承天更以四十九分之二十六为强率,十七分之九为弱率,于强弱之际以求日法。承天日法七百五十二,得一十五强,一弱。自后治历者莫不因承天法,累强弱之数。[②]

古代历算家用分数表示天文数据的奇零部分,一般将朔望月长度奇零部分的分母称为日法,分子称为朔余,它们是一部历法的基本数据。为了与观测结果更好地吻合,有时也为了数术或美学方面的目的,历算家往往在旧有数据基础上对日法、朔余进行改造,这就是调日法的实际背景。从数学上讲,调日法就是用一对不足和过剩近似分数的带权加成来逼近观测数据或者获得理想结果。就何承天来说,两个近似分数是 9/17 和 26/49,由此调得朔望月奇零部分为

$$\frac{26\times15+9\times1}{49\times15+17\times1}=\frac{399}{752}$$

---

① 李继闵:《其率术辨》,载吴文俊主编:《中国数学史论文集》(一),山东教育出版社 1985 年版。

② (元)脱脱等:《宋史》卷七十四《律历志七》,上海古籍出版社、上海书店二十五史本 1986 年版,第 5387 页。

此即日法 752、朔余 399 的由来。

可以证明,分数$\frac{q}{p}$能表为$\frac{q_1m+q_2n}{p_1m+p_2n}$(其中 m、n 皆为正整数)的充要条件是$\frac{q_1}{p_1}<\frac{q}{p}<\frac{q_2}{p_2}$。因此由调日法总可以调出介于强弱二率之间的近似分数来。

如果强弱二率满足条件$\begin{vmatrix} q_2 & q_1 \\ p_2 & p_1 \end{vmatrix}=1$,则$\frac{q_1}{p_1}$和$\frac{q_2}{p_2}$为一渐进分数序列中的相邻二数,反之亦然。[①]

这一性质使调日法具有更深刻的数学内涵,同时也给中算史的研究带来不少疑点。因为何承天的强弱二率恰好满足上述条件,其数据的来源就引起了研究者的注意,有人认为它们直接来自渐进分数算法;但是中国古代是否存在这样的算法,目前还缺乏足够充分的证据。

另一个有趣的猜测牵涉到祖冲之圆周密率 355/113 的来源,有人提出系由调日法而来,即以 22/7 为强率(此为祖氏约率,论者认为何承天已知道此值),以刘徽的 157/50 为弱率,由调日法得

$$\frac{22\times9+157\times1}{7\times9+50\times1}=\frac{355}{113}$$[②]

注意到 22/7 和 157/50 满足$\begin{vmatrix} 22 & 157 \\ 7 & 50 \end{vmatrix}=1$(还有 22/7 和 3/1

---

① 李继闵:《关于调日法的数学原理》,《西北大学学报》(自然科学版)1985 年第 2 期。

② 钱宝琮:《中国算书中之周率研究》,《科学》1923 年第 2—3 期。李俨则猜测以 22/7 和 3/1 为强弱二率,调得$\frac{22\times16+3\times1}{7\times16+1\times1}=\frac{355}{113}$,参阅李俨:《中算家的分数论》,《中算史论丛》第一集,科学出版社 1954 年版。

也满足$\begin{vmatrix} 22 & 3 \\ 7 & 1 \end{vmatrix}=1$),这种猜测最终又导致祖氏密率 355/113 是否来自渐进分数算法的问题。

实际上,祖冲之的约率、密率以及古法周率 3/1,都是由连分数展开的圆周率 π 的最佳渐进分数。[①] 中国古代有无连分数或类似的渐进分数算法,调日法或许是解开这个谜的钥匙之一。

从南北朝以迄宋,历算家普遍应用调日法来获得近似分数数据,元代历法中废除日法之后,这一数学方法也逐渐被人遗忘。清代李锐撰《日法朔余强弱考》,则开创了近世研究调日法的先河。

(四) 其他近似方法

中国古代数学中还有许多近似方法,这里仅作一些粗略的介绍。

中算家常用近似方法来表达几何关系,例如用“周三径一”表示圆周与直径的关系,用“方五斜七”表示正方形边长与对角线的关系。中算家的割圆术,其本质是用圆内接正多边形的面积或周长去逼近圆的面积或周长,弧长公式、弓形面积公式以及其他曲边形面积和旋转体体积公式也多取近似形式。

在代数学中,中算家曾提出“加借算而命分”和“不加借算而命分”这两种分数近似法,用来解决开方不尽的问题。刘徽在少广章开方术中写道:“令不加借算而命分,则常微少;其加借算而命分,

① 某数的最佳渐近分数 q/p 就是在分母不超过 p 的分数中最接近原数的一个分数,π 的最佳渐近分数序列是:3/1,22/7,333/106,355/113,103993/33102,…。参阅华罗庚:《数论导引》,科学出版社 1957 年版,第 271—272 页。

则又微多。”即对整数 N 开方根的整数部分为 a，尚有余数 $r=\mathrm{N}-a^2$，则 $a+\dfrac{r}{2a+1}<\sqrt{\mathrm{N}}<a+\dfrac{r}{2a}$。

《孙子算经》《张丘建算经》以及《五经算术》中都可找到这种近似分数表达法。此外，中算家的招差术也可以看作是一种近似方法，本书后面还要详论。

最令人感兴趣的问题，莫过于中算家是否使用过类似于连分数的近似方法了。有人从《缀术》这一书名，推测其主要内容就是介绍连分数的。受惠于中国古代数学的日本和算，17 世纪以后的著作中就出现了很多连分数算法。值得指出的是，中国古代的更相减损术与连分数算法可以互相沟通：更相减损术中每一减数去减被减数的次数，正好是相应连分数中的各级分母。举例来说，由 113 和 355 做更相减损运算，有：

第一减数相减次数…3	113	355	
	112	339	
第三减数相减次数…15	1	16	7…第二减数相减次数
		15	
		1	

每一减数相减的次数分别是 3、7、15，它们正好是祖氏密率 355/113 展开成连分数的各级分母，因为

$$\frac{355}{113}=3+\cfrac{1}{7+\cfrac{1}{15+\cfrac{1}{1}}}$$

因此，有人推测中国古代数学家由更相减损运算导出连分数

或渐近分数值。[①] 有的人进一步指出,汉代历法家从约分术发展而来的一种通其率算法,本质上与连分数算法是一致的。[②]

① 沈康身:《更相减损术源流》,载吴文俊主编:《〈九章算术〉与刘徽》,北京师范大学出版社1982年版。一个值得注意的线索是,秦九韶大衍求一术中的"乘数",就是由各次相减的次数与初始的单位1累乘累加而来的,这说明中算家在做更相减损运算时是会考虑各次相减的次数的。

② 李继闵:《通其率考释》,载吴文俊主编:《中国数学史论文集》(一),山东教育出版社1985年版。

第三章　少广方程

一　高次方程

中国古代代数学中最辉煌的成就之一，就是解一般数字方程的增乘开方法。尽管这一方法的最终完备是13世纪中叶的事情，但是它的坯形却可以追溯到《九章算术》成书之前：少广章的开方术实际上就是解一类特殊的高次方程，而解一般高次数字方程，在中国古代也被叫作“开方”。天元术和四元术是中国古代代数学家的另外两大杰出贡献，二者最终亦归结为解高次数字方程。此外，中国古代有关代数方程的理论以及对有理数的扩充，也都直接受惠于开方与解高次方程。

(一) 开方

1. 开平方

《九章算术》少广章开方术曰：

置积为实。借一算步之，超一等。议所得，以一乘所借一算为法而以除。除已，倍法为定法。其复除，折法而下。复置借算步之如初。以复议一乘之，所得副，以加定法，以除。以所得副从定法。复除折下如前。[①]

下面以少广章第12题为例对此术文进行解释，题目相当于求55225的正平方根，大致按照以下六步完成。

(1)“置积为实。借一算步之，超一等。”被开方数55225称为“实”；下隔一行置一算筹于个位称为“借算”；将此“借算”向左移动以确定其最高位数(“借算”位数不能高于“实”)称为“步”；隔一位一“步”称为“超一等”，移动后之“借算”表示10000。

(2)“议所得，以一乘所借一算为法而以除。”在百位上“议得”方根第一位数字2，将此数乘以“借算”得“法”：$2\times10000=20000$；以下按减法运算，在“实”这一行中有：$55225-2\times20000=15225$。

(3)“除已，倍法为定法。其复除，折法而下。复置借算步之如初。”将“法”乘以2为“定法”，退一位成：$20000\times2\div10=4000$；按照上述(1)中的方法重新确定“借算”的位置，“步得”100。

(4)“以复议一乘之，所得副，以加定法，以除。”在十位上“复议”得方根第二位数字3，将此数乘以“借算”为“所得”$3\times100=300$，暂置于“定法”之下称为“副”。又将“所得”加到“定法”4000上得4300；在“实”这一行进行减法运算，有：$15225-3\times4300=2325$。

① 钱宝琮校点：《算经十书》(上册)，中华书局1963年版，第150页。此处改动了三个标点符号。

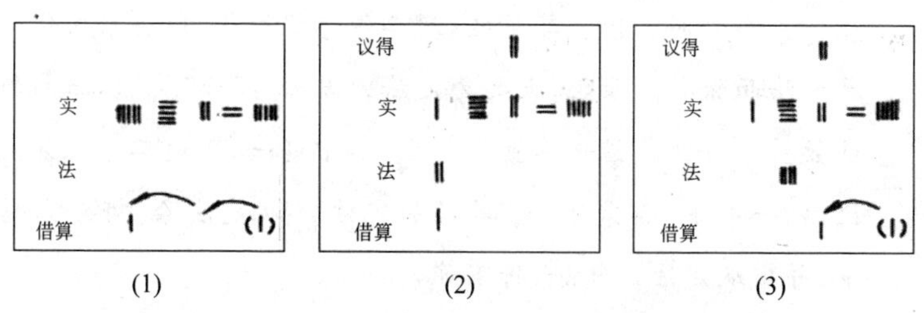

(1)　(2)　(3)

(5)“以所得副从定法。”再把“所得”300 加到新的“定法”4300 上，得 4600。按照上述(3)中的方法将“定法”退一位成 460，“借算”则表示 1。

(6)“复除折下如前。”在个位上“议得”方根第三位数字 5，仿照上述(2)(4)的步骤，在“实”这一行中有：2325－5×465＝0，表示开方已尽，方根为 235。

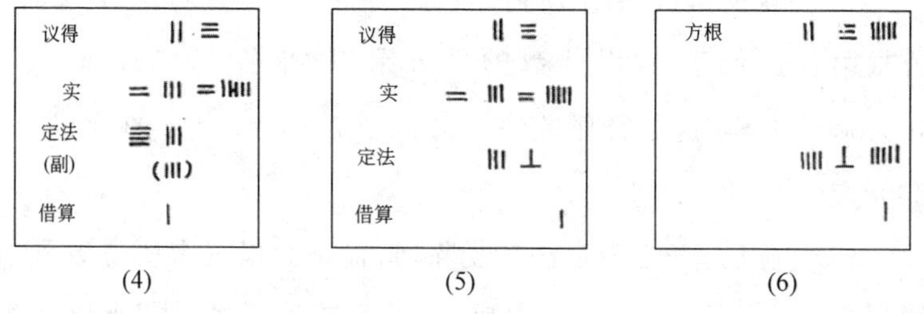

(4)　(5)　(6)

《九章算术》中共有五道专门提供开平方演算的习题，在其他一些题目中也涉及开平方运算。除此之外，《孙子算经》《夏侯阳算经》以及杨辉的《详解九章算法》都对开方运算作了详尽的介绍。

2. 开立方

《九章算术》少广章有四道专门提供开立方演算的习题，其开立方术为：

> 置积为实。借一算步之，超二等。议所得，以再乘所借一算为法而除之。除已，三之为定法。复除，折而下。以三乘所得数置中行。复借一算置下行步之，中超一，下超二等。复置议，以一乘中，再乘下，皆副以加定法。以定法除。除已，倍下，并中从定法。复除，折下如前。①

下面以少广章第19题为例说明，题目相当于求1860867的立方根，大致分为以下六步进行：

（1）“置积为实。借一算步之，超二等。”先列出开方数即“实”1860867；下隔二行置“借算”1；然后向左每隔三位移动一次“借算”以确定其最高位数，此题移动两次后的“借算”表示1000000。

（2）“议所得，以再乘所借一算为法而除之。”在百位“议”得立方根第一位数字1，以此数的平方乘以“借算”为法，即$1^2\times1000000$，在“实”这一行作减法有：$1860867-1\times(1^2\times1000000)=860867$。

（3）“除已，三之为定法。复除，折而下。以三乘所得数置中行。复借一算置下行步之，中超一，下超二等。”将“法”乘以3为“定法”，然后退一位成$1000000\times3\div10=300000$；将“所得”100乘以3放置在“中行”，“中超一”为$300\times100=30000$；又按照上述（1）的步骤重新确定“借算”位数，“下超二等”为$1\times1000=1000$。

（4）“复置议，以一乘中，再乘下，皆副以加定法。”在十位“议”

① 钱宝琮校点：《算经十书》（上册），中华书局1963年版，第153—154页。此处标点符号略有改动。

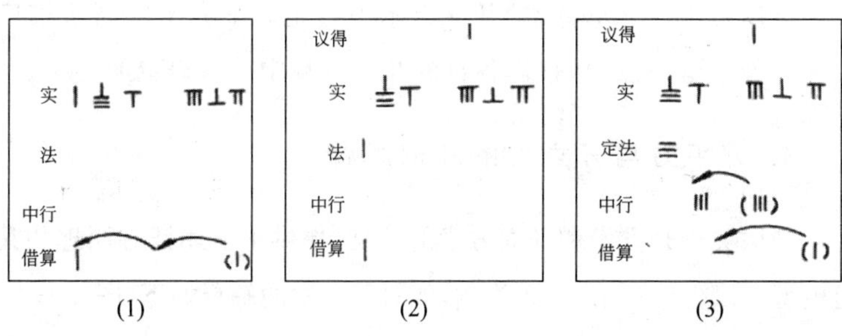

(1)　(2)　(3)

得立方根第二位数字 2,以此数乘“中”得 2×30000＝60000;以此数字的平方乘“下”得 2^2×1000＝4000;将这两个乘积暂时分置“中”“下”之下,称为“副”,再把它们加到“定法”上得 300000＋60000＋4000＝364000。

(5)“以定法除。除已,倍下,并中从定法。”在“实”这一行作减法得 860867－2×364000＝132867;然后将“下副”之数乘以 2,加上“中副”之数,再一同加到“定法”之中,得 364000＋60000＋2×4000＝432000。

(6)“复除,折下如前。”在个位上“议”得立方根第三位数字 3,仿照上述(4)(5)确定“借算”为 1,“定法”为 44289;然后在“实”这一行做减法运算,有:132867－3×44289＝0,表明开得立方根 123。

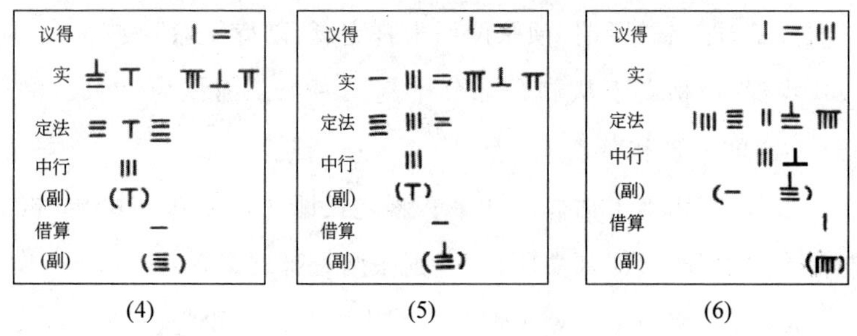

(4)　(5)　(6)

可以看出,《九章算术》开立方术不过是开平方术的高阶推广而已。关于这一点,从它们各自的几何解释中就看得更明显了。

3. 开平方与开立方的几何解释

刘徽关于开方术和开立方术的注文,提供了上述开方原理的几何模型。以少广章第12题为例,他对开方术的解释如下(图3-1)。

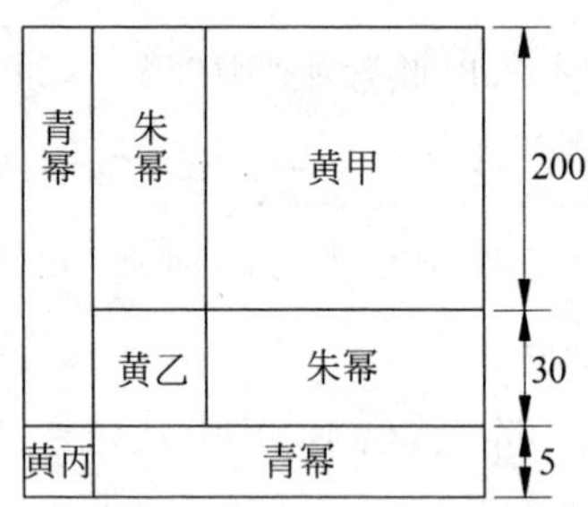

图3-1　开平方的几何解释

步骤(1)相当于给出一个面积为55225的大正方形。

步骤(2)相当从此方中割去一个面积为200^2的次方形,即刘徽所谓“先得黄甲之面”。

步骤(3)相当于预先估算出两个朱幂之长即2×200,准备下一次分割,即刘徽所谓“预张两面朱幂定袤,以待复除”。

步骤(4)相当于从剩余部分中割出一个总面积为(2×200+30)×30的朱幂和黄乙。

步骤(5)相当于估算出两个青幂之长即2×(200+30)=460,准备下一次分割,即刘徽所谓“是则张两青幂之袤”。

步骤(6)相当于从剩余部分中割去一个总面积为(460+5)×5

的青幂和黄丙，无余数表示恰好割尽，则原方形的边长为 235。

刘徽的注释表明，中国古代的开平方过程就是从方幂所表示的正方形中连续割去若干个次方形，以及相应的两矩形连同一个对顶小正方形的过程，而每次所割次方形的边长恰好是所求方根的各位数值。

开立方术的道理与此相仿，不过是把二维图形推广到三维。以少广章第 19 题为例，刘徽的解释如下（图 3-2）。

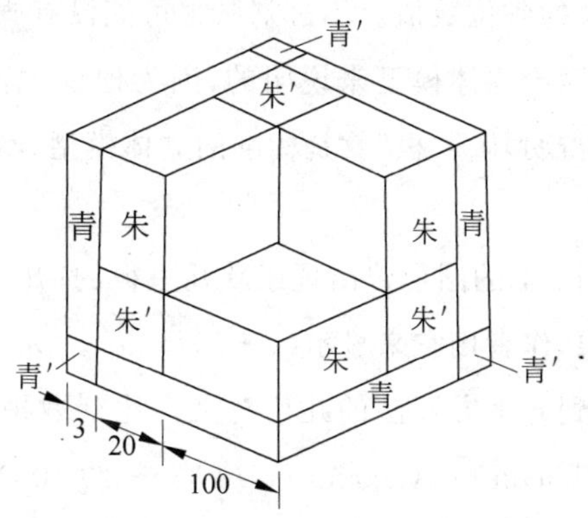

图 3-2　开立方的几何解释

步骤（1）相当于给出一个体积为 1860867 的大立方体。

步骤（2）相当于从中割去一个体积为 100^3 的次立方体。

步骤（3）相当于预先估算出三个标记为朱的长方体之表面积，总数为 3×100^2。

步骤（4）相当于估算出三个标记为朱′的长方体之表面积，总数为 $3\times(100\times20)$；相应小正立体（远端下角，图中未能标记出来）的表面积为 20^2。

步骤(5)相当于从剩余立方体中割去总体积为$(3\times100^2+3\times100\times20+20^2)\times20$的上述七个立方体。

步骤(6)相当于割去剩余的三块青、三块青′和一块图上未能标记出来的小立方。

与开平方的注释类似,刘徽把开立方的过程解释成是从一个立方体中连续割去若干个次立方体,以及与其毗邻的六个长方体连同一个对顶小立方体的过程,而每次所割次立方体的棱长恰好是所求立方根的各位数值。不过刘徽很可能没有画出上面的立体图来,而是借助于立体模型来说明的;因为他说:“言不尽意,解此要当以棋,乃得明耳。”“棋”就是标准的立体模型,本书第四章中还要提到。

类似于图3-1的图形曾出现于欧几里得的《几何原本》卷2的第4个命题中,作者用它来显示$(a+b)^2=a^2+2ab+b^2$的几何意义,而没有提到开平方算法的几何意义。比刘徽稍迟的亚历山大里亚的西翁(Theon of Alexandria,约335—约405)曾用此图来解释托勒密(Ptolemy,约100—170)的开方法。至于用立体模型的分割来解释开立方的过程,在古代世界似乎只有刘徽一个人。

4. 开方作法本源图:一般高次开方法

三次以上的开方问题无法借助几何直观来解释,取而代之的是纯粹的代数工具——二项展开式的系数表。

《宋史·艺文志》录有贾宪《黄帝九章算法细草》9卷,书已无存,但其中一些内容为百余年后的杨辉辑入其自撰的《详解九章算法》之中。杨辉此书载有如下的开方作法本源图,并指明其“出释锁算书，贾宪用此术”①。

“释锁”是宋代数学家开方或解数字方程的代名词，杨辉在卷末之纂类中还引用了“贾宪立成释锁平方法”和“贾宪立成释锁立方法”，后来刘汝谐撰书名《如积释锁》，朱世杰的《算学启蒙》中亦有开方释锁门。《释锁算书》是贾宪所撰还是他人的著作而为贾宪所引，抑或就是《黄帝九章算法细草》中某些章节的名称，现已无从考据，但贾宪借助图 3-3 来阐释高次开方原理是毋庸置疑的。

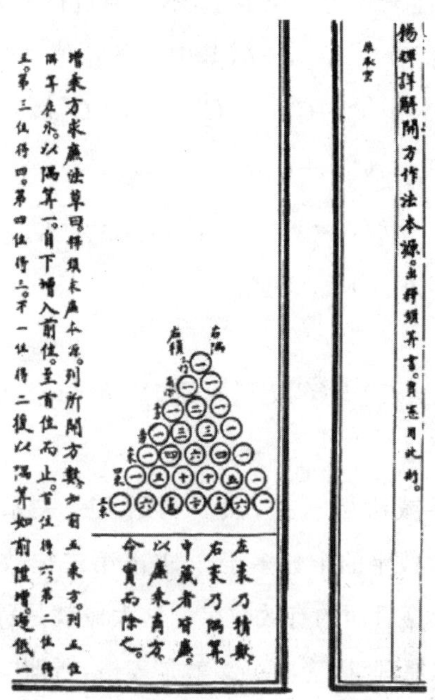

图 3-3　贾宪开方作法本源图（采自《永乐大典》16344 卷）

① 杨辉的《详解九章算法》全书也已亡佚，但其部分内容被明代《永乐大典》著录。本节所引俱出于《永乐大典》卷 16344。

图中数字排列成三角形，每一横行恰好是二项展开式$(x+a)^n=\sum_{i=0}^{n}C_n^i x^{n-i}a^i$中的各项系数$C_n^0,C_n^1,C_n^2\cdots C_n^{n-1}C_n^n$。图下注文为“左衺乃积数，右衺乃隅算，中藏者皆廉，以廉乘商方，命实以除之”。前两句系指三角形最外边的两列数字分别对应各次开方之积与隅算；第三句是说中间的数字分别对应开方过程中出现的各廉；后两句是对开方算法的概括。

设$x^n=\mathrm{A}$，若x仅为一位数字，不难通过试验确定其值；若x具有两个有效数字，令$x=a+b$（其中a的位值是b的10倍），则

$$\begin{aligned}x^n&=(a+b)^n=C_n^0a^n+C_n^1a^{n-1}b+C_n^2a^{n-2}b^2+\cdots+\\&\quad C_n^{n-1}ab^{n-1}+C_n^nb^n\\&=a^n+b(C_n^1a^{n-1}+C_n^2a^{n-2}b+\cdots+C_n^{n-1}ab^{n-2}+\\&\quad C_n^nb^{n-1})=\mathrm{A}\end{aligned}$$

即：

$$\begin{aligned}b&=(\mathrm{A}-a^n)\div(C_n^1a^{n-1}+C_n^2a^{n-2}b+\cdots+C_n^{n-1}ab^{n-2}+\\&\quad C_n^nb^{n-1})\end{aligned}$$

在估算出a后做减法$\mathrm{A}-a^n$，然后利用上一关系就可以求出b来。如果x有效数字的个数多于2，求出第二位数字后又可依照同样方法继续计算后面的有效数字。这大概就是贾宪所创立成释锁开方法的基本原理，因为“立成”就是表格，所谓“立成释锁”乃指由开方作法本源图提供的诸$C_n^i(i=1,2\cdots n)$来确定诸廉，然后“以廉乘商方”，即$C_n^ia^{n-i}b^i$，再“命实以除之”，即$\dfrac{\mathrm{A}-a^n}{\sum_{i=1}^{n}C_n^ia^{n-i}b^i}$。

以《详解九章算法》中求 1336336 的四次方根为例，试得第一位有效数字 3 后即有

$$b=(1336336-30^4)\div(4\times30^3+6\times30^2b+4\times30b^2+b^3)$$

试除后得 $b=4$，即 $\sqrt[4]{1336336}=34$。①

杨辉所引开方作法本源图后，还有增乘方求廉法草，用以说明此图与增乘开方法的关系，内中给出的构成规律相当于 $C_{n+1}^{i}=C_{n}^{i-1}+C_{n}^{i}$。由于开方作法本源图蕴含着这样的组合性质，后来又成了中算家高阶等差级数与内插法（即垛积招差）研究中的重要工具。

朱世杰的《四元玉鉴》中也有类似图形，不过层数由七增至九，图 3-4 中注有“中藏皆廉，开则横视”八字，点明开方时要用到相应横行中的各个数据。除此之外，吴敬、周述学、程大位、梅文鼎等人的著作中也都有这种乘方图，其中梅文鼎的图形高达 13 次幂。

在世界其他地区，中亚数学家阿尔·卡西在贾宪后约 380 年的著作中给出类似的数表并用之开高次方。以后德国和法国的一些学者亦曾引用，而尤以法国数学家帕斯卡于 1654 年发表的论文为著，因此在西方把二项展开式的系数表称为帕斯卡三角形。从现有资料来看，11 世纪的贾宪是最早应用这一图形的人，因此称其为贾宪三角形或许更为贴切。

① 原题系用增乘开方法演算的，很可能引自贾宪的著作。增乘开方法与立成释锁开方法的不同在于它是通过自下而上的累加（或减）累乘，而不是通过检表来确立各廉的（详后）。

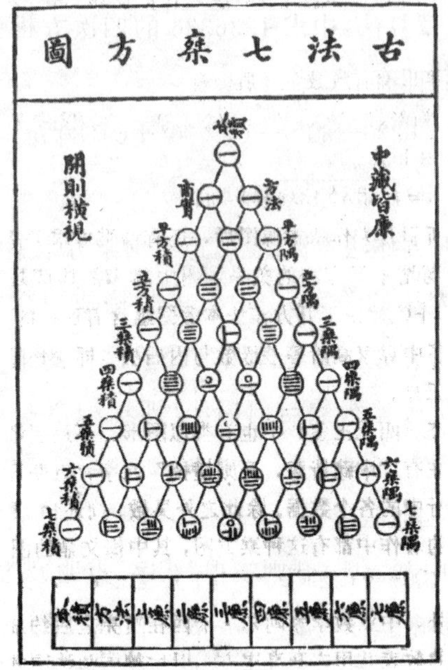

图 3-4　朱世杰的古法七乘方

(二) 高次方程数值解

1. 带从开方法

先看一个间接的例子。在开平方的前三步完成之后,由筹式

算草 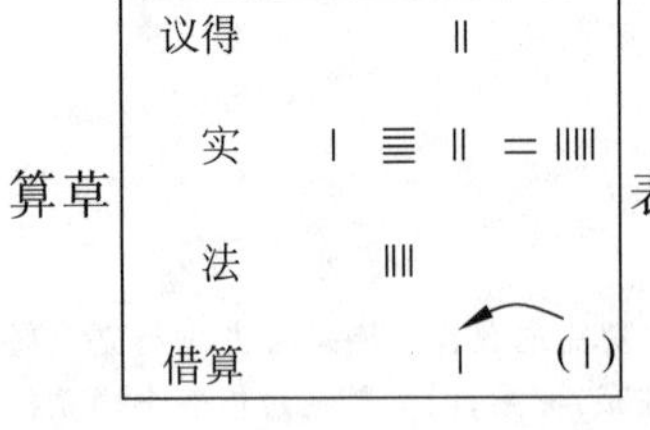

表示的是一个含有一次项的二次方程

$$100x^2+4000x=15225$$

或　　$y^2+400y=15225 \quad (y=10x)$

从几何学意义上讲，这一方程的两边相当于图 3-1 中割去黄甲之后所剩曲尺形的面积，y 则相当于该曲尺形的宽。在《九章算术》中，一次项的系数称为从法，相应的开方就称为带从开方。由此可见开带从平方的算法实际上已包含在《九章算术》的开方术中了；换句话来说，由《九章算术》的开方术可以很自然地推广出求二次方程

$$x^2+Bx=A \quad (A>0,B>0)$$

正根的方法。这一分析表明，中算家开带从平方的历史至少可以上溯到《九章算术》成书的前夜。

实际上，开带从平方在《九章算术》中也有直接的反映，勾股章第 20 题就要求解方程

$$x^2+34x=71000$$

术文称 34 为"从法"，刘徽还借助几何模型解释了"从法"的意义。在赵爽为《周髀算经》所作的勾股圆方图注中则有这样一段话："以差实减弦实，半其余，以差为从法，开方除之。"意思是说在直角三角形中，若已知弦 c 及勾股差 $b-a$，求勾 $x=a$ 要用开带从平方

$$x^2+(b-a)x=\frac{c^2-(b-a)^2}{2}$$

来解决。《张丘建算经》卷中第 22 题和卷下第 9 题也都属于开带从平方问题。

同样道理，在古代开立方术中也已蕴含着求形如

$$x^3+Bx^2+Cx=A \quad (A>0,B>0,C>0)$$

的方程正根的方法，这就是开带从立方法。王孝通的《缉古算经》

中有多题涉及多面体体积和直角三角形之面积与边长关系，都用开带从立方法求得答案。

2. 正负开方术

《隋书·律历志》在介绍祖冲之的数学工作时提到："又设开差幂，开差立，兼以正负参之。""开差幂"和"开差立"很可能就是各项系数可为负数的开带从平方和开带从立方；不过由于祖冲之的著作已经失传，这一论断还无法最终确证。[①]

关于系数可为负数的开带从平方法的明确记录，最早见于北宋刘益的《议古根源》。该书虽然早已失传，但其部分内容为杨辉的《田亩比类乘除捷法》所征引。杨辉自序称"中山刘先生作《议古根源》"，"引用带从开方正负损益之法，前古之所未闻也"。在《乘除通变本末》卷上，杨辉也提到："刘益以勾股之术治演段锁方。撰《议古根源》二百问，带益隅开方，实冠前古。"

现以《田亩比类乘除捷法》卷下所引《议古根源》之第 2 问为例，说明刘益所创新法。题曰："直田积八百六十四步，只云阔不及长一十二步，问长几何？"术文说："置积为实，以不及十二步为负方，开平方除之即长。"意思是解方程

$$x^2-12x=864$$

内中一次项系数为负，书中称为"负方"。

同卷第 4 问为："直田积八百六十四步，只云长阔共六十步，欲

① 钱宝琮：《增乘开方法的历史发展》，载钱宝琮等：《宋元数学史论文集》，科学出版社 1966 年版。

先求阔步问得几何?”由此列出方程

$$x(60-x)=864,\quad 即 -x^2+60x=864$$

这里最高项系数为负数,书中称为“益隅”。

刘益把传统的开带从平方法推广到“负方”和“益隅”两种类型,并指出在开方过程中有时常数项会由正变负(他称之为“翻积”)。同时他的书中还有四次方程的增乘开方法,他的工作为高次方程数值解的一般解法开辟了道路。

3. 增乘开方法:高次方程数值解的一般方法

由古代开方术衍生出来的高次方程数值解法,经过贾宪、刘益、杨辉等人的推广和传播,到13世纪已被发展成系统的增乘开方法。秦九韶、李冶、朱世杰的著作中都有记录,而以秦氏《数书九章》论述最详。

从现代代数学的观点看,增乘开方法包括四类操作。(1)缩根,目的是使方根缩小至原来的$1/10^n$而仅保留一位整数。(2)估根,目的是通过试除确定这个整数的数值。(3)减根,目的是除去这个已经确定的整数。(4)倍根,目的是使方根剩余的部分扩大十倍而重估第二位整数。

重复以上步骤,就可逐一求出方根的各位数字来。古代开方术中的“超”“议”“除”“折”分别相当于以上四步;只是在“除”的这一步上,如何获得除数讲得不够明确,算法也欠规范。增乘开方法则提供了一个累乘累加(减)的机械化程序,漂亮地解决了确定除数的问题。

秦九韶表达高次方程的方法与古代开方术是一致的:最上层

是得数“商”，第二层是常数项“实”，最下层是最高项系数“隅”，中间各层为诸次项系数“廉”。除了规定“实常为负”外，其他项系数均可正可负或等于零，负数用颜色或文字加以标识。《数书九章》中的 21 道题共包括 26 个高次方程，次数最高达 10 次，其中有 24 个附有增乘开方的详草。现以卷 5 之尖田求积题为例，并用阿拉伯数码代替原书筹码来说明增乘开方的过程：

（1）按照题意列出方程

$$-x^4+763200x^2-40642560000=0$$

（2）上廉左移四位，隅左移八位，议得商 8，置于实的百位之上。这一步相当于对（1）中的方程施行 $y=x/100$ 的缩根变换，得到

$$-100000000y^4=7632000000y^2-40642560000=0$$

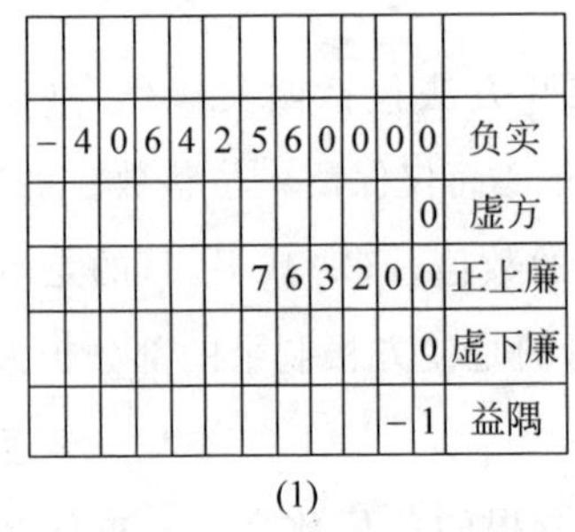

－	4	0	6	4	2	5	6	0	0	0	0	负实
											0	虚方
						7	6	3	2	0	0	正上廉
											0	虚下廉
										－	1	益隅

(1)

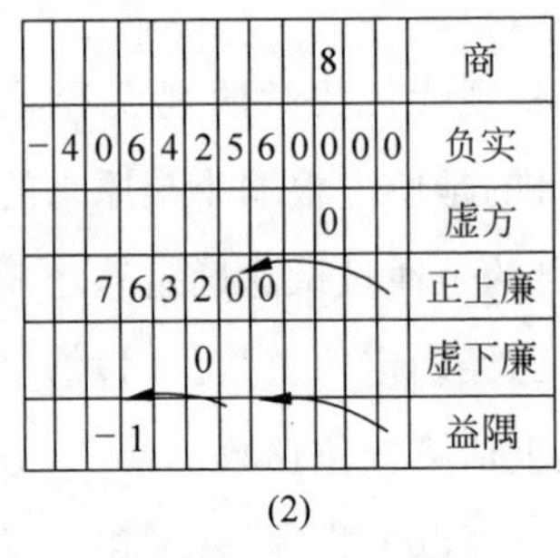

									8			商
－	4	0	6	4	2	5	6	0	0	0	0	负实
									0			虚方
		7	6	3	2	0	0					正上廉
					0							虚下廉
		－	1									益隅

(2)

（3）商乘益隅得－800000000 为负下廉，商乘负下廉并与原上廉相消得 1232000000 为上廉，商乘上廉得 9856000000 为方，商乘方并与原负实相消得正实 38205440000。

（4）商乘益隅并入负下廉得－1600000000，商乘负下廉并与原上廉相消得－11568000000 为负上廉，商乘负上廉并与原方相

消得－82688000000 为负方。

									8			商
	3	8	2	0	5	4	4	0	0	0	0	正实
		9	8	5	6	0	0	0	0			正方
		1	2	3	2	0	0	0				正上廉
		－	8	0	0							负下廉
		－	1									益隅

(3)

									8			商
	3	8	2	0	5	4	4	0	0	0	0	正实
－	8	2	6	8	8	0	0	0	0			负方
－	1	1	5	6	8	0	0					负上廉
	－	1	6	0	0							负下廉
		－	1									益隅

(4)

(5) 商乘益隅并入负下廉得－2400000000，商乘负下廉并入上廉得－30768000000 为负上廉。

(6) 商乘益隅并入负下廉得－3200000000。从(3)至(6)相当于对(2)中的方程施行 $z=y-8$ 的减根变换，得到

$$-100000000z^4-3200000000z^3-30768000000z^2-82688000000z+38205440000=0$$

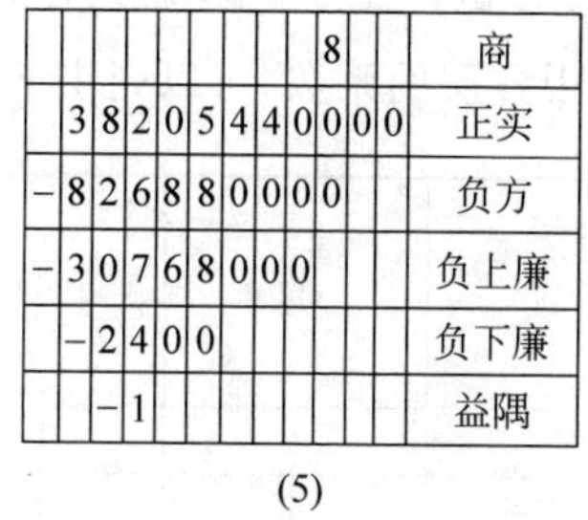

									8			商
	3	8	2	0	5	4	4	0	0	0	0	正实
－	8	2	6	8	8	0	0	0	0			负方
－	3	0	7	6	8	0	0	0				负上廉
	－	2	4	0	0							负下廉
		－	1									益隅

(5)

									8			商
	3	8	2	0	5	4	4	0	0	0	0	正实
－	8	2	6	8	8	0	0	0	0			负方
－	3	0	7	6	8	0	0					负上廉
	－	3	2	0	0							负下廉
		－	1									益隅

(6)

(7) 方右移一位，上廉右移二位，下廉右移三位，隅右移四位，以负方除正实，议得次商 4。这一步相当于对(6)中的方程施行 $w=10z$ 的倍根变换，得到

$$-10000w^4-3200000w^3-3207680000w^2-$$

$$8268800000w+38205440000=0$$

（8）次商乘益隅并入负下廉得-320640000，次商乘负下廉并入负上廉得-320640000，次商乘负上廉并入方得-9551360000，次商乘负方与正实相消适尽。这一步相当于求得$w=4$，所以

$$x=100y=100(z+8)=100\left(\frac{w}{10}+8\right)=10w+800=840$$

									8	4		商
	3	8	2	0	5	4	4	0	0	0	0	正实
	−	8	2	6	8	8	0	0	0	0		负方
		−	3	2	0	7	6	8	0			负上廉
				−	3	2	0	0				负下廉
						−	1					益隅

(7)

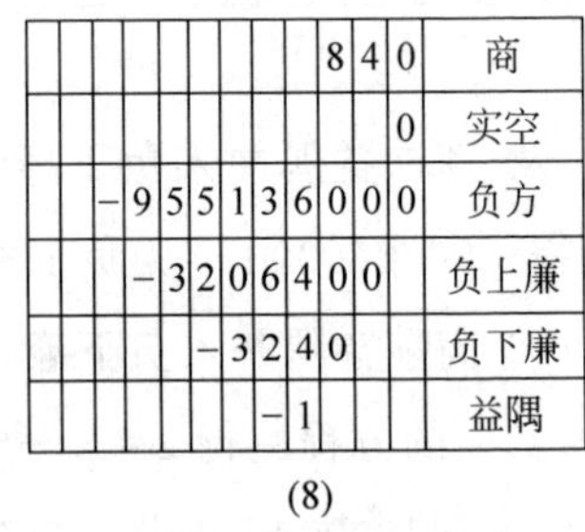

									8	4	0	商
											0	实空
		−	9	5	5	1	3	6	0	0	0	负方
			−	3	2	0	6	4	0	0		负上廉
					−	3	2	4	0			负下廉
							−	1				益隅

(8)

以上(3)至(6)相当于古开方术中确定除数的过程，其算法特点是累乘累加(减)，所以称为增乘开方法。至于“增乘”到什么程度是有一定之规的。考察(3)至(6)中各层的系数，可以列出下表：

系数＼步骤 项	(3)	(4)	(5)	(6)
实（商乘方）	1	1	1	1
方（商乘上廉）	1	1+3=4	4	4
上廉（商乘下廉）	1	1+2=3	3+3=6	6
下廉（商乘隅）	1	1+1=2	1+2=3	1+3=4
隅	1	1	1	1

在步骤(6)中得到各层系数自下而上为1、4、6、4、1，正是贾宪三角

形中的第五行数字，这就是将其称为开方作法本源图的原因。

李冶、朱世杰的高次开方法与秦九韶大同小异，只是他们又引入负数次幂并取消了“实常为负”的限制，两人又都创“连枝同体术”来处理有理数根，使增乘开方法更具普遍性和灵活性。①

阿尔·卡西在《算术之钥》中介绍了与增乘开方法类似的高次方程数值解法，其来源不甚明了，不像在古代中国那样可以找到一条从少广章开方术到宋元增乘开方法那样明析可辨的线索。

在欧洲，17 世纪以来就有许多数学家致力于用近似方法解高次方程。其中，韦达提出了逐位求根的想法，但是他在求后面位数的根值时要把前面已经求得的数字包含到运算之中。牛顿(I. Newton，1642—1727)的切线方法具有很大的普遍性，但是逼近的速度不够快。拉格朗日(J. L. Lagrange，1736—1813)在自己方法的第一部分利用了减根变换，第二部分需要倒根变换，并以连分数来表达方根，其烦琐程度可想而知。意大利人鲁斐尼(P. Ruffini，1765—1822)于 1804 年、英国人霍纳(W. G. Horner，1786—1837)于 1819 年分别提出了类似于增乘开方法的高次方程数值解法，其计算速度和达到的精度都大大超过以往的各种设计，至今仍是求高次数字方程近似正根的最好方法。由于霍纳的论文是在伦敦皇家学会刊物上正式发表的，这一方法在西方通常就被称为霍纳方法，其实霍纳已在贾宪之后 7 个半世纪、秦九韶之后 5

① 钱宝琮:《增乘开方法的历史发展》，载钱宝琮等:《宋元数学史论文集》，科学出版社 1966 年版。

个半世纪了。[①]

(三) 列方程解应用问题

1. 天元术以前的列方程问题

中算家很早就掌握了根据已知条件建立方程的方法,有时称之为造术。在天元术出现之前,造术是需要一定技巧的,现以王孝道的《缉古算术》第 15 题为例加以说明:

> 假令有勾股相乘幂七百六、五十分之一,弦多于勾三十六、十分之九。问三事各多少?
>
> 术曰:幂自乘,倍多数而一,为实。半多数为廉法,从。开立方除之,即勾。[②]

若以 a、b、c 分别表示直角三角形中的勾、股、弦,此题相当于已知 ab 和 $c-a$,求 a、b、c。按术文相当于列出三次方程

$$x^3+\frac{c-a}{2}x^2=\frac{(ab)^2}{2(c-a)}$$

其中$\frac{(ab)^2}{2(c-a)}$即"幂自乘,倍多数而一,为实";$\frac{c-a}{2}$即"半多数为廉法,从",所求未知数 x 即"勾"。

根据王孝通的自注,可以推测这一方程是由勾股恒等式

① 〔英〕李约瑟等:《中国数学中的霍纳方法:它在汉代开方程序中的起源》,载李约瑟:《李约瑟文集》,辽宁科学技术出版社 1986 年版。

② 钱宝琮校点:《算经十书》(下册),中华书局 1963 年版,第 524 页。

$(c+a)(c-a)=b^2$ 出发，稍加变形，即有

$$2\left(a+\frac{c-a}{2}\right)(c-a)=b^2$$

$$2a^2\left(a+\frac{c-a}{2}\right)(c-a)=a^2b^2$$

$$a^3+\frac{c-a}{2}a^2=\frac{a^2b^2}{2(c-a)}$$

这就是术文给出的以 a 为未知数的三次方程的由来。

由于古代中算家采用文字叙述的形式来表达代数关系，造术并非轻而易举的事情。上例中的三次方程得以建立，全赖作者熟悉勾股算术中的恒等关系并能借用其中术语进行叙述。因而当古代的开方术被发展成解一般数值方程的增乘开方法的时候，数学实践就对列方程的一般技术提出了新的要求，天元术也就应运而生了。

2. 天元术的兴衰

天元术大约产生于13世纪初叶的中国北方地区，最初的发展情况已不可详考。祖颐为朱世杰的《四元玉鉴》写的后序中隐约提到一些天元术流传的早期线索："平阳（今山西临汾）蒋周撰《益古》，博陆（今河北蠡县）李文一撰《照胆》，鹿泉（今河北获鹿）石信道撰《钤经》，平水（今山西新绛）刘汝谐撰《如积释锁》，绛人（今山西新绛）元裕细草之，后人始知有天元也。"李冶在《测圆海镜》自序中则提到："老大以来，得洞渊九容之说……。于是乎又为衍之，遂累一百七十问。"他在《敬斋古今黈》一书中也提到数种关于天元术的著作。这些都说明天元术是经过一系列学者的持续努力而发展

成熟的。

今日流传下来的有关天元术的著作，只有李冶的《测圆海镜》和《益古演段》、朱世杰的《算学启蒙》和《四元玉鉴》四种。李冶的两部书分别以勾股容圆和方圆周幂相求为题材，全部用天元术立算，并有详细的算草，是今人了解天元术最重要的文献。朱世杰的《算学启蒙》开方释锁门专讲用天元术解勾股算术问题，《四元玉鉴》除介绍二元至四元问题外，其余的232问皆以天元术立算，所列问题五花八门，只是术文过于简略，往往只说“立天元为某某，如积求之，得某某为实，某某为方……某乘方开之，得某某合问”。此外，在郭守敬撰写的《授时历草》、沙克什(1278—1351)修订的《河防通议》中，都有用天元术解应用题的实例。秦九韶的《数书九章》虽然提到过“天元一”，但并不是指用来列方程的天元术。

从元末以迄清初，天元术几乎从数学著作中绝迹。明代自称得算中三昧的顾应祥在编纂《测圆海镜分类释术》时竟妄评李冶“每条下细草，虽径立天元一，反复合之，而无下手之术，使后学之士，茫然无门路之可入”。清代康熙年间，西方代数学经传教士传入中国。为了讨好康熙皇帝，西方传教士诡称“代数”一词的原意就是来自东方的意思。御前数学家梅瑴成得知此意，复以《授时历草》中的天元术对照，发现西方代数学中的借根方法(即设未知数列方程)与中国古代天元术实有异曲同工之妙，遂在《赤水遗珍》一书专立一节说明“天元一即借根方”，并称“犹幸远人慕化，复得故物。东来之名，彼尚不能忘所自”。这一结论虽然是荒谬的，但是由于《赤水遗珍》借《梅氏丛书辑要》的刊行而流传，天元术又重新得到清中叶学者的重视，阮元、李锐、罗士琳(1789—1853)、焦循

(1763—1820)、张敦仁(1754—1834)、易之瀚、吴嘉善(1818—1885)等人都做过研究。

3. 天元术举例

在天元术中,设未知数称为"立天元一"。根据题设条件列出或通过变形得到两个带有等量项的代数式,然后相减,这一过程称为"如积相消"。就方程的表达而言,通常是在一次项系数旁边注一"元"字,或在常数项旁边注一"太"字。至于其余各项系数的排列,《测圆海镜》是高次在上,低次在下,如果有负指数项,则依次排在常数项之下,例如,

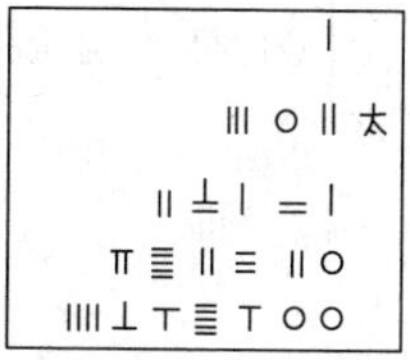

```
          |
   ||| ○ || 太
 || ⊥ | = |
Π ≣ || ≡ || ○
|||| ⊥ ⊤ ≣ ⊤ ○ ○
```

就表示分式方程

$$x+302+\frac{27121}{x}+\frac{752320}{x^{2}}+\frac{4665600}{x^{3}}=0$$

而在《益古演段》中,则是低次在上,高次在下,同一筹式(不计"太"字)表示四次方程

$$4665600x^{4}+752320x^{3}+27121x^{2}+302x+1=0$$

这样的排列与传统的开方图式是一致的,方程布列出来后就可立即进行增乘开方运算。

下面再以《测圆海镜》卷 7 第 2 题为例,说明用天元术建立方程的过程。原题大意为:有一座圆形城堡,丙出南门向前走 135 步

后站定，甲出东门向前走 16 步后恰好能看见丙，问城堡的半径是多少？

图 3-5 中 O 为圆心，AC 为丙行步数 135，BE 为甲行步数 16，设城半径 OD$=x$，书中列出的方程为$-x^4+8640x^2+656320x+4665600=0$。

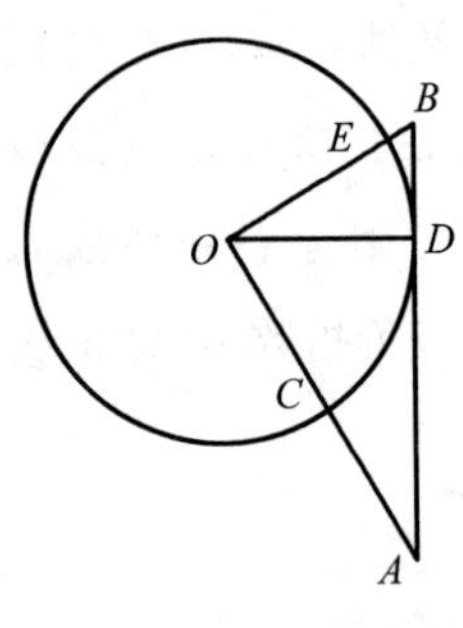

图 3-5　遥度圆城

这一方程是怎样得来的呢？请看书中如下细草。

(1)“立天元一为半城径，副置之。上加南行步，得 [|元 / |≡||||] 为股。下位加东行步，得 [|元 / —T] 为勾。勾股相乘得 [| / |≣ |元 / =|⊥○] 为直积一段。”即

$$OA=x+135,\quad OB=x+16,$$

$$OA\times OB=(x+135)\times(x+16)=x^2+151x+2160$$

(2)“以天元除之，得 [|元 / |≣| / =|⊥○] 为弦。”

因为 OA×OB=AB×OD，所以 AB=OA×OB/OD，即

$$AB=\frac{x^2+151x+2160}{x}=x+151+\frac{2160}{x}$$

(3)“以自之，得 [| / |||○||元 / ||⊥|=| / ⊥||||=|||=○ / ||||⊥T≣T○○] 为弦幂，寄左。”即

$$AB^2=\left(x+151+\frac{2160}{x}\right)^2=x^2+302x+27121+$$

$$\frac{652320}{x}+\frac{4665600}{x^2}$$

(4)“乃以勾自之，得 。又以股自之，得 。”即

$$OB^2=(x+16)^2=x^2+32x+256,$$

$$OA^2=(x+135)^2=x^2+270x+18225$$

(5)“二位相并，得 为同数。”即

$$OB^2+OA^2=2x^2+302x+18481$$

(6)“与左相消，得 。”

因为 $AB^2=OB^2+OA^2$，所以 $OB^2+OA^2-AB^2=0$，即

$$-x^4+8640x^2+652320x+4665600=0$$

4. 四元术

当问题含有不止一个未知数的时候，天元术就被自然地推广了。据《四元玉鉴》的祖颐后序所记，李德载的《两仪群英集臻》和刘大鉴的《乾坤括囊》都属于天元术向四元术演进过程中的作品，两书分别处理了含有两个和三个未知数的高次方程组问题。而在当时具有影响并流传至今的四元术著作，则唯有朱世杰的《四元玉鉴》。

所谓四元，就是在天元之外另增地、人、物三元，分别代表四个不同的未知数。四元术的表达也是在天元术的表达基础上发展起

来的。若以 x、y、z、w 分别表示各元，则有"元气居中，立天元一于下，地元一于左，人元一于右，物元一于上"，即将常数项设于中央，而将相应的各项系数按方位设于如图 3-6 所示的位置之上；若有天与物或地与人这样不相邻两项的乘积，则酌情记在相应的夹缝之间（如图 3-6 所示的 yz、xw）。

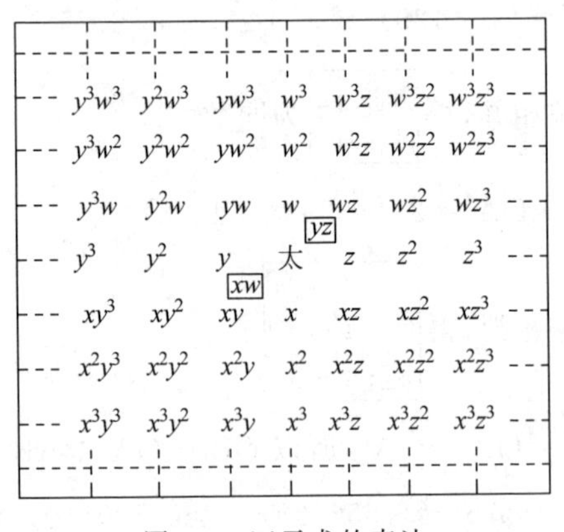

图 3-6　四元术的表达

《四元玉鉴》中的题目，大多数属于一元问题，可由天元术求解；二元、三元、四元的题目分别有 36、13 和 7 道。作者在卷首给出假令四草，分别指示四类问题的解法。后面的术文则十分简略，例如对于四元问题，书中就只说"四象和会求之"。从假令四草提供的示范可以知道，四元术的本质就是根据已知条件列出四个多元方程，然后利用齐同、内外、剔分等手段消去其中的三元，得到一个仅含一个未知数的高次方程，最后以增乘开方法求解；关键的技术在于消元。

同天元术一样，四元术到元末也已无人知晓，甚至朱世杰的著作也失传了。直到清代阮元重新访得《四元玉鉴》，又经过一批学者认真的研究，四元术的真实面目才逐渐为人知悉。在清代学者对四元术的研究之中，沈钦裴、罗士琳的工作最为突出，正是他们各自撰写的细草，为后人了解中国古代数学的这一辉煌成就提供了指南。下面就以假令四草中的四象会元题为例，根据罗士琳的细草对四元术中的消元法进行解释，原题为：

> 今有股乘五较和弦幂加勾乘弦等，只云勾除五和和股幂减勾弦较同，问黄方带勾、股、弦共几何？①

若以 x、y、z 分别表示勾、股、弦，“五较”即 $y-x$、$z-x$、$z-y$、$(x+y)-z$、$z-(y-x)$；“弦幂加勾乘弦”即 z^2+xz，由前一条件可得

$$y[(y-x)+(z-x)+(z-y)+(x+y-z)+(z-y+x)]=z^2+xz$$

即
$$x-2y+z=0 \tag{1}$$

“五和”即 $y+x$、$z+x$、$z+y$、$z+(x+y)$ 和 $z+(y-x)$，“股幂减勾弦较”即 $y^2-(z-x)$，根据第二个条件又可得

$$[(y+x)+(z+x)+(z+y)+(z+x+y)+(z+y-x)]\div x=y^2-(z-x)$$

即
$$-xy^2+xz-x^2+2x+4y+4z=0 \tag{2}$$

由勾股定理可知

① （元）朱世杰：《四元玉鉴》卷一，罗士琳细草本，道光十六年（1836）。

$$x^2+y^2=z^2 \tag{3}$$

最后,“黄方”为 $x+y-z$,设所问为 w,可得

$$(x+y-z)+x+y+z=w$$

即

$$2x+2y-w=0 \tag{4}$$

以上四式用筹式的四元术表示就是

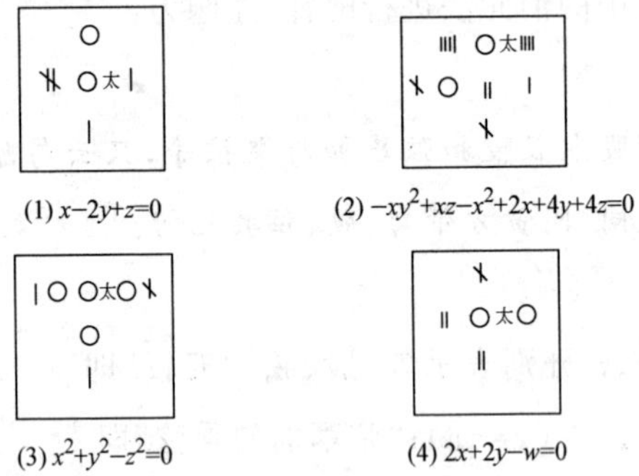

(1) $x-2y+z=0$ (2) $-xy^2+xz-x^2+2x+4y+4z=0$

(3) $x^2+y^2-z^2=0$ (4) $2x+2y-w=0$

为了叙述和印刷上的方便,下面改用现代形式说明消元的方法。首先将(4)的两边平方,整理后得

$$w^2-4x^2-8xy-4y^2=0 \tag{5}$$

由(2)得

$$x+4=\frac{1}{z}(xy^2+x^2-2x-4y) \tag{6}$$

(1)×(6)得

$$x^2-2xy+xz+4x-8y+4z=0 \tag{7}$$

(7)－(2)得

$$2x^2-2xy+2x-12y+xy^2=0 \tag{8}$$

2×(8)+(5)得

$$w^2-12xy+4x-24y-4y^2+2xy^2=0 \tag{9}$$

$2\times(4)-(9)$得

$$-w^2-2w+28y+4y^2+12xy-2xy^2=0 \tag{10}$$

$y^2\times(4)+(10)$得

$$-w^2-2w+28y+4y^2+2y^3+12xy-y^2w=0 \tag{11}$$

$(11)-6y\times(4)$得

$$-w^2-2w+28y-8y^2+2y^3+6yw-y^2w=0 \tag{12}$$

将(1)的两边平方并整理,得

$$x^2-4xy+4y^2-z^2=0 \tag{13}$$

$(3)-(13)$得

$$4xy-3y^2=0,\quad 即\ 4x-3y=0 \tag{14}$$

$(14)-2\times(4)$得

$$2w-7y=0 \tag{15}$$

$(15)+(12)$得

$$-w^2+21y-8y^2+2y^3+6yw-y^2w=0 \tag{16}$$

$2\times(16)+w\times(15)$得

$$42y-16y^2+4y^3+5yw-2y^2w=0 \tag{17}$$

$2\times w\times(17)\div y$ 得

$$84w-32yw+8y^2w+10w^2-4yw^2=0 \tag{18}$$

$(15)\times(-5w-42)$得

$$-84w+35yw-10w^2+294y=0 \tag{19}$$

$(18)+(19)$得

$$3yw+8y^2w-4yw^2+294y=0$$

即

$$3w+8yw-4w^2+294=0 \tag{20}$$

(15)移项,得

$$2w=7y \tag{21}$$

(20)移项,得

$$8yw=-3w+4w^2-294 \tag{22}$$

(21)与(22)两边相乘,并以 y 除,得

$$16w^2=-21w+28w^2-2058$$

整理后即得

$$4w^2-7w-686=0$$

以增乘开方法解此二次方程,得 $w=14$。

这种多元高次方程组的消元解法,欧洲直到 18 世纪才在法国数学家裴蜀(É. Bézout,1730—1783)的著作中见到系统的叙述,而完整的消元理论是由 19 世纪英国数学家西勒维斯特(J. J. Sylvester,1814—1897)、凯莱(A. Cayley,1821—1895)等人完成的。

(四) 方程论

1. 二次方程的根式解和实根之判定

赵爽的勾股圆方图注已隐含着二次方程的根式解法,设勾弦差即广 $x_1=c-a$,勾弦和即袤 $x_2=c+a$,其文称"倍弦为广袤合,令勾、股见者自乘为其实",意指 $x_1+x_2=2c$,$x_1x_2=b^2$;又称"四实以减之,开其余,所得为差",即 $x_1-x_2=\sqrt{4c^2-4b^2}=2\sqrt{c^2-b^2}$;最后又称"以差减合,半其余为广。减广于倍弦,即所求(袤)也",实际上给出

$$x_1=\frac{2c-2\sqrt{c^2-b^2}}{2}=c-\sqrt{c^2-b^2}$$

$$x_2=2c-x_1=c+\sqrt{c^2-b^2}$$

它们正是二次方程 $x^2-2cx+b^2=0$ 的根式解。

刘益的《议古根源》中也有一题隐含着二次方程 $x^2+2cx+b^2=0$ 的根式解。

另一个经常被引用的例子，是张遂在《大衍历》中根据等差数列求和公式由天体行度反推日数的方法。设首日行度 a，日差度 d，总行度 s，日数 x，则

$$s=x\left(a+\frac{x-1}{2}d\right)$$

根据 s、a、d 求日数 x，相当于解二次方程

$$dx^2+(2a-d)x-2s=0$$

值得指出的是张遂没有用传统的开带从平方法来解，而是利用公式来计算。稍经整理就可发现，这一公式正是上面二次方程正的根式解。

李锐曾讨论过二次方程无实根的充分条件，他在《开方说》中写道："凡有相等两数，依前求得平方实、方、隅，若以实加一算或一算以上，此平方即两数皆不可开。"也就是说，令 $x_1=x_2=a\ (a>0)$，作二次方程 $(x-a)(x-a)=0$，即 $x^2-2ax+a^2=0$，由方程左边加上一个正数 ε 得 $x^2-2ax+(a^2+\varepsilon)=0$，则此方程无实根。事实上，这与根据判别式 $\Delta=(-2a)^2-4(a^2+\varepsilon)<0$ 来判定其无实根的方法是相通的。

2. 正根的判定

由于大多数问题都具有实际背景,中国古代解方程往往以得出一个正根即告完成,对于一题多解的情况则疏于讨论。汪莱在研读宋元算书时首先注意到这个问题,他指出《数书九章》《测圆海镜》中的许多题目皆有不止一个正根。他又将只有一个正根的方程称为"可知"的,否则即为"不可知"的,在其《衡斋算学》第五册中罗列出 24 个二次方程和 72 个三次方程,逐一讨论其"可知"或"不可知"。李锐在汪莱这项工作的基础上,归纳出三条法则:其一相当于说系数序列有一次变号的方程,只有一个正根,其三相当于说系数序列有偶数次变号的方程不会只有一个正根;它们与 16 世纪意大利人卡当提出的两个命题不谋而合。[①]

李锐在《开方说》中则给出了更一般的陈述:"凡上负,下正,可开一数。""上负、中正、下负,可开二数。""上负、次正、次负、下正,可开三数或一数。""上负、次正、次负、次正、下负,可开四数或二数。"推而广之,他的意思相当于(实系数)数字方程所具有的正根个数,等于其系数符号序列的变化数或比此数少 2(精确的陈述应为"少一个偶数")。这一认识与法国数学家笛卡尔 1637 年提出的判定方程正根个数的符号法则(Cartesian Rule of Signs)是不分轩轾的。[②] 李锐的工作虽然迟于笛卡尔,但其思路建立在对增乘开方法的算理分析之上,有独到之处,是传统代数学向理论化发展过

---

① F. Cajori, *A History of Mathematics*, Chelsea Pub. Co., 1980, p. 179.

② R. Descartes, *The Geometry*, *Great Books of the Worlds*, Encyclopaedia Britannica Inc, 1982, Vol. 31, p. 333.

程中的一个突出成果。

汪莱在《衡斋算学》第七册又专门讨论三项方程 $x^m - px^n + q=0$（$m>n$ 且均为正整数，$p>0$，$q>0$）具有正根的充分条件，他在书中给出了 18 个例子，从中归纳出上述方程有正根的充分条件是

$$q\leqslant\frac{(m-n)p}{m}\left(\frac{np}{m}\right)^{\frac{n}{m-n}}$$

3. 方程论中的其他成果

汪莱、李锐在方程论领域互相切磋启发，他们的研究极大丰富了中国传统代数学的内容，使其由以解数字方程为中心的计算形态过渡到以讨论方程与根的性质为中心的理论阶段。他们的讨论还涉及：

(1) 负根。负数在中国虽然早已出现，但是除了某些算法上的需要外，实际问题中几乎不考虑负值解。李锐是第一个承认并采纳负根的数学家，他声称："凡商数为正，今令之为负。"他又以实例说明"异名相步得正商""同名相步得负商"的道理。他还提出了确定负根个数的符号法则，大意是：（实系数）数字方程 $f(x)=0$ 所具有的负根个数，等于其负根变换方程 $f(-x)=0$ 的系数符号序列变化数或比此数少 2（应为"少一偶数"）。

(2) 重根。在计算根的数目时，李锐注意到了重根问题，他说："凡可开二数以上而各数俱等者，非无数也。以代开法入之，可知。"所谓"代开法"，就是求出 n 次方程的一个正根后，再由剩下的 $n-1$ 次方程续求其余根的方法。利用这一方法可以验证有些

方程具有若干个相同的根。实际上,他提出的符号法则就是考虑了重根在内的。

(3) 多项式分解。在论及代开法时李锐又说:“凡平方二数,以平方开一数,其一数可以除代开之;立方三数,以立方开一数,其二数可以平方代开一数,除代开一数;三乘方四数,以三乘方开一数,其三数可以立方代开一数,平方代开一数,除代开一数。”这里实际上是说 n 次方程可有 n 个根并能分解成 n 个一次式相乘的形式。汪莱在《衡斋算学》第七册卷首即以实例说明,如果 n 次方程可以分解成若干个一次方程,那么这若干个一次方程的正根就是原来 n 次方程的正根。李、汪的认识都已接近代数基本定理。

(4) 方程变形。减根、倍根与缩根的变形法已包含在增乘开方程序中,李锐则首次概括出各种变形法则,例如他对倍根变换 $y=px$ 的规律总结道:“如意立一数(p)为母,一乘隅,再乘廉,三乘方,四乘实,每上一位则增一乘,如是累乘讫,如法开之,所得为母乘所求数之数,以母除之得所求。”就是说方程

$$a_0x^n+a_1x^{n-1}+\cdots+a_{n-1}x+a_n=0$$

之根 x 是方程

$$pa_0y^n+p^2a_1y^{n-1}+\cdots+p^na_{n-1}y+p^{n+1}a_n=0$$

之根 y 的 p 分之一,即 $y=px$。特别当 $p=-1$ 时,则“以其实、方、廉、隅之正负隔一位易之,如法开之,则所得正商变为负商,负商变为正商”。这也就是“奇变偶不变”的负根变换法则。

(5) 根与系数的关系。汪莱在《衡斋算学》第五册中还就三次方程

$$ax^3-bx^2+cx-d=0\quad(a、b、c、d \text{ 皆为正数})$$

讨论了根与系数的关系。他指出，该方程如有三个正根 x_1、x_2、x_3，则：

$$x_1+x_2+x_3=\frac{b}{a},\quad x_1x_2+x_2x_3+x_1x_3=\frac{c}{a},$$

$$x_1x_2x_3=\frac{d}{a}$$

实际上这是韦达定理的一个特例。

(五) 无理根与虚根

1. 开方不尽导致的“以面命之”问题

通常认为中国古代数学中未曾出现无理数概念，新近的研究对此提出异议。[①] 与古希腊人不同的是，中国古代数学家并不是经过不可通约量来发现无理数的，而是由开方不尽而定义无理方根并发展相应的根式运算的。

《九章算术》开方术在叙述了开平方程序之后称：“若开之不尽者为不可开，当以面命之。”刘徽对此注道：“凡开积为方，方之自乘当还复其积分。令不加借算而命分，则常微少。其加借算而命分，则又微多。其数不可得而定。故唯以面命之，为不失耳。譬犹以三除十，以其余为三分之一，而复其数可举。”[②]

术文中的“以面命之”，就是将开方不尽之数的方根称为该数之“面”。这个“面”字即相当于符号$\sqrt{\ }$，“某数之面”也就是某数

① 李继闵：《刘徽关于无理数的论述》，《西北大学学报》(自然科学版)1989 年第 1 期。

② 钱宝琮校点：《算经十书》(上册)，中华书局 1963 年版，第 150 页。

的平方根。刘徽注则进一步说明，对于开方不尽问题，无论采用“加借算”和“不加借算”两种命分法中的哪一种都会出现误差，因而只有定义一个新数“某数之面”才能精确表达其值；这正如在除法运算中，除之不尽就要以除数来命分一样。

对“面”字的如是解说，可以从刘徽的开立圆术注得到旁证。刘徽称“外立方积六百七十五尺之面，中立方积二十五尺之面也”，就是说球的外切立方体与内接立方体的体积比为$\sqrt{675}:\sqrt{25}$。而他在注文中所引张衡关于球体及圆周率的论述，也有三处涉及“面”：“质六十四之面，浑二十五之面”，是指立方体与其内切球体的体积比为$\sqrt{64}:\sqrt{25}$；“方八之面，圆五之面”是指方幂与圆幂之比为$\sqrt{8}:\sqrt{5}$；“圆周率一十之面，而径率一之面也”，是指圆周与直径之比为$\sqrt{10}:\sqrt{1}$。

在刘徽的注文及所引张衡的论述中，还包含着根式运算的一些基本法则，兹列举数端于下：

“令其幂七十五再自乘之为面，命得外立方积四十二万一千八百七十五尺之面”，即$(\sqrt{75})^3=\sqrt{75^3}=\sqrt{421875}$。

“内浑二十五之面，谓积五尺也”，即$\sqrt{25}=5$。

“方周率八之面，圆周率五之面也；令方周六十四尺之面，即圆周四十尺之面也”，即$\sqrt{8}:\sqrt{5}=(\sqrt{8}\times8):(\sqrt{5}\times8)=\sqrt{64}:\sqrt{40}$。

“又令径一尺方周四尺，自乘得十六尺之面，是为圆周率一十之面，而径率一尺之面也”，此句包含着如下的运算：

圆径：方周$=1:4=\sqrt{1}:\sqrt{16}$，而方周：圆周$=\sqrt{64}:\sqrt{40}=\sqrt{16}:\sqrt{10}$，故圆径/圆周$=\sqrt{1}:\sqrt{10}$。

综合以上实例，可以断言张衡、刘徽已熟知：

$$(\sqrt{M})^3=\sqrt{M^3}$$

$$M=\sqrt{M^2}$$

$$\sqrt{M}\times\sqrt{N}=\sqrt{M\times N}$$

$$\frac{\sqrt{M}}{\sqrt{N}}=\sqrt{\frac{M}{N}}\quad(M>0,N>0)$$

此外，《九章算术》开方术称“若母不可开，又以母乘定实，乃开之，讫，令如母而一”。表明当时已应用了根式性质

$$\sqrt{\frac{M}{N}}=\frac{\sqrt{MN}}{N}$$

以上例子说明，中国古代数学家经由开方不尽触及无理数问题，借助“面”的概念引进无理根，并掌握了一些根式运算的规律。

2. 判定正根个数引起的“无数”问题

李锐在陈述了关于判定方程正根个数的符号法则之后又写道：“凡可开三数或止一数，可开四数或止二数，其二数不可开是为无数。凡无数必两，无一无数者。”这是中算史上涉及虚数概念的唯一一段文字。

根据前后文可知，李锐所谓的“可开”之数系指方程的正根，那么“不可开”之数就是正根以外的方程之解了。它们应包括负的实根和虚根两类，因此就一般意义来说，上述“无数”的定义比虚根具有更多的内涵。举例来说，方程 $x^5-x^4-x^3+3x^2-2=0$ 的系数符号序列有三次变号。但仅有一个正根 $x_1=1$，属于“可开五数或

止一数”类型；而它的其余四根分别是 $x_2=-1$、$x_3=-1$、$x_4=-1+i$ 和 $x_5=-1-i$。这里“无数”既可以说是 x_2 和 x_3，也可以说是 x_4 和 x_5。

但是就李锐讨论的方程而言，其不可开的两个“无数”确系虚根。这是因为他所列举的方程，其系数序列的变号数正是该方程的次数，这类方程若有“无数”则必为虚根。例如，对于

$$a_0x^3-a_1x^2+a_2x-a_3=0\quad(a_i>0)$$

设其仅有一个正根 $x_1>0$，亦属于“可开三数或止一数”类型；又假若另外两根为负即 $x_2<0$、$x_3<0$，则由根与系数的关系可知

$$x_1+x_2+x_3=a_1$$

$$x_1x_2+x_1x_3+x_2x_3=a_2$$

由前式得

$$x_2+x_3=a_1-x_1>-x_1$$

由后式得

$$a_2=x_1(x_2+x_3)+x_2x_3=-[-x_1(x_2+x_3)-x_2x_3]<$$
$$-[(x_2+x_3)^2-x_2x_3]=-[x_2^2+x_2x_3+x_3^2]<0$$

即 $a_2<0$，与假设相矛盾，因此 x_2、x_3 为负的假定也不正确，非正非负非零的方程解应该是虚根。[①]

这就是说，李锐《开方说》中处理的实系数数字方程，如果其正根个数比系数序列的变号数少 2，那么该方程必有一对虚根。从这一意义上来说，他提出的“无数”概念，确实对应着方程的虚根；“凡无数必两”的命题，则相当于虚根共轭的代数性质。

① 朱家生、吴裕宾：《李锐〈开方说〉“无数”概念研究》，《中等数学》1990 年第 1 期。

3. 算法的完善与数系的扩充

在中国古代,数与算的密切关系可从两个方面得到证明:一方面,运算是以具体的数字为操作对象的;另一方面,新引进的数皆由算法定义或导出。难怪《说文解字》有云:"算,数也。"

在前一章我们已经看到,奠基在十进位值制记数法和筹算制度上的一系列算法,是中算家在建立和发展有理数系的过程中走在当时世界前列的主要因素:为完善除法、减法和开方运算的功能,中算家分别引进了分数、负数和小数;反过来,中算家关于各种数域的认识无不蕴含着相应的运算法则。举例来说,分数由"法实相推"而生,这就决定了把分子、分母看成一对率,并由此衍生分数的基本性质及运算法则。类似地,正数和负数被定义为"两算得失相反",正负数的四则运算法则也就应运而生。这种引进新数以推广算法的功能,或以运算性质来定义各种数域的思想,与近代数系理论中关于运算封闭性的观念是颇相契合的。①

持这样的观点来审视中算家对开方与解高次方程运算的推广,我们才不会囿于成见(例如古希腊人认识无理数的模式)而漠视他们为扩充有理数系所付出的努力。由开方不尽而产生的"以面命之"问题,以及伴随而至的一系列根式运算法则,可以视为中国古代朴素的无理数论。其实,类似这样通过运算规则来定义新数的思想,也正是现代构造主义数学家所推崇的。同样地,由判定

---

① 李继闵:《〈九章算术〉及其刘徽注研究》,陕西人民教育出版社1990年版,第131—132页。

方程正根个数导致的“无数”问题及构造含“无数”方程的技术，亦显露了中算家接触虚数问题的独特门径，尽管这种认识还是比较粗浅的。

高度重视数系的运算性质，是中算家扩充数系和完善算法的重要前提。

二 线性方程组

利玛窦等人传入西方数学大约半个世纪后，康熙时期的数学家梅文鼎写成了《方程论》一书。关于写作的目的，他在一首题赠给方中通(1633—1698)的诗前注道：“方子精西学，愚病西儒排古算，著《方程论》，谓虽利氏无以难。”他的意思是，中国古算中关于线性方程组的成果，是当时所谓西学所匮缺的，因此中国人不必在洋人面前妄自菲薄。的确，关于线性方程组的理论和算法，在 17 世纪的欧洲尚处于鹅行鸭步的状态，较系统的行列式理论与矩阵算法更是 18 世纪以后的事情；而中国早在《九章算术》成书的年代，相当复杂的线性方程组问题和解法就已经出现了，这真是世界数学史上的一个奇迹。

(一) 线性方程组的理论

1. 为“方程”正名

古九数中就有“方程”一名，张家山汉简《算数书》中提到的“程禾”就是《九章算术》“方程”章前六题的前身。刘徽在解释“方程”

二字的含义时写道：

> 程，课程也。群物总杂，各列有数，总言其实，令每行为率。二物者再程，三物者三程，皆如物数程之，并列为行，故谓之方程。①

这里说明"方"指外在的形状，"皆如物数程之"要求行数与未知数个数相等。"程"指内蕴的性质，则又可以作两种解释。第一种解释基于"各列有数，总言其实"，此中"数"乃"群物"之数即诸未知项的系数，"实"乃"数"与"物"的线性组合而相当于常数项，"总"则暗示了等量关系，因而"方程"的每行都可看成是一个多元一次方程，若干个这样的多元一次方程联立在一起就组成了一个线性方程组(linear equations)。第二种解释则基于"令每行为率"，即将"方程"的每行看成一组率。这两种解释在本质上并无矛盾，但刘徽在说明各种"方程"算法的原理时，更多采用比率理论为其依据。

梅文鼎高度推崇中国古代的"方程"术，认为它是传统代数学中的"最精之事"。康熙敕编的《数理精蕴》一面介绍了传统的"方程"，一面把西方那种含有未知项的等式称作借根方式。到了19世纪中叶，李善兰等人翻译《代数学》《代微积拾级》等西方数学著作时，首先借用"方程"一词来作 equation 的译名，由此"方程"的概念发生了变化，以至于沿用至今，许多人对其原始意义反而不知

---

① 钱宝琮校点：《算经十书》(上册)，中华书局1963年版，第221页。此处改动了一个标点符号。

道了。

以“方程”作 equation 的译名，大约出于两方面的考虑。一是李善兰等人承继了梅文鼎的观点，把“方程”视为中国古算之最高成就；二是他们采纳了以上第一种对“程”的理解，即承认其中的等量关系。在本节中，我们一律用加引号的“方程”来表示中国古代的线性方程组，不加引号的方程则指一般意义的 equation。

2. “方程”与方程理论

代数学发展的一条主脉就是关于方程的理论及算法。自从三千六百多年前一个叫阿默斯的埃及祭司(或书记员)，用象形文字在草纸上写下了一个相当于一次方程的表达式，这条主脉就沿着两个方向伸展着：其一是增高未知项的次数，其二是增加未知项的个数，用数学语言表达出来就是：

$$ax+b=0\begin{cases}\displaystyle\sum_{i=0}^{n-1}a_i x^{n-i}+b=0\\ A\begin{pmatrix}x_1\\x_2\\\vdots\\x_n\end{pmatrix}+\begin{pmatrix}b_1\\b_2\\\vdots\\b_n\end{pmatrix}=0\quad(A\text{ 为 }m\times n\text{ 阶系数矩阵})\end{cases}$$

沿着第一个方向，数学家们发展了一般高次方程的数值解法，发现了二次、三次和四次方程的求根公式及五次以上方程根式解的不存在，最终建立了伽罗瓦(É. Galois，1811—1832)理论和群论，这是近代抽象代数演进的主要线索。沿着第二个方向数学家们研究了关于行列式、向量和矩阵的理论及算法，推广了人类关于直觉空间的概念，从而构成近代线性代数的主题。一言蔽之，当今代数学中丰富多彩的内容，在相当大的程度上是衍生于解方程这一古老的主题，而且是按照上述两个方向发展而来的。

在这样的背景下考察中国古代代数学的成就，我们也不难发现少广与“方程”这两大主题与上述两个演进方向的对应性：少广的主要内容就是前节所论开方与增乘开方法，“方程”则相当于线性方程组的理论和算法。以这样一种观点来看中国古代的代数学，我们对其达到的高度和超前性质才会有更深刻的体会。

《九章算术》“方程”章第 2 题大意为：7 捆上等禾出粮数减去 1 斗，加上 2 捆下等禾出粮数共为 10 斗；8 捆下等禾出粮数外加 1 斗，再加上 2 捆上等禾出粮数亦共为 10 斗，问上、下等禾 1 捆各出粮多少？设所问为 x、y，按题意列出“方程”，用今日形式写出来是

$$\begin{cases}7x-1+2y=10\\2x+1+8y=10\end{cases}$$

原题术文称：“损之曰益，益之曰损。”刘徽进一步解释道：“言损一斗余当一十斗，今欲全其实，当加所损也。”即以 $7x+2y=11$ 代 $7x-1+2y=10$。同理，“言益实一斗乃满一十斗，今欲知本实，当减所加即得也。”即以 $2x+8y=9$ 代 $2x+1+8y=10$，这实际上就是方程移项变号法则的应用。

3. “方程”与比率理论

然而在中国古代，“方程”与比率算法有着更为密切的关系，这一思想经过刘徽阐述显得格外清晰，而基本出发点正是他所说的

“以每行为率”。

古代解“方程”的算法主要有三种，就是直除法、互乘相消法和刘徽的“新术”，它们无外乎是对行施行乘除或相并相消运算而已；而在刘徽的“方程”理论中，是把“方程”的每一行都视作一组比率，因而古代解“方程”的算法，从本质上说就是比率算法的推广。

直除法就是用“方程”某行某物（即未知数）的系数遍乘另一行，再由结果中连续减去原行以求消掉某物。对此刘徽注道：“令少行减多行，反复相减，则头位必先尽。上无一位则此行亦缺一物矣。然而举率相减，不害余数之课。”最后这句话的意思是说，直除后所产生的新行（或新的一组比率），尽管其中少了一物（或其中一率为0），但原先的比率关系仍然存在。关于先以某行某物系数遍乘另一行的道理，刘徽则用齐同术加以解释说：“先令右行上禾乘中行，为齐同之意。为齐同者谓中行直减右行也。”这一思想在解释互乘相消法时得到了更明确的说明。

互乘相消法是直除法的推广，其实质是将“方程”的两行互相乘以对方同一未知项的系数，然后通过相减消去该未知项。例如，“方程”章第7题大意为：5牛2羊值金10两，2牛5羊值金8两，问牛、羊单价各多少？设所问为x、y，依题意有

$$\begin{cases}5x+2y=10\\2x+5y=8\end{cases}$$

互乘即以后者牛数2乘前者，以前者牛数5乘后者。对此刘徽注道：“假令为同齐，头位为牛，当相乘左右行定。更置右行牛十、羊四，直金二十两；左行牛十、羊二十五，直金四十两。牛数等同，金多二十两者，羊差二十一使之然也。以少行减多行，则牛数尽，惟

羊与直金之数见,可得而知也。”

“新术”系刘徽所创,其实质是先通过直除或互乘相消去掉各行下实(相当于常数项),然后逐步求出各物的相与率,最后借助今有术或衰分术来求解。可见所谓“新术”,不过是刘徽试图将解“方程”纳入到比率算法从而建构统一筹算理论体系的一个结果,下面我们还要详细介绍。

4. “方程”解之唯一性和算法之构造性

在对“方程”二字的含义作出了解释后,刘徽又提出一个重要的补充:“行之左右无所同存,且为有所据而言耳。”这里的前半句话相当于说,在同一“方程”中不应出现两行数字相同或势相同的比率;后半句话是强调问题的实际意义。如果在前半句话的基础上再加上前引“皆如物数程之”这一原则,就相当于给出了“方程”解之唯一性的条件。事实上,在《九章算术》“方程”章的全部 18 个题目中,除第 13 题(即五家共井题,详后)没有限定常数项以外,其余 17 题均可由题意建立与未知项数目相同的异解方程,故而也就仅有唯一一组解存在。

筹算以分离系数法表达“方程”,其形式对应于现代数学中线性方程组的增广矩阵;又因为确立了“令每行为率”的原则,中算家解“方程”的过程,实际上就是对上述矩阵施行种种行的变换的过程。特别值得指出的是,为了克服直除法要求“以少行减多行”的限制,中算家又引入了负数概念及相应的运算法则,从而使解“方程”能够依照一个既定的程序在有限步骤内得到结果。这也为中国古代数学的构造性及其算法的机械化特色提供了一个具有说服力的范例。

所谓构造性(constructivity),特别强调运算的可操作程度,首要特征就是要从问题包括的信息出发,通过一系列有限的运算(主要指算术四则运算)求出解来,因而构造性往往是与算法的机械化(或称程序化)特色联系在一起的。在中国古代数学中,除了“方程”算法之外,各种比率算法、更相减损算法、连环求等算法、开方以及增乘开方算法、垛积招差算法、大衍求一算法等无一不具备构造性和机械化的特征,这也是中国古代数学在算法上长期居于领先地位且在今日仍然具有魅力的一个重要原因。[①]

(二) 线性方程组的解法

1. “方程”术举例

《九章算术》“方程”章首题为:

> 今有上禾三秉,中禾二秉,下禾一秉,实三十九斗;上禾二秉,中禾三秉,下禾一秉,实三十四斗;上禾一秉,中禾二秉,下禾三秉,实二十六斗。问上、中、下禾实一秉各几何?[②]

“方程”术就是以此题为范例用直除法解线性方程组的完整程序,现将其分解说明如下:

---

① Wu Wen-tsun, Recent Studies of the History of Chinese Mathematics, *Proceedings of International Congress of Mathematicians*, Berkeley, 1986.

② 钱宝琮校点:《算经十书》(上册),中华书局1963年版,第221页。

左行　中行　右行

(1)

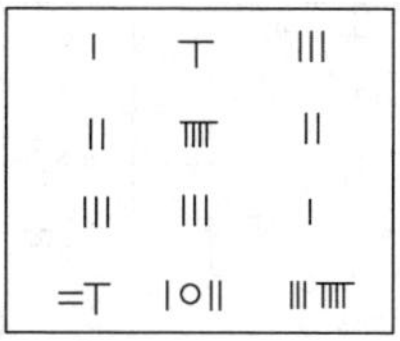

(2)

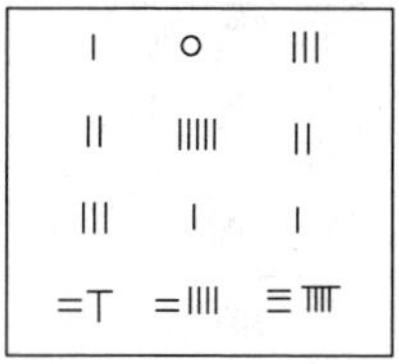

(3)

（1）“置上禾三秉，中禾二秉，下禾一秉，实三十九斗于右方；中、左禾列如右方。”即按条件排列“方程”如上筹式图（1），相当于列出线性方程组

$$\begin{cases}3x+2y+z=39\\2x+3y+z=34\\x+2y+3z=26\end{cases}$$

（2）“以右行上禾遍乘中行。”即以图（1）右行上禾之秉数 3 依次乘以中行各项，相当于筹式图（2）：

$$3\times[2x+3y+z=34],\quad 得\quad 6x+9y+3z=102$$ [①]

（3）“而以直除。”即以筹式图（2）右行连续 2 次减中行至上禾秉数为 0，相当于筹式图（3）：

$$[6x+9y+3z=102]-2\times[3x+2y+z=39],$$

$$得\quad 5y+z=24$$

（4）“又乘其次。”即仍以筹式图（1）右行上禾之秉数 3 遍乘左行各项，相当于筹式图（4）：

① 本小节以运算符加中括号表示对等式两边同时进行四则运算，即对方程应用同解变形，如这里的 $3\times[2x+3y+z=34]$ 表示等式 $2x+3y+z=34$ 两边同时乘以 3，得 $6x+9y+3z=102$。下同。

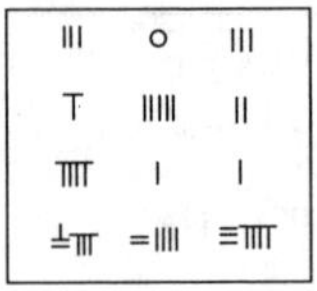

(4) 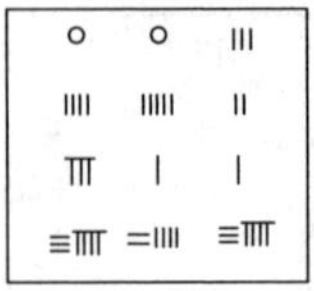 (5) 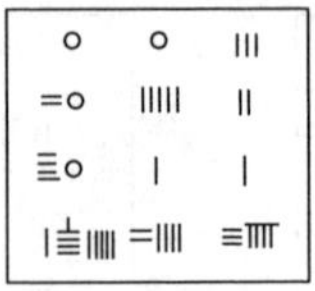 (6) 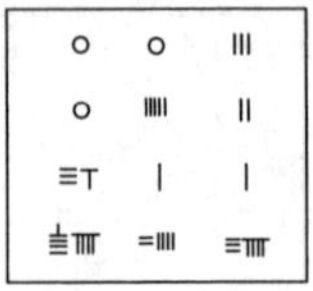 (7)

$$3\times[x+2y+3z=26],\quad 得\quad 3x+6y+9z=78$$

(4)“又乘其次。”即仍以筹式图(1)右行上禾之乘数 3 遍乘左行各项,相当于筹式图(4):

$$3\times[x+2y+3z=26],\quad 得\quad 3x+6y+9z=78$$

(5)“亦以直除。”意即以图(4)右行减左行使上禾乘数为 0,相当于筹式图(5):

$$[3x+6y+9z=78]-[3x+2y+z=39],\quad 得\quad 4y+8z=39$$

(6)“然以中行中禾不尽者遍乘左行。”即以图(5)之中行中禾之乘数 5 遍乘左行各项,相当于筹式图(6):

$$5\times[4y+8z=39],\quad 得\quad 20y+40z=195$$

(7)“而以直除。左方下禾不尽者,上为法(36),下为实(99)。实即下禾之实。”即以筹式图(6)之中行连续 4 次减左行,至中禾乘数亦为 0,相当于

$$[20y+40z=195]-4\times[(5y+z)=24],\quad 得\quad 36z=99$$

以下“求中禾,以法乘中行下实,而除下禾之实。余如中禾秉数而一,即中禾之实。”即

$$中禾之实=\frac{24\times36-99}{5}=153$$

以下“求上禾亦以法乘右行下实,而除下禾、中禾之实。如上

禾秉数而一，即上禾之实。”即

$$上禾之实=\frac{(39\times36-99-2\times153)}{3}=333$$

“实皆如法，各得一斗。”即上、中、下禾每秉各出实 333/36、153/36、99/36 斗，约简为 $9\frac{1}{4}$、$4\frac{1}{4}$、$2\frac{3}{4}$斗。

以上最后三步中，依稀可辨代入法的踪迹，但是按照刘徽的注解，它们也可以通过对中、右两行继续施行类似的变换而作出解释，具体步骤如下：

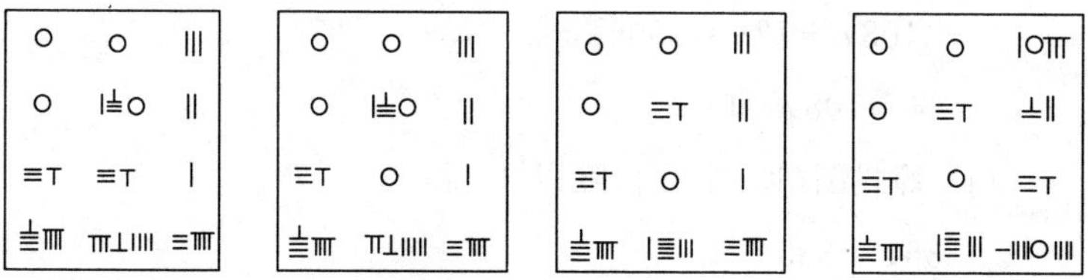

(8)　　(9)　　(10)　　(11)

若用方程式来表达，以上筹式对应于：

(8) 在筹式图(7)中以左行下禾秉数 36 遍乘中行，即

$36\times[5y+z=24]$，　得　$180y+36z=864$

(9) 在筹式图(8)中以左行减中行，即

$[180y+36z=864]-[36z=9]$，　得　$180y=765$

(10) 在筹式图(9)中，中行除以 5，即

$[180y=765]\div5$，　得　$36y=153$

(11) 以筹式图(9)左行下禾秉数 36 遍乘筹式图 1 右行，即

$36\times[3x+2y+z=39]$，　得　$108x+72y+36z=1404$

(12) 在筹式图(11)中以左行减右行，即

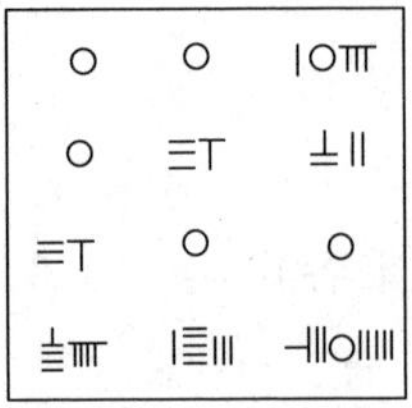

(12) 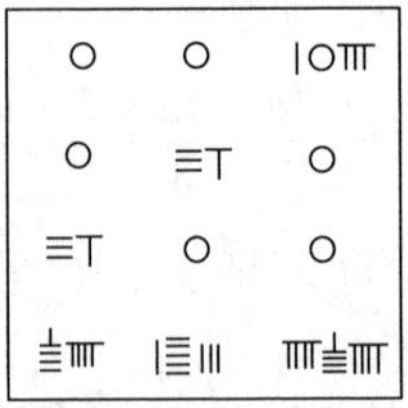 (13) 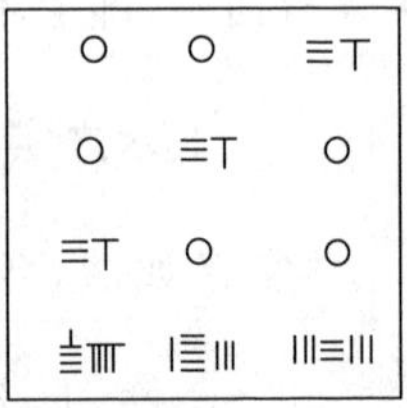 (14)

$[108x+72y+36z=1404]-[36z=99]$，

得　$108x+72y=1305$

(13) 在筹式图(12)中中行两次减右行，即

$[108x+72y=1305]-2\times[36y=153]$，

得　$108x=999$

(14) 筹式图(13)中右行除以3，得

$36x=333$

由(14)(10)(7)即得上、中、下禾每秉出实之数。

改用现代表达形式，以上过程相当于下列的增广矩阵变换：

$$\begin{pmatrix}1&2&3\\2&3&2\\3&1&1\\26&34&39\end{pmatrix}\to\begin{pmatrix}1&6&3\\2&9&2\\3&3&1\\26&102&39\end{pmatrix}\to\begin{pmatrix}1&0&3\\2&5&2\\3&1&1\\26&24&39\end{pmatrix}$$

$$\to\begin{pmatrix}3&0&3\\6&5&2\\9&1&1\\78&24&39\end{pmatrix}\to\begin{pmatrix}0&0&3\\4&5&2\\8&1&1\\39&24&39\end{pmatrix}\to\begin{pmatrix}0&0&3\\20&5&2\\40&1&1\\195&24&39\end{pmatrix}$$

$$\to\begin{pmatrix}0&0&3\\0&5&2\\36&1&1\\99&24&39\end{pmatrix}\to\begin{pmatrix}0&0&3\\0&180&2\\36&36&1\\99&864&39\end{pmatrix}\to\begin{pmatrix}0&0&3\\0&180&2\\36&0&1\\99&765&39\end{pmatrix}$$

$$\to\begin{pmatrix}0&0&3\\0&36&2\\36&0&1\\99&153&39\end{pmatrix}\to\begin{pmatrix}0&0&108\\0&36&72\\36&0&36\\99&153&1404\end{pmatrix}\to\begin{pmatrix}0&0&108\\0&36&72\\36&0&0\\99&153&1305\end{pmatrix}$$

$$\to\begin{pmatrix}0&0&108\\0&36&0\\36&0&0\\99&153&999\end{pmatrix}\to\begin{pmatrix}0&0&36\\0&36&0\\36&0&0\\99&153&333\end{pmatrix}$$

互乘相消法解“方程”的程序与此大同小异，不再举例说明。

2. 刘徽“新术”举例

把“方程”归为今有或衰分问题，在“方程”章第 9 题的刘徽注中已现端倪。该题大意为四雀一燕与一雀五燕重量相等且都等于 8 两，求燕、雀一只各重多少？刘徽注称：“是三雀四燕重相当，雀率重四，燕率重三也。”就是由已知条件各消去一燕一雀后得到：雀重∶燕重＝4∶3，然后用今有或衰分术求解。

对于较复杂的问题，未知项之间的比率关系不是那样明显，就需要先消去常数项，再逐步消去其他未知项，以求得每两两未知项的比率，这就是“方程新术”前半部分的要旨。其术文称：

> 以正负术入之。令左右相减，先去下实，又转去物位，求其一行二物正负相借者，易其相当之率。又令二物与他行互相去取，转其二物相借之数，即皆相当之率也。各据二物相当之率，对易其数，即各当之率也。[①]

① 钱宝琮校点：《算经十书》（上册），中华书局 1963 年版，第 237 页。

以“方程”章第 18 题为例，题目相当于解五元一次方程组

$$
\begin{cases}
9x+7y+3z+2u+5v=140 \\
7x+6y+4z+5u+3v=128 \\
3x+5y+7z+6u+4v=116 \\
2x+5y+3z+9u+4v=112 \\
x+3y+2z+8u+5v=95
\end{cases}
$$

根据刘徽提供的详细步骤，由增广矩阵变换所表达的“各当之率”算法如下：

$$
\begin{pmatrix}
1 & 2 & 3 & 7 & 9 \\
3 & 5 & 5 & 6 & 7 \\
2 & 3 & 7 & 4 & 3 \\
8 & 9 & 6 & 5 & 2 \\
5 & 4 & 4 & 3 & 5 \\
95 & 112 & 116 & 128 & 140 \\
(\text{左}) & (\text{四}) & (\text{三}) & (\text{二}) & (\text{右})
\end{pmatrix}
$$

$$
\xrightarrow{(\text{三})-(\text{四})}
\begin{pmatrix}
1 & 2 & 1 & 7 & 9 \\
3 & 5 & 0 & 6 & 7 \\
2 & 3 & 4 & 4 & 3 \\
8 & 9 & -3 & 5 & 2 \\
5 & 4 & 0 & 3 & 5 \\
95 & 112 & 4 & 128 & 140 \\
(\text{左}) & (\text{四}) & (\text{三}) & (\text{二}) & (\text{右})
\end{pmatrix}
$$

$$
\xrightarrow[(\text{左})-23\times(\text{三})]{\substack{(\text{右})-35\times(\text{三}) \\ (\text{二})-32\times(\text{三}) \\ (\text{四})-28\times(\text{三})}}
\begin{pmatrix}
-22 & -26 & 1 & -25 & -26 \\
3 & 5 & 0 & 6 & 7 \\
-90 & -109 & 4 & -124 & -137 \\
77 & 93 & -3 & 101 & 107 \\
5 & 4 & 0 & 3 & 5 \\
3 & 0 & 4 & 0 & 0 \\
(\text{左}) & (\text{四}) & (\text{三}) & (\text{二}) & (\text{右})
\end{pmatrix}
$$

$$\xrightarrow{(三)-(左)}\begin{pmatrix} -22 & -26 & 23 & -25 & -26 \\ 3 & 5 & -3 & 6 & 7 \\ -90 & -109 & 94 & -124 & -137 \\ 77 & 93 & -80 & 101 & 107 \\ 5 & 4 & -5 & 3 & 5 \\ 3 & 0 & 1 & 0 & 0 \\ (左) & (四) & (三) & (二) & (右) \end{pmatrix}$$

$$\xrightarrow{(左)-3\times(三)}\begin{pmatrix} -91 & -26 & 23 & -25 & -26 \\ 12 & 5 & -3 & 6 & 7 \\ -372 & -109 & 94 & -124 & -137 \\ 317 & 93 & -80 & 101 & 107 \\ 20 & 4 & -5 & 3 & 5 \\ 0 & 0 & 1 & 0 & 0 \\ (左) & (四) & (三) & (二) & (右) \end{pmatrix}$$

以上过程相当于“先去下实”。以下运算不再涉及第三行，故略去，继续“转去物位”，有

$$\xrightarrow[(右)-(四)]{(左)-5\times(四)}\begin{pmatrix} 39 & -26 & -25 & 0 \\ -13 & 5 & 6 & 2 \\ 173 & -109 & -124 & -28 \\ -148 & 93 & 101 & 14 \\ 0 & 4 & 3 & 1 \\ 0 & 0 & 0 & 0 \\ (左) & (四) & (二) & (右) \end{pmatrix}$$

$$\xrightarrow[(四)-4\times(右)]{(二)-3\times(右)}\begin{pmatrix} 39 & -26 & -25 & 0 \\ -13 & -3 & 0 & 2 \\ 173 & 3 & -40 & -28 \\ -148 & 37 & 59 & 14 \\ 0 & 0 & 0 & 1 \\ 0 & 0 & 0 & 0 \\ (左) & (四) & (二) & (右) \end{pmatrix}$$

$$\xrightarrow[\text{(左)+(二)}]{\text{(四)−(二)}}\begin{pmatrix} 14 & -1 & -25 & 0 \\ -13 & -3 & 0 & 2 \\ 133 & 43 & -40 & -28 \\ -89 & -22 & 59 & 14 \\ 0 & 0 & 0 & 1 \\ 0 & 0 & 0 & 0 \\ \text{(左)} & \text{(四)} & \text{(二)} & \text{(右)} \end{pmatrix}$$

$$\xrightarrow{\text{(左)−3×(四)}}\begin{pmatrix} 17 & -1 & -25 & 0 \\ -4 & -3 & 0 & 2 \\ 4 & 43 & -40 & -28 \\ -23 & -22 & 59 & 14 \\ 0 & 0 & 0 & 1 \\ 0 & 0 & 0 & 0 \\ \text{(左)} & \text{(四)} & \text{(二)} & \text{(右)} \end{pmatrix}$$

$$\xrightarrow{\frac{1}{4}[\text{(二)+(左)}]}\begin{pmatrix} 17 & -1 & -2 & 0 \\ -4 & -3 & -1 & 2 \\ 4 & 43 & -9 & -28 \\ -23 & -22 & 9 & 14 \\ 0 & 0 & 0 & 1 \\ 0 & 0 & 0 & 0 \\ \text{(左)} & \text{(四)} & \text{(二)} & \text{(右)} \end{pmatrix}$$

$$\xrightarrow[\text{(二)−2×(四)}]{\text{(左)+17×(四)}}\begin{pmatrix} 0 & -1 & 0 & 0 \\ -55 & -3 & 5 & 2 \\ 735 & 43 & -95 & -28 \\ -397 & -22 & 53 & 14 \\ 0 & 0 & 0 & 1 \\ 0 & 0 & 0 & 0 \\ \text{(左)} & \text{(四)} & \text{(二)} & \text{(右)} \end{pmatrix}$$

$$\xrightarrow{\frac{1}{2}[\text{(左)+11×(二)}]}\begin{pmatrix} 0 & -1 & 0 & 0 \\ 0 & -3 & 5 & 2 \\ -5 & 43 & -95 & -28 \\ 3 & -22 & 53 & 14 \\ 0 & 0 & 0 & 1 \\ 0 & 0 & 0 & 0 \\ \text{(左)} & \text{(四)} & \text{(二)} & \text{(右)} \end{pmatrix}$$

至此由左行得 $-5z+3u=0$，即 $z:u=3:5$。"又令二物与他行相去取。"即

$$\xrightarrow[\substack{(\text{四})+8\times(\text{左})\\(\text{右})-5\times(\text{左})}]{(\text{二})-19\times(\text{左})}\begin{pmatrix}0 & -1 & 0 & 0\\0 & -3 & 5 & 2\\-5 & 3 & 0 & -3\\3 & 2 & -4 & -1\\0 & 0 & 0 & 1\\0 & 0 & 0 & 0\\(\text{左}) & (\text{四}) & (\text{二}) & (\text{右})\end{pmatrix}$$

$$\xrightarrow{(\text{二})-2\times(\text{右})}\begin{pmatrix}0 & -1 & 0 & 0\\0 & -3 & 1 & 2\\-5 & 3 & 6 & -3\\3 & 2 & -2 & -1\\0 & 0 & -2 & 1\\0 & 0 & 0 & 0\\(\text{左}) & (\text{四}) & (\text{二}) & (\text{右})\end{pmatrix}$$

$$\xrightarrow{(\text{右})-2\times(\text{二})}\begin{pmatrix}0 & -1 & 0 & 0\\0 & -3 & 1 & 0\\-5 & 3 & 6 & -15\\3 & 2 & -2 & 3\\0 & 0 & -2 & 5\\0 & 0 & 0 & 0\\(\text{左}) & (\text{四}) & (\text{二}) & (\text{右})\end{pmatrix}$$

$$\xrightarrow{(\text{右})-3\times(\text{左})}\begin{pmatrix}0 & -1 & 0 & 0\\0 & -3 & 1 & 0\\-5 & 3 & 6 & 0\\3 & 2 & -2 & -6\\0 & 0 & -2 & 5\\0 & 0 & 0 & 0\\(\text{左}) & (\text{四}) & (\text{二}) & (\text{右})\end{pmatrix}$$

至此由右行得 $-6u+5v=0$，即 $u:v=5:6$。继续"与他行互相去取"，有

$$\xrightarrow{\frac{1}{5}[(\text{右})+2\times(\text{左})]}\begin{pmatrix} 0 & -1 & 0 & 0 \\ 0 & -3 & 1 & 0 \\ -5 & 3 & 6 & -2 \\ 3 & 2 & -2 & 0 \\ 0 & 0 & -2 & 1 \\ 0 & 0 & 0 & 0 \\ (\text{左}) & (\text{四}) & (\text{二}) & (\text{右}) \end{pmatrix}$$

$$\xrightarrow{(\text{二})+2\times(\text{右})}\begin{pmatrix} 0 & -1 & 0 & 0 \\ 0 & -3 & 1 & 0 \\ -5 & 3 & 2 & -2 \\ 3 & 2 & -2 & 0 \\ 0 & 0 & 0 & 1 \\ 0 & 0 & 0 & 0 \\ (\text{左}) & (\text{四}) & (\text{二}) & (\text{右}) \end{pmatrix}$$

$$\xrightarrow[(\text{左})+(\text{二})]{(\text{四})+(\text{二})}\begin{pmatrix} 0 & -1 & 0 & 0 \\ 1 & -2 & 1 & 0 \\ -3 & 5 & 2 & -2 \\ 1 & 0 & -2 & 0 \\ 0 & 0 & 0 & 1 \\ 0 & 0 & 0 & 0 \\ (\text{左}) & (\text{四}) & (\text{二}) & (\text{右}) \end{pmatrix}$$

$$\xrightarrow{(\text{二})+2\times(\text{左})}\begin{pmatrix} 0 & -1 & 0 & 0 \\ 1 & -2 & 3 & 0 \\ -3 & 5 & -4 & -2 \\ 1 & 0 & 0 & 0 \\ 0 & 0 & 0 & 1 \\ 0 & 0 & 0 & 0 \\ (\text{左}) & (\text{四}) & (\text{二}) & (\text{右}) \end{pmatrix}$$

至此由第二行得 $3y-4z=0$，即 $y:z=4:3$。继续“与他行互相去取”，有

$$\xrightarrow{(四)+(二)}\left(\begin{array}{cccc} 0 & -1 & 0 & 0 \\ 1 & 1 & 3 & 0 \\ -3 & 1 & -4 & -2 \\ 1 & 0 & 0 & 0 \\ 0 & 0 & 0 & 1 \\ 0 & 0 & 0 & 0 \\ (左) & (四) & (二) & (右) \end{array}\right)$$

$$\xrightarrow{(二)+4\times(四)}\left(\begin{array}{cccc} 0 & -1 & -4 & 0 \\ 1 & 1 & 7 & 0 \\ -3 & 1 & 0 & -2 \\ 1 & 0 & 0 & 0 \\ 0 & 0 & 0 & 1 \\ 0 & 0 & 0 & 0 \\ (左) & (四) & (二) & (右) \end{array}\right)$$

至此由第二行得$-4x+7y=0$,即$x:y=7:4$。“各当之率”为

$$x:y:z:u:v=7:4:3:5:6$$ [①]

“方程新术”的后半部分系说明如何由此“各当之率”求出各数,刘徽提出了两种方法:一为今有算法,一为衰分算法,这里就不再介绍了。

3. 其他著作中的“方程”问题

《孙子算经》《张丘建算经》《数书九章》《详解九章算法》《九章算法比类大全》《算法统宗》等书也都介绍了“方程”解法,尤以秦九韶的《数书九章》最突出,其术文称:“列积及物数于下,布列数各对本色。有分者通之,可约者约之,为定率。积、列数每以下项互遍乘之,每视其积,以少减多,其下物数各随积正负之类……,使其下

① 以上演草参阅(清)李锐:《方程新术草》,道光十三年(1823)《李氏遗书》刊本。

项物得一数者为法，其积为实，实如法而一。所得不计遍损或益，诸积各得法、实除之。"与《九章算术》之"方程"术相比，不同之处有四：(1)"积"(相当于常数项)在"物数"(相当于未知项系数)之上；(2)"积"与"物数"均可为分数；(3)尽可能将各行诸数化为相与率；(4)自右至左依次对行施行变换，一律采用互乘相消法消元，直到该行仅存一个"物数"和"积"为止。以《数书九章》17 卷第 1 题为例，题目相当于求解三元一次方程组

$$\begin{cases}3500x+2200y+375z=1470000\\2970x+2130y+3056\dfrac{1}{4}z=1470000\\3200x+1500y+3750z=1470000\end{cases}$$

书中列出的解题程序，相当于如下的增广矩阵变换①：

$$\begin{pmatrix}1470000 & 1470000 & 1470000\\3200 & 2970 & 3500\\1500 & 2130 & 2200\\3750 & 3056\frac{1}{4} & 375\end{pmatrix}$$

$$\rightarrow\begin{pmatrix}1470000 & 5880000 & 1470000\\3200 & 11880 & 3500\\1500 & 8520 & 2200\\3750 & 12225 & 375\end{pmatrix}$$

$$\rightarrow\begin{pmatrix}29400 & 392000 & 58800\\64 & 792 & 140\\30 & 568 & 88\\75 & 815 & 15\end{pmatrix}$$

① 注意这里最上面一排是常数项。此外，除最后一个矩阵系本书作者所补外，其余 14 个矩阵完全与《数书九章》中的 14 幅草图对应，仅将筹码改成阿拉伯数字而已。

$$\rightarrow\begin{pmatrix}441000 & 392000 & 4410000\\ 960 & 792 & 10500\\ 450 & 568 & 6600\\ 1125 & 815 & 1125\end{pmatrix}$$

$$\rightarrow\begin{pmatrix}29400 & 392000 & 3969000\\ 64 & 792 & 9540\\ 30 & 568 & 6150\\ 75 & 815 & 0\end{pmatrix}$$

$$\rightarrow\begin{pmatrix}23961000 & 29400000 & 3969000\\ 52160 & 59400 & 9540\\ 24450 & 42600 & 6150\\ 61125 & 61125 & 0\end{pmatrix}$$

$$\rightarrow\begin{pmatrix}29400 & 5439000 & 3969000\\ 64 & 7240 & 9540\\ 30 & 18150 & 6150\\ 75 & 0 & 0\end{pmatrix}$$

$$\rightarrow\begin{pmatrix}29400 & 543900 & 132300\\ 64 & 724 & 318\\ 30 & 1815 & 205\\ 75 & 0 & 0\end{pmatrix}$$

$$\rightarrow\begin{pmatrix}29400 & 11499500 & 240124500\\ 64 & 148420 & 577170\\ 30 & 372075 & 372075\\ 75 & 0 & 0\end{pmatrix}$$

$$\rightarrow\begin{pmatrix}29400 & 543900 & 128625000\\ 64 & 724 & 428750\\ 30 & 1815 & 0\\ 75 & 0 & 0\end{pmatrix}$$

$$\rightarrow\begin{pmatrix}29400 & 543900 & 300\\ 64 & 724 & 1\\ 30 & 1815 & 0\\ 75 & 0 & 0\end{pmatrix}$$

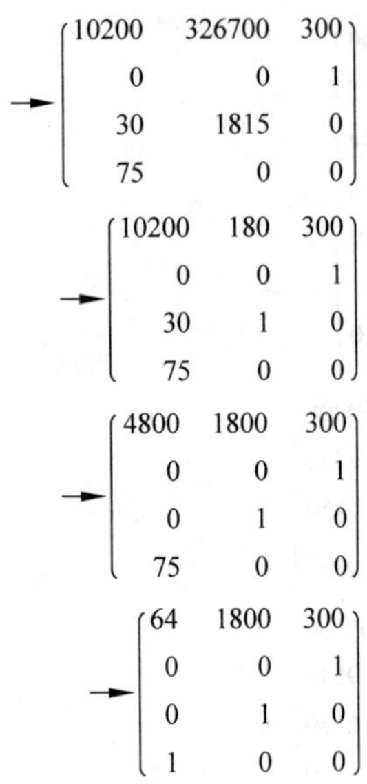

即 $x=300$, $y=1800$, $z=64$。

从计算量来说,这一算法不一定最合理,例如要去掉右行最下一数,一开始就可以通过用 10 遍乘再与左行相消实现,而无须等由二、三、四个矩阵显示的步骤。对此秦九韶绝不会不知道,他之所以反复采用这种"化约—互乘—相消—化约"的步骤,不过是为了建立一个规范的算法,从而通过机械化的步骤得到由最后一个矩阵表现的规范解。这也充分展现了"方程"算法的构造性质及其机械化特色。

梅文鼎的《方程论》共有 90 道线性方程组问题,其中未知数最多达 6 个,解法多是利用互乘相消逐次消元,先得到一个类似于上例所示那样的三角阵来,然后用代入法逐步求得其余各数。书中最后一部分名为“方程”御杂法，梅氏所谓的杂法包括了粟米、衰分、均输、盈不足四大类，他用大量例题说明了“杂法不能御方程，而方程能御杂法”的观点，最终论证了“方程”是中国古代代数学中最高的成就。

清代学者顾观光（1799—1862）在关于调日法的研究中，提出了一种相当于解二元一次线性方程组的更相减损求强、弱数法：

$$\begin{cases}26x+9y=B\\49x+17y=A\end{cases}$$

内中 x、y 分别称作强、弱之数，A 为日法，B 为朔余。其术文称：“以朔余减日法得第一数，以第一数减朔余得第二数，以第二数减第一数得第三数，以第三数减第二数得强数，以强数减第三数得弱数。”①这一算法的原理与《九章算术》“方程”章中的直除法无异，但形式别开生面：

日法………… $49x+17y$	$26x+9y$ ………… 朔余
$\underline{26x+9y}$	$\underline{23x+8y}$
第一数………… $23x+8y$	$3x+y$ …………第二数
(连减7次)………… $\underline{7(3x+y)}$	$\underline{2x+y}$
第三数………… $2x+y$	x …………强数
(连减2次)………… $\underline{2x}$	
弱数………… y	

举例来说，西晋正历的日法、朔余分别是 35250 和 18703，以此法求强、弱数的算草是

① （清）顾观光：《日法朔余强弱考补》，光绪九年（1883）《武陵山人遗书》刊本。

$$\begin{array}{r|r|r|l} & 35250 & 18703 & 1 \\ & \underline{18703} & \underline{16547} & \\ 1 & 16547 & 2156 & 7 \\ & \underline{15092} & \underline{1455} & \\ 1 & 1455 & 701 & 2 \\ & \underline{1402} & & \\ & 53 & & \end{array}$$

即 $x=701$，$y=53$，以调日法公式验证有

$$\frac{26\times701+9\times53}{49\times701+17\times53}=\frac{18703}{35250}$$

此题若以增广矩阵的变换来解，则有

$$\begin{pmatrix} 26 & 49 \\ 9 & 17 \\ 18703 & 35250 \end{pmatrix} \to \begin{pmatrix} 26 & 23 \\ 9 & 8 \\ 18703 & 16547 \end{pmatrix}$$

$$\to \begin{pmatrix} 3 & 23 \\ 1 & 8 \\ 2156 & 16547 \end{pmatrix} \to \begin{pmatrix} 3 & 2 \\ 1 & 1 \\ 2156 & 1455 \end{pmatrix}$$

$$\to \begin{pmatrix} 1 & 2 \\ 0 & 1 \\ 701 & 1455 \end{pmatrix} \to \begin{pmatrix} 1 & 0 \\ 0 & 1 \\ 701 & 53 \end{pmatrix}$$

三　不定分析

中国古代在不定分析领域取得的成就，可以《张丘建算经》中的百鸡问题和《孙子算经》中的物不知数问题为范例，它们分别代表着不定方程和同余式这两大研究传统。不定方程的求解主要来自传统算法，最早的例子可以追溯到《九章算术》方程、勾股章中的

题目，其本质是比率算法的推广。同余式的概念则有占筮和制历两方面的背景。值得指出的是，中国古代所涉及的同余式都是一次的，从本质上可以与一次不定方程相通。正因为如此，我们把不定分析放在高次方程和线性方程组之后，作为中国古代代数学的一部分加以介绍。

(一) 不定方程

1. 五家共井问题

《九章算术》方程章第 13 问通称“五家共井”，大意是五户人家各出固定长度的绳索做井绳，已知甲户 2 绳加乙户 1 绳、乙户 3 绳加丙户 1 绳、丙户 4 绳加丁户 1 绳、丁户 5 绳加戊户 1 绳，以及戊户 6 绳加甲户 1 绳都恰好等于井深，问井深和各户绳长各几何？术文十分简略，只有“如方程，以正负术入之”一句话。书中给出的答案是：井深、甲、乙、丙、丁、戊绳长各为 721、265、191、148、129、76 寸。按题意列出“方程”并以阿拉伯数码置换筹码：

$$\begin{pmatrix} 1 & 0 & 0 & 0 & 2 \\ 0 & 0 & 0 & 3 & 1 \\ 0 & 0 & 4 & 1 & 0 \\ 0 & 5 & 1 & 0 & 0 \\ 6 & 1 & 0 & 0 & 0 \\ 1 & 1 & 1 & 1 & 1 \\ (\text{左}) & (\text{四}) & (\text{三}) & (\text{二}) & (\text{右}) \end{pmatrix}$$

以下是清代李潢说明解题过程的细草[①]：

① （清）李潢：《九章算术细草图说》，嘉庆二十五年（1820）刊本。

$$\xrightarrow{2\times(\text{左})-(\text{右})}\begin{bmatrix} 0 & 0 & 0 & 0 & 2 \\ -1 & 0 & 0 & 3 & 1 \\ 0 & 0 & 4 & 1 & 0 \\ 0 & 5 & 1 & 0 & 0 \\ 12 & 1 & 0 & 0 & 0 \\ 1 & 1 & 1 & 1 & 1 \\ (\text{左}) & (\text{四}) & (\text{三}) & (\text{二}) & (\text{右}) \end{bmatrix}$$

$$\xrightarrow{3\times(\text{左})+(\text{二})}\begin{bmatrix} 0 & 0 & 0 & 0 & 2 \\ 0 & 0 & 0 & 3 & 1 \\ 1 & 0 & 4 & 1 & 0 \\ 0 & 5 & 1 & 0 & 0 \\ 36 & 1 & 0 & 0 & 0 \\ 4 & 1 & 1 & 1 & 1 \\ (\text{左}) & (\text{四}) & (\text{三}) & (\text{二}) & (\text{右}) \end{bmatrix}$$

$$\xrightarrow{4\times(\text{左})-(\text{三})}\begin{bmatrix} 0 & 0 & 0 & 0 & 2 \\ 0 & 0 & 0 & 3 & 1 \\ 0 & 0 & 4 & 1 & 0 \\ -1 & 5 & 1 & 0 & 0 \\ 144 & 1 & 0 & 0 & 0 \\ 15 & 1 & 1 & 1 & 1 \\ (\text{左}) & (\text{四}) & (\text{三}) & (\text{二}) & (\text{右}) \end{bmatrix}$$

$$\xrightarrow{5\times(\text{左})+(\text{四})}\begin{bmatrix} 0 & 0 & 0 & 0 & 2 \\ 0 & 0 & 0 & 3 & 1 \\ 0 & 0 & 4 & 1 & 0 \\ 0 & 5 & 1 & 0 & 0 \\ 721 & 1 & 0 & 0 & 0 \\ 76 & 1 & 1 & 1 & 1 \\ (\text{左}) & (\text{四}) & (\text{三}) & (\text{二}) & \text{右} \end{bmatrix}$$

最后一个矩阵的左列（古称“行”）表示戊户绳长与井深之比为 76∶721；也就是说，如果井深为 721 寸，则戊户绳长为 76 寸。继续类似的运算或应用代入法，可以依次求得其余四户的绳长。

在这一问题中，井深的长度没有给定，因而连同五家绳长，共有 6 个未知数，但由已知条件仅能列出 5 个方程，所以问题的解不是唯一的。刘徽注意到了这一点,他在注文中写道:“此率初如方程为之,名各一逮井。其后,法得七百二十一,实七十六,是为七百二十一绠而七十六逮井。而戊一绠逮井之数定,逮七百二十一分之七十六。是故七百二十一为井深,七十六为戊绠之长,举率以言之。”“名各一逮井”,就是说常数项没有给定具体数值而以井深为一个单位来代替;“举率以言之”,就是说得出的答案仅为一组整数解,将其扩大或缩小若干倍也是原“方程”的解。

如此看来,五家共井题可以视为中国数学史上关于不定方程的最早实例。

2. 百鸡问题

《张丘建算经》卷下最后一题即著名的百鸡问题(图 3-7):

“今有鸡翁一,直钱五;鸡母一,直钱三;鸡雏三直钱一,凡百钱,买鸡百只。问鸡翁、母、雏各几何?”①

若以 x、y、z 分别表示鸡翁、母、雏数,依现代代数可列出包含如下的线性方程组

$$\begin{cases}5x+3y+\dfrac{1}{3}z=100\\x+y+z=100\end{cases}$$

两个一次方程均含有三个未知数,属于具有多解的不定方程问题。

① 钱宝琮校点:《算经十书》(下册),中华书局 1963 年版,第 402—403 页。

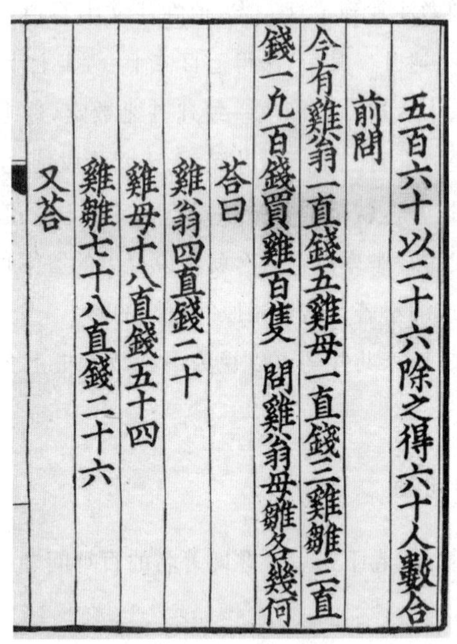

五百六十以二十六除之得六十人數合
前問
今有雞翁一直錢五雞母一直錢三雞雛三直
錢一凡百錢買雞百隻　問雞翁母雛各幾何
荅曰
雞翁四直錢二十
雞母十八直錢五十四
雞雛七十八直錢二十六
又荅

图 3-7　南宋本《张丘建算经》之百鸡问题(采自《宋刻算经六种》)

原书仅有“鸡翁每增四,鸡母每减七,鸡雏每益三”的简单术文,并列出全部正整数答案(4、18、78)、(8、11、81)和(12、4、84)。相当于给出了通解公式

$$\begin{cases} x=4+4t \\ y=18-7t \quad (t\text{ 为 0 或正整数}) \\ z=78+3t \end{cases}$$

这一结果是怎样得来的?中算史上曾有多种推测,虽然大多合乎数理,但都未能解释上述术文的由来。下面提出一种基于“方程”算法的解释,从中国古算发展的角度来看近乎情理,也可以合

理地说明“增四”“减七”“益三”的道理。

按照题意布列“方程”并进行行的变换如下：

$$\begin{pmatrix} 5 & 1 \\ 3 & 1 \\ \frac{1}{3} & 1 \\ 100 & 100 \end{pmatrix} \xrightarrow{(左)\times 3} \begin{pmatrix} 15 & 1 \\ 9 & 1 \\ 1 & 1 \\ 300 & 100 \end{pmatrix}$$

$$\xrightarrow{(左)-(右)} \begin{pmatrix} 14 & 1 \\ 8 & 1 \\ 0 & 1 \\ 200 & 100 \end{pmatrix} \xrightarrow{(左)\div 2} \begin{pmatrix} 7 & 1 \\ 4 & 1 \\ 0 & 1 \\ 100 & 100 \end{pmatrix}$$

$$\xrightarrow{4\times(右)-(左)} \begin{pmatrix} 7 & -3 \\ 4 & 0 \\ 0 & 4 \\ 100 & 300 \end{pmatrix}$$

最后一个增广矩阵相当于两个二元一次方程

$$7x+4y=100 \quad -3x+4z=300$$

由前一方程可知

$$7x=100-4y=4\times(25-y)$$

x 应为 4 的整数倍，考虑 x、y、z 皆为正整数，此题只有 4、8、12 三种可能；假令 $x=4$，代入上面两个方程即可得到一组特解（4、18、78）。

上面两个方程又可写作

$$7(x+4)+4(y-7)=100 \quad -3(x+4)+4(z+3)=300$$

这就是“增四”“减七”“益三”的道理。

北周甄鸾《数术记遗》、北宋《谢察微算经》等书都提到百鸡问题，然而所述解法都不得要领。南宋杨辉在《续古摘奇算法》中提到两种解法，其中第一种出于《辩古根源》，第二种出于另一佚名写本（二书均已失传）。第二种解法乃先固定某一未知数，由此将百鸡问题化为“鸡兔同笼”问题。清代研究百鸡问题的学者很多，其中较突出的是骆腾凤（1770—1842）、丁取忠（1810—1877）和时曰醇（1807—1880）。骆腾凤在《艺游录》中提出了一个十分巧妙的解法：先由题设方程组消去一个未知数，将原来两个联立的三元一次方程化成一个二元一次方程，然后分别除以两个系数得到两个同余式，这样就将百鸡问题转换成《孙子算经》中的物不知数问题（详后）。丁取忠《数学拾遗》的解法与杨辉所记第二法类似，只是他先假定鸡翁无，求得鸡母数 25，鸡雏数 75；再分析题意解释“增四”“减七”“益三”的道理。时曰醇综合骆、丁二氏的解法，作《百鸡术衍》，使这一古老的教学问题益加引人注目。

百鸡术在世界上流传很广泛，印度的摩诃毗罗（Mahavira，约 9 世纪）、婆什迦罗（Bhaskara Ⅱ，1114—1185）、意大利的菲波那契（Fibonacci，约 1170—约 1240）以及中亚的阿尔·卡西等人的著作中都有类似的问题。有的连题目的形式都与《张丘建算经》一样，例如婆什迦罗书中的百禽问题，只不过是把鸡改成不同的禽类而已。百鸡问题是中古时代中外数学交流的一个重要线索。[①]

3. 整勾股数问题

整勾股数问题的实质是求二次不定方程 $x^2+y^2=z^2$ 的正整数解，满足此方程的每一组正整数都可构成一个特定的勾股形。

《九章算术》勾股章所设题目中共出现了 8 组既约的整勾股

① 钱宝琮：《百鸡术源流考》，载钱宝琮：《钱宝琮科学史论文选集》，科学出版社 1983 年版。

数，它们是(3、4、5)、(5、12、13)、(7、24、25)、(8、15、17)、(20、21、29)、(20、99、101)、(48、55、73)和(60、91、109)。关于整勾股数的一般求法则隐含在勾股章第 14 题的术文中，原题为：

> 今有二人同所立。甲行率七，乙行率三。乙东行。甲南行十步而邪东北与乙会。问甲乙各行几何？
>
> 术曰：令七自乘，三亦自乘，并而半之，以为甲邪行率。邪行率减于七自乘，余为南行率。以三乘七为乙东行率。置南行十步，以甲邪行率乘之，副置十步，以东行率乘之，各自为实。实如南行率而一，各得行数。[①]

如图 3-8 所示，根据题意甲行路径为 $x+z$，乙行路径为 y，恰好构成一个勾股形，二者之比即其行率之比。术文则分两步解来：第一步是在已知$(x+z):y=7:3$ 的条件下求得一整数勾股形；第二步是按比例缩小(或扩大)该勾股形使 $x=10$，然后再求 $x+z$ 和 y。具体步骤是：

(1) 甲邪行率$=\dfrac{7^2+3^2}{2}=29$，甲南行率$=7^2-\dfrac{7^2+3^2}{2}=\dfrac{7^2-3^2}{2}=20$，乙东行率$=7\times3=21$，即得一整数勾股形，其三边分别为 20、21 和 29；

(2) $y=\dfrac{\text{乙东行率}\times\text{甲南行步}}{\text{甲南行率}}=\dfrac{21\times10}{20}=10.5$ 步

① 钱宝琮校点：《算经十书》(上册)，中华书局 1963 年版，第 205—251 页。

$$z=\frac{甲邪行率\times 甲南行步}{甲南行率}=\frac{29\times 10}{20}=14.5\text{ 步}$$

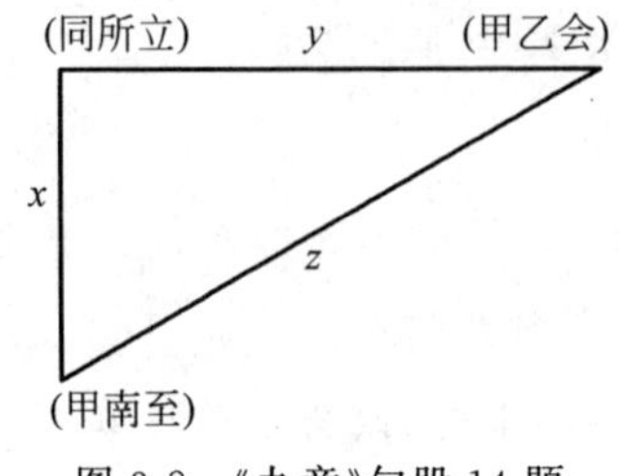

图 3-8 《九章》勾股 14 题

即得“乙东行一十步半，甲邪行一十四步半及之”。

求整勾股数的一般方法，实际上已由上面(1)给出，若以一对互素的整数 m、n 分别代替 7、3 并通分，则有

$$\begin{cases}x=m^2-n^2\\ y=2mn\\ z=m^2+n^2\end{cases}$$

这正是三元二次不定方程 $x^2+y^2=z^2$ 的通解。

刘徽注对以上公式作了更明确的表述：“此以南行为勾，东行为股，邪行为弦。股率三，勾弦并率七。”即有 $x+z=m$，$y=n$；“欲知弦率者，当以股自乘为幂，如并而一，所得为勾弦差”，即 $z-x=\frac{y^2}{z+x}=\frac{n^2}{m}$；“加差于并而半之为弦”，即 $z=\frac{(z+x)+(z-x)}{2}=\frac{m+\frac{n^2}{m}}{2}=\frac{m^2+n^2}{2m}$；“以弦减并，余为勾”，即 $x=(z+x)-z=m-\frac{m^2+n^2}{2m}=\frac{m^2-n^2}{2m}$；“如是或有分，当通而约之乃定”，即由 $x=\frac{m^2-n^2}{2m}$、$y=n$、$z=\frac{m^2+n^2}{2m}$ 通分，得 $x=m^2-n^2$、$y=2mn$、$z=m^2+n^2$。

上述推导过程，刘徽均结合图形，用出入相补原理作了证明。

勾股章中共有九问是关于已知勾（或股）及股（或勾）弦差（或和）求股（或勾）及弦的问题，其造术本质上都与上述通解公式相通；第 21 问更与此题雷同，其中 $m=5$，$n=3$，而整勾股数组为（8、15、17）。[①]

《缉古算经》中出现了另外三组既约的整勾股数：（12、35、37）、（13、84、85）和（287、984、1025）；《测圆海镜》则有（9、40、41）和（136、255、289）。[②] 清代《数理精蕴》中曾介绍“定勾股弦无零数法”，本出于古希腊之欧几里得。罗士琳、陈杰、项名达、李善兰、沈善蒸、陈修龄、黄宗宪等人都曾研究整勾股数问题，得出多种不同的公式。[③]

在一块大约四千年前制成的巴比伦泥版上，有 15 组用六十进制表达的整勾股数，说明当时人们已掌握了某些构造整勾股数组的规律。古希腊毕达哥拉斯、柏拉图（Plato，约公元前 427—公元前 347）、欧几里得都曾提出过构造整勾股数组的某些特殊方法。与《九章算术》中类似的通解公式，在西方是由亚历山大里亚的丢番图（Diophantus，约 284—约 298）首先提出的，他与刘徽几乎同时。印度、阿拉伯数学家亦曾得到不同的公式，那都在《九章算术》及刘徽注之后几个世纪了。

---

① 李继闵：《刘徽对整勾股数的研究》；郭书春：《〈九章算术〉中的整数勾股形研究》，《科技史文集》1982 年第 8 辑。

② 沈康身：《中算导论》，上海教育出版社 1986 年版，第 300 页。

③ 李俨：《中算家的毕达哥拉斯定理研究》，载李俨：《中算史论丛》（第一集），科学出版社 1954 年版。

(二) 同余式

1. 《周易》筮法中的同余概念

同余概念的一个来源是《周易》中的占筮方法。关于这一方法的细节，历代学者解说不一，但本质上都是反复将一定数目的蓍草或筮策定量分配后剔除所余，以期求得与爻符对应的数字。现在我们采用多数易学著作对《系辞传上》“大衍之数”一节的解释，具体说明这一过程：

> 大衍之数五十，其用四十有九。分而为二以象两，挂一以象三，揲之以四以象四时，归奇于扐以象闰，五岁再闰，故再扐而后挂……。是故四营而成易，十有八变而成卦。①

蓍策总数 50 根，去掉象征太极的一根，实际用于占筮的是 49 根，故称“大衍之数五十，其用四十有九”。将这 49 根蓍策随意分成两堆分置案面左右，象征太极生两仪，故称“分而为二以象两”；然后从左边一堆蓍策中取出一根放在左手四、五指间，称为“挂一以象三”，象征造分天地后又生出人，合为三才；继而将左、右两堆蓍策每次拿出 4 根，这叫作“揲之以四以象四时”，代表一年中四季的运行；左右两堆所剩蓍策之数必为 1、2、3、4 四个数字之一，称为“奇数”，将它们置于左手三、四指间，称为“归奇于扐以象闰”，象征

---

① (唐)孔颖达：《周易正义》，载《十三经注疏》(上册)，中华书局 1980 年影印本，第 80 页。

闰日；左右两“奇”各“扐”一次，则附会古历五年置二闰月的制度，故称“五岁再闰，故再扐而后挂”。以上过程称为一变，包括“分二”“挂一”“揲四”“归奇”四个步骤，故曰“四营而成易”，“易”就是变化的意思。经此一变，左手上所扐策数非 5 即 9，案面则还剩 44 或 40 根蓍策参与二变。

何以一变后左手所扐数目非 5 即 9 呢？这里体现了同余式的一个重要性质：

$$若\ A\equiv R_1 \pmod m, B\equiv R_2 \pmod m, 则\ A+B \equiv R_1+R_2 \pmod m$$

在以上一变过程中，A、B 分别代表“挂一”后左右两堆蓍策的数目，$A+B=48$，R_1、R_2 分别代表两次“归奇”的策数，$m=4$，因此有

$$R_1+R_2\equiv 48\equiv 0 \pmod 4$$

这表明 R_1+R_2 是 4 的倍数，又因为每一“奇数”必为 1、2、3、4 四个数字之一，所以两次“归奇”的总数等于 4 或 8；再加上先前的“挂一”，一变后左手所扐策数必为 5 或 9，而所剩策数为 44 或 40。

从第二变起不再“挂一”①，经过“分二”“揲四”“归奇”三个步骤，可得

$$R_1+R_2\equiv 44\equiv 0 \pmod 4$$

同理可知二变“归奇”的总数等于 4 或 8，将它们扐于左手二、三指间，则案面所剩参与三变的策数必为以下三者之一：$44-4=40$，$44-8=40-4=36$，$40-8=32$。

仿此，在三变中“归奇”之数有

① 也有人认为二变、三变仍然“挂一”，但结果不影响这里讨论的“归奇”之数。

$$R_1 + R_2 \equiv 40 \equiv 36 \equiv 32 \equiv 0 \pmod 4$$

总数也应等于 4 或 8，扐于左手一、二指间。此时左手所劫策数最多为 25，案面所剩策数则为以下四者之一：40－4＝36，40－8＝36－4＝32，36－8＝32－4＝28，32－8＝24。

以上四数俱为 4 的倍数，以 4 来除商数分别是 9、8、7、6。三变的目的就是获得这四个数字之一：其中 9、7 对应于阳，8、6 对应于阴，三变占得一爻。同样的程序重复六次即得一卦，故曰“十有八变而成卦”。这就是《周易》筮法的成卦过程。可以推测，这一方法的创造者具有原始形态的同余概念并通晓其某些性质。

由于《周易》在中国古代文化中的特殊地位，其筮法受到力图借数学“通神明、顺性命”的数学家的重视就不足为奇了。机械化的成卦过程是否对中国古算产生影响姑且不论，仅就同余概念的发展而言，《周易》确实是一个重要的来源。秦九韶不但将自己最得意的成果命名为“大衍求一术”，而且借蓍卦发微题引进一个不同于《周易》筮法的占筮程序就是一个明证。[①]

2. 古代历法中的同余式问题

同余概念的另一个来源是古代制定历法的需要。古代历家根据长期的观测记录，已能推算日月五星的运动周期并由此规定各自的起点。例如，回归年即以冬至时刻为起点，朔望月即以平均合朔时刻为起点，而干支记日则以甲子月夜半零时为起点，它们一般

① 罗见今：《〈数书九章〉与〈周易〉》，载吴文俊主编：《秦九韶与〈数书九章〉》，北京师范大学出版社 1987 年版。

并不同时。为了推算上的方便，古代历家引进了一个叫作上元的概念，即假定远古某一时刻各种天文周期恰好处于同一个起点上，这一起点就是上元。自上元到本年经过的年数叫作上元积年，在测得本年相关周期的起点后求上元积年的问题，就是一个同余式组的求解问题。例如，已知 A 为回归年日数，R_1 为本年冬至距其前一个甲子日零时的时间，B 为朔望月日数，R_2 为冬至距前一个平朔的时间，那么上元积年 x 满足下面的一次同余式组

$$Ax \equiv R_1 \pmod{60} \equiv R_2 \pmod{B}$$

实际计算中要对上式中的 A、B、R_1、R_2 进行通分以使所有数字化为整数。如果再假定月球的近地点和升交点，以及五星运动周期的起点均在上元，那么上元积年的计算就要考虑更多的同余式。

这一结论得到了历代史志和天文学史研究的支持。新近的研究表明，早在西汉末年刘歆编制《三统历》的时候就已引入了上元的概念，并实际计算了《三统历》和古四分历的上元积年数据，其计算过程有赖于一类特定的一次不定方程或同余式组的求解。[①]

东汉刘洪的《乾象历》首先将上元积年数据列为历法第一条："上元乙丑以来，至建安十一年(206)丙戌，岁积七千三百七十八年。"[②]以甲子为上元则始于西晋刘智的《正历》："推甲子为上元，至泰始十年(274)，岁在甲午，九万七千四百一十一岁，上元天正甲

① 李文林、袁向东：《中国古代不定分析若干问题探讨》，《科技史文集》1982 年第 8 辑。

② (唐)李淳风：《晋书》卷十七《律历志中》；《历代天文律历等志汇编》(第五册)，中华书局 1978 年版，第 1585 页。

子朔夜半冬至，日月五星始于星纪，得元首之端。”[①]其后王朔之《通历》、后秦姜岌之《三纪甲子元历》都有关于甲子上元的记载，而祖冲之的《大明历》更是在考虑了9个同余关系计算出上元积年来的。因此，成书于南北朝时期的《孙子算经》中的物不知数问题，绝不会是作者向壁虚构的智力游戏，而很有可能是对当时历家推算上元积年问题的数学概括。[②]

从刘歆直到元代郭守敬以前，中国的历家往往把很多精力倾注在上元积年的推算上，埋头于各种天文周期的测验。因而从某种程度上来讲，一部中国古代的历法史，几乎就是上元积年的演算史。[③] 与此密切相关的一次同余式组的理论和算法，就是在这种背景下发展起来的。

3. 物不知数问题

《孙子算经》卷下第26问就是著名的物不知数题（图3-9），现照录其问、答、术如下：

> 今有物，不知其数。三、三数之，剩二；五、五数之，剩三；七、七数之，剩二。问物几何？
>
> 答曰：二十三。

① （唐）李淳风：《晋书》卷十八《律历志下》；《历代天文律历等志汇编》（第五册），中华书局1978年版，第1644—1645页。

② 钱宝琮：《中国数学史》，科学出版社1964年版，第78—79页。

③ 陈遵妫：《中国天文学史》（第三册），上海人民出版社1984年版，第1389—1393页。

术曰：三、三数之剩二，置一百四十；五、五数之剩三，置六十三；七、七数之剩二，置三十。并之，得二百三十三。以二百一十减之，即得。凡三、三数之剩一，则置七十；五、五数之剩一，则置二十一；七、七数之剩一，则置十五。一百六以上，以一百五减之，即得。[①]

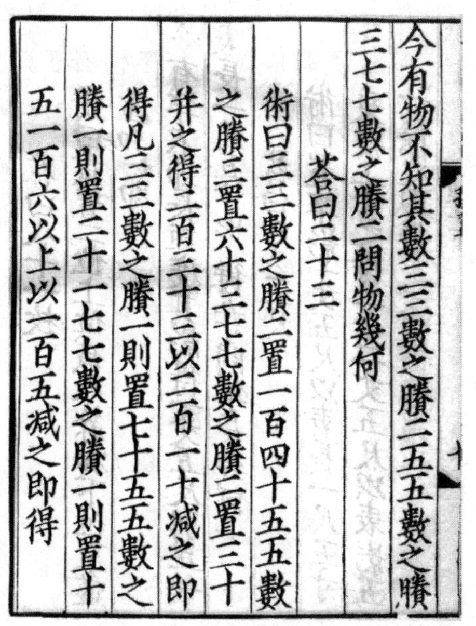

今有物不知其數三三數之賸二五五數之賸
三七七數之賸二問物幾何
荅曰二十三
術曰三三數之賸二置一百四十五五數
之賸三置六十三七七數之賸二置三十
并之得二百三十三以二百一十減之即
得凡三三數之賸一則置七十五五數之
賸一則置二十一七七數之賸一則置十
五一百六以上以一百五減之即得

图 3-9　南宋本《孙子算经》物不知数题(采自《宋刻算经六种》)

问题相当于求解一次同余式组

$$N \equiv 2 (\bmod 3) \equiv 3 (\bmod 5) \equiv 2 (\bmod 7)$$

① 钱宝琮校点：《算经十书》(下册)，中华书局 1963 年版，第 318 页。

其最小解是 23，术文前半段给出这一特解的由来：

$$N=70\times2+21\times3+15\times2-2\times105=23$$

这一问题引起了后世学者的很大兴趣，杨辉、程大位等人都曾著录，其中杨辉的《续古摘奇算法》还有涉及四个同余式的算题。秦九韶则从理论上予以总结，并解决了任意模与余数的算法问题，他的《数书九章》中有许多非常复杂的应用问题即用同余式组求解。另一方面，原始的物不知数问题在民间亦广为流播，仅从其名称来看，就有秦王暗点兵、韩信点兵、剪管术、孙子算、鬼谷算、隔墙算、隔壁算等繁多的名目。文人墨客还把解法编成歌诀写入书中，例如宋代周密（1232—1298）在其《志雅堂杂钞》中作隐语诗道：

三岁孩儿七十稀，五留廿一事尤奇。
七度上元重相会，寒食清明便得知。

“上元”指正月十五元宵节，暗示数字 15，“寒食”“清明”大约在冬至后三个半月，则暗指数字 105。清代褚人获（1635—1682）在其《坚瓠集》内引《挑灯集异》歌诀为：

三人逢零七十稀，五马沿盘廿一奇。
七星约在元宵里，一百零五定为除。

由此可以看出，70、21、15、105 这四个数字是解题的关键。它们是怎样来的呢？稍加观察不难发现，它们都与模数 3、5、7 有关：

$$70=2\times5\times7\quad 21=1\times3\times7\quad 15=1\times3\times5$$

$$105=3\times5\times7$$

前三式中的三个乘数 2、1、1，后来被称作乘率，它们与模有这样的关系：

$$2\times5\times7\equiv1(\bmod 3)$$

$$1\times3\times7\equiv1(\bmod 5)$$

$$1\times3\times5\equiv1(\bmod 7)$$

4. 孙子定理

推广物不知数问题，我们有如下的定理：

对于整数 N，若 m_1、m_2、…、m_n 是两两互素的 n 个除数（模），R_1、R_2、…、R_n 各为相应的余数，即：

$$N\equiv R_i(\bmod m_i)\quad(i=1,2,3,\cdots,n)$$

又设 $M=\prod_{i=1}^{n}m_i$，若能找到 n 个 K_i，使

$$K_i\frac{M}{m_i}\equiv1(\bmod m_i)$$

则

$$N\equiv\sum_{i=1}^{n}K_i\frac{M}{m_i}R_i(\bmod M)$$

在《孙子算经》中，$m_1=3$、$m_2=5$、$m_3=7$、$M=105$、$R_1=2$、$R_2=3$、$R_3=2$。

中国以外的地区，迟于《孙子算经》的印度数学家阿耶波多和婆罗摩笈多的著作最早论及一次同余式组问题。中世纪阿拉伯和欧洲的数学著作中也出现了一些类似的应用问题，但是大多数没有提出解法。在一份 1550 年写成的拉丁文手稿上出现了关于同余式组问题的解法。17 世纪荷兰数学家舒腾（Frans van

Schooten,1615—1660)对两两互素模的同余式组解法作了论证。到了18世纪,欧拉、拉格朗日等大数学家都关注过同余式问题。高斯(K. F. Gauss,1777—1855)更于1801年在《算术探究》中明确写出了上述定理。1852年,英国人伟烈亚力在《中国科学摘记》中首次向西方介绍了物不知数问题和秦九韶的有关工作。德国人马蒂生(L. Martthiessen)于1874年著文指出高斯提出的定理与秦九韶解法的一致性。后来德国著名数学史家康托(M. Cantor,1829—1920)把发明这一方法的中国数学家说成是最幸运的天才,其后西方著作就把这种一次同余式组解法的依据叫作中国剩余定理(Chinese Remainder Theorem)。[①] 本书则据其最早见载之文献而称为孙子定理。

5. 大衍求一术

应用孙子定理解同余式组,关键是要根据给定的模求出乘率,即算出满足 $K_i\dfrac{M}{m_i}\equiv 1(\mathrm{mod}\ m_i)$ 的 K_i 来。

如果题设数据如《孙子算经》一样简单,K_i 就不难通过试算得出;而对于较复杂的数据,求 K_i 就不是轻而易举的事情。秦九韶所创造的大衍求一术,就是在传统更相减损算法的基础上发展起来的计算乘率的一般方法。

在大衍求一术中,m_i 称为定母,M 称为衍母,$\dfrac{M}{m_i}$ 称为衍数;由

① 沈康身:《中算导论》,上海教育出版社1986年版,第284—287页。

于要求诸 m_i 两两互素，所以任意一对$\frac{M}{m_i}$与 m_i 互素，$\frac{M}{m_i}$除以 m_i 的余数 r_0 称为“奇数”（若$\frac{M}{m_i}<m_i$，则$\frac{M}{m_i}$本身就是“奇数”）。秦九韶求乘率的方法是：

> 置奇（数）于右上，定（母）居右下，立天元一于左上。先以右上除右下，所得商数与左上一相生，入左下；然后乃以右行上下，以少减多，递互除之，所得商数随即递互累乘，归左行上下；须使右上末后奇一而止。乃验左上所得，以为乘率。①

1 （天元一）	r_0 （“奇数”）
0 （空）	m_i （定母）

根据术文，求乘率的运算在一个方阵内进行。开始的时候，左上方置一筹，称为“天元一”（仅代表数字 1，与前文论述的“天元术”无关）；左下空表示 0；右上下分置“奇数”和“定母”，如上图所示。

运算时，右边上下二数辗转相除，设包括“奇数”在内的历次余数为 r_0、r_1、r_2、…、r_{2n}，相应的商是 q_0、q_1、q_2、…、q_{2n}，则在右边之上下两角轮番出现：

$$r_0=\frac{M}{m_i}-q_0m_i \quad \left(若\frac{M}{m_i}<m_i，则\ q_0=0\right)$$

$$r_1=m_i-q_1r_0$$

$$r_2=r_0-q_2r_1$$

---

① （南宋）秦九韶：《数书九章》卷一，道光二十二年（1842）宜稼堂丛书本。

$$r_3 = r_1 - q_3 r_2$$

…

$$r_{2n} = r_{2n-2} - q_{2n} r_{2n-1} = 1$$

以上 2n+1 个余数中，下标为偶数的俱在右上角，下标为奇数的俱在右下角；末式表明算至右上角为 1 即告结束。与此同时，在左边的上下两角则轮番出现“天元一”与诸商累乘累加的结果：

$$c_0 = 1$$

$$c_1 = q_1 c_0$$

$$c_2 = q_2 c_1 + c_0$$

$$c_3 = q_3 c_2 + c_1$$

…

$$c_{2n} = q_{2n} c_{2n-1} + c_{2n-2}$$

以上 2n+1 个数中，下标为偶数的皆在左上角，下标为奇数的皆在左下角。可以证明，当右上角 $r_{2n}=1$ 时，相应的左上角 c_{2n} 即为所求乘率 K_i，即

$$c_{2n}\frac{M}{m_i} \equiv 1 \pmod{m_i}$$

实际上，在整个运算过程中，位于同一方阵之四角的数字始终保持如下的关系：

$$\text{左上数} \times r_0 \equiv \text{右上数} \pmod{m_i}$$

$$\text{左下数} \times r_0 \equiv -\text{右下数} \pmod{m_i}$$

开始时右方上下的“奇数”r_0 和定母 m_i 可能很大，作更相减损运算逐渐变小，直到右上数减小至 1 为止，此时方阵的左上方就由上面第一个关系给出了所求乘率。[①] 因为这一算法最后要进行到 $r_{2n}=1$ 为止，所以秦九韶把它称为求一术；“大衍”二字则是他附

① 吴文俊：《从〈数书九章〉看中国传统数学构造性与机械化的特色》，载吴文俊主编：《秦九韶与〈数书九章〉》，北京师范大学出版社 1987 年版。

会古人意思添加上去的，不过这也说明他认识到《周易》筮法与同余概念有关。

从数学机械化的观点来看，大衍求一术计算乘率的方法是非常便捷的，以《数书九章》卷一推计土功题为例，推算满足

$$K\times 20\equiv 1(\bmod 27)$$

的乘率 K 的过程如下：

$$\begin{array}{|cc|}\hline 1 & 20\\ 0 & 27\\ \hline\end{array}\rightarrow\begin{array}{|cc|}\hline 1 & 20\\ 1 & 7\\ \hline\end{array}\rightarrow\begin{array}{|cc|}\hline 3 & 6\\ 1 & 7\\ \hline\end{array}\rightarrow\begin{array}{|cc|}\hline 3 & 6\\ 4 & 1\\ \hline\end{array}\rightarrow\begin{array}{|cc|}\hline 23 & 1\\ 4 & 1\\ \hline\end{array}$$

最后一个方阵左上角的数字 23，就是所求乘率。

《数书九章》前两卷共九道题都要用大衍求一术求乘率，其中有的数据十分庞大。例如，古历会积一题就要解同余式

$$K\times 9253\equiv 1(\bmod 225600)$$

应用大衍求术只需 12 步即可求出乘率 K＝172717，具体步骤如下：

$$\begin{array}{|cc|}\hline 1 & 9253\\ 0 & 225600\\ \hline\end{array}\rightarrow\begin{array}{|cc|}\hline 1 & 9253\\ 24 & 3528\\ \hline\end{array}\rightarrow\begin{array}{|cc|}\hline 49 & 2197\\ 24 & 3528\\ \hline\end{array}\rightarrow\begin{array}{|cc|}\hline 49 & 2197\\ 73 & 1331\\ \hline\end{array}\rightarrow$$

$$\begin{array}{|cc|}\hline 122 & 866\\ 73 & 1331\\ \hline\end{array}\rightarrow\begin{array}{|cc|}\hline 122 & 866\\ 195 & 465\\ \hline\end{array}\rightarrow\begin{array}{|cc|}\hline 317 & 401\\ 195 & 465\\ \hline\end{array}\rightarrow\begin{array}{|cc|}\hline 317 & 401\\ 512 & 64\\ \hline\end{array}\rightarrow\begin{array}{|cc|}\hline 3389 & 17\\ 512 & 64\\ \hline\end{array}$$

$$\rightarrow\begin{array}{|cc|}\hline 3389 & 17\\ 10679 & 13\\ \hline\end{array}\rightarrow\begin{array}{|cc|}\hline 14068 & 4\\ 10679 & 13\\ \hline\end{array}\rightarrow\begin{array}{|cc|}\hline 14068 & 4\\ 52883 & 1\\ \hline\end{array}\rightarrow\begin{array}{|cc|}\hline 172717 & 1\\ 52883 & 1\\ \hline\end{array}$$

而用其他方法，例如现代计算机程序专家建议用欧拉函数法来解相应问题，则须计算

$$Q=9523^{\varphi(225600)}$$

其中，$\varphi(225600)$是欧拉函数，等于 $2^6\times 3\times 5^2\times 47\times 1/2\times 2/3\times$

4/5×46/47,即使用现代计算机来算也不是一件轻松的事情,中国古代数学构造性与机械化思想方法的优越性由此可见一斑。[①]

6. 同余式算法的完善与进一步研究

发轫于《周易》筮法与古代上元积年计算的一次同余概念,以《孙子算经》物不知数问题为典范得以流传。经过七百余年的发展,终于由秦九韶通过《数书九章》加以系统整理而形成完善的理论和算法。《数书九章》首卷的大衍总数术,就是关于一般物不知数问题解法的完整指南,它包括三部分内容:

(1) 求定母 m_i,即将非两两互素的模化约成两两互素的模,然后根据定数确定衍母 $M=\prod_{i=1}^{n} m_i$、诸衍数 $\frac{M}{m_i}$ 和相应的诸"奇数" B_i[②],这是整个运算的预备步骤;

(2) 求诸乘率 K_i,即上节所述大衍求一术的应用;

(3) 求总数,即前述孙子定理的应用。

大衍总数的算法可由图 3-10 所示。

可以看出,秦九韶的算法完全可以通过现代计算机程序实现,图 3-10 是完全忠于术文而以现代形式表达出来的演算步骤,从中可以看到类似于循环语句和子程序这两项技术的应用。图 3-11 则是其中一个子程序的框图,它又包括循环语句和两个分支结构。

---

① D. E. Knuth, *The Art of Computer Programming*, Vol. 2, Seminumerical Algorithms. 1969. 引自吴文俊:《从〈数书九章〉看中国传统数学构造性与机械化的特色》,载吴文俊主编:《秦九韶与〈数书九章〉》,北京师范大学出版社 1987 年版。

② 这里不再用 r_0 表示"奇数",因为其下标无法显示与衍数的一一对应,故改用 B_i。

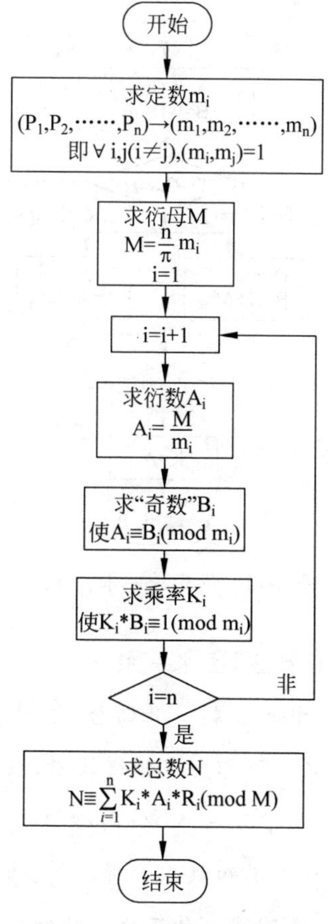

图 3-10　大衍总数术程序示意

正是借助这种程序化的设计，秦九韶才能游刃有余地解决那些复杂的同余式问题。现举一例说明，卷二余米推数题涉及一桩窃案：

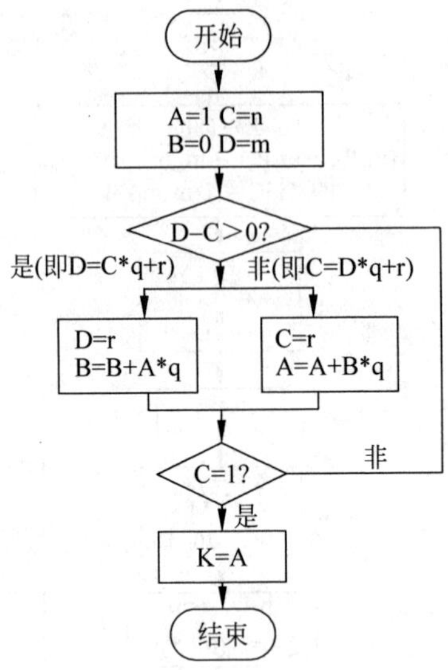

图 3-11 大衍求一术程序示意

问有米铺诉被盗，去米一般三箩，皆适满，不记细数。今左壁箩剩一合，中间箩剩一升四合，右壁箩剩一合。后获贼，系甲、乙、丙三名。甲称当夜摸得马勺，在左壁箩满舀入布袋；乙称踢着木履，在中箩舀入袋；丙称摸得漆碗，在右边箩舀入袋，将归食用，日久不知数。索得三器：马勺满容一升九合，木履容一升七合，漆碗容一升二合。欲知所失米数，计赃结断三盗各几何？[①]

乍看扑朔迷离，但是只要抓住三萝所剩米数和三器的容量，依照大

① (南宋)秦九韶:《数书九章》卷二，道光二十二年(1842)宜稼堂丛书本。

衍总数术条分缕析，就可断清此案。现以合为单位，依题意可得

$$R_1=1,\quad R_2=14,\quad R_3=1$$

$$m_1=19,\quad m_2=17,\quad m_3=12$$

因为已经两两互素，故可省却化约求定这一部分子程序。

$$M=\prod_{i=1}^{3} m_i=19\times17\times12=3876$$

$$A_1=\frac{M}{m_1}=17\times12=204$$

$$A_2=\frac{M}{m_2}=19\times12=228$$

$$A_3=\frac{M}{m_3}=19\times17=323$$

$$B_1=A_1-10\times m_2=14$$

$$B_2=A_2-13\times m_2=7$$

$$B_3=A_3-26\times m_2=11$$

由大衍求一术子程序，得

$$K_1=15,\quad K_2=5,\quad K_3=11$$

由孙子定理，得

$$N\equiv\sum_{i=1}^{3}K_iA_iR_i \pmod M$$

$$\equiv15\times204\times1+5\times228\times14+11\times323\times1 \pmod{3876}$$

取最小的正整数解

$$N=3193$$

此为一箩容米之合数，由各箩所剩可得三贼各窃米数分别是 3192 合、3179 合与 3192 合。

秦氏著作内容艰深，大衍术文言简意赅，元明两代学者未能承传；尤其是《授时历》废除上元以来，推算积年的算法遂成屠龙之技，这种情况直到清末中叶才得以改观。张敦仁先从李潢处得明代赵琦美(1563—1624)的《数书九章》抄本，焦循又自《四库全书》录得其中大衍类两卷，二人均与李锐共同研究，分别写成《求一算术》和《大衍求一释》，揭开了清代学者研究同余问题的序幕。宋景昌参酌李锐、毛岳生(1791—1841)、沈钦裴等人的校勘，于 1842 年刻成宜稼堂《数书九章》18 卷并附札记 4 卷。其后骆腾凤作《艺游录》，时曰醇作《求一术指》，黄宗宪作《求一术通解》，各有独到建树。其中骆氏以求一术解百鸡问题，时氏阐释复乘求定数法则，黄氏提出素因数分解求定数法则和反乘率新术，以及时、黄二氏对定数组可能不唯一的认识等，都对同余式的理论和算法做出了进一步的贡献。①

7. 一次不定方程与同余式组的沟通

清代学者关于大衍求一术的研究，一般认为以张敦仁出版于 1831 年的《求一算术》为最早，其实在此三十多年前，李锐就在《日法朔余强弱考》一书中涉及了求一问题，并借助它来解二元一次不定方程。②

书中提出的有日法求强弱术，就是在已知日法 A 的情况下，

① 王翼勋：《清代学者对大衍总数术的探讨》，载梅荣照主编：《明清数学史论文集》，江苏教育出版社 1990 年版。

② 即使不考虑《日法朔余强弱考》，张敦仁的《求一算术》也是他与李锐“共日夕讨论，研究秘奥”(《求一算术》自序)的结果。

解不定方程

$$49x+17y=\mathrm{A}$$

术文称：

置日法以强母去之，余以四百四十二(此数以弱母去之适尽，以强母去之余一)乘之，满八百三十三(此数以强弱二母去之皆尽)去之，余为弱实，以弱母除之得弱数；以弱实转减日法，余为强实，以强母除之得强数。[①]

文中“强母”“弱母”分别是49、17，“强数”“弱数”分别为所求之x、y；但442和833这两个数字是怎样来的，文中没有交待。现在我们把问题转换成另一形式，先令

$$\mathrm{A}\equiv \mathrm{R}_1 \pmod{49}$$

再以49去除原来不定方程的两边：左边第一项约尽，仅剩第二项；右边余数为R_1，即得

$$17y\equiv \mathrm{R}_1 \pmod{49}$$

又因　$$17y\equiv 0 \pmod{17}$$

于是原来的问题变成了一个“今有物不知数，以四十九除之余R_1，以十七除之适尽，问物几何”的物不知数问题，由大衍求一术算得乘率K_1和K_2，使其分别满足

$$17\mathrm{K}_1\equiv 1 \pmod{49}$$

和　$$49\mathrm{K}_2\equiv 1 \pmod{17}$$

① (清)李锐:《日法朔余强弱考》,光绪十六年(1890)《李氏算学遗书》刊本。

由大衍求一术解得 $K_1=25$、$K_2=8$，代入孙子定理

$$17y \equiv 26\times 17\times R_1+8\times 49\times 0 \pmod{49\times 17}$$

即 $$17y \equiv 442R_1 \pmod{833}$$

式中 $17y$ 为"弱实"、R_1 为"日法以强母去之"之余数。算得"弱实"后，除以 17 即得弱数 y，再由 $(A-17y)/19$ 得强数 x，与术文完全契合。

由此可见，李锐的有日法求强弱术首先沟通了百鸡和物不知数这两类不定问题之间的联系。其后骆腾凤在《艺游录》、时曰醇在《百鸡术衍》中都更明确和更细致地讨论这一课题。这样，分别来源于比率算法和占筮与制历的中国古代不定分析的两大支流，经过清代学者的沟通得以合流，其算理昭然若揭，其成就彪炳史册。

四　级数与内插法

古人对级数的认识是从简单数列开始的，古九数中的衰分就包括了等差数列和等比数列问题，《九章算术》《张丘建算经》等书均有论述。宋元数学家沿着商功和少广两大传统，对垛积问题展开了深入研究并取得了可观的成果，其本质是各类高阶等差级数的求和。内插法本来是独立于级数发展的，其源泉与动力来自古代天文历法的计算。朱世杰首先认识到等差级数与内插法的关系，其垛积招差术就是应用高阶等差级数知识于高次差分问题的结果。清代数学家根据零星线索展开对无穷级数的研究，方法基本是传统的，但其结果已接近微积分的大门。现分别述之。

(一) 简单级数

1. 早期的例子

半坡出土陶器上就有排成等差数列的点阵花纹。近年来出土的春秋至战国时代楚国的铜环权,其重量大致按等差或等比数列配置。图 3-12 是 1954 年长沙近郊出土的钧益铜环权,共 10 枚,按楚 1 铢约合 0.69 克折算,分别重 1 铢、2 铢、3 铢、6 铢、12 铢、1 两(24 铢)、2 两、4 两、8 两、1 斤(16 两),其中前三权成等差数列,后八权成等比数列,总重为 2 斤。[①]

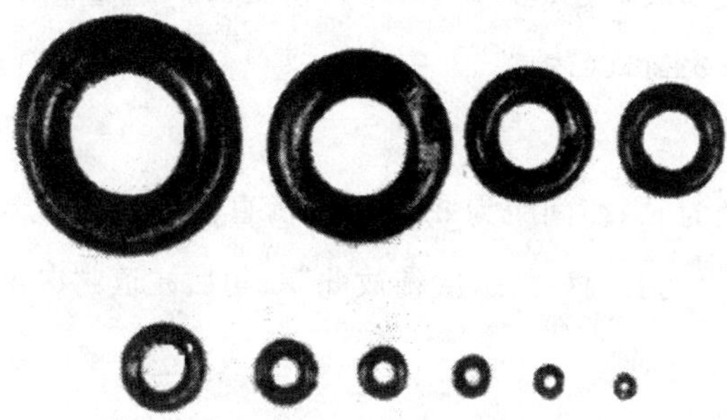

图 3-12　重量呈等差与等比数列的战国铜环权

《庄子・天下篇》引惠施"一尺之棰,日取其半"的辩题,《周易・系辞传》中的生卦法,《太玄图》中的生首法,也都提供了等比数列的例子。古九数中的衰分更与数列问题有关,"衰分"或作"差分",含有按等差或等比关系分配的意思。《九章算术》衰分章首题将 5 头鹿按 5∶4∶3∶2∶1 的比例分成 5 分,列衰与答数均成等

① 邱隆等:《中国古代度量衡图集》,文物出版社 1981 年版,第 104—109 页。

差数列；第 2 题将罚粟 5 斗按 4∶2∶1 的比例分成 3 份，列衰与答数均成等比数列；第 8 题 5 人按 1/5∶1/4∶1/3∶1/2∶1 的比例出 100 钱，则提供了一个调和数列的实例。

2. 等差级数

《周髀算经》将日行轨道按季节不同分成七个同心圆，称为七衡图。图中"内一衡径二十三万八千里"，而"一衡之间万九千八百三十三里，三分里之一"，由此推算其余六衡直径的方法是：

> 欲知次衡径，倍(间)而增内衡之径。二之以增内径，得三衡径。次衡放(仿)此。[①]

设内衡直径为 a_1，衡间距为 $d/2$，则次衡直径为 $a_2=a_1+d$，三衡直径为 $a_3=a_1+2d$。赵爽在"次衡放此"一句后注道："次至皆如数。"由此可知

$$a_n=a_1+(n-1)d$$

这正是等差数列的通项公式。

七衡的直径和周长皆成等差数列。

《九章算术》涉及等差数列的题目计有 8 道：衰分章第 1、6、8 题，均输章第 17、18、19 题，以及盈不足章第 10、19 题。书中皆以今有、衰分、均输或盈不足算法来解题。

---

① 钱宝琮校点：《算经十书》(上册)，中华书局 1963 年版，第 48 页。括号中的字是本书作者所加。

均输章第 19 题别具一格:“今有竹九节,下三节容四升,上四节容三升。问中间二节欲均容各多少?”术文称:“以下三节分四升为下率,以上四节分三升为上率。上下率以少减多,余为实。置四节、三节,各半之,以减九节,余为法。实如法得一升,即衰相去也。”一般来说,若将一个等差数列分为三部分,第一部分 n_1 项的和为 S_1,第三部分 n_3 项的和为 S_3,则公差

$$d=\frac{\frac{S_3}{n_3}-\frac{S_1}{n_1}}{n-\frac{n_1+n_3}{2}}$$

此题公差 d=7/66 升;各节容量自下而上依次为

$$1\frac{29}{66}、1\frac{22}{66}、1\frac{15}{66}、1\frac{8}{66}、1\frac{1}{66}、\frac{60}{66}、\frac{53}{66}、\frac{46}{66}、\frac{39}{66}\text{升}$$

刘徽注引入了两个新的关于等差数列的公式。均输章第 17 题:“今有金箠长五尺。斩本一尺重四斤,斩末一尺重二斤。问次一尺各重几何?”刘徽注称:“令本末相减,余即四差之凡数也。以四约之,即得每尺之差。”令“斩本”重 a_n,“斩末”重 a_1,“每尺之差”即公差

$$d=\frac{a_n-a_1}{n-1}$$

盈不足章第 19 题已知“良马初日行一百九十三里,日增十三里”,求其 15 日所行里数。刘徽注曰:“十四乘益疾里数而半之,加良马初日之行里数,以乘十五日,得十五日之凡行。”令“初日之行里数”为 a_1,“益疾里数”为 d,日数为 n,则有“凡行”

$$S_n=\left[a_1+\frac{(n-1)d}{2}\right]n$$

《孙子算经》卷中第25题、卷下第24题也都涉及等差数列。《张丘建算经》中的等差数列问题更为复杂,解法也更加丰富多彩。其卷上第22题为:"今有女善织,日益功疾。初日织五尺,今一月织九匹三丈。问日益几何?"术文是:"置今织尺数,以一月日而一,所得,倍之。又倍初日尺数,减之,余为实。以一月日数,初一日减之为法,实如法而一。"令"今织尺数"为S_n,"一月日数"为n,"初日尺数"为a_1,"日益数"为d,则有

$$d=\frac{2\frac{S_n}{n}-2a_1}{n-1}$$

卷上第23题为:"今有女不善多织,日减功迟。初日织五尺,末日织一尺,今三十日织讫。问织几何?"术文是:"并初、末日织尺数,半之,余以乘织讫日数,即得。"也就是

$$S_n=\frac{a_1+a_n}{2}\times n$$

卷下第36题为:"今有人举取他绢,重作券,要过限一日息绢一尺,二日息二尺,如是息绢日多一尺,今过限一百日。问息绢几何?"术文称:"并一百日、一日息,以乘百日而半之,即得。"此题是上题的特例:首项和公差皆为1,术文相当于给出前n项自然数和的公式

$$1+2+3+\cdots+n=\frac{n(n+1)}{2}$$

卷上第32题、卷中第1题都出现了一个新数据,即各项的平均值e。以后题为例:"今有户出银一斤八两一十二铢。今以家有贫富不等,令户别作差品,通融出之。最下户出银八两,以次户差

各多三两。问户几何?”术曰:“置一户出银斤两铢数,以最下户出银两铢数减之,余,倍之,以差多两铢数加之,为实。以差两铢数为法。实如法而一。”依此术文有

$$n=\frac{2(e-a_1)+d}{d}$$

卷上第18题和卷下第24题也都是关于等差数列的。[①]

隋唐天文学家认为天体的视运动是匀加速的,因而日月五星经行的路程构成等差级数。张遂在《大衍历》中提出的求太阳视运动积度分的方法是:“置所求日减一,次每日差乘之,二而一,所得,以加减初日行分。以所求日乘之,如辰法而一,为积度。不尽者,为行分。即是从初日至所求日积度及分也。”[②]令每日差分与辰法之商为d,初日行分与辰法之商为a_1,日数为n,所求日积度分为

$$S_n=n\left[a_1+\frac{(n-1)}{2}d\right]$$

这就是刘徽在盈不足章第19题注文中提出的公式。一个是天上星体的运动,一个是地上生灵的运动,二者服从相同的数学规律,数学之为用于此可见一斑。

杨辉、朱世杰书中的平面堆垛以及方圆箭束等问题,也都是关于等差数列的。

作为特例,清代陈世仁(1676—1722)在《少广拾遗》中给出了前n项奇数和与前n项偶数和的公式

---

① 李兆华:《〈张丘建算经〉中的等差数列问题》,《内蒙古师院学报》(自然科学版)1982年第1期。

② (后晋)刘昫等:《旧唐书》卷三十四《历志三》;《历代天文律历等志汇编》(第七册),中华书局1978年版,第2105—2106页。

$$1+3+5+\cdots+(2n-1)=n^2$$

$$2+4+6+\cdots+2n=n(n+1)$$

3. 等比级数

中国古代缺乏表达指数的有效方法,因此无法写出与此有关的等比数列公式。对于等比数列问题,已知前 n 项和与公比求其他项用衰分术来解。《九章算术》衰分章第 4 题为:"今有女子善织,日自倍,五日织五尺。问日织几何?"术曰:"置一、二、四、八、十六为列衰,副并为法,以五尺乘未并者,各自为实,实如法得一尺。"《孙子算经》卷中第 27 题与此完全相同。《算法统宗》卷 10 共有三道用歌诀写出的等比数列问题,其一为:"远望巍巍塔七层,红灯点点倍加增。共灯三百八十一,请问尖头几盏灯?"解法也用衰分术。

如果已知首项、公比求其他项及前 n 项和,则用累乘累加,《孙子算经》卷下第 34 题为:"今有出门望见九堤,堤有九木,木有九枝,枝有九巢,巢有九禽,禽有九雏,雏有九毛,毛有九色。问各几何?"累乘算得各数为 9、81、729、6561、59049、531441、4782969、43046721。

朱载堉创造的十二平均律,按等比数列把一个八度音程平均分成 12 份,若取黄钟正律为 1 尺,则其余 12 律的数值列如下表。

十二平均律的管长(单位:尺)

序号	a_1	a_2	a_3	a_4	a_5	a_6
律名	正黄钟	倍应钟	倍无射	倍南吕	倍夷则	倍林钟
管长	1	$2^{\frac{1}{12}}$	$2^{\frac{2}{12}}=2^{\frac{1}{6}}$	$2^{\frac{3}{12}}=2^{\frac{1}{4}}$	$2^{\frac{4}{12}}=2^{\frac{1}{3}}$	$2^{\frac{5}{12}}$

续表

序号	a_7	a_8	a_9	a_{10}	a_{11}	a_{12}	a_{13}
律名	倍蕤宾	倍仲吕	倍姑洗	倍夹钟	倍太簇	倍大吕	倍黄钟
管长	$2^{\frac{6}{12}}=2^{\frac{1}{2}}$	$2^{\frac{7}{12}}$	$2^{\frac{8}{12}}=2^{\frac{2}{3}}$	$2^{\frac{9}{12}}=2^{\frac{3}{4}}$	$2^{\frac{10}{12}}=2^{\frac{5}{6}}$	$2^{\frac{11}{12}}$	$2^{\frac{12}{12}}=2$

表中的数据都已用指数形式写出，其中 a_1 和 a_{13} 是预定的。朱载堉是怎样得到其余 11 个律管长度的呢？原来他首先利用等比数列的性质求出中项倍蕤宾为①

$$a_7=\sqrt{a_1\cdot a_{13}}=\sqrt{2}=2^{\frac{1}{2}}$$

接着又利用这一性质求出倍南吕 a_4，对此《算学新说》称："以黄钟正律乘蕤宾倍律，得平方积……开平方所得，即南吕倍律。"就是

$$a_4=\sqrt{a_1\cdot a_7}=\sqrt{1\times\sqrt{2}}=2^{\frac{1}{4}}$$

同理求得 $a_{10}=\sqrt{a_7\cdot a_{13}}=\sqrt{\sqrt{2}\times 2}=2^{\frac{3}{4}}$

对于并非处于两个已知数据正中的一般项，朱氏是怎样求出其管长的呢？以倍应钟为例，《算学新说》称："置南吕倍律以黄钟再乘，得立方积……开立方所得，即应钟倍律也。"就是

$$a_2=\sqrt[3]{(a_1)^2a_4}=\sqrt[3]{1^2\times\sqrt{1\times\sqrt{2}}}=2^{\frac{1}{12}}$$

同理求得　$a_3=\sqrt[3]{a_1\cdot(a_4)^2}=\sqrt[3]{1\times\left(\sqrt{1\times\sqrt{2}}\right)^2}=2^{\frac{1}{6}}$

$$a_5=\sqrt[3]{(a_4)^2\cdot a_7}=\sqrt[3]{\left(\sqrt{1\times\sqrt{2}}\right)^2\times\sqrt{2}}=2^{\frac{1}{3}}$$

① 朱载堉在《律吕精义》和《算学新说》中均以黄钟正律为勾、股，以蕤宾为弦定其长度，其实不过是借《周礼·考工记》"内方尺而圆其外"的古制为其新说张目罢了。参阅戴念祖：《朱载堉——明代的科学和艺术巨星》，人民出版社 1986 年版，第 69 页。

$$a_6=\sqrt[3]{a_4\cdot(a_7)^2}=\sqrt[3]{\sqrt{1\times\sqrt{2}}\cdot(\sqrt{2})^2}=2^{\frac{5}{12}}$$

$$a_8=\sqrt[3]{(a_7)^2\cdot a_{10}}=\sqrt[3]{(\sqrt{2})^2\sqrt{\sqrt{2}\times 2}}=2^{\frac{7}{12}}$$

$$a_9=\sqrt[3]{a_7\cdot(a_{10})^2}=\sqrt[3]{\sqrt{2}\left(\sqrt{\sqrt{2}\times 2}\right)^2}=2^{\frac{2}{3}}$$

$$a_{11}=\sqrt[3]{(a_{10})^2\cdot a_{13}}=\sqrt[3]{\left(\sqrt{\sqrt{2}\times 2}\right)^2\times 2}=2^{\frac{5}{6}}$$

$$a_{12}=\sqrt[3]{a_{10}\cdot(a_{13})^2}=\sqrt[3]{\sqrt{\sqrt{2}\times 2}\times 2^2}=2^{\frac{11}{12}}$$

对于朱载堉的方法，清代学者陈沣(1810—1882)在其《声律通考》中概括道："连比例三率，有首率、末率求中率之法：以首率、末率相乘，开平方得中率。""连比例四率，有一率、四率求二率、三率，其法以一率自乘，又以四率乘之，开立方得二率；以四率自乘，又以首率乘之，开立方得三率也。"对于一般的等比数列，若已知首项 a_1 和末项 a_n，求其中间任意一项 $a_k(1<k<n)$的公式是

$$a_k=(a_1^{n-k}\cdot a_n^{k-1})^{\frac{1}{n-1}}$$

朱载堉的著作，可以说是在没有指数工具的情况下处理等比数列问题的一部杰作。

清代陈世仁则给出首项为 1、公比为 2 的公式

$$1+2+4+8+\cdots+2^{n-1}=2^n-1$$

(二) 高阶等差级数

1. 隙积术

中算家接触高阶等差级数，是从北宋沈括创造的隙积术开始的。他在《梦溪笔谈》卷 18 中记道：

> 算术求积尺之法，如刍萌（甍）、刍童、方池、冥谷、堑堵、鳖臑、圆锥、阳马之类，物形备矣。独未有隙积一术。……隙积者，谓积之有隙者，如累棋、层坛及酒家积罂之类，虽以（似）覆斗，四面皆杀，缘有刻缺虚隙之处，用刍童法求之，常失之数少。予思而得之：用刍童法为上行，下行别列下广，以上广减之，余者以高乘之，六而一，并入上行。①

刍甍、刍童等都是中国古代特殊立方体的名称，其中刍童是两个底面呈矩形的四棱台（详后章）。沈括这里提到的形如累棋一样的堆垛，外观与刍童相似，但是因为堆垛之间有缝隙，如果按照四棱台的公式来计算物体（棋、坛、罂等）个数，数值会偏少，因此他创造隙积术来解决这一类问题。隙积术原则上是高阶等差级数求和问题而不是多面体求积问题。

图 3-13 是一个形如倒扣斗状的堆垛，其顶层长、宽各有 a_1 和 b_1 个物体，以下逐层长、宽各增一物体，底层长、宽各有 a_2 和 b_2 个物体。不难证明，堆垛的层数是

$$n=a_2-a_1+1=b_2-b_1+1$$

如果把 a_1、b_1、a_2、b_2 和 n 分别视为一个四棱台的上底长、宽，下底长、宽，以及

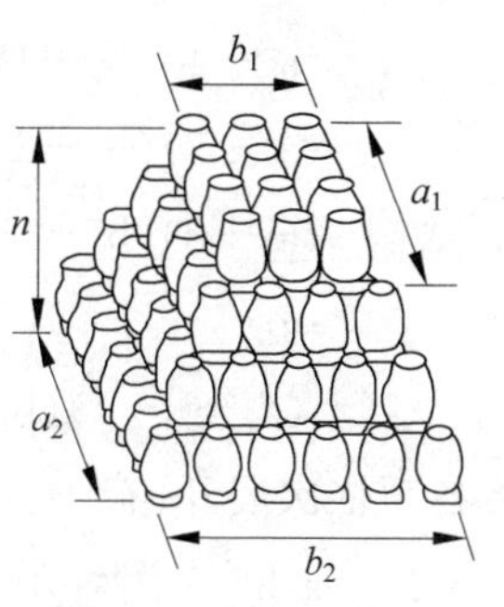

图 3-13　隙积术示意

① （北宋）沈括：《梦溪笔谈》卷十八，文物出版社 1975 年影印元刊本。括号中的字为本书作者所注。

高,V代表体积,应用刍童公式,有

$$V=\frac{n}{6}\left[(2a_1+a_2)b_1+(2a_2+a_1)b_2\right]$$

这就是沈括说的"用刍童法为上行",但是对于垛积的个数来说,"常失之数少",需要加上一个"下行",也就是"别列下广,以上广减之,余者以高乘之,六而一",即

$$(b_2-b_1)\cdot\frac{n}{6}$$

所以沈括隙积术的公式为

$$S=\frac{n}{6}\left[(2a_1+a_2)b_1+(2a_2+a_1)b_2\right]+(b_2-b_1)\frac{n}{6}$$

$$=\frac{n}{6}\left[(2a_1+a_2)b_1+(2a_2+a_1)b_2+(b_2-b_1)\right]$$

另一方面,物体各层的数目,从上至下依次为

a_1b_1

$(a_1+1)(b_1+1)$

$(a_1+2)(b_1+2)$

$(a_1+3)(b_1+3)$

…

$(a_1+n-1)(b_1+n-1)$

将各项依次展开,有

a_1b_1

$a_1b_1+a_1+b_1+1$

$a_1b_1+2(a_1+b_1)+4$

$a_1b_1+3(a_1+b_1)+9$

…

$$a_1b_1+(n-1)(a_1+b_1)+(n-1)^2$$

求相邻两层的差，有

$$a_1+b_1+1$$
$$a_1+b_1+3$$
$$a_1+b_1+5$$
$$\cdots$$
$$a_1+b_1+2n-3$$

再次求相邻两项的差，有

$$2,2,2\cdots2$$

由此可见，这个倒斗形堆垛的各层物体数构成了一个二阶等差级数，隙积术就是这一级数的求和公式。不过，沈括是否意识到这种关系是值得怀疑的；他的功绩在于把体积这一类连续型问题的结果创造性地应用于离散型问题之上，从而开辟了中算家垛积研究的新方向。

隙积公式的由来，我们将在第四章中分析。

2. 杨辉的果垛比类级数

借助已知的体积公式来计算与之相关的垛积总数，这一思想在杨辉的著作中得到更鲜明的体现。杨辉著作中的比类，是中国古代数学家应用类推方法的典范，而最能说明这一方法本质的例子，就是他所创造的果垛比类级数。

在《详解九章算法》商功章中，他在方堡壔、方亭、方锥、堑堵、阳马、鳖臑、刍甍、刍童诸体之后，分别比类方栈酒(垛)、方垛、果垛Ⅰ(又名四隅垛)、屋盖垛、类方锥垛、三角垛、果垛Ⅱ、果垛Ⅲ，各立体与相应之垛的形状如图 3-14 至图 3-21 所示。

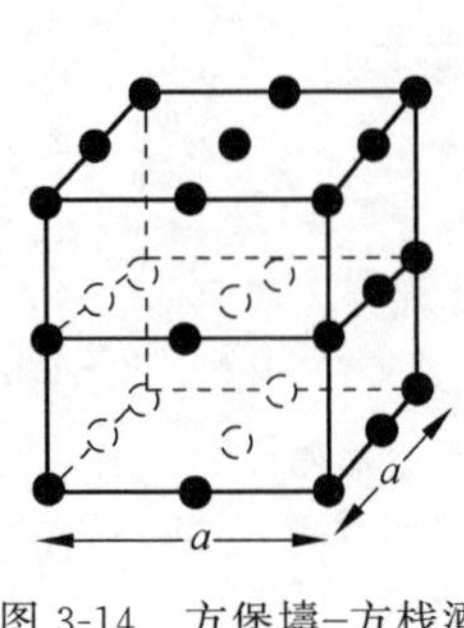

图 3-14 方堡壔–方栈酒

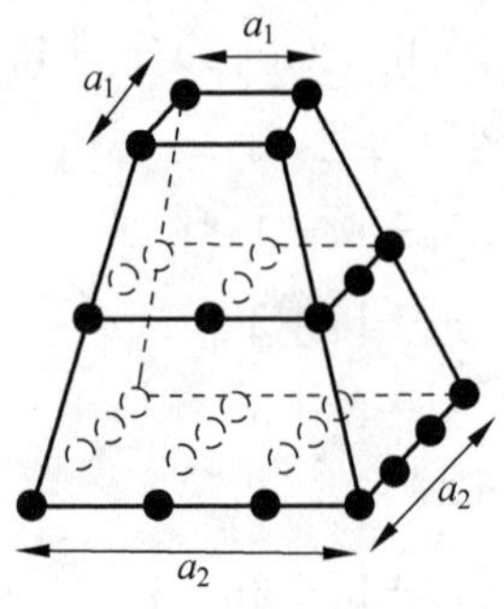

图 3-15 方亭–方垛

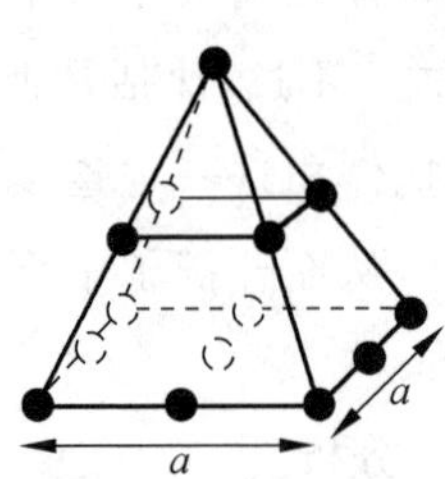

图 3-16 方锥–果垛 I

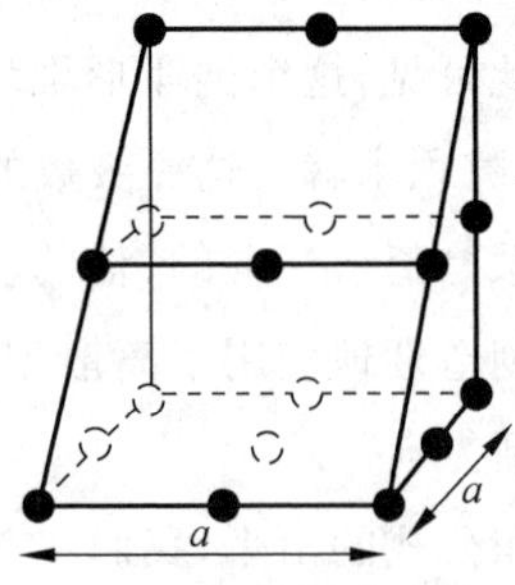

图 3-17 堑堵–屋盖垛

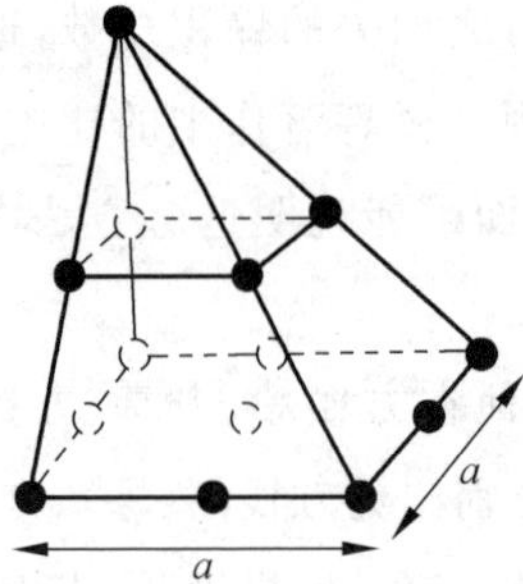

图 3-18 阳马–类方锥垛

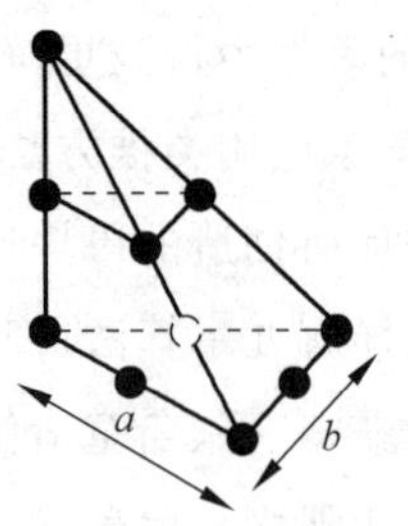

图 3-19 鳖臑–三角垛

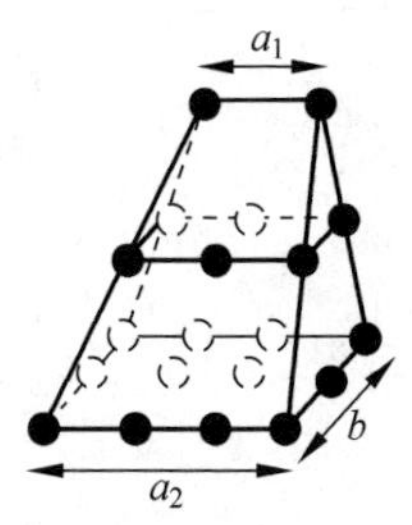

图 3-20　刍甍-果垛Ⅱ

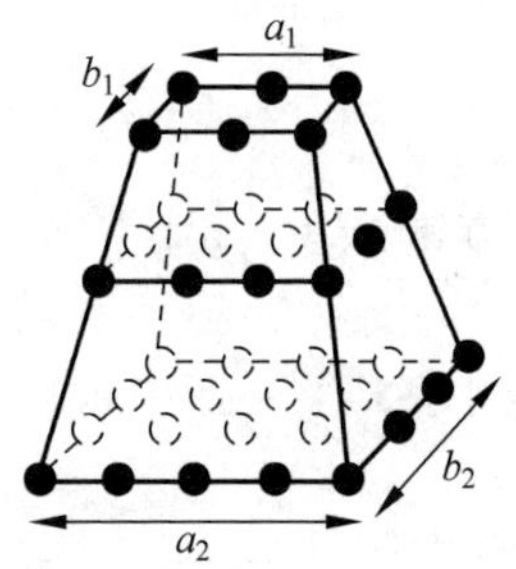

图 3-21　刍童-果垛Ⅲ

以上八种垛中的六种，各层数目自下而上按照每边增一的规律堆积，我们统一称之为果垛比类级数，而方栈酒（垛）各层数目一样，屋盖垛一边固定两边逐层增一。除方栈酒（垛）与屋盖垛外，其余诸垛各层数目是一个二阶等差级数，但是类方锥垛与果垛Ⅰ的排列相同，所以书中称“解法全类方锥，更不再述”；至于其余五种果垛，杨辉均由比类方法给出求积公式。下面我们也先列出多面体体积公式，再给出相应的果垛求积（二阶等差级数求和）公式。它们是

(1) 方亭：$V=\frac{h}{3}(a_1^2+a_2^2+a_1a_2)$

方垛：$S=2^2+3^2+4^2+\cdots(n+1)^2$

$$=\frac{n}{3}\left[(a_1^2+a_2^2+a_1a_2)+\frac{a_2-a_1}{2}\right]$$

考虑到 $a_2=a_1+n-1$，上式相当于

$$\sum_{i=0}^{n-1}(a_1+i)^2=\frac{n}{3}\Big[a_1^2+(a_1+n-1)^2+$$

$$a_1(a_1+n-1)+\frac{n-1}{2}\Big]$$

(2) 方锥：$V=\frac{1}{3}a^2h$

果垛Ⅰ：$S=1^2+2^2+3^2+\cdots+a^2=\frac{1}{3}a(a+1)\left(a+\frac{1}{2}\right)$

考虑到 $a=n$，则有

$$\sum_{i=1}^{n}i^2=\frac{1}{3}n(n+1)\left(n+\frac{1}{2}\right)$$

(3) 鳖臑：$V=\frac{1}{3}abh$

三角垛：$S=1+3+6+10+\cdots+\frac{a(a+1)}{2}=\frac{1}{6}a(a+1)(a+2)$

杨辉所举算例中 $a=b=n$，即有

$$\sum_{i=1}^{n}\frac{i(i+1)}{2}=\frac{1}{6}n(n+1)(n+2)$$

(4) 刍甍：$V=\frac{h}{6}(2a_2+a_1)b$

果垛Ⅱ：$S=a_1+2(a_1+1)+3(a_1+2)+\cdots+a_2b$

$$=\frac{n}{6}(2a_2+a_1)(b+1)$$

考虑到 $a_2=a_1+n-1$，$b=n$，即有

$$\sum_{i=1}^{n}i(a_1+i-1)=\frac{n^2}{6}(3a_1+2n-1)$$

(5) 刍童：$V=\frac{h}{6}[(2a_1+a_2)b_1+(2a_2+a_1)b_2]$

果垛Ⅲ：$S=a_1b_1+(a_1+1)(b_1+1)+$

$$(a_1+2)(b_1+2)+\cdots+a_2b_2$$

$$=\frac{n}{6}[(2a_1+a_2)b_1+(2a_2+a_1)b_2+(b_2-b_1)]$$

考虑到 $a_2=a_1+n-1, b_2=b_1+n-1$，即有

$$\sum_{i=0}^{n-1}(a_1+i)(b_1+i)=\frac{n}{6}[6a_1b_1+3(n-1)(a_1+b_1)+(n-1)(2n-1)]$$

以上五个垛积公式中，右边全是关于层数 n 的三次函数，左边各项构成一个二阶等差级数。其中果垛Ⅲ公式就是沈括的隙积公式，其余四式均可由它导出：令 $b_1=a_1, b_2=a_2$，即可得方垛公式；令 $a_1=b_1=1, a_2=b_2=n$，即可得果垛Ⅰ公式；令 $a_1=1, b_1=2, a_2=n, b_2=n+1$，两边再除以 2，即得三角垛公式；令 $b_1=1, b_2=n$，即可得果垛Ⅱ公式。粗看起来，杨辉似乎是从沈括著作获知果垛Ⅲ公式，然后利用代数变换逐一得到其余几个公式的。但是这种推导不大符合当时的传统，也不能解释杨辉还要列出方栈酒(垛)、屋盖垛等非高阶等差级数的原因。实际上，他是有自己的一套独特方法的，我们也将在第四章中介绍。

杨辉的《乘除通变本末》中收有三角垛二题、四隅垛(即果垛Ⅰ)一题，《日用算法》一书还有垛积图示，可惜没有留传下来。

3. 朱世杰的乘方图级数

沈括、杨辉处理的各种堆垛，多要求相邻两层边上的物体个数差一，因而其轮廓与多面体近似；对于各层数目呈复杂变化的各种堆垛，由多面体体积导出垛积总数的比类原则就不适用了。朱世

杰则另辟蹊径，从古法乘方图（即贾宪三角形）中蕴含的组合性质得到启发，把中国古代垛积术提高到一个空前的水平。

朱世杰的《四元玉鉴》和《算学启蒙》主要在于阐发天元术和四元术，有关垛积的内容只是作为建立方程的预备知识，浮光掠影地带过；但是通过对这些题目的排比、分析与归纳，可以发现他的垛积知识是相当系统的，得到的结果也非常丰富。①

朱世杰得到的垛积公式共有三大类。

（1）三角形

茭草垛（又名茭草积）：

$$\sum_{i=1}^{n} i = 1 + 2 + 3 + 4 + \cdots + n = \frac{1}{2!}n(n+1)$$

三角形垛（又名茭草落一形垛）：

$$\sum_{i=1}^{n} \frac{1}{2!}i(i+1) = 1 + 3 + 6 + 10 + \cdots + \frac{n(n+1)}{2} = \frac{1}{3!}n(n+1)(n+2)$$

撒星形垛（又名三角落一形垛）：

$$\sum_{i=1}^{n} \frac{1}{3!}i(i+1)(i+2) = 1 + 4 + 10 + 20 + \cdots = \frac{1}{4!}n(n+1)(n+2)(n+3)$$

三角撒星形垛（又名撒星更落一形垛）：

① 杜石然：《朱世杰研究》，载钱宝琮等：《宋元数学史论文集》，科学出版社 1966 年版。

$$\sum_{i=1}^{n}\frac{1}{4!}i(i+1)(i+2)(i+3)=1+5+15+35+\cdots$$

$$=\frac{1}{5!}n(n+1)(n+2)(n+3)(n+4)$$

三角撒星更落一形垛：

$$\sum_{i=1}^{n}\frac{1}{5!}i(i+1)(i+2)(i+3)(i+4)=1+6+21+56+\cdots$$

$$=\frac{1}{6!}n(n+1)(n+2)(n+3)(n+4)(n+5)$$

以上五个公式中，第一个是自然数前 n 项求和，早已出现在《张丘建算经》之中，第二个则由杨辉首先导出，其余三个则由朱世杰创立。这一组公式具有如下特点：前式中的结果，恰好是后式中的一般项；换句话说就是，后式所表示的堆垛中第 i 层的物体数目，恰是前式表示的堆垛中前 i 层的物体总数，因而朱世杰又把后式叫作前式的"落一形"。此外不难看出，以上五个三角形垛，分别构成一个一、二、三、四、五阶等差级数，由此可以推测，朱世杰已掌握了一般三角形垛的求和公式

$$\sum_{i=1}^{n}\frac{1}{p!}i(i+1)(i+2)+\cdots(i-p+1)$$

$$=\frac{1}{(p+1)!}n(n+1)(n+2)\cdots(n+p)$$

(2) 岚峰形

四角垛：

$$\sum_{i=1}^{n}i^2=1+4+9+16+\cdots=\frac{1}{3!}n(n+1)(2n+1)$$

岚峰形垛：

$$\sum_{i=1}^{n}\frac{1}{2!}i^2(i+1)=1+6+8+40+\cdots$$

$$=\frac{1}{4!}n(n+1)(n+2)(3n+1)$$

三角岚峰形垛(又名岚峰更落一形垛):

$$\sum_{i=1}^{n}\frac{1}{3!}i^2(i+1)(i+2)=1+8+30+80+\cdots$$

$$=\frac{1}{5!}n(n+1)(n+2)(n+3)(4n+1)$$

以上三个公式中,第一个即杨辉的果垛Ⅰ(或称四隅垛),其余两个则为朱世杰所创。这一组公式具有如下特点:每一公式中的一般项,都是由相应三角形垛公式之一般项乘以项数而来;换句话说就是,岚峰形公式所表示堆垛中第 i 层的物体数目,恰是同级三角形公式所表示堆垛中第 i 层物体数目的 i 倍。同样我们也有理由相信,朱世杰也已掌握了一般岚峰形垛的求和公式

$$\sum_{i=1}^{n}\frac{1}{p!}i^2(i+1)(i+2)\cdots(i+p-1)$$

$$=\frac{1}{(p+2)!}n(n+1)(n+2)\cdots(n+p)[(p+1)n+1]$$

(3) 值钱形

茭草值钱正垛:

$$\sum_{i=1}^{n}i[a+(i-1)b]=a+2(a+b)+3(a+2b)+$$

$$4(a+3b)+\cdots$$

$$=\frac{1}{3!}n(n+1)[3a+2(n-1)b]$$

茭草值钱反垛：

$$\sum_{i=1}^{n} i[a+(n-i)b]=[a+(n-1)b]+2[a+(n-2)b]+3[a+(n-3)b]+4[a+(n-4)b]+\cdots$$
$$=\frac{1}{3!}n(n+1)[3a+(n-1)b]$$

三角值钱正垛：

$$\sum_{i=1}^{n}\frac{1}{2!}i(i+1)[a+(i-1)b]=a+3(a+b)+6(a+2b)+10(a+3b)+\cdots$$
$$=\frac{1}{4!}n(n+1)(n+2)[4a+3(n-1)b]$$

三角值钱反垛：

$$\sum_{i=1}^{n}\frac{1}{2!}i(i+1)[a+(n-i)b]=[a+(n-1)b]+3[a+(n-2)b]+6[a+(n-3)b]+10[a+(n-4)b]+\cdots$$
$$=\frac{1}{4!}n(n+1)(n+2)[4a+(n-1)b]$$

四角值钱正垛：

$$\sum_{i=1}^{n}i^2[a+(i-1)b]=a+4(a+b)+9(a+2b)+16(a+3b)+\cdots$$
$$=\frac{1}{3!}n(n+1)(2n+1)a+\frac{1}{2\cdot 3!}n(n+1)(n-1)(3n+2)b$$

四角值钱反垛：

$$\sum_{i=1}^{n} i^2[a+(n-i)b]=[a+(n-1)b]+4[a+(n-2)b]+9[a+(n-3)b]+16[a+(n-4)b]+\cdots=\frac{1}{3!}n(n+1)(2n+1)a+\frac{1}{2\cdot 3!}n^2(n+1)(n-1)b$$

这六个公式，皆由前两类公式的一般项逐次乘以一个项数的一次式而成。以上所列出的全部14个公式之间的关系则可由图3-22所示。①

可以看出，三角形垛公式是基本的，将其各项顺次乘以项数i就得到相应的岚峰形公式；将三角形公式或岚峰形公式的各项顺次乘以项数的一次式a±bi就得到相应的值钱形公式。而在三角形公式中，茭草垛即自然数前n项和的公式又是最基本的，其余三角形公式均由前一公式“落一”得到。

至于朱世杰垛积诸公式的由来，一般认为与《四元玉鉴》卷首的古法七乘方图有关。研究者早已指出朱氏乘方图与贾宪开方作法本源图的不同，在于前者多出了平行于两条斜边的众多斜线；正是这些斜线，对于研究三角形垛的构造规律提供了重要的启发。②

① 王渝生：《李善兰研究》，载梅荣照主编：《明清数学史论文集》，江苏教育出版社1990年版。

② 杜石然：《朱世杰研究》，载钱宝琮等：《宋元数学史论文集》，科学出版社1966年版。

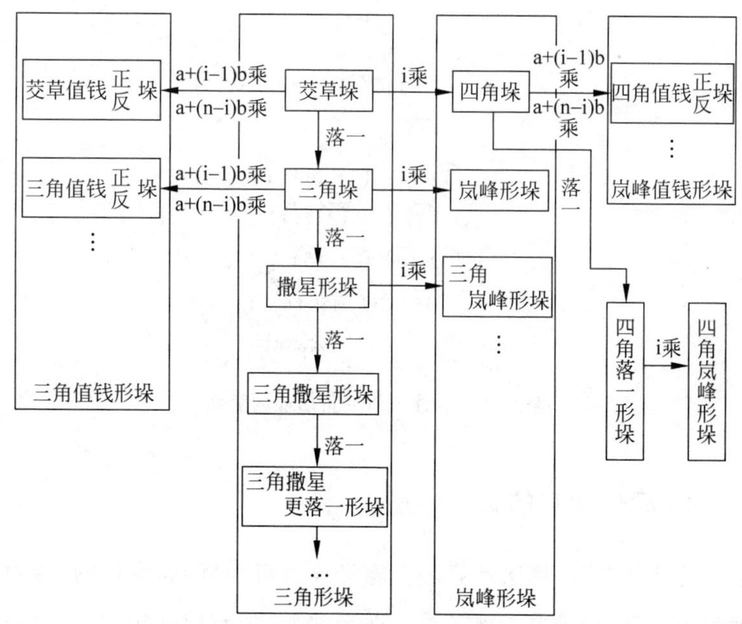

图 3-22　朱世杰垛积谱系

从图 3-23 可以看出，第 p 条斜线上的数列，恰好对应第 p 个三角形垛的各层物体个数；而第 p 条斜线上前 m 个数字的和，正是第（p＋1）条斜线上的第 m 个数。举例来说，第三条斜线的数列是 1，4，10，20…，其前四个数的和等于第四条斜线上的第四个数 35。

另外两种类型的垛积公式，也可能先由乘方图的拼合获得启发，然后借助观察归纳法得来。[①]

① 傅大为：《从沈括到朱世杰——由“体积”级数至“乘方图”级数典范转移之历史发展》，《第二届科学史研讨会汇刊》，台北，1991 年。

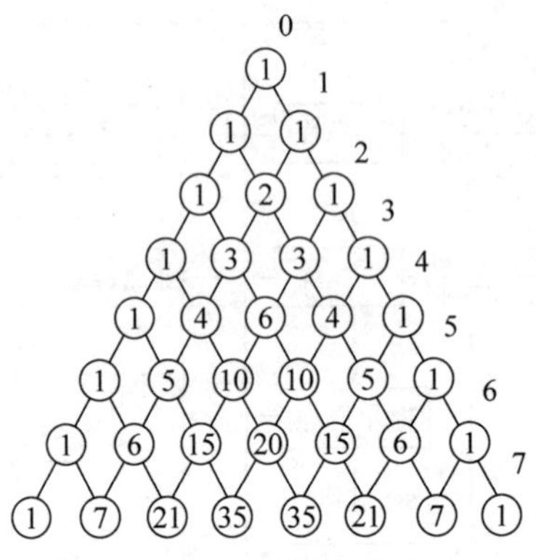

图 3-23　乘方图与三角形垛的关系

4. 后代学者的工作

元代的《丁巨算法》《算法全能集》《透帘细草》和明代的《神道大编历宗算会》等书均涉及高阶等差级数，但与前代相比，没有新的创造。清代关于高阶等差级数的研究很多，下面提到的是一些具有较高价值的工作。

梅文鼎的《平立定三差详说》解释了《授时历》中的三次内插原理，内中以差分图显示平方数和立方数的构成规律，相当于给出公式

$$\sum_{i=1}^{n} i^2 = 1 + (1+3) + (1+3+5) + \cdots + [1+3+5+\cdots+(2n-1)]$$

$$\sum_{i=1}^{n} i^3 = 1 + (1+6) + (1+6+2\times 6) + \cdots + [1+3n(n-2)]$$

《数理精蕴》下编卷三十利用多面体的拼合，解释三角尖堆（即杨辉的三角垛）和四角尖堆（即杨辉的果垛 I）的构造，继承了沈括、杨辉以体积比类垛积的传统。

陈世仁在《少广拾遗》中提出许多新的高阶等差级数公式，其中重要的基本公式有

$$\sum_{i=1}^{n} i^3 = 1^3 + 2^3 + 3^3 + \cdots + n^3 = \left[\frac{n(n+1)}{2}\right]^2$$

$$\sum_{i=1}^{n} (2i-1)^2 = 1^2 + 3^2 + 5^2 + \cdots + (2n-1)^2 = \frac{1}{3}n(4n^2-1)$$

$$\sum_{i=1}^{n} (2i-1)^3 = 1^3 + 3^3 + 5^3 + \cdots + (2n-1)^3 = n^2(2n^2-1)$$

$$\sum_{i=1}^{n} (2i)^3 = 2^3 + 4^3 + 6^3 + \cdots + (2n)^3 = 2n^2(n+1)^2$$

$$\sum_{i=1}^{n} i(2i-1) = 1\times 1 + 2\times 3 + 3\times 5 + 4\times 7 + \cdots + n(2n-1) = \frac{1}{6}n(n+1)(4n-1)$$

$$\sum_{i=1}^{n} i(2i+1) = 1\times 3 + 2\times 5 + 3\times 7 + 4\times 9 + \cdots + n(2n+1) = \frac{1}{6}n(n+1)(4n+5)$$

汪莱在《递兼数理》中首先指出各三角形垛的组合意义，即第 $n-1$ 阶三角形垛中的前 $m-n+1$ 层之物体个数（$m>n$），等于从 m 个元素中每次取 n 个的不同组合数 C_m^n。

董祐诚在《割圆连比例图解》中首先发现，三角函数幂级数中各项系数的变化规律，与三角形垛或岚峰形垛的变化规律相似，从而开辟了清代数学家借助垛积术研究幂级数的新途径。

华衡芳在《积较术》中介绍用差分术解高次方程的方法。

中国古代垛积术的集大成作是李善兰的《垛积比类》，其前言称："今所述有表、有图、有法，分条别派，详细言之。"全书分四卷，分别论述三角垛$\sum_{i=1}^{n} C_{i+p-1}^{p}$、乘方垛$\sum_{i=1}^{n} i^{p}$、三角自乘垛$\sum_{i=1}^{n}(C_{i+p-1}^{p})^{2}$、三角变垛$\sum_{i=1}^{n} i^{k} C_{i+p-1}^{p}$，以及它们的各种支垛。除了直观的图示以外，全书还有 15 个数表、57 个堆垛的实例、124 个垛积公式、100 个由垛积求层数的方程，以及相应的 112 则算草。所有内容皆以文字表述，公式无证明，但条理清晰，验算无误。①

《垛积比类》中的四大类垛及其支垛间的关系，可由图 3-24 大致显示。②

可以看出，三角垛和三角(一)变垛就是朱世杰的三角形垛和岚峰形垛；将三角形垛的各层分别乘以层数的整数次幂就得到三角多变垛；将三角形垛的各层分别平方就得到三角自乘垛；从元垛开始的各级乘方垛，则分别是三角(一)变、再变、三变……诸垛系中的首垛。由此看来，三角形垛在李善兰的垛积谱系中占据着核心位置。

① 罗见今：《〈垛积比类〉内容分析》，《内蒙古师院学报》(自然科学版)1982 年第 1 期。

② 王渝生：《李善兰研究》，载梅荣照主编：《明清数学史论文集》，江苏教育出版社 1990 年版。

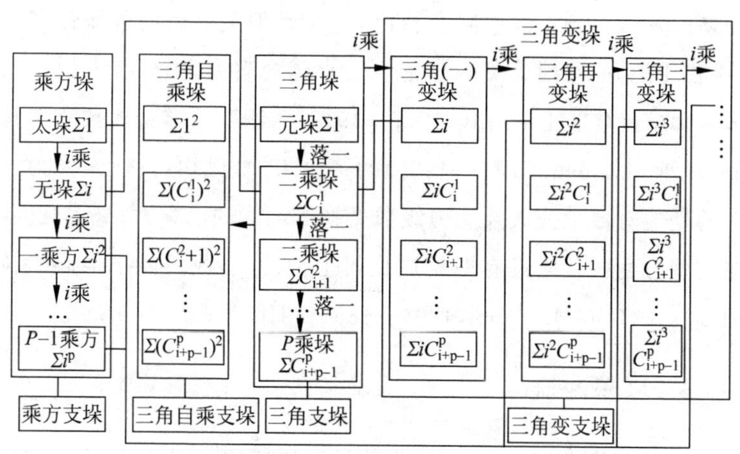

图 3-24　李善兰垛积谱系

李善兰所说的比类与杨辉的比类含义不同：后者系由已知的体积公式出发，类推出相应的垛积公式；李善兰则以最简单的三角形垛即贾宪三角为基础，利用其组合性质比类出种种三角形数表，从而建立一系列新的垛积公式。由于所有的垛积公式均可由不同的三角形垛的有限四则运算合成，可以推断《垛积比类》中的所有堆垛都是高阶等差级数。①

李善兰又利用乘方垛计算自然数幂和，得到与雅各·伯努利(Jacob I Bernoulli，1654—1705)的《猜度术》殊途同归的结果。同朱世杰一样，李善兰的主要方法也是观察与归纳，而各类垛积差分

---

① 有人以某些支垛不纯为由批评这一论点，这种意见是过于苛刻的。第一，批评者列举的某些支垛只是李善兰为了阐述垛积数表的构造而引进的数列，它们对应的阶数为〇或负数，也就是说李氏并未把它们看成实在的堆垛，这从其名称(太垛、元垛、甲垛等)就可以看出来；其次，即使在这类支垛中，只要剔除其前面少数几个数也可构成纯的高阶等差级数。

表是启发他得到正确思路的指南，这也是他把自己的著作命名为《垛积比类》的原因。关于李善兰的卓越观察力，国外有人引用数学大师哈代（G. H. Hardy，1877—1947）对印度数学奇才拉玛努扬（S. A. Ramanujan，1877—1920）的赞语来加以形容："使人大为惊奇的是他对数学公式及无穷级数变换等问题的洞察力；毫无疑问，在这些方面我从来没有遇见过比得上他的人，我只能把他同欧拉和雅可比（C. G. J. Jacobi，1804—1851）相比。"①

5. 垛积源流

中国古代垛积术，一般认为肇始于沈括的隙积术，至杨辉和朱世杰而一脉相承直到清末；然而就方法论而言，沈、杨、朱三氏却各有所本。

沈括和杨辉的相同之处在于，他们都借助于几何直观，通过《九章算术》商功章中现成的体积公式类推出相应的垛积公式；但就研究方法而言，他们二人却迥然有别：沈括在推导长方台垛积公式时，应用的是类似于刘徽在证明羡除、刍甍、刍童等多面体公式时所用的分割与重新组合的方法；而杨辉系从棋验法获得启发，通过一组与标准棋对应的垛来研究它们之间的相互关系，从而得到各自的垛积公式。

朱世杰则抛弃了几何直观，而借助乘方图来直接考察垛积的数量关系，从而使中国古代垛积术的研究发生了革命。如果说沈括、杨辉的工作是商功传统的体现，那么朱世杰所开辟的乃是少广

① 〔法〕马若安：《李善兰的有限和公式》，罗见今译，《科学史译丛》1983 年第 2 期。

进路的研究。[①]

清代垛积研究再度成为中算家关注的内容,除了《数理精蕴》这一个别例子外,其他研究基本都沿着少广传统展开。由于这一方法更富抽象性和操作性,传统垛积术的内容也因此得到极大的丰富,朱世杰应用垛积术于招差是成功的范例,李善兰更把垛积术与整数论、无穷幂级数、组合论等题材结合起来,为中国传统垛积术作了一个完美的总结。

在西方,从古希腊的毕达哥拉斯开始,拟形数就不断受到学者们的注意,18 世纪以后的一些著名数学家都曾作过探索。所谓拟形数,大多涉及高阶等差级数,例如,图 3-25 中的三角形数与正方形数中的点阵,就分别构成数列 1,3,6,10,…,n(n+1)/2 和 1,4,9,16,…,n^2,它们都是二阶等差级数。

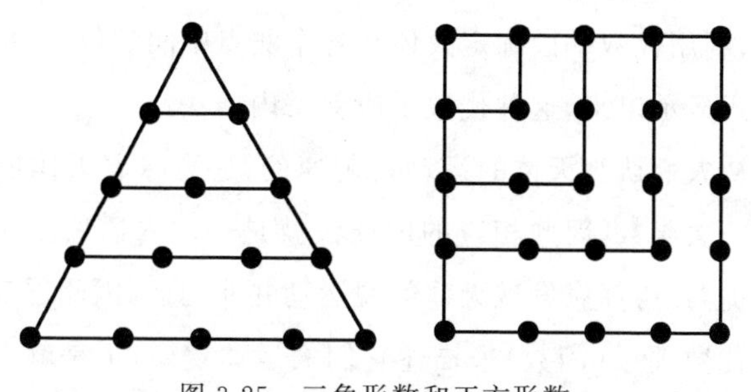

图 3-25　三角形数和正方形数

阿基米德和 1 世纪的尼可马科斯(Nicomachus of Gerasa,约 60—约 120)分别得出过平方和与立方和的公式,15 世纪阿尔·卡

① 傅大为:《从沈括到朱世杰——由"体积"级数至"乘方图"级数典范转移之历史发展》,《第二届科学史研讨会汇刊》,台北,1991 年。

西提出过四次方和公式，17 世纪日本数学家关孝和在其《括要算法》中列出了从 1 到 11 次的自然数幂和公式，值得注意的是他使用的术语与中国垛积术完全一样。[①] 在西方，则有雅各·伯努利在《猜度术》中推出一般次幂的求和公式，式中引进伯努利数作为组合系数，与李善兰引进李氏数求幂和的工作（详后）有异曲同工之妙。

(三) 内插法

1. 中国古代内插法与天文学的关系

中国古代天文学较少关心天体运动的原因，而对预推之天体位置与实测结果的吻合给予高度重视。这就决定了历算家对天体运动规律的描述，不是借助西方那种几何模型，而是从一些实测数据出发，利用代数手段确定天体在各个测点中间的位置，然后用表格或公式显示出来，这种代数手段就是内插法。

起初人们认为天体的运动是匀速的，这意味着天体的行程是时间的一次函数，因此相应的内插法就是一次内插法。随着观测精度的提高，历算家发现天体的视运动并非匀速，因此逐渐引入较高次的代数关系（函数）来描述它们的运动规律，于是就有了较高次的内插法。与此同时，由于采用定气并考虑到相邻节气的长度各不相同，等间距自变量的内插法就演化成不等间距自变量的内插法。通过内插法公式推算出来的各种天文数表，构成各代历法中相当重要的一部分内容。通过长期的实践与观察不难发现，这

① 沈康身：《中算导论》，上海教育出版社 1986 年版，第 322—328 页。

些表格上的数据所构成的数列，其高阶差均为零。根据这一特点，历算家又发明了利用差分原理逆推原函数和制作插值表的方法。从汉以迄元，中国古代的内插法就是在这种天文历法的实际背景中发展起来的。[①]

但是也要注意，由于高次函数数列的更高一阶差均为零，因此单凭天文数表或公式所推数据的 n+1 阶差为零这一现象，就推论其来自 n 次内插法是不合逻辑的。唐宋以来中国历法中出现了公式算法的倾向，它们很可能与内插法的应用有关，也有可能来自别的渠道；要说明它们是 n 阶内插法的产物，不能只凭其 n+1 阶差为零这一条件。

2. 一次内插法

《周髀算经》卷下有二十四节气晷长数据，书中但称："冬至晷长一丈三尺五寸，夏至晷长一尺六寸，问次节损益寸数长短各几何？"这里提到的实测数据只是冬至和夏至两点的晷影长度 f(a)、f(b)。术文又称："置冬至晷，以夏至晷减之，余为实。以十二为法。实如法得一寸。"即得每节损益数

$$\Delta=\frac{1}{12}\left[f(a)-f(b)\right]$$

设 f(b+x)为夏至后第 x 个节气的晷长，则

$$f(b+x)=f(b)+\Delta x$$

这是把标准晷表在每日午时的影长看作以日期为变量呈线性变化

① 李俨：《中算家的内插法研究》，科学出版社 1957 年版。

的结果,上式就是等间距自变量的一次内插公式,也就是一般等差数列的通项公式。[①]

东汉刘洪在《乾象历》中曾用此式推算月球在一近点周内的每日经行度数,魏晋南北朝各家历法亦予采用。

3. 二次内插法

隋代刘焯把日、月、五星的视运动看成是匀变速运动,也就是说把上述天体的视行度 f(x)看作时间 x 的二次函数,因而提出二次内插法来推算其行度。以推太阳每日速迟数为例,《皇极历》中写道:

> 见求所在气陟降率,并后气率半之,以日限乘,而泛总除,得气末率。又日限乘二率相减之残,泛总除,为总差。其总差亦日限乘,而泛总除,为别差。率前少者以总差减末率为初率;前多者即以总差加末率,皆为气初日陟降数。以别差前多者日减,前少者日加初数,得每日数。[②]

假定在时刻 n 测得天体行度为 f(nt),t 为泛总,x 为日限($x<t$);又设 s_1 为所在气陟降率:$s_1=f(nt+t)-f(nt)$;s_2 为后气陟降率:$s_2=f(nt+2t)-f(nt+t)$,则天体在 nt 和(n+1)t 之间任

① 李迪:《中国数学史简编》,辽宁人民出版社 1984 年版,第 52 页。

② (唐)长孙无忌等:《隋书》卷十八《律历志下》,上海古籍出版社、上海书店二十五史 1986 年版,第 3309 页。此处依李俨在"率前少者以总差减末率为初率"后删去"乃别差加之"五字。参阅李俨:《中算家的内插法研究》,科学出版社 1957 年版,第 24 页。

何一日的行度是

$$f(nt+x)=f(nt)+\frac{1}{2}(s_2+s_1)\frac{x}{t}-(s_2-s_1)\frac{x}{t}+\frac{1}{2}(s_2-s_1)\left(\frac{x}{t}\right)^2$$

这就是刘焯创立的等间距自变量的二次内插公式。唐代傅仁均的《戊寅历》、李淳风的《麟德历》、郭献之的《五纪历》、徐承嗣的《正元历》、徐昂的《宣明历》、边冈的《崇玄历》以及元代耶律楚材(1190—1240)的《庚午元历》都沿用了这一公式。

此式还能简化,令 $s_1=\Delta_n^1, s_2-s_1=\Delta_n^2, t=1$,则有

$$f(n+x)=f(n)+\Delta_n^1 x-\frac{1}{2}\Delta_n^2 x+\frac{1}{2}\Delta_n^1 x^2$$

$$=f(n)+\Delta_n^1 x+\Delta_n^2\frac{x(x-1)}{2}$$

这就是现代形式的等间距二次内插公式。

对此公式还可以作另一种解释:把等差数列的前 n 项和

$$s=na+\frac{n(n+1)}{2}d$$

作为一个新数列的通项,根据垛积术中的知识我们知道,后者构成一个二阶等差数列,其通项是一个二次函数,该函数在起点的一差 Δ^1 正是原来等差数列的首项 a,二差 Δ^2 正是原来的公差 d,可见等差数列的求和公式,也可以看成是相应二次函数的内插公式。以此观点反观张遂由日行度推算日数的公式,可以推测它可能直接来自刘焯的内插法,而不是从《九章算术》或《张丘建算经》中的等差数列问题得到启发的。秦九韶《数书九章》卷十三计造石坝

题，也用以上公式来计算所需石板数量，书中称为“招法”，这也说明他是从内插法的角度来考虑问题的。

张遂在《大衍历》中又主张用定气来计算太阳行度，由于两个节气间的长度不一，他在刘焯公式的基础上创立了不等间距自变量的二次内插公式。设相邻两节气的长度是 t_1 和 t_2，相应的陟降率是 a_1 和 a_2，则有

$$f(t+x)=f(t)+\frac{a_1+a_2}{t_1+t_2}x+\left(\frac{a_1}{t_1}-\frac{a_2}{t_2}\right)x-\left(\frac{a_1}{t_1}-\frac{a_2}{t_2}\right)\cdot\frac{x^2}{t_1+t_2}$$

徐昂对此公式作了修改，形式更为简便。耶律楚材求每日盈缩朓朒、秦九韶《数书九章》卷三缀术推星题均用此式。

唐代历法中几乎都采用二次内插法来推算天体行度，史志中有明确记载的就有傅仁均的《戊寅历》、李淳风的《麟德历》、郭献之的《五纪历》、徐承嗣的《正元历》、徐昂的《宣明历》以及边冈的《崇玄历》等。

北宋沈括曾写过一本自称“皆非袭蹈前人之迹”的《熙宁晷漏》，可惜今已失传，但《梦溪笔谈》卷七中提到“其间尤微”的一项成就，从字面判断应该是一种推算太阳视行度的新方法：“以妥法相荡而得差，则差有疏数。相因以求从，相消以求负。从、负相入，会一术以御日行。……以日衰生日积，反生日衰，终始相求，迭为宾主。顺循之以索日变，衡别之求去极之度，合散无迹，泯如运规。非深知造算之理者，不能与其微也。”可见“妥法”的实质，就是利用不同的日差和日积反复加减，这或许就是借助差分关系制作高次

插值表的方法。[①]

4. 三次内插法

元代郭守敬等人编制的《授时历》对高次内插法有新的发展，《元史》称《授时历》包括前所未有的五大创造。其中前两条：一是"依立招差得每日行分，初末极差、积度"以定太阳盈缩；二是"依垛叠招差求得转分进退"以决月行迟疾，二者都与高次内插法有关。

有的作者认为，《授时历》中应用了三次内插法公式，但无论是保存于《元史·历志》中的《授时历经》和《授时历议》，还是在其他有关文献中，都找不到表述这一公式的文字。实际上，郭守敬等人在《授时历》中是用差分方法来解决三次插值问题的，只是在确立三次函数关系时应用了刘焯的二次内插公式。现以推算太阳在冬至到春分间的日行度数为例，借用现代函数的表达方法加以说明。[②]

《授时历》把这段时间共 88.91 日均分成 6 段，每段日数 t=14.82。通过实测求得太阳在 0、t、2t…6t 的行度（《授时历》中称为"积差"）F(0)、F(t)、F(2t)…F(6t)，然后计算以上数列的各级差分，发现四差为零。这意味着在这一观测的精度范围内，太阳行度即"积差"是时间的三次函数

$$F(x)=ax^3+bx^2+cx+d$$

① 与"妥法"相对的是"圆法"，其特点是"衰无不均"，可以理解为差距相同，而其弊是"止用一衰，循环无端，终始如贯，不能议其隙"，似乎是说不能与观测数据密合。这里的"圆法"如果指一次内插法的话，"妥法"无疑就是二次或更高次的内插法。

② 以下参阅钱宝琮：《中国数学史》，科学出版社 1964 年版，第 192—197 页。

现在的问题是要求出 a、b、c、d 这些系数来。一种方法是把观测得到的 7 个 F(nt)中的任意 4 个代入上式，然后通过解四元一次方程组来求解，但《授时历》用的是另外一种方法。

因为把冬至时刻作为起点，故有 F(0)=0，式中的常数项 d 也应为 0，这样得到降次函数

$$f(x)=F(x)/x=ax^2+bx+c$$

《授时历》把这一函数称为“日平差”，并列出了它和它的各级差分数，相当于如下的形式：

积日 x	日平差 $f(x)=\frac{F(x)}{x}$	一差 Δ^1	二差 Δ^2	三差 Δ^3
0(冬至)	(513.32)			
		(−37.07)		
t	476.25		(−1.38)	
		−38.45		(0)
2t	437.80		−1.38	
		−39.83		0
3t	397.97		−1.38	
		−41.21		0
4t	356.76		−1.38	
		−42.59		0
5t	314.17		−1.38	
		−43.97		
6t	270.20			

表中冬至点的“日平差”f(0)及其三阶差分 Δ_0^1、Δ_0^2、Δ_0^3 都是未知数(上表中这四个数据都在括号内，表示它们系由其他数据推导而来)，其余 6 个“日平差”则是实测数据 F(nt)除以每段日数

14.82 的结果。由这 6 个数据可以推出各阶差分,例如,

$$\Delta_1^1=f(2t)-f(t)=-38.45,\quad \Delta_2^1=f(3t)-f(2t)=-39.83,$$

$$\Delta_3^1=f(4t)-f(3t)=-41.21\cdots\Delta_1^2=\Delta_2^1-\Delta_1^1=-1.38,$$

$$\Delta_2^2=\Delta_3^1-\Delta_2^1=-1.38\cdots\Delta_1^3=\Delta_2^2-\Delta_1^2=0\cdots$$

可以看出,此表中二差 Δ^2 皆为−1.38,三差 Δ^3 皆为 0。由此又可推出冬至点的一差和"日平差"

$$\Delta_0^1=\Delta_1^1-\Delta_0^2=-38.45-(-1.38)=-37.07$$

$$f(0)=f(t)-\Delta_0^1=476.25-(-37.07)=513.32$$

在冬至点(即 n=0 时)应用刘焯的二次内插法公式

$$f(nt+x)=f(nt)+\frac{x}{t}\Delta^1+\frac{1}{2}\cdot\frac{x}{t}\left(\frac{x}{t}-1\right)\Delta^2$$

即

$$f(x)=513.32+\frac{x}{14.82}(-37.07)+\frac{1}{2}\cdot\frac{x}{14.82}\left(\frac{x}{14.82}-1\right)(-1.38)$$

$$f(x)=513.32-2.46x-0.0031x^2$$

因此求得"积差"

$$F(x)=x\cdot f(x)=513.32x-2.46x^2-0.0031x^3$$

原先待定之系数 a=−0.0031,b=−2.46,c=513.32,这就是《授时历》中的"立差""平差"和"定差"。①

将日数 1、2、3…逐次代入上式即可求得冬至后逐日"积差",但是这样计算十分烦琐,《授时历》在此又一次应用差分表来简化计算。下面是以代数形式显示的差分表:

① 此为《授时历》的数据,精确计算"平差"应为 b=−2.4548。

积日 x	积差 $F(x)=ax^3+bx^2+cx$	一差 Δ^1	二差 Δ^2	三差 Δ^3	四差 Δ^4
0(冬至)	0				
		a+b+c			
1	a+b+c	(2)	6a+2b		
	(3)	7a+3b+c	(1)	6a	
2	8a+4b+2c	(5)	12a+2b		0
	(6)	19a+5b+c	(4)	6a	
3	27a+9b+3c	(8)	18a+2b		0
	(9)	37a+7b+c	(7)	6a	
4	64a+16b+4c	(11)	24a+2b		0
	(12)	…	(10)	6a	
	…		…		…

从表中可以看出，当 x 逐日变化时，“积差”F(x)中首项 a 的系数按 1、8、27、64、…的立方倍数增加，第二项 b 的系数按 1、4、9、16、…的平方倍数增加，等三项 c 的系数按 1、2、3、4、…的自然数倍数增加，这就是它们被分别叫作“立差”“平差”“定差”的原因。从表中也可得知，F(0)的一、二、三差分别是

$$\Delta_0^1=a+b+c=510.8569$$

$$\Delta_0^2=6a+2b=-4.9386$$

$$\Delta_0^3=6a=-0.0186$$

此外还可知 F(0)=0，F(1)=a+b+c=510.8569，所有三差 Δ^3 皆为 6a=−0.0186。从这些数据出发，按照表中折线和括号中数字显示的顺序，就可仅用加减法逐项填满 F(2)、F(3)、F(4)、…，就是如下表格：①

---

① 此表源自《明史·历志》所辑《授时历》之“立成”，仅将原来的竖排改成横排，增加了原立成中不录的三差，又把原表中的“加分”与“平立合差”分别改成一差、二差，其余全同。参阅(清)张廷玉等：《明史》卷三十四《历志四》“大统历太阳盈缩末限立成”，上海古籍出版社、上海书店二十五史 1986 年版，第 7854 页。

积日	积差	一差(加分)	二差(平立合差)	三差
初日	0			
		510.8569		
一日	510.8569		－4.9386	
		505.9183		－0.0186
二日	1016.7752		－4.9572	
		500.9611		－0.0186
三日	1517.7363		－4.9758	
		495.9853		－0.0186
四日	2013.7216		－4.9944	
		…		…
…	…		…	

这种利用差分表进行插值运算的方法，大概就是从沈括所说的“妥法”演化而来的；而通过低次函数的差分关系研究高次函数的方法，已在张遂和秦九韶的工作中显露端倪。这一方法又一次显示了中国古代数学的构造性和算法机械化的特征。尤为重要的是，通过观察逐级差分与相应函数值的关系，有可能发现垛积与内插法的联系，并归纳出一般的高次内插公式，而这正是朱世杰建立垛积招差术的关键。

5. 垛积招差术与一般高次内插公式

在朱世杰之前，垛积与招差是互相独立发展的两门知识：前者来源于累棋、堆坛等日常生活，后者来源于对天体行度的推算。虽然秦九韶已把等差级数求和公式称为“招法”，但毕竟是一个极简单的例子，没有证据表明他已通晓招差术的一般公式。

《四元玉鉴》内如象招数门共有五问，从中可以看出作者已掌握高次内插法的一般规律。现以其最后一题求兵数的解法为例来说明。原题和解法是：

> 今有官司依立方招兵，……初招方面三尺，次招方面转多一尺，得数为兵。今招一十五日，……问招兵……几何？
>
> 求得上差二十七，二差三十七，三差二十四，下差六。求兵者：今招为上积；又今招减一为茭草底子积，为二积；又今招减二为三角底子积，为三积；又今招减三为三角落一积，为下积。以各差乘各积，四位并之，即招兵数也。①

朱世杰称这一类问题为“如象招数”，所谓“立方招兵”乃是一个形象化的说法，就是按照自然数的立方关系逐日增加招兵数目。设“今招”即招兵日数为 x，至 x 日共招兵数为 f(x)，则每日招兵数 $(x+2)^3$ 是函数 f(x)的一阶差分。依题意可列出差分表如下：

日数 x	累招兵数 f(x)	一差 Δ^1 即日招兵数 $(x+2)^3$	二差 Δ^2	二差 Δ^3	二差 Δ^4
0	0				
		27			
1	27		37		
		64		24	
2	91		61		6
		125		30	
3	216		91		6

① （元）朱世杰：《四元玉鉴》卷十，罗士琳细草本，道光十六年(1836)。

续表

日数 x	累招兵数 f(x)	一差 Δ^1 即日招兵数 $(x+2)^3$	二差 Δ^2	二差 Δ^3	二差 Δ^4
		216		36	
4	432		127		…
		343		…	
…	…		…		…

从表中可以看到，f(x)在起点的四阶差分分别是 27、37、24 和 6，这就是朱世杰说的“上差”“二差”“三差”和“下差”。而朱氏所谓“上积”就是日数 x，“二积”就是 x−1 层茭草垛积，即

$$\frac{1}{2!}x(x-1)$$

“三积”就是 x−2 层三角垛积，即

$$\frac{1}{3!}x(x-1)(x-2)$$

“下积”就是 x−3 层三角落一形垛积，即

$$\frac{1}{4!}x(x-1)(x-2)(x-3)$$

“以各差乘各积，四位并之”就是

$$f(x)=x\Delta^1+\frac{1}{2!}x(x-1)\Delta^2+\frac{1}{3!}x(x-1)(x-2)\Delta^3+\frac{1}{4!}x(x-1)(x-2)(x-3)\Delta^4$$

由于推断朱世杰已经掌握了三角形垛的一般构造规律，有理由相信他也可以写出任意高次的插值公式：

$$f(x)=x\Delta^1+\frac{1}{2!}x(x-1)\Delta^2+\frac{1}{3!}x(x-1)(x-2)\Delta^3+\frac{1}{4!}x(x-1)(x-2)(x-3)\Delta^4+$$

$$+\cdots+\frac{1}{p!}x(x-1)(x-2)\cdots(x-p+1)\Delta^{p}$$

其中 p 等于函数 f(x)的次数。但他是怎样得到这一公式的呢?以往较少被认真讨论过。[①]

只要抓住沈括“妥法”—秦九韶“招法”—郭守敬“平立定三差法”这样一条线索,这一问题是可以找到答案的。那就是通过差分表进行逆推,从而把 p 次函数的数值看成 p 个垛积之积;而每一个垛积的元素,分别是该函数在起点的各阶差分。以《授时历》中推算“积差”的差分表为例,逆推的过程可由下表显示:

f(x)	Δ^1	Δ^2	Δ^3	Δ^4
0				
	Δ_0^1			
Δ_0^1	(2)	Δ_0^2		
(3)	$\Delta_0^1+\Delta_0^2$	(1)	Δ_0^3	
$2\Delta_0^1+\Delta_0^2$	(5)	$\Delta_0^2+\Delta_0^3$		0
(6)	$\Delta_0^1+2\Delta_0^2+\Delta_0^3$	(4)	Δ_0^3	
$3\Delta_0^1+3\Delta_0^2+\Delta_0^3$	(8)	$\Delta_0^2+2\Delta_0^3$		0
(9)	$\Delta_0^1+3\Delta_0^2+3\Delta_0^3$	(7)	Δ_0^3	
$4\Delta_0^1+6\Delta_0^2+4\Delta_0^3$	(11)	$\Delta_0^2+3\Delta_0^3$		0
(12)	$\Delta_0^1+4\Delta_0^2+6\Delta_0^3$	(10)	Δ_0^3	
$5\Delta_0^1+10\Delta_0^2+10\Delta_0^3$	(14)	$\Delta_0^2+4\Delta_0^3$		0
(15)	$\Delta_0^1+5\Delta_0^2+10\Delta_0^3$	(13)	Δ_0^3	
$6\Delta_0^1+15\Delta_0^2+20\Delta_0^3$		$\Delta_0^2+5\Delta_0^3$		…
	…	…	…	
		…	…	

① 傅庭芳的“朱世杰与李善兰在垛积术上的成就”是一个例外,该文涉及差分表在观察归纳中的作用,唯其陈述方式较为“现代”,也未论及这一方法演进的历史脉络。其文见《中国数学史论文集》(二),山东教育出版社 1986 年版。

我们来看表中 f(x)这一列，它的各项皆由 f(0)的三阶差分 Δ_0^1、Δ_0^2 和 Δ_0^3 组成：从上到下 Δ_0^1 的系数分别是 1、2、3、4、5、6、…，Δ_0^2 的系数分别是 1、3、6、10、15、(21)、…，Δ_0^3 的系数分别是 1、4、10、20、(35)、…。这三组数列不是别的，正是古法乘方图(贾宪三角)中除两边外斜下数第一、二、三行的数字。在垛积术中我们已经知道，乘方图中第 p 条斜线的数列，正好对应 p 级三角形垛；而第 p 条斜线上的第 n 个数字，正好等于第 p－1 条斜线上前 n 个数的和(即 n 层 p－1 级三角垛的和)。具体来说，在 f(n)这一栏中，Δ_0^1 的个数等于项数 n，Δ_0^2 的个数等于 n－1 层茭草垛积，Δ_0^3 的个数等于 n－2 层三角垛积。推广到一般，若 F(x)为 p 次函数，对于任意的 $k \leqslant p$，Δ_0^k 存在且在 F(x)中的个数等于 x－k＋1 层 k－1 阶三角形垛积，即 $\frac{1}{k!}x(x-1)(x-2)\cdots(x-k+1)$。这就是高次内插法与三角形垛的一般关系。

还可以换一个角度来说明这种关系，考察上面差分表中各阶差分是怎样“垛”起来的。例如，对于 Δ_0^3 的个数，在三差 Δ^3 这一列中(从第四行开始)，它的数目是 1、1、1、1、…，不妨称其为 0 阶三角形垛；在二差 Δ^2 这一列中(从第五行开始)，Δ_0^3 的数目是 1、2、3、4、…，是为茭草垛，注意它是 0 阶三角形垛“落一”的结果，故少了一层；在一差 Δ^1 这一列中(从第六行开始)，Δ_0^3 的数目是 1、3、6、10、…，是为三角形垛，它是茭草垛“落一”的结果且层数又少一；而在 f(x)这一列的第 n 行中，Δ_0^3 的个数正是 n－3＋1 层三角形垛的积。这一推理同样也可以推广到一般的情况。

朱世杰很可能就是应用这种观察与归纳的方法得到一般高次

内插公式的,而在观察与归纳的过程中,乘方图发挥了提纲挈领的作用。

在欧洲,对内插法的研究是从 17 世纪下半叶开始的,英国的格列高里(J. Gregory,1638—1675)、牛顿和德国的莱布尼茨先后做出了贡献。

(四) 无穷级数

1. 早期的例子

春秋战国时期的著名辩者惠施提出过一个有名的命题,就是"一尺之棰,日取其半,万世不竭";其逆命题可用

$$\sum_{i=1}^{\infty} \frac{1}{2^i} = \frac{1}{2} + \frac{1}{4} + \frac{1}{8} + \cdots = 1$$

来表示,这是一个无穷级数。

刘徽在割圆术中以圆内接正六 n 边形来逼近圆,当 n 无限增大时,每相邻两多边形的面积之差就构成一个关于面积的无穷级数,连同圆内接正六边形的面积一道,它们的和是圆的面积。同理,圆内接正六边形的周长,以及其后每相邻两多边形的周长之差构成一个关于长度的无穷级数,其和是圆的周长。在对商功章阳马术的证明中,他对阳马和鳖臑每次半其长、宽、高进行无穷分割,则得到两个关于体积的无穷级数。

2. 清代数学家对无穷幂级数的研究

康熙年间法国耶稣会士杜德美来华参与《皇舆全览图》的绘制工作,同时把牛顿和格列高里关于圆周率以及圆内弦、矢、径关系

的三个无穷幂级数公式传授给了中国数学家，但是没有说明其理论依据。梅珏成在《赤水遗珍》中记录了这些公式，称之为“西士杜德美法”。

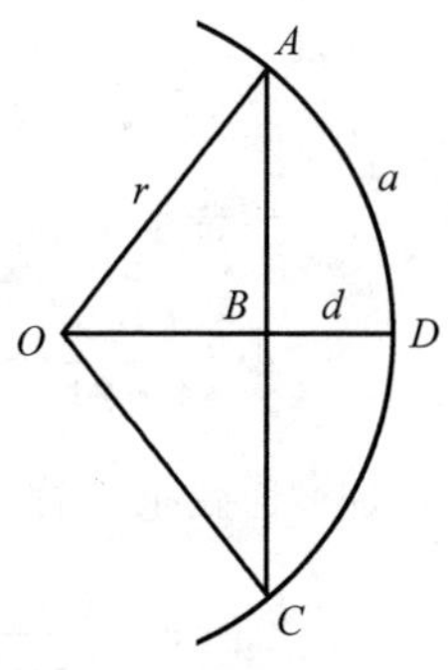

图 3-26　割圆连比例

乾隆年间任钦天监监正的蒙古族科学家明安图，积三十余年心血写成《割圆密率捷法》一书，内中证明了九个无穷幂级数公式。如图 3-26，设圆半径为 OA$=r$，通径 AC$=c$，弧背 AD$=a$，正弦 AB$=\frac{c}{2}=r\cdot\sin\frac{a}{r}$，正矢 BD$=d=r\cdot\text{vers}\,\frac{a}{r}$，则有如下九式。

（1）圆径求周

$$2\pi r=2r\left(3+\frac{3\cdot1^2}{4\cdot3!}+\frac{3\cdot1^2\cdot3^2}{4^2\cdot5!}+\frac{3\cdot1^2\cdot3^2\cdot5^2}{4^3\cdot7!}+\frac{3\cdot1^2\cdot3^2\cdot5^2\cdot7^2}{4^4\cdot9!}+\cdots\right)$$

（2）弧背求正弦

$$r\cdot\sin\frac{a}{r}=a-\frac{a^3}{3!r^2}+\frac{a^5}{5!r^4}-\frac{a^7}{7!r^6}+\frac{a^9}{9!r^8}-\cdots$$

（3）弧背求正矢

$$r\cdot\text{vers}\,\frac{a}{r}=\frac{a^2}{2!r}-\frac{a^4}{4!r^3}+\frac{a^6}{6!r^5}-\frac{a^8}{8!r^7}+\cdots$$

（4）弧背求通弦

$$c=2a-\frac{(2a)^3}{4\cdot3!r^2}+\frac{(2a)^5}{4^2\cdot5!r^4}-\frac{(2a)^7}{4^3\cdot7!r^6}+$$

$$\frac{(2a)^9}{4^4 \cdot 9!r^8} - \cdots$$

（5）弧背求矢

$$d = \frac{(2a)^2}{4 \cdot 2!r} - \frac{(2a)^4}{4^2 \cdot 4!r^3} + \frac{(2a)^6}{4^3 \cdot 6!r^5} - \frac{(2a)^8}{4^4 \cdot 8!r^7} + \cdots$$

（6）通弦求弧背

$$2a = c + \frac{c^3}{4 \cdot 3!r^2} + \frac{3^2 \cdot c^5}{4^2 \cdot 5!r^4} + \frac{3^2 \cdot 5^2 \cdot c^7}{4^3 \cdot 7!r^6} +$$

$$\frac{3^2 \cdot 5^2 \cdot 7^2 \cdot c^9}{4^4 \cdot 9!r^8} + \cdots$$

（7）正弦求弧背

$$a = r\sin\frac{a}{r} + \frac{\left(r\sin\frac{a}{r}\right)^3}{3!r^2} + \frac{3^2\left(r\sin\frac{a}{r}\right)^5}{5!r^4} +$$

$$\frac{3^2 \cdot 5^2\left(r\sin\frac{a}{r}\right)^7}{7!r^6} + \cdots$$

（8）正矢求弧背

$$a^2 = 2r\left[\frac{2r \cdot \operatorname{vers}\frac{a}{r}}{2!} + \frac{\left(2r \cdot \operatorname{vers}\frac{a}{r}\right)^2}{4!r} + \right.$$

$$\left. \frac{2^2\left(2r \cdot \operatorname{vers}\frac{a}{r}\right)^3}{6!r^2} + \frac{2^2 \cdot 3^2\left(2r \cdot \operatorname{vers}\frac{a}{r}\right)^4}{8!r^3} + \cdots\right]$$

（9）矢求弧背

$$(2a)^2 = 2r\left[\frac{8d}{2!} + \frac{(8d)^2}{4 \cdot 4!r} + \frac{2^2(8d)^3}{4^2 \cdot 6!r^2} + \right.$$

$$\left.\frac{2^2\cdot 3^2(8d)^4}{4^3\cdot 8!r^3}+\cdots\right]$$

前三式就是明安图所称“杜氏三术”，其余六式为他本人在国内首先披露。他使用的割圆连比例方法，是在中国古代割圆术和《数理精蕴》下编卷十六三分弧法的启发下加以推广而来的，在此基础上先求得(3)(4)两式。他又引进级数回求方法，即从已知函数的幂级数展开式出发，借助多项式乘法和分离系数法等手段，得到相当于其反函数的幂级数表达式，以此方法又求得(6)(8)两式。① 其余五式，则由相应的代数变换导出。明氏的整个推导过程如图 3-27 所示。②

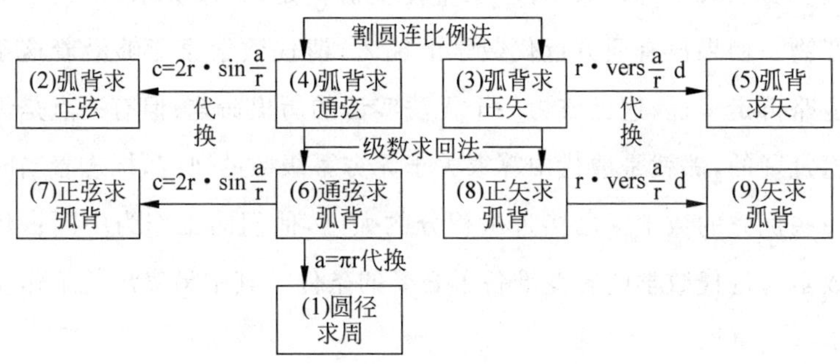

图 3-27　明安图割圆九术之间的关系

明安图的《割圆密率捷法》，揭开了清代中末叶无穷幂级数研究的序幕，董祐诚、孔广森(1752—1786)、朱鸿、项名达、丁取忠、徐有壬、戴煦、李善兰、邹伯奇、夏鸾翔(1823—1864)、左潜(1846—

① 何绍庚：《明安图的级数回求法》，《自然科学史研究》1984 年第 3 期。

② 〔日〕川原秀城：《中国の无限小解析》，载《中国古代科学史论》，京都大学人文科学研究所 1989 年版。

1874)、曾纪鸿(1848—1877)、吴诚、蒋士栋、凌步芳等人先后致力于这一课题,在三角函数、反三角函数、对数函数、二项式函数、椭圆函数等方面取得了许多成果。① 如同在西方一样,它们应被看作数学研究的对象从常量到变量、从有限到无穷、从离散到连续的历史性转折中的产物。

无穷幂级数的理论和算法,在西方是作为微积分早期发展的自然结果出现的。而在清代中末叶的中国,上述绝大多数学者是在微积分知识尚未传入的情况下从事研究的。他们工作的基础主要是传统数学中的比例、弧矢、割圆、垛积、招差等知识,再加上反演、类推、代换等代数手段,从整体上讲仍是《九章算术》范式下的产物。如果没有西方近代数学的输入,清代数学家能够沿着这条道路再走多远,这已成为一个无法实证的历史命题;但有一点是毋庸置疑的,那就是清代中算家关于无穷幂级数的研究,标志着当时一些优秀的数学家已接近微积分的大门,他们的工作为中国古代数学向近代数学的转变准备了必要的条件。其中最突出的工作非李善兰莫属。

3. 李善兰的尖锥术

李善兰的尖锥术就是一个典型。李氏涉及尖锥术的主要著作有三种,即《方圆阐幽》《弧矢启秘》和《对数探源》,它们大约完成于1845—1850 年,也就是在他 1852 年到上海参加翻译西方科学书

---

① 李俨:《明清算家的割圆术研究》,载李俨:《中算史论丛》(第三集),科学出版社1955 年版。

籍之前。所谓“尖锥”,是他独创的一种表达代数关系的几何模型,由互相垂直的底和高,以及具有一定曲率的边界线围成。研究者指出,李善兰的尖锥术来源于中国传统的垛积术;具体来说,他以 p－1 乘方垛堆积成底为 b、高为 h 的 p 乘尖锥,即先有

$$V_{垛}=\sum_{i=1}^{n}b\left(\frac{i}{n}\right)\cdot\frac{h}{n}=n^{\frac{bh}{p+1}}\sum_{k=0}^{p-1}L_{p-1}^{k}C_{n+k}^{p+1}$$

$$=\frac{bh}{(p+1)!}\sum_{k=0}^{p-1}L_{p-1}^{k}\prod_{j=1}^{p}\left(1+\frac{j-k}{n}\right)$$

然后取极限并应用李氏数的性质$\sum_{k=0}^{p-1}L_{p-1}^{k}=p!$,即得 p 乘尖锥积为

$$V_{锥}=\lim V_{垛}=\frac{bh}{(p+1)!}\sum_{k=0}^{p-1}L_{p-1}^{k}=\frac{bh}{(p+1)}$$

这就是李善兰的尖锥求积术——“以高乘底为实,本乘方数加一为法除之,得尖锥积”。用现代数学符号写出来就是

$$\int_{0}^{h}b\left(\frac{x}{h}\right)^{p}dx=\frac{bh}{p+1}$$

求诸尖锥相并,则相当于给出如下的逐项积分法则

$$\sum_{p=0}^{\infty}\left(\int_{0}^{h}\frac{b}{h^{p}}\cdot x^{p}dx\right)=\int_{0}^{h}\left(\sum_{p=0}^{\infty}\frac{b}{h^{p}}\cdot x^{p}\right)dx$$

在《方圆阐幽》中,李善兰首先列出十条概括性的命题作为尖锥术的基本原理,其主导思想与西方微积分前史中开普勒(J. Kepler,1571—1630)、卡瓦列里(F. B. Cavalieri,1598—1647)、罗贝瓦尔(G. Roberval,1602—1675)等人的见解颇相类似。[①] 他

① 王渝生:《隙积术、垛积术与尖锥术——从沈括、朱世杰到李善兰》,《第二届科学史研讨会汇刊》,台北,1991 年。

又以求圆的面积为例说明尖锥术的应用，得到单位半径的圆面积为

$$\pi=4-4\left(\frac{1}{3}\cdot\frac{1}{2}+\frac{1}{5}\cdot\frac{1}{4\times2}+\frac{1}{7}\cdot\frac{1}{6\times4\times2}+\frac{1}{9}\cdot\frac{1}{8\times6\times4\times2}+\cdots\right)$$

作为一个副产品，他又利用分离元数法得到关于二项平方根的幂级数展开式

$$\sqrt{1-x^2}=1-\left(\frac{1}{2}x^2+\frac{1}{4\times2}x^4+\frac{3}{6\times4\times2}x^6+\frac{5\times3}{8\times6\times4\times2}x^8+\cdots\right)$$

在《弧矢启秘》中，他又利用尖锥术求出各种三角函数及其反函数的幂级数展开式，主要有

正弦求弧背

$$\alpha=\sin\alpha+\frac{\sin^3\alpha}{3\cdot2}+\frac{3\sin^5\alpha}{5\cdot2\cdot4}+\frac{3\cdot5\sin^7\alpha}{7\cdot2\cdot4\cdot6}+\cdots$$

正矢求弧背

$$\alpha^2=2\mathrm{vers}\alpha+\frac{1}{12}(2\mathrm{vers}\alpha)^2+\frac{1}{90}(2\mathrm{vers}\alpha)^3+\cdots$$

正切求弧背

$$\alpha=\mathrm{tg}\alpha-\frac{\mathrm{tg}^3\alpha}{3}+\frac{\mathrm{tg}^5\alpha}{5}-\frac{\mathrm{tg}^7\alpha}{7}+\cdots$$

正割求弧背

$$\alpha^2=2(\sec\alpha-1)-\frac{5}{3}(\sec\alpha-1)^2+\frac{64}{45}(\sec\alpha-1)^3-\cdots$$

弧背求正弦

$$\sin\alpha=\alpha-\frac{\alpha^3}{3!}+\frac{\alpha^5}{5!}-\frac{\alpha^7}{7!}+\cdots$$

弧背求正矢

$$\mathrm{vers}\alpha=\frac{\alpha^2}{2!}-\frac{\alpha^4}{4!}+\frac{\alpha^6}{6!}-\frac{\alpha^8}{8!}+\cdots$$

弧背求正切

$$\mathrm{tg}\alpha=\alpha+\frac{1}{3}\alpha^3+\frac{5}{12}\alpha^5+\frac{17}{315}\alpha^7+\cdots$$

弧背求正割

$$\sec\alpha=1+\frac{1}{2}\alpha^2+\frac{5}{24}\alpha^4+\frac{61}{721}\alpha^6+\cdots$$

在《对数探源》中，李善兰用诸尖锥的合积来表示对数，得到幂级数展开式

$$\log(n)=\log(n-1)+\log\sum_{k=1}^{\infty}\frac{1}{k\times n^k}$$

所有这些公式，构成了一个完整的系统。它们之间的关系可由图 3-28 所示[①]。

李善兰的工作表明，中国传统数学与西方近代数学之间并没有不可逾越的鸿沟；恰好相反，中国传统数学的构造性质和机械化特点，以及由此产生的一系列方法和成果，为 19 世纪后半叶一批数学家接受与消化西方变量数学提供了必要的知识。

① 〔日〕川原秀城：《中国の无限小解析》，载《中国古代科学史论》，京都大学人文科学研究所 1989 年版。

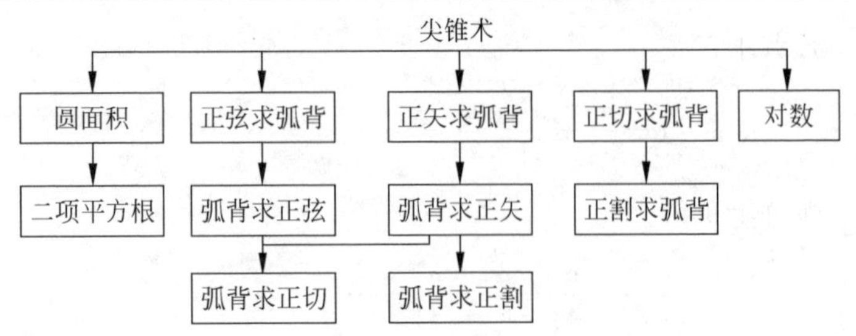

图 3-28　李善兰尖锥诸术之间的关系

五　组合学

组合学研究的对象是有关事物安排的离散性问题，涉及安排的存在、分类、计数、性质、结构等几个方面。随着电子计算机的普遍应用，组合学的思想和方法日益显示出重要作用，现在组合学已成为当代数学的一个重要分支。虽然如此，它的起源却可以上溯到久远的年代，中国古代文化中就不乏丰富的组合学史料。

(一) 排列与组合

1. 指数关系和可重复排列问题

汉代文献中就有与指数相当的概念。《管子・地员》中"先主一而三之，四开合九九"，翻译出来就是 $1\times 3^4=9\times 9$。[①]《史记・

① 清代方苞(1668—1749)对此释道："开，推而衍之也，一分为三，三分为九，九分为二十七，三十七分为八上一，皆一而三之，如是者四，则适合黄钟之数。"王引之(1766—1834)认为"主"当为"立"，"立一"即《史记・律书》之"置一"。参阅郭沫若等：《管子集校》(下册)，科学出版社 1956 年版，第 909 页。

律书》中“置一而九三之以为法”也是同一意思，即 $1\times3^{9}=19683$。《淮南子·天文训》则有“置一而十一三之，为积分十七万七千一百四十七”，也就是 $1\times3^{11}=177147$。由此可知，当时律学中“某某之”的说法，就相当于我们今日的指数表达法。

《周易》中的卦符可以看作排列的结果。把阴阳两爻安排在六个不同的位置上，共有 $2^{6}=64$ 种不同的排列，此即六十四卦。同理，《太玄》则将天、地、人三方安排在方、州、部、家四层，故有 $3^{4}=81$ 种不同的排列，是为八十一首。中国古代出现过许多不同的占筮方法，其实质都是以事物的不同排列来对应卦辞，又与五行、五音、五色、六亲、六兽、八宫、干支、十二律等互相配合，演变成形形色色的组合学问题，这方面的细致研究还有待来日。①

张遂和沈括都曾研究棋局都数问题，即在一副围棋盘上可以演变出多少种不同的棋局。以纵横各 19 道共 361 格点的棋盘为例，每一格点可有黑、白、空三种不同的情况，于是总排列数为 3^{361}（这里仅考虑纯粹数学意义的排列，而不排除无实际意义或不可能存在的荒诞棋面）。这与卦符的安排属于同一类问题，即求从 n 类事物中允许重复地取出 p 件的排列总数，结果应是 n^{p}。

张遂的结论早已失传，沈括对棋局都数的计算则保留在《梦溪笔谈》卷十八中。他对问题的分析是完全正确的，他写道：“初一路可变三局（一黑一白一空），自后不以横直，但增一子，即三因之。凡三百六十一增，皆三因之，即是都局数。”由于数目太大，沈括没

① 〔澳〕何丙郁：《试从另一观点探讨中国传统科技的发展》，《大自然探索》1991 年第 1 期。

能具体写出这个数字来,算出的部分数字也有错误;但他感到累乘的烦琐,于是提出下面的简便算法,即在得到 $a=3^{19}$ 后,再以 $a\cdot a=a^2$,$a^2\cdot a=a^3$,$a^3\cdot a^3=a^6$,$a^6\cdot a^3=a^9$,$a^9\cdot a^9=a^{18}$,$a^{18}\cdot a=a^{19}$,“只六次乘,便尽三百六十一路”。这里相当于运用了指数乘法运算的规则。①

2. 组合的有关理论和公式

贾宪三角和宋元算家的垛积术中已蕴含着组合的概念及性质,但长期以来并没有被人从计数的意义上认真研究过。一个突出的例子是中国古代数学中的勾股算术,其实质是以勾、股、弦及其和、差(有时还有勾股积)等十余项元素中的任意两项为已知条件,利用几何图示或代数变换求出其他元素。例如,考虑 a、b、c、a+b、a+c、b+c、a+b+c、(b-a)+c、b-a、c-a、c-b、c-(b-a)、(a+b)-c 这 13 个元素的勾股算术,就应该有 C_{13}^2 种不同的类型。从《九章算术》起,中算家就掌握了某些勾股算术的公式,以后历代均有增加,并有人著书专门讨论这一问题;但直到清代中叶之前,尚未见到一部算书明确说出勾股算术中应有多少不同的类型和基本公式,这大概是缺乏计数意义的组合概念使然吧?

在中国数学史上首先对组合问题展开正面讨论的是汪莱,他在《衡斋算学》第四册的后半部专论“递兼数理”。书中称:“递兼之数,古所未发,今定推求之则。……设如有物各种,自一物各立一

① 钱宝琮:《〈梦溪笔谈〉“棋局都数”条校释》,载梅荣照主编:《明清数学史论文集》,江苏教育出版社 1990 年版。原文作“只五次乘”,今依钱释校改。

数起,至诸物合并共为一数止,其间递以二物相兼为一数,交错以辨得若干数;三物相兼为一数,交错以辨得若干数;四物、五物以至多物莫不皆然,此谓递兼之数也。”

设物数为 m,“一物各立一数”,即从中每次取一个的不同类数 C_m^1;“二物相兼为一数,交错以辩得若干数”,即从中每次取两个的不同组合 C_m^2;“至诸物合并共为一数”,即一次取出 m 个的数 C_m^m。汪莱把这些组合数的和叫作递兼总数,并指出此总数为

$$\sum_{i=1}^{m} C_m^i = C_m^1 + C_m^2 + \cdots + C_m^m = 2^m - 1$$

对于一般的组合数 C_m^n,汪莱称为递兼分数,并将它定义为 n－1 阶三角垛的积:“以所设物数,即为各立一数之数;减一数为三角堆之根,乃以根数求得平三角堆,为二物相兼之数;又减一数求得立三角堆,为三物相兼之数;又减一数求得三乘三角堆,为四物相兼之数。如是根数递减,乘数递加,求得相兼诸数。”即

$$C_m^1 = m$$

$$C_m^2 = \sum_{i=1}^{m-1} i = \frac{1}{2!} m(m-1)$$

$$C_m^3 = \sum_{i=1}^{m-2} \frac{1}{2!} i(i+1) = \frac{1}{3!} m(m-1)(m-2)$$

…

$$C_m^n = \sum_{i=1}^{m-n+1} \frac{1}{(n-1)!} i(i+1)(i+2)\cdots(i+n-2)$$

$$= \frac{1}{n!} m(m-1)(m-2)\cdots(m-n+1)$$

汪莱又指出组合数的对称性质,他把居于中间的一或两个递

兼分数称为“中数”,并说“中数之前后,其前相兼之数与后不及兼之数等,故得数等”。即

$$C_m^n = C_m^{m-n}$$

汪莱的研究,从时间上讲没有特别的意义,但他把组合数定义为三角形垛积,并借助垛积知识阐述各种组合关系,在方法上独树一帜,同时也表明组合学的观念的确是植根于中国古算的沃土之中的。①

清末吴嘉善、刘彝程都以传统垛积术的观点研究组合问题。吴嘉善的《九章翼》旨在阐发各类数学问题与九章传统的渊源,其衰分一章先论“垛积”,次论“色相杂术”,并称后者“即汪衡斋《算学》中所云物相兼法也”。书中有一类新的问题,称为“本色杂余色兼自杂者”,也就是允许重复的组合问题。书中以掷骰计点为例,问从 6 个骰子中每次掷 2 个所得不同点数共有多少种;因为所掷 2 个骰子的点数可能相同,因此这是一个可重复的组合问题。书中的答案是 $C_{6+1}^2 = \frac{7\times 6}{2} = 21$。一般地,若以 $\overline{C_m^n}$ 表示从 m 种不同元素中允许重复地取出 n(n 可大于 m)的组合数,则 $\overline{C_m^n} = C_{m+n-1}^n$。

李善兰在《垛积比类》中给出许多组合关系式,其中最著名的是卷三求三角自乘垛积的

$$(C_{m+n}^n)^2 = \sum_{i=0}^{n} (C_n^i)^2 C_{m+2n-i}^{2n}$$

20 世纪 30 年代,数学家章用(1911—1939)首先注意到它的重要

① 李兆华:《汪莱〈递兼数理〉〈参两算经〉略论》,载吴文俊主编:《中国数学史论文集》(二),山东教育出版社 1986 年版。

意义并将其命名为李善兰恒等式。后来章用把这一结果以及自己的证明告诉给当年在德国的同学、匈牙利数学家巴尔(T. Pál),后者利用勒让德(A. M. Legendre,1752—1833)多项式给出了另一证明,附于章用的"《垛积比类》疏正"之后发表。巴尔又向西方数学界介绍了李善兰的这一工作,随后又引出好几个新的证明,李壬叔恒等式也被写进多种组合学教科书中。1954 年,巴尔来华讲学期间曾对此作过专题演讲,遂又引起著名数学家华罗庚(1910—1985)的兴趣。华氏专函向数学史家李俨求询有关这一问题的历史,并于 1955 年和 1963 年分别提出两个证明。在国内文献中,上式被称为李善兰恒等式。①

3. 垛积数

李善兰的各类垛积数表是他从事观察归纳的基础,包括了许多具有组合学意义的数组。为了与一般的组合数 C_m^n 区别,这里且命名为垛积数。

图 3-29 为李善兰乘方垛各廉表,它的构造法则有两条:(1)顶端为 1(李氏称之为"元");(2)其余数"每格视上层左右二格:左格系左斜下第几行,右格系右斜下第几行,各依行数倍之相并即本格数"。举例来说,表中第 7 行(不算顶端)第 3 数(不算左端)是 15619,其上左数 1191,(自右上而)左斜下为第 5 数;其上右数 2416(自左上而)右斜下为第 4 数,故有 15619=1191×5+2416×

① 严敦杰:《李善兰恒等式》,载梅荣照主编:《明清数学史论文集》,江苏教育出版社 1990 年版;互见罗见今:《李善兰恒等式的导出》,《内蒙古师院学报》(自然科学版)1982 年第 2 期。

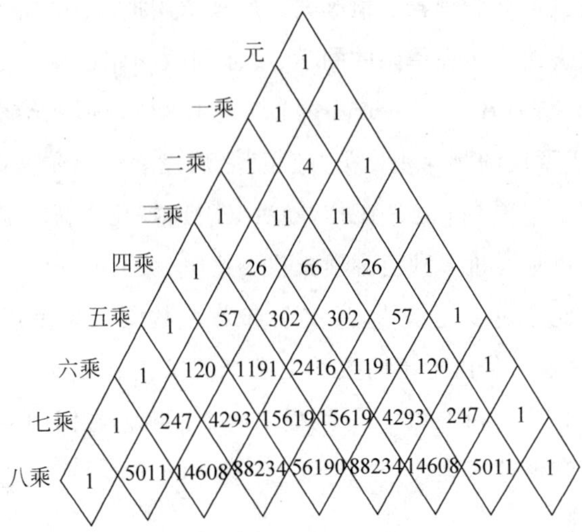

图 3-29 李善兰乘方垛各廉表

4。对于最左边斜线上的诸数来说，其右上数为 1，左上数规定为 0；同理对于最右边斜线上的诸数来说，其左上数为 1，右上数规定为 0，因此上述造表法也适用于边界条件。

章用首先用现代组合学观点研究此表，建议把表中的数字叫作李氏数。若以 L_m^n 表示第 m 行第 n 数（m 自上而下，n 自左而右，均从 0 计起），李善兰的造表法则等价于下述递归定义：

$$L_0^0=1$$

$$L_m^n=0 \quad (n<0 \text{ 或 } n>m)$$

$$L_m^n=(m-n+1)L_{m-1}^{n-1}+(n+1)L_{m-1}^n \quad (0\leqslant n\leqslant m)$$

由贾宪三角，我们可以归纳出

$$C_0^0=1$$

$$C_m^n=0 \quad (n<0 \text{ 或 } n>m)$$

$$C_m^n = C_{m-1}^{n-1} + C_{m-1}^n \quad (0 \leqslant n \leqslant m)$$

这说明李氏数和一般组合数都具有传递性。除此之外，李氏数还具有其他一些类似于一般组合数的性质，将它们两两相对地写出来就是

对称性　$L_m^n = L_m^{m-n} \quad (0 \leqslant n \leqslant m)$

$$C_m^n = C_m^{m-n} \quad (0 \leqslant n \leqslant m)$$

可和性　$\sum_{n=0}^{m} L_m^n = (m+1)!$

$$\sum_{n=0}^{m} C_m^n = 2^m$$

行的传递性　$\sum_{n=0}^{m} L_m^n = (m+1)\sum_{n=0}^{m-1} L_{m-1}^n$

$$\sum_{n=0}^{m} C_m^n = 2\sum_{n=0}^{m-1} C_{m-1}^n$$

这些性质都不难通过图 3-29 加以验证。

李氏数与一般组合数的关系，则有

$$i^m = \sum_{n=0}^{m-1} L_{m-1}^n C_{i+m-n-1}^m$$

该式表明自然数的正整数幂 i^m 可以用 m 种 m 阶三角垛的和来表示，而每种三角垛的个数分别是第 m－1 行的第 n 个李氏数，例如

$$i^2 = L_1^0 C_{i+1}^2 + L_1^1 C_i^2 = 1 \cdot \frac{1}{2!}(i+1)i + 1 \cdot \frac{1}{2!}i(i-1)$$

$$\begin{aligned} i^3 &= L_2^0 C_{i+2}^3 + L_2^1 C_{i+1}^3 + L_2^2 C_i^3 \\ &= 1 \cdot \frac{1}{3!}(i+2)(i+1)i + 4 \cdot \frac{1}{3!}(i+1)i(i-1) + \\ &\quad 1 \cdot \frac{1}{3!}i(i-1)(i-2) \end{aligned}$$

$$i^4 = L_3^0 C_{i+3}^4 + L_3^1 C_{i+2}^4 + L_3^2 C_{i+1}^4 + L_3^3 C_i^4$$

$$= 1 \cdot \frac{1}{4!}(i+3)(i+2)(i+1)i + 11 \cdot$$

$$\frac{1}{4!}(i+2)(i+1)i(i-1) + 11 \cdot \frac{1}{4!}(i+1)i(i-1)(i-2) +$$

$$1 \cdot \frac{1}{4!}i(i-1)(i-2)(i-3)$$

…

对一般的 i^m 求和并考虑三角垛积公式，则有

$$\sum_{i=1}^{p} i^m = \sum_{n=0}^{m-1} L_{m-1}^n \sum_{i=1}^{p} C_{i+m-n-1}^m = \sum_{n=0}^{m-1} L_{m-1}^n C_{p+m-n}^{m+1}$$

这就是李善兰所导出的前 p 个自然数的幂和公式。他构造图 3-29 的目的，就是利用此表计算 p 层 m－1 阶乘方垛积，也就是前 p 个自然数的幂和。举例来说，若计算

$$\sum_{i=1}^{5} i^8 = 1^8 + 2^8 + 3^8 + 4^8 + 5^8$$

由图 3-29 查得第 7 行李氏数为 1、247、4293、15619、15619、4293、247、1，故有

$$\sum_{i=1}^{5} i^8 = 1 \cdot C_{13}^9 + 247 \cdot C_{12}^9 + 4293 \cdot C_{11}^9 + 15619 \cdot$$

$$C_{10}^9 + 15619 \cdot C_9^9 =$$

$$= 715 + 54340 + 236115 + 156190 + 15619$$

$$= 462979$$①

① 从这个例子可以看出，若 p＜m，因后 m－p 个组合数均为 0，则只用第 m－1 行的前 p 个李氏数即可。

自然数的幂和实际上也是一类高阶等差级数，在历史上曾引起不同时代和不同地区众多数学名家的垂顾。在中国，杨辉的果垛I（即四隅垛）和朱世杰的四角垛就是平方和级数，陈世仁则给出立方和的公式，李善兰借助垛积数彻底解决了这一问题。李氏的工作从时间上虽稍迟于西方，但是方法独特、构思巧妙，体现了中国古算的传统。在世界数学史上，最早得出任意次幂和公式的是瑞士数学家雅各·伯努利，他在《猜度术》中给出无穷幂级数公式

$$\sum_{i=1}^{p} i^m = \frac{p^{m+1}}{m+1} + B_0 \frac{C_m^0 p^m}{2} + B_1 \frac{C_m^1 p^{m-1}}{2} - B_2 \frac{C_m^3 p^{m-3}}{4} + B_3 \frac{C_m^5 p^{m-5}}{6} - B_4 \frac{C_m^7 p^{m-7}}{8} + \cdots$$

式中 $B_0=1$、$B_1=1/6$、$B_2=1/30$、$B_3=1/42$、$B_4=1/30\cdots$被称作伯努利数。可以看出，李氏数与伯氏数在计算自然数幂和时具有异曲同工之妙，只不过由李氏数在有限步内得到的是精确值，而由伯氏数得到的是近似值。①

李善兰又把求乘方垛积的思想推广到求三角变垛 $i^m C_{i+p-1}^p$ 的积，就是把这个垛积看成是 m 种 m 阶三角垛的和，而各种三角垛的系数分别是由李氏数推广来的李氏多项式，前三组李氏多项式是

$1, p$

$1, 1+3p, p^2$

$1, 4+7p, 1+4+6p^2, p^3$

① 罗见今：《李善兰对 Stirling 数和 Euler 数的研究》，《数学研究与评论》1982 年第 4 期。

李善兰认为其余的“学者自能隅反”，因此《垛积比类》仅给出了这三组多项式。实际上，若记 $L_m^n(p)$ 为第 m 行第 n 个李氏多项式，则有

$$L_0^0(p)=1$$

$$L_m^n(p)=0 \quad (0<n \text{ 或 } n>m)$$

$$L_m^n(p)=(m+p-n)L_{m-1}^{n-1}(p)+(n+1)L_{m-1}^n(p) \quad (0\leqslant n\leqslant m)$$

这就是李善兰多项式的递归定义，这种多项式在组合学上也有广泛的用途。①

《垛积比类》中三角垛有积求高开方廉隅表给出了另一种重要的垛积数(图 3-30)，其造表法则也有两条：(1)顶端为 1；(2)其余

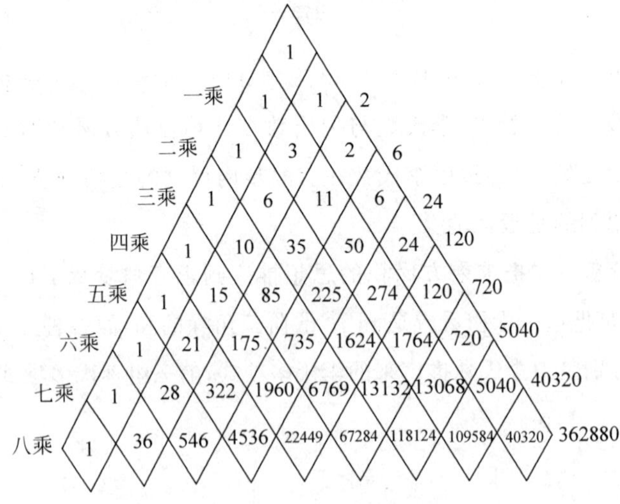

图 3-30　李善兰三角垛有积求高开方廉隅表

① 章用：《〈垛积比类〉疏证》，《科学》第 11 期；互见傅庭芳：《对李善兰〈垛积比类〉的研究——兼论垛积差分的特色》，《自然科学史研究》1985 年第 3 期。

皆"以乘数乘上层左数加上层右数为下层中数"。举例来说，表中第 7 行（不算顶端）第 3 数（不算左端）是 1960，其上左数是 175，上右数是 735，$7\times175+735=1960$。同样地，这两条法则也适用于左右两条斜边上的数，只要规定其左上数或右上数为 0 即可。仿照对李氏数的处理，我们把表中第 m 行第 n 数（m 自上而下，n 自左而右，皆从 0 计起）记作 Φ_m^n，从上述造表法则可归纳出以下定义：

$$\Phi_0^0=1$$

$$\Phi_m^n=0 \quad (n<0 \text{ 或 } n>m)$$

$$\Phi_m^n=m\cdot\Phi_{m-1}^{n-1}+\Phi_{m-1}^n \quad (0\leqslant n\leqslant m)$$

这说明 Φ_m^n 具有传递性。同样地，它也具有

可和性　$\sum\limits_{n=0}^{m}\Phi_m^n=(m+1)!$

行的传递性　$\sum\limits_{n=0}^{m}\Phi_m^n=(m+1)\sum\limits_{n=0}^{m-1}\Phi_{m-1}^n$

李善兰在表的右侧注明了各行数字之和，他称之为倍积数，并说"倍积数乃二、三、四诸数连乘所得也"，就是指明后两个性质的。

Φ_m^n 不具备对称性。

李善兰制作这张垛积数表的目的，是为了解决已知三角垛积求层数 x 的问题，由公式

$$S=\sum_{i=1}^{x}C_{i+m-1}^{m}=C_{x+m}^{m+1}$$

$$=\frac{x(x+1)(x+2)\cdots(x+m-1)(x+m)}{(m+1)!}$$

可以列出关于 x 的 m+1 次方程

$$\prod_{i=0}^{m}(x+i)=(m+1)!\cdot S$$

图 3-30 给出的正是上式左端展开式各次幂的系数，即

$$\prod_{i=0}^{m}(x+i)=\sum_{i=0}^{m}\Phi_{m}^{i}x^{m-1}$$

举例来说，对于 m=6，就有

$$\begin{aligned}&x(x+1)(x+2)(x+3)(x+4)(x+5)(x+6)\\&=\Phi_6^0x^6+\Phi_6^1x^5+\Phi_6^2x^4+\Phi_6^3x^3+\Phi_6^4x^2+\Phi_6^5x^1+\Phi_6^6x^0\\&=x^6+21x^5+175x^4+735x^3+1624x^2+1764x+720\end{aligned}$$

可以看出，阶乘展开式 $\prod_{i=0}^{m}(x+i)$ 与二项展开式 $(x+a)^m$ 十分类似，不同的仅是后者中的 a 为常数罢了。因此，垛积数 Φ_m^n 也可以看成是一种广义的二项展开式的系数。

有的研究者用计数函数理论来考察各种垛积数，指出 L_m^n 就是现代组合学中的欧拉数，而 Φ_m^n 与第一种斯特灵数之间存在着极密切的关系。① 若将后者写成三角阵并记阵中第 m 行第 n 数（m 自上而下，n 自左而右，皆从 0 始）为 S_m^n，则有

$$S_m^n=(-1)^{m-n}\Phi_m^{m-n}$$

应用同样方法研究《垛积比类》中的其他数表，以及另外一些清代数学家如项名达、徐有壬、夏鸾翔、华衡芳等人的垛积工作，也可以找到大量类似的例子，从而说明当时算家的垛积术与现代组

① 罗见今：《李善兰对 Stirling 数和 Euler 数的研究》，《数学研究与评论》1982 年第 4 期；互见傅庭芳：《对李善兰〈垛积比类〉的研究——兼论垛积差分的特色》，《自然科学史研究》1985 年第 3 期。

合学中的计数理论是相通的。[①] 这一观点值得充分重视与肯定，在此研究领域也有大量题材值得继续挖掘。

另一方面，由于初等函数 f(x)的幂级数之系数序列 $f(x_0)$、$F'(x_0)/1!$、$F''(x_0)/2!$…呈现有规律的变化，因此在清代数学家关于无穷幂级数的研究中，不难找到各种展开式的系数与特定计数函数变化规律相似的例子。对于这种相似性，除非作者明确使用了垛积方法并提出了等价于计数函数定义的系数构造法则，似乎不宜一概而论地用现代组合学计数理论去诠释。

(二) 幻方

1. 九宫图——最早的三阶幻方

标准幻方是由 1 至 n^2 这 n^2 个数字组成的 n 行 n 列方阵，其中每行、每列及每条对角线上的数字和都等于 $n(n^2+1)/2$。中国是幻方的诞生地，古代的九宫图就是世界上最早的三阶幻方。但在九宫图出现之前，关于河图、洛书的记载也值得我们注意。

古代文献中有关河图、洛书的记载很多，经书中以《周易·系辞传》为代表："河出图，洛出书，圣人则之。"纬书《春秋纬》则称："河以通乾出天苞，洛以流坤吐地符，河龙图发，洛龟书感，河图有九篇，洛书有六篇。"此外，《论语·子罕》《墨子·非攻》《尚书·顾命》《汉书·五行志》《白虎通义·德论》等典籍也都论及。大致意思都是说，在远古洪荒的时代，黄河中有龙马出现，背负图；洛水中有神龟浮出，背负书，这是上天感动于圣人(伏羲或大禹)的功德而

① 罗见今：《徐李夏华诸家的计数函数》，载杜石然主编：《第三届国际中国科学史讨论会论文集》，科学出版社 1990 年版。

降到人间的祥瑞。至于河图、洛书的内容究竟是什么，这些文献都没有明确交代。

最早提到九宫图形制的文字大约在西汉末年，纬书《周易乾凿度》称："太乙取其数以行九宫，四正四维皆合于十五。"对此东汉郑玄注道："太乙者，北辰之神名也。……太乙下九宫，从坎宫始……，自此而从于坤宫……震宫……巽宫……所行者半矣，还息于中央之宫。既而又自此从乾宫……，自此而从兑宫……艮宫……离宫…行则周矣。"①

按照《周易·说卦传》规定的方位，九宫配置如图 3-31 所示；又按照当时的方位表示习惯，图中震宫在东，兑宫在西，离宫在南，坎宫在北。根据郑玄提供的太乙巡宫次序，即可得到如图 3-32 所示的九宫数；在此图上不但"四正四维皆合于十五"，两条对角线上的数字之和也是 15。

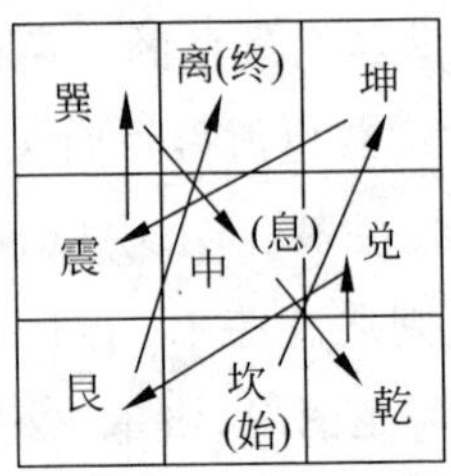

图 3-31 太乙巡宫路线

四	九	二
三	五	七
八	一	六

图 3-32 九宫数

① 一般认为传本《乾坤凿度》为宋人依托之作，但其中夹杂着前代诸纬家之说。我们相信太乙巡宫就是西汉太乙占家的内容，《汉书·艺文志》术数略之天文、五行书俱以太乙家言为首，杂占中也有太乙家的著作；此外，以上所引《周易乾凿度》及郑玄注文，亦见于唐章怀太子李贤(655—684)所注《后汉书·张衡传》，李贤必有所本，因此可以认为上述引文确系汉代占家所传。

西汉末至东汉初年成书的《黄帝内经·素问》在论述灾眚方位时，用三、七、九、一、五代表东、西、南、北、中五方，说明此时九宫数已相当普及。[①]

西汉戴德所传《大戴礼记·明堂》提到“二、九、四、七、五、三、六、一、八”，认为古代帝王宣教祭祀的明堂九殿是按此顺序布置的，这一顺序正好是九宫图自左而右、从上到下的路线。东汉张衡精通九宫占术，“数有征效”，记载见于《后汉书》。

汉代以后，关于九宫数的记载也有不少。《数术记遗》所记 14 种算法中就有一种名为九宫算，甄鸾注道：“九宫者，即二四为肩，六八为足，左三右七，戴九履一，五居中央。”用形象的语言描述了九宫数的配置。唐代陆德明(约 550—630)的《经典释文》中提到《尚书·洪范》中的洪范九畴就是圆形的九宫图。汉唐之际一些托古伪造的经书和纬书也开始以九宫数附会河洛之说。

宋儒综合前人之说，为河图、洛书赋予象数意义。刘牧的《易数钩隐图》篇首列出河图、洛书，前者系由九宫数演化而成，后者是由《周易·系辞传》附会出的所谓天地生成数的配置。后来蔡元定将二者加以对换，这一主张又得到朱熹的支持，从此河图、洛书的形式基本确定下来：河图就是天地生成数图(图 3-33)，洛书就是九宫数图(图 3-34)。

---

① 钱宝琮：《太一考》，载钱宝琮：《钱宝琮科学史论文选集》，科学出版社 1983 年版。《素问》成书年代参阅廖育群：《今本〈黄帝内经〉研究》，《自然科学史研究》1988 年第 4 期。

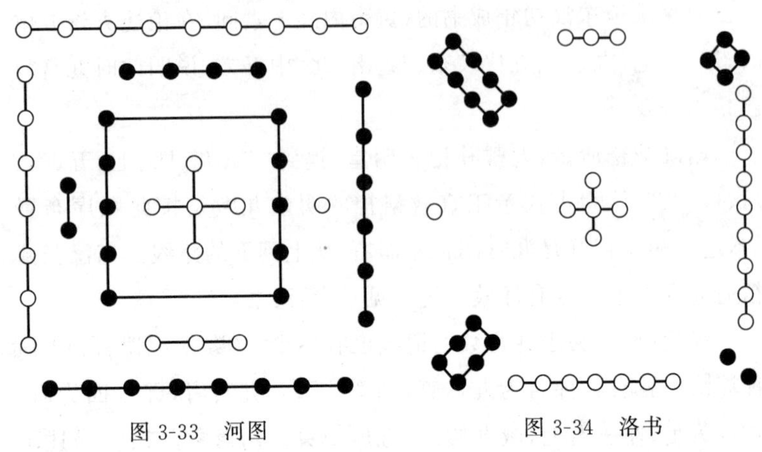
图 3-33 河图　　图 3-34 洛书

关于洛书数字的排列，杨辉将其构造方法和形制归纳为八句口诀："九子斜排，上下对易，左右相更，四维挺出。戴九履一，左三右七，二四为肩，六八为足。"具体过程由图 3-35 所示。

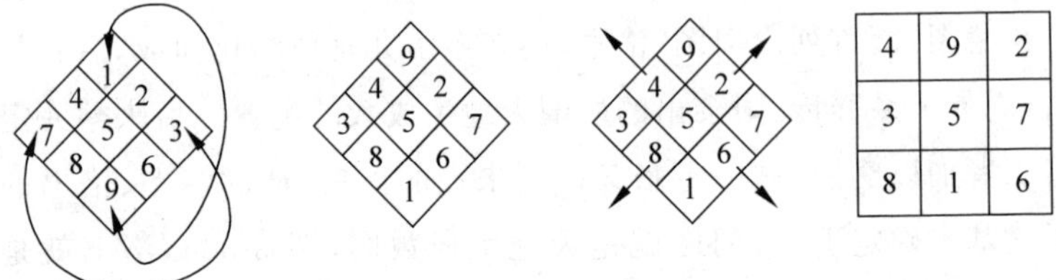

图 3-35 杨辉归纳的洛书构造法

南宋以来，一些易学和数学著作或把河图、洛书并列于卷首，或在序言中宣扬"河洛、图书泄其秘"的观点。这种现象一方面反映了圣人制数说和象数神秘论的流行，另一方面也说明洛书所体现的美学内涵，正是中算家欣赏和追求的意境。

2. 杨辉的标准纵横图——较高阶的幻方

除了《数术记遗》把九宫图作为一种辅助计数工具外，最早从数学角度研究幻方的是杨辉。他的《续古摘奇算法》卷上录有纵横图 20 幅，除了洛书之外，另有 12 幅是较高阶的幻方，现分别介绍。

(1) 四阶幻方。杨辉称为四四图或花十六图，分阴阳两式(图 3-36、图 3-37)。[①] 他又给出阴图的构造方法："以十六子依次第作四行排列。先以外四角对换：一换十六，四换十三；后以内四角对换：六换十一，七换十。"经此对换，图 3-38 就成了图 3-37 的四四阴图。

2	16	13	3
11	5	8	10
7	9	12	6
14	4	1	15

图 3-36 四四图

4	9	5	16
14	7	11	2
15	6	10	3
1	12	8	13

图 3-37 四四阴图

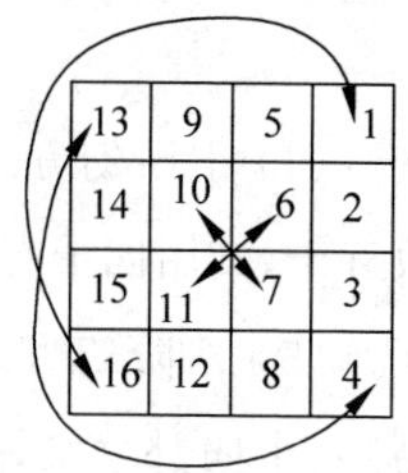

图 3-38 四四阴图构造法

(2) 五阶幻方。杨辉称为五五图，有阴阳两式(图 3-39、图 3-40)。

1	23	16	4	21
15	14	7	18	11
24	17	13	9	2
20	8	19	12	6
5	3	10	22	25

图 3-39 五五图

12	27	33	23	10
28	18	13	26	20
11	25	21	17	31
22	16	29	24	14
32	19	9	15	30

图 3-40 五五阴图

① 实际上不同配置的四阶幻方共有 880 种，以下各阶幻方不再说明。

（3）六阶幻方。杨辉称为六六图，有阴阳两式（图 3-41、图 3-42）。

13	22	18	27	11	20
31	4	36	9	29	2
12	21	14	23	16	25
30	3	5	32	34	7
17	26	10	19	15	24
8	35	28	1	6	33

图 3-41 六六图

4	13	36	27	29	2
22	31	18	9	11	20
3	21	23	32	25	7
30	12	5	14	16	34
17	26	19	28	6	15
35	8	10	1	24	33

图 3-42 六六阴图

（4）七阶幻方。杨辉称为七七图，又称衍数图，以附会“大衍之数五十，其用四十有九”的古义，也有阴阳两式（图 3-43、图 3-44）。

（5）八阶幻方。杨辉称为六十四图，又称易数图，以附会《周易》六十四卦之义，也有阴阳两式（图 3-45、图 3-46）。

（6）九阶幻方。杨辉称为九九图，仅给出一式（图 3-47）。

46	8	16	20	29	7	49
3	40	35	36	18	41	2
44	12	33	23	19	38	6
28	26	11	25	39	24	22
5	37	31	27	17	13	45
48	9	15	14	32	10	47
1	43	34	30	21	42	4

图 3-43 衍数图

4	43	40	49	16	21	2
44	8	33	9	36	15	30
38	19	26	11	27	22	32
3	13	5	25	45	37	47
18	28	23	39	24	31	12
20	35	14	41	17	42	6
48	29	34	1	10	7	46

图 3-44 衍数阴图

61	4	3	62	2	63	64	1
52	13	14	51	15	50	49	16
45	20	19	46	18	47	48	17
36	29	30	35	31	34	33	32
5	60	59	6	58	7	8	57
12	53	54	11	55	10	9	56
21	44	43	22	42	23	24	41
28	37	38	27	39	26	25	40

图 3-45　易数图

61	3	2	64	57	7	6	60
12	54	55	9	16	50	51	13
20	46	47	17	24	42	43	21
37	27	26	40	33	31	30	36
29	35	34	32	25	39	38	28
44	22	23	41	48	18	19	45
52	14	15	49	56	10	11	53
5	59	58	8	1	63	62	4

图 3-46　易数阴图

(7) 十阶幻方。杨辉有百子图一幅，其各行、各列数字之和均为 505，但两条对角线不合此数（图 3-48）。清初张潮（1650—1707）由《算法统宗》获知杨辉诸图，其《心斋杂俎》卷下称："内惟百子图，于隅径不能合，因重加改定。"他更定的百子图才是标准的十阶幻方（图 3-49）。

31	76	13	36	81	18	29	74	11
22	40	58	27	45	63	20	38	56
67	4	49	72	9	54	65	2	47
30	75	12	32	77	14	34	79	16
21	39	57	23	41	59	25	42	61
66	3	48	68	5	50	70	7	52
35	80	17	28	73	10	33	78	15
26	44	62	19	37	55	24	42	60
71	8	53	64	1	46	69	6	51

图 3-47　九九图

1	20	21	40	41	60	61	80	81	100
99	82	79	62	59	42	39	22	19	2
3	18	23	38	43	58	63	78	83	98
97	84	77	64	57	44	37	24	17	4
5	16	25	36	45	56	65	76	85	96
95	86	75	66	55	46	35	26	15	6
14	7	34	27	54	47	74	67	94	87
88	93	68	73	48	53	28	33	8	13
12	9	32	29	52	49	72	69	92	89
91	90	71	70	51	50	31	30	11	10

图 3-48　杨辉的百子图

60	5	96	70	82	19	30	97	4	42
66	43	1	74	11	90	54	89	69	8
46	18	56	29	87	68	21	34	62	84
32	75	100	74	63	14	53	27	77	17
22	61	38	39	52	51	57	15	91	79
31	95	13	64	50	49	67	86	10	40
83	35	44	45	2	36	71	24	72	93
16	99	59	23	33	85	9	28	55	98
73	26	6	94	88	12	65	80	58	3
76	48	92	20	37	81	78	25	7	41

图 3-49 张潮更定的百子图

程大位、方中通也曾给出五、六阶幻方，形式与杨辉的不同。

在中国之外的地区，阿拉伯的伊本·夸儿拉（Thabit ibn Qurra，约 826—901）最早研究幻方。在中世纪，它往往作为护身符而被赋予神秘的色彩。到了 14 世纪，伊斯兰世界流行的幻方经拜占庭帝国传到欧洲。16 世纪德国画家丢勒（A. Dürer，1471—1528）在一幅名为《忧郁》的版画中绘出了一个四阶幻方，其下行中间两个数字恰好组成作画的年份 1514，表明他可能掌握一些幻方的构成规律。但是直到 17 世纪以前，欧洲人关于幻方的研究，始终未能超出杨辉《续古摘奇算法》的水平。在日本，17—18 世纪的和算家在杨辉、程大位著作的影响下研究幻方，获得了许多新的结果。

3. 各种变形幻方

杨辉的纵横图还包括河图、聚五图、聚六图、聚八图、攒九图、八阵图、连环图等，后六种都属于变形幻方，它们的每行、每列和每两条对角线上的数字和不一定全都相等，也不一定排成方阵的形式，但是同样具有类似于标准幻方的某些组合性质。举例来说，八阵图系“八八六十四子，总积二千八十，以八子为一队，纵横二百六十，以大辅小，而无强弱不齐之数，示均而无偏也”。也就是由前64个自然数组成如图3-50那样的方阵，其中每8个一组排成圆形，不但每个小圆阵内的数字和为260，还有众多组连续排列的8个数字和也是260。比如从左上角数字40开始，向下依次为57、8、25、48、49、16、17，其和为260；向下两位从数字8开始，依次为25、48、49、16、17、38、59，或者依次为25、48、49、16、17（从此转成顺时针）、33、64，其和都是260；此外，位于阵图中间的8个数字62、3、60、5、58、7、64、1的和也是260。

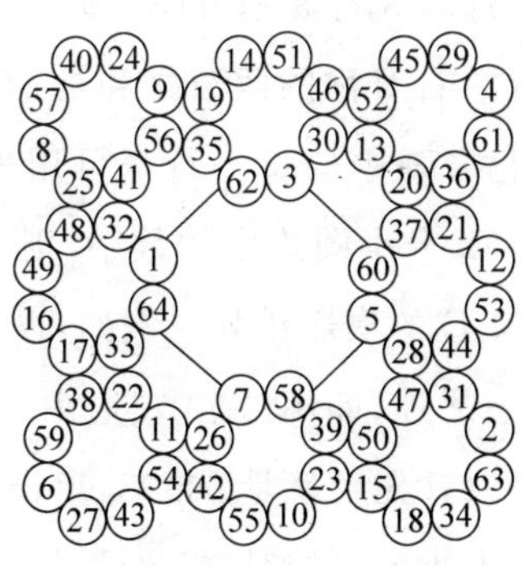

图3-50　杨辉的八阵图

1	16	17	32	33	48	49	64
2	15	18	31	34	47	50	63
3	14	19	30	35	46	51	62
4	13	20	29	36	45	52	61
5	12	21	28	37	44	53	60
6	11	22	27	38	43	54	59
7	10	23	26	39	42	55	58
8	9	24	25	40	41	56	57

杨辉没有交代此图的构造方法，下面是一种猜测。首先要知道各组的数字和，由茭草垛（杨辉称圭垛）公式得总积 $\frac{(1+64)\cdot 64}{2}=2080$，除以 8 得 260；然后把 1 至 64 这些数字分成 8 组，使每组的和等于 260，这就需要充分考虑对称问题。设想将 1 至 64 这些数字排列成如上方阵，即从左列开始依序自上而下排列，到底之后转次列依序自下而上，到顶后再转第三列依序自上而下，如是构成形同蛇行的 8 行 8 列方阵。此方阵每一列都是连续的自然数列，每一行左右对称的两数之和是 65，各行的数字之和是 $65\times4=260$，因此方阵中的每一行都可用来构成一个总数为 260 的小圆阵。至于每个小圆阵中的数字，则按顺时针方向依照第 1、8、5、3、2、7、6、4 位的次序排列。例如，以上面方阵第一行的 8 个数组成第一个小圆阵，即图 3-50 左边中间那个小圆阵，从最小的数字 1 开始，顺时针先后就是 64、33、17、16、49、48、32。这样的安排，充分考虑了大小数字的对称，也就是杨辉讲的“以大辅小，而无强弱不齐之数，示均而无偏也”。

程大位的八阵图将小圆阵也按顺时针方向依次排列，整体更为工整。

杨辉之后，中算家对变形幻方的研究不断，在南宋有丁易东的《大衍索隐》，在明代有程大位的《算法统宗》和王文素的《通证古今算学宝鉴》，在清代有方中通的《数度衍》、张潮的《心斋杂俎》、保其寿的《增补算法浑圆图》等，形式也趋于更加多样和复杂。[①] 现仅举数图加以说明，它们的组合学内蕴还有待于研究者进一步发掘。

王文素将前 n 个自然数配置在若干个连环中，其中有的数字仅属一环所有，有的数字则为二环或多环共有，但各环数字之和相等，这是与杨辉八阵图类似但更为复杂的组合设计问题（图 3-51、图 3-52）。

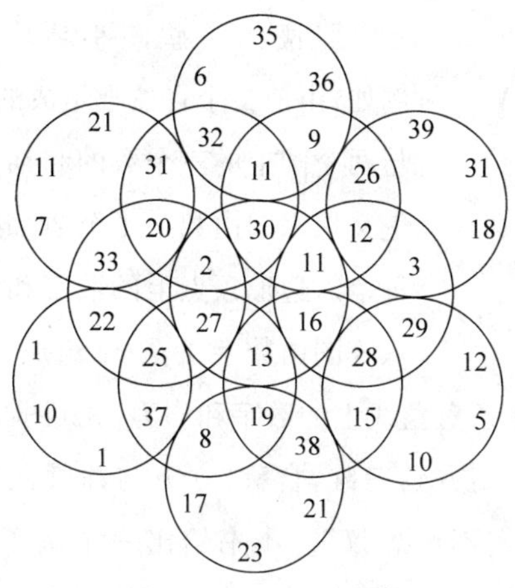

图 3-51　王文素的缨络图

① 李俨：《中算家的纵横图研究》，载李俨：《中算史论丛》（第一集），科学出版社 1954 年版。

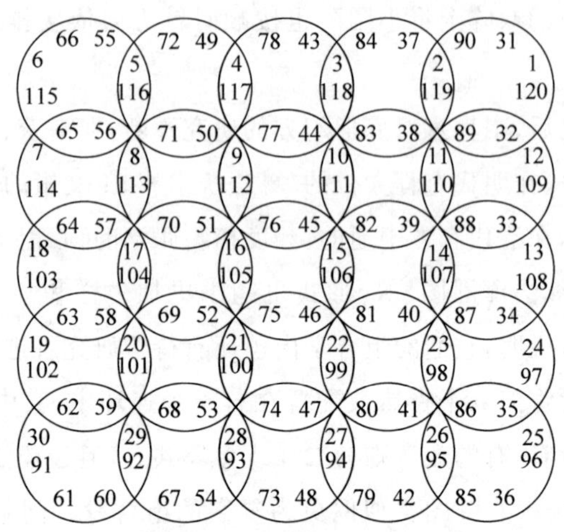

图 3-52　王文素的古珞钱图

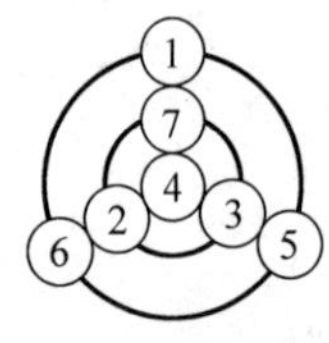

图 3-53　张潮的叁三图

张潮的一些图小巧玲珑，富有情趣。例如，由前 7 个自然数组成的叁三图，三条线与两个圆上的三个数的和都是 12(图 3-53)；龟文聚六图由数字 1 至 24 组成 7 个六边形，每个六边形顶点上的数字和为 75(图 3-54)；八阵图由数字 1 至 32 组成 4 个同心的八边形，4 个外周及 4 条对角线上的数字和均为 132(图 3-55)。

保其寿推广幻方到三维，自称“立方与浑圆尤为可喜，其源虽权舆洛书，其巧实不可思议”。本书给出三个例子。分别由 32、8 和 18 个自然数构成立方、三棱锥(浑三角)和球体(浑圆)，立方体六个面上的 12 个数字之和皆为 182(图 3-56)；球体上三条大圆弧，其中两条经上 8 个数字之和为 72，一条纬线上 8 个数字之和为 48(图 3-57);三棱锥的四个顶点与四个面上各有一数(图 3-58 中的 8 表示底面而不是棱上的数字),每面数字之和皆为 14。

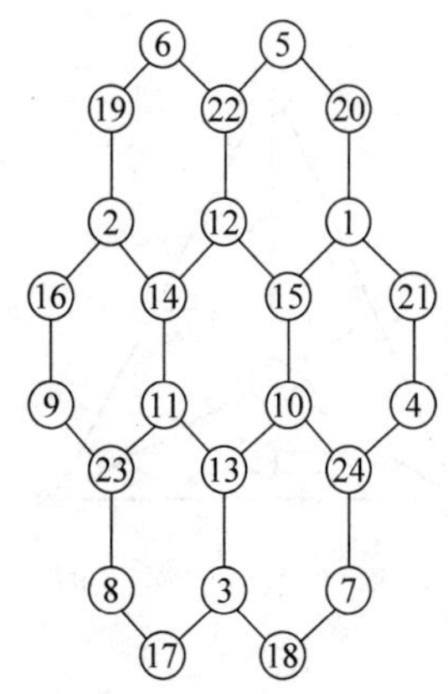

图 3-54　张潮的龟文聚六图

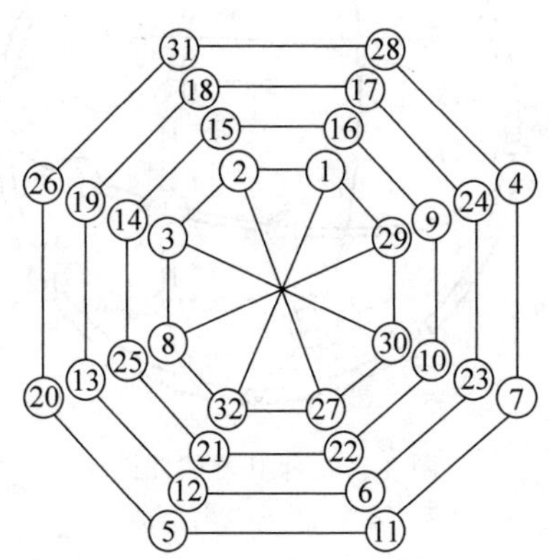

图 3-55　张潮的八阵图

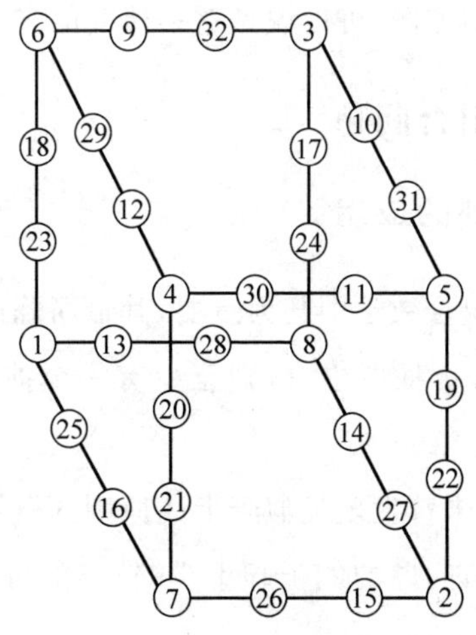

图 3-56　保其寿的立方图

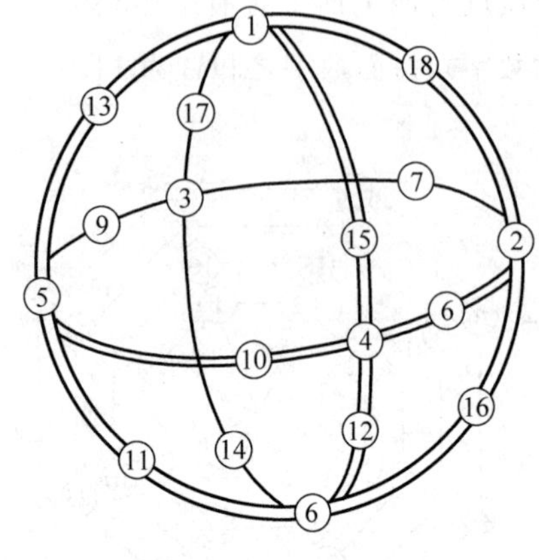

图 3-57 保其寿的浑圆图

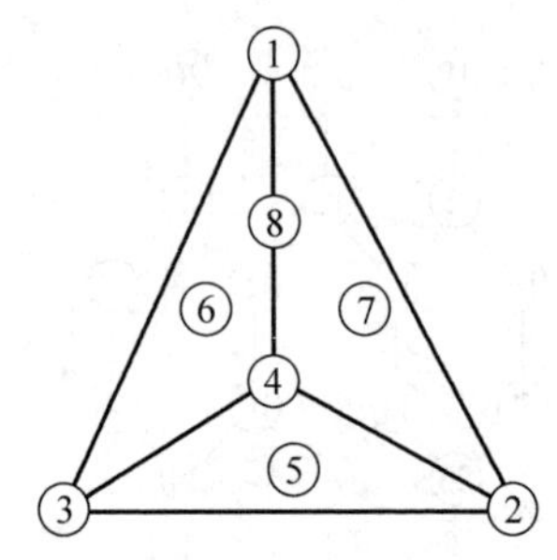

图 3-58 保其寿的浑三角图

在现代组合学中，除了标准幻方外，素数幻方、级数幻方、重积幻方、高维幻方等各种广义幻方正日益受到重视，杨辉以来中算家绘制的各种变形幻方图，可以说是这一研究的先声。[①]

(三) 其他组合问题

1. 抽屉原则的应用

抽屉原则在组合数学中甚为重要，其最简陈述形式为：将多于n个的物体放到n个抽屉中去，则至少有一个抽屉中具有一个以上的物体。

在中国古代，未曾发现类似于上述原则的概括性文字，但是应用这一思想来分析问题的例子却不少，较早的可见于宋代费衮的

① 罗见今：《世界上最古老的三阶幻方》，《自然辩证法通讯》1986年第3期。

《梁溪漫志》,其卷九"谭命"条针对谈命者所谓人命天定的谬论写道:"近世士大夫多喜谭命,往往自能推步,有精绝者。予尝见人言日者阅人命,盖未始见年、月、日、时同者;纵有一二,必倡言于人以为异。尝略计之,若生时无同者,则一时生一人,一日生十二人,以岁记之,则有四千三百二十人;以一甲子计之,止有二十五万九千二百人而已。今只从一大郡计,其户口之数尚不减数十万,况举天下之大,自王公大人以至小民何啻亿兆?虽明于数者有不能历算,则生时同者必不为少矣,其间王公大人始生之时则必有庶民同时而生者,又何贵贱贫富之不同也?"

以十二辰、三百六十日、六十甲子共为"抽屉",得数 12×360×60=259200;而以天下之人为"物体",其数"何啻亿兆",因而结论是"生时同者必不为少矣"。这里正是暗用了抽屉原则。

清代钱大昕的《潜研堂文集》、阮葵生的《茶余客话》、陈其元的《庸闲斋笔记》中都有类似的文字。

2. 一类图形组合问题

中国古代有许多图形组合的记录,最早的大约是宋人所制燕几图。这里"燕"通"宴",所谓"燕几"就是两张 4×1 的长桌、两张 3×1 的中桌和三张 2×1 的短桌,根据宴席的规格可以拼成宽窄不一、形式多样的布局,是为今日组合家具之雏形。[①]

燕几图到明代被发展成蝶几图,此时已不再是家具图谱,而是一种具有数学意义的民间游戏。清初则有七巧图,图式趋于简单

① 郭正谊:《关于七巧图及其他》,《中国科技史料》1990 年第 3 期。

但变化更为奇妙。七巧图还流传到海外，以至于今日在西方被称为“唐图”(Tangram)。后来又有十三只做式图、益智图等，共同特点是利用若干平面图形的不同组合，拼出种种奇妙的造型。清代学者刘献廷(1648—1695)在《广阳杂记》中写道：

其图以一平方面，截为十三块，或长方，或半长方，或锐角，或钝角。辗转挪移，互相拼凑，或为圭形，或为磬形，或为屋宇形，或为桥梁形，或为飞燕形，或为舞蝶形，此宇宙之殊形异相，总不出其范围矣。予意取一平方板，纵横界画，如棋罫然，而经纬皆以百分为率，以便算也。然后如其式而截之，增减离合，以度求数，数无遁情矣。若更于大方之外，增四弧矢，如《周礼》衍羡之法，以证围径真旨，而方田、少广诸章，其余事耳。①

言辞有些夸大，但也透漏了一种企图通过量化来阐明几何关系的想法。

3. 一类镶符问题

清初褚人获在其所著《坚瓠集》中提到一种名为移棋相间的智力游戏，并称是幼时从友人胡砺之那里学到的。游戏的规则是将黑白棋子各 n(n>3)枚左右分别排成一行，每次将相连两子一并移至两个相连的空格之中，经若干次移动后使所有棋子成黑白相

① (清)刘献廷：《广阳杂记》卷三，中华书局 1957 年版，第 117 页。

间排列。褚人获复用歌诀记下了三至十移的法则。举例来说，三移的歌诀是“三子从根起，二三望前移”，也就是第一步先将左边的两枚棋子（皆黑）移到右端，第二步将（右数）第二、三枚棋子（一黑一白）再移到右端，第三步将左端的两枚棋子（一黑一白）移到右边空挡（图 3-59）。

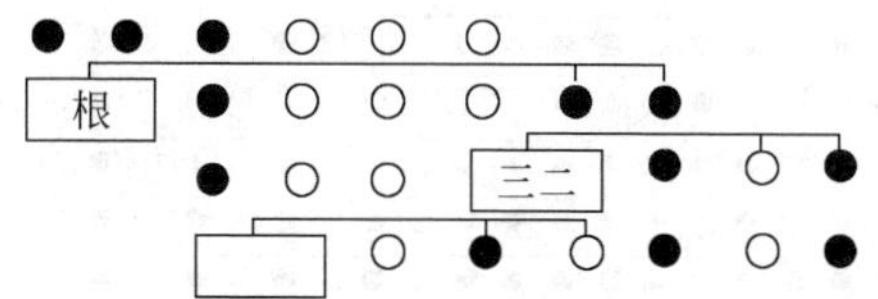

图 3-59　褚人获三移相间示意

清末俞樾（1821—1907）及其夫人季兰也对移棋相间问题产生了兴趣，他们不但给出了 11 至 20 移的规则，而且提出了标记移动程序的简便方法，这些都被记录在俞樾的《春在堂随笔》中。以 n＝15 为例，其程序为：“左二、三，右十三、十四，左六、七，右九、十，左十二、十三，右五、六，左九、十，右十四、十五，左十五、十六，右十、十一，左十一、十二，右六、七，左五、六，右二、三，左一、二。”文中的“左某某”，就是将左起第某两枚棋子移至其右方的两个相连空位上（第一步则移至最右端）；“右某某”，就是将右起第某两枚棋子移至其左方的相连空位上，一共 15 步，即可移成黑白相间的形式（图 3-60）。

从现代组合学的观点来看，移棋相间问题属于镶符理论的范畴，其实质是在某些特定组合规则下将一种序列重新组合成另一种序列。例如，将若干个以一维形式贮存在计算机内的数据，按照类别重新分别贮存。又如，用移位法来编制或破译密码，其原理都

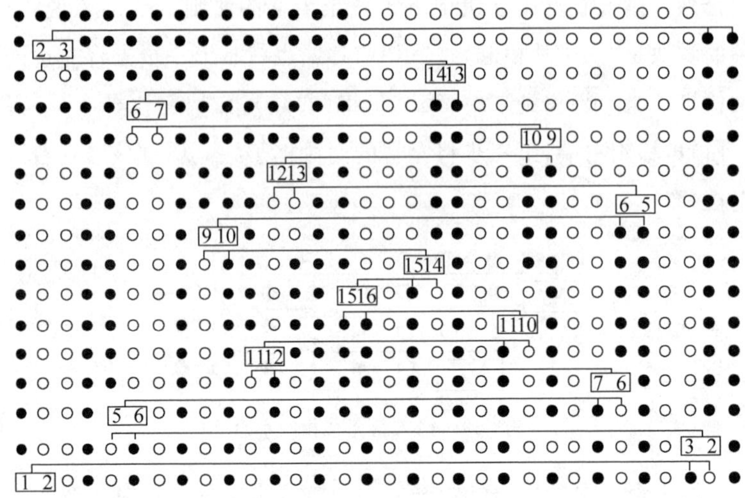

图 3-60 俞樾十五移相间示意

与移棋相间有一定的相通之处。①

4. 对策组合的一个例子

对策论又称博弈论，是现代应用数学的一个重要分支。《史记·孙子吴起列传》所载战国时孙膑指导田忌与齐威王赛马的故事便是运用对策论的最早范例，孙膑向田忌建言道："今以君之下驷与彼上驷，取君上驷与彼中驷，取君中驷与彼下驷。"田氏照此行事，三番驰毕，田忌一负二胜，赢得齐王千金。

由于参赛的仅有两方，赌局有限，且每局要决出胜负，所以这

① 尤保三、莫绍揆：《有关移棋相间的理论》，《南京大学学报》(数学半年刊)，1986年第1期；互见胡著信：《镶符问题的历史渊源和现代发展》，载吴文俊主编：《中国数学史论文集》(二)，山东教育出版社1986年版。

一问题属于二人有限零和对策。对于田忌来说，他的三等马都劣于齐威王的同等马，但优于其次等马，在这种总体实力处于劣势的情况下，怎样才能稳操胜券呢？假如齐王三等马的出场次序固定，田忌一方则有六种不同的应对组合：

齐王	田忌					
上	上	上	中	中	下	下
中	中	下	上	下	中	上
下	下	中	下	上	上	中
结果	三负	一胜二负	一胜二负	一胜二负	一胜二负	二胜一负

可以看出，只有最后一种对策能获得总的胜利，这正是孙膑所说的“以君之下驷与彼上驷，取君上驷与彼中驷，取君中驷与彼下驷”的方案。

第四章　商功勾股

一　周长、面积与体积

中国古代不曾有过古希腊那种完全建立在演绎推理基础上的几何学体系，但不等于说中算家没有掌握多种形式的逻辑推理方法并具有自己的几何学理论；只要考察一下中国古算的第一个黄金时代——魏晋南北朝的数学，就不难发现，当时最显赫的数学成就大多与理论建树和几何学有关。[①] 同样，中国古代没有欧几里得《几何原本》那样的几何学著作，但这并不意味着在中国的九章体系中没有几何学的题材。实际上，中国古算中的方田、少广、商功、勾股和重差都涉及几何学——前三个方面主要关于求积理论及相关算法，后两个方面的核心是勾股定理及其应用。现在分别叙述之，先论周长、面积与体积。

(一) 求积基本原理

1. 出入相补原理

刘徽在《九章算术》中首先对勾股定理作了理论证明，其勾股

---

① 洪万生：《重视证明的时代——魏晋南北朝的科技》，载《中国文化新论·科技篇》，(台湾)联经出版公司 1983 年版。

术注称：

> 勾自乘为朱方，股自乘为青方，令出入相补，各从其类，因就其余不移动也。合成弦方之幂，开方除之，即弦也。①

从术文来看，刘徽是利用平面图形的割补移合来阐明勾方与股方之和等于弦方之理的。《隋书·经籍志》著录"《九章重差图》一卷，刘徽撰"，可惜此卷早已失传，但由此可见刘徽原有图附于注文之后。这种利用图形的割补移合证明数学命题的方法被人称为图验法。推广到三维空间则是棋验法。② 清代李锐在《勾股算术细草》中提出的一个补图，旨在解释上引术文的本意。

如图 4-1 所示，ABC 为勾股形，以 AC 为一边的股方用青色标识，以 BC 为一边的勾方用朱色标识；然后将两块"青出"移至相应的两块"青入"处，将一块"朱出"移至"朱入"处，就合成以 AB 为一边的"弦方之幂"。这一证明是符合刘徽原意的。③

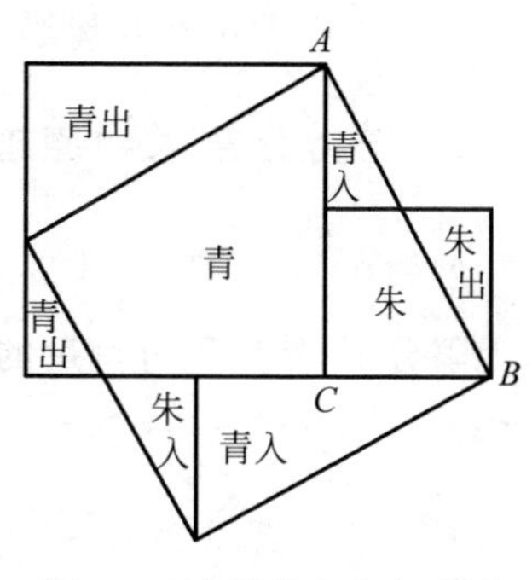

图 4-1　李锐补青朱出入图

① 钱宝琮校点：《算经十书》（上册），中华书局 1963 年版，第 241 页。

② 钱宝琮：《中国数学史》，科学出版社 1964 年版，第 64—65 页。

③ 这不是说图 4-1 肯定就是刘徽的原图，实际上可以设计出多种多样的青朱图来证明勾股定理。参阅李俨：《中算家的毕达哥拉斯定理研究》，《中算史论丛》（第一集），科学出版社 1954 年版。

以此术文为依据，著名数学家吴文俊(1919—2017)概括出如下的出入相补原理：“一个平面图形从一处移置他处，面积不变；又若把图形分割成若干块，那么各部分面积的和等于原来图形的面积，因而图形移置前后诸面积间的和、差有简单的相等关系。立体的情形也是这样。”①

应用出入相补原理，可以证明三角形面积等于底乘高之半以及一系列有关直线形面积的命题，也可以得到柱、锥、台等简单多面体的体积关系。刘徽图验法和棋验法，以及宋元算家演段法的理论基础就是出入相补原理。由出入相补原理也可以很容易地推出重差公式，从而奠定中算家测望技术的基础。此外，在勾股算术的各种恒等变换中，在开方及解方程的几何学阐释中，出入相补原理都扮演了极为重要的角色。

2. 无穷分割求和原理

刘徽在《九章算术》中对圆面积公式作了证明，他将圆周和面积无限分割，然后以分割后的圆内接正多边形去逼近圆，其圆田术注称：

> 割之弥细，所失弥少。割之又割，以至于不可割，则与圆合体，而无所失矣。②

---

① 吴文俊：《出入相补原理》，载中国科学院自然科学史研究所主编：《中国古代科技成就》，中国青年出版社1978年版，第81页。

② 钱宝琮校点：《算经十书》(上册)，中华书局1963年版，第103—104页。

实际上这一陈述相当于一个极限过程，若以 S 和 S_n 分别表示圆及其内接正多边形的面积，上述术文相当于

$$\lim(S-S_n)=0(n\to\infty) \quad 或 \quad \lim S_n=S(n\to\infty)$$

刘徽对方田章弧田术、商功章阳马术的说明也都应用了同样的思想。其弧田术注称："割之又割，使至极细，但举弦矢相乘之数，则必近密率矣。"阳马术注称："半之弥少，其余弥细。至细曰微，微则无形。由是言之，安取余哉？"诚如研究者指出的那样，刘徽的极限观念，"是由于对几何问题的研究而产生，同时又是用之于几何问题的"[①]。为了统一叙述，本书把中算家在几何求积问题中所用的极限方法称为无穷分割求和原理。

3. 斜解堑堵原理

在刘徽的体积理论中，鳖臑和阳马这两种锥体具有基本意义。他写道："鳖臑之物，不同器用。阳马之形，或随修短广狭。然不有鳖臑，无以审阳马之数；不有阳马，无以知锥、亭之类功实之主也。"关于这两种锥体的关系，刘徽指出：

> 邪解立方得两堑堵。邪解堑堵，其一为阳马，一为鳖臑。阳马居二，鳖臑居一，不易之率也。[②]

"邪"通"斜"，这就是斜解堑堵原理。经过相对的两条棱斜剖一个

① 杜石然：《古代数学家刘徽的极限观念》，《数学通报》1954 年第 2 期。

② 钱宝琮校点：《算经十书》(上册)，中华书局 1963 年版，第 167 页。

长方体，所得之平头楔状立体叫作堑堵，经过不相邻的三顶点斜剖堑堵所得之四棱锥和三棱锥分别叫作阳马和鳖臑，二者体积之比永远是 2∶1。在三度相等的条件下，不难用棋验法求得阳马体积，进而证明这一结论。对于三度不等的长方体来说，割得的“鳖臑殊形，阳马异体”，此时刘徽采用如下方法证明上述命题。①

(1) 如图 4-2，将堑堵 ACLJPR 斜剖成阳马 AJLRP 和鳖臑 ACLR，为了便于区别，令阳马为黑棋，鳖臑为红棋。

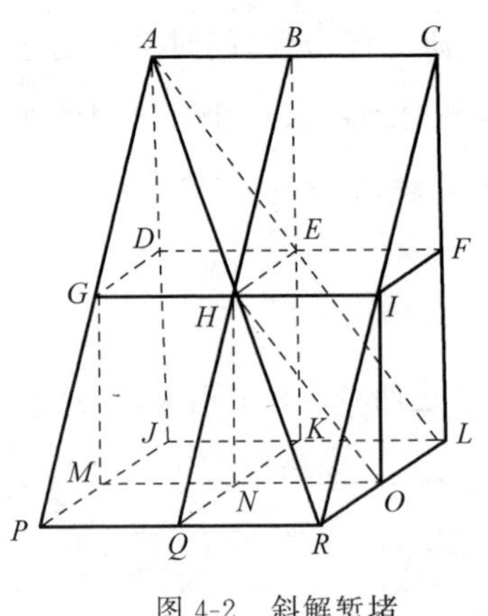

图 4-2　斜解堑堵

(2) 过此堑堵三度之中点进行剖分，则黑阳马被分割成五部分：一个小黑长方体 DEHGMNKJ，两个小黑堑堵 GHNMPQ 和 EHNKLO，以及两个小黑阳马 ADEHG 和 HNORQ；红鳖臑则被分成四部分：两个小红堑堵 BCFEHI 和 LOHEFI，两个小红鳖臑 ABEH 和 HIOR。

(3) 合黑红两小堑堵 GHNMPQ 与 BCFEHI 为小长方体，合另外两个黑红小堑堵 EHNKLO 与 LOHEFI 为另一小长方体，连同原有之小黑长方 DEHGMNKJ，共得三个等积小长方体，在这三部分体积中，黑棋与红棋的体积比为 2∶1。

① 刘徽是用三度相等的标准棋来进行论证的，但他也明确指出：“其棋或修短，或广狭，立方不等者……其形不悉相似，然见数同，积实均也。”他认为这一证明可以推广到三度不等的情况，使用标准棋仅是出于表达时的方便而已。

(4) 剩余部分为两个小的混合堑堵 ABEDGH 和 HIONQR，它们又可合成一个与上述三个小长方体都等积的小长方体，所以这部分体积为原堑堵体积的 1/4。

(5) 由于组成第四个小长方体的 ABEDGH 和 HIONQR 的构造皆与原堑堵相同，即各由一个小的黑阳马和一个小的红鳖臑组成，重复上述过程，又可以推出在三个更小的等积长方体中，黑红棋的体积比为 2∶1，而剩余两个更小的混合堑堵的体积占第一次剩余体积的 1/4。

(6) 将此过程无限地进行下去，直到剩余体积为无穷小，而在整个过程中能够确定的黑棋与红棋的体积比总是 2∶1。因此，在任何一个堑堵中，恒有“阳马居二，鳖臑居一”。[①]

若以 a、b、c 表示长方体的三度，上述过程相当于由

$$V_{立方}=abc$$

推出了

$$V_{阳马}=1/3(abc)$$

和

$$V_{鳖臑}=1/6(abc)$$

推导过程中应用了出入相补和无穷分割求和原理。

在平面几何中，如果约定长方形的面积是长宽二度之积，那么由出入相补原理可以证得三角形的面积等于底与高乘积之半，由此可以奠定直线形的面积理论。在立体几何中，如果约定长方体的体积是长、宽、高三度之积，仅由出入相补原理是否可以推出三

① 最早对这段术文做出正确解读的是日本数学史家三上义夫，参阅其《关孝和の业绩と京坂の算家并に支那の算法との关系及ド比较》，《东洋学报》1932—1935 年第 20—22 卷。

棱锥体积等于底与高乘积的三分之一，进而奠定多面体的体积理论呢？这正是德国数学家希尔伯特（D. Hilbert，1862—1943）在1900年提出的23个难题中第三题的等价陈述形式。[①] 这一问题当年就被他的学生德恩（M. Dehn，1878—1952）解决，答案是否定的；也就是说，对锥体体积的任何证明都必须使用某种形式的无穷小方法。另一方面，也有人建议排除无限小方法，而直接采用上述三棱锥体积公式作为体积理论的基础，但是这样就得证明任一三棱锥（即四面体）的每一面与对应高的乘积都相等，而这一事实并不明显，证明也不容易。[②]

立足于现代体积理论，我们方能深刻理解刘徽把阳马和鳖臑称为"功实之主"的深刻意义。也正是在这种现代观念的理解上，本书才把刘徽的"阳马居二，鳖臑居一"视为一条基本的求积原理。

4. 比较截面原理

在研究外表为曲面的立体体积时，刘徽曾多次利用比较截面的方法进行推导，例如由方柱求圆柱，由方锥求圆锥，由方台求圆台等。特别是对于球体，他提出用一个叫牟合方盖的立体，以此应用截面比较方法求积。这种方法的理论依据，后来被祖暅概括成一个原理，又经李淳风收录在他对《九章算术》开立圆术的注释中，

---

① 希尔伯特的原始陈述是，对于任意的两个等底等高的四面体，能否用有限的剖分和拼补方法证明它们的体积相等？参阅李文林、袁向东译文，《数学史译文集》，上海科学技术出版社1981年版。

② 吴文俊：《出入相补原理》，载中国科学院自然科学史研究所主编：《中国古代科技成就》，中国青年出版社1978年版。有关三棱锥体积的证明参阅〔法〕阿达玛：《几何·立体部分》，朱德祥译，上海科学技术出版社1966年版，第483—484页。

这就是：

缘幂势既同，则积不容异。[①]

由于祖暅是第一个用明确的文字表述这一原理的数学家，也由于他通过对球体积公式的推导为这一原理提供了一个精彩的范例，数学史家提议用祖暅的名字来命名这一原理。[②]

祖暅截面原理中的“幂”指截面积，“势”一般可以解释成高。整句话相当于说，如果两个立体的任意等高截面的面积相等，二者的体积必然相等。这与意大利数学家卡瓦列里在1635年提出的一个命题是完全一致的。[③]

考察中国古代数学家对“势”的用法，有人提出祖暅的思想更可能来自刘徽的比率理论，即指两个截面的比例关系，而等高这一条件在陈述中被省略了。这样一来他的原话就可解释成：如果两个立体的任意(等高)截面的面积恒有一定的比值，那么这两个立体的体积也等于这个值。[④] 显然，这样理解的截面原理比卡瓦列里的命题具有更普遍的意义。

---

① 钱宝琮校点：《算经十书》(上册)，中华书局1963年版，第158页。

② 杜石然：《祖暅之公理》，《数学通报》1954年版第3期。

③ 在西方，尽管古希腊人就有可能应用过比较截面方法，但是一般文献仍以最早留下文字记录的卡瓦列里来命名。

④ 刘洁民：《“势”的含义与刘祖原理》，《北京师范大学学报》(自然科学版)1988年第1期。

（二）周长、面积及有关问题

1. 直线形

中算著作把特定的平面图形称为某田或某某田，反映了古代对平面图形面积的知识来源于土地测量的事实。《九章算术》方田章中的方田、圭田、邪田、箕田，分别相当于长方形、三角形、直角梯形和一般梯形。

方田最为基本，其术为“广、从步数相乘”；广、从即长方形的长与宽；刘徽注曰：“此积谓田幂。”至今我们仍用这个“幂”字表示乘积。圭田术文是“半广以乘正从”，也就是三角形的面积等于高乘底之半；刘徽注为：“半广者，以盈补虚，为直田也。”说明他是应用出入相补原理，由长方形面积导出三角形面积的。邪田术文是“并两邪而半之，以乘正从若广”。就是说直角梯形的面积等于两底和的一半乘以高；刘徽注仍用“以盈补虚也”来说明。箕田的上下底分别称作舌、踵，术文是“并踵、舌而半之，以乘正从”；刘徽注为：“中分箕田，则为两斜田，故其术相似。”这是把一般梯形分解成两个直角梯形后推出的结果。

《五曹算经》卷一出现了一些新术语：腰鼓田、鼓田、蛇田皆由两个梯形相并而成，四不等田是任意四边形，墙田就是《九章算术》中的斜田，箫田就是《九章算术》中的箕田；除了后两者外，其余几种面积公式均有错误。杨辉在《田亩比类乘除捷法》中更正了这些错误，他又引入梯田、梭田、箭筈田、箭翎田等名目，分别指代梯形、菱形和两种各由一对直角梯形组成的五边形；对于有一个角是直角的四不等田，他则提出分割成勾股田和半梯田两块来解决。

秦九韶在《数书九章》中提出了一个“三斜求积术”，即由三角形的三条边长求面积的公式，术文是：

> 以小斜幂并大斜幂，减中斜幂，余，半之，自乘于上；以小斜幂乘大斜幂，减上，余，四约之为实；一为从隅，开平方得积。[①]

设三角形三边即术文所谓“三斜”为 a、b、c，则有

$$\Delta=\sqrt{\frac{1}{4}\left[a^2c^2-\left(\frac{a^2+c^2-b^2}{2}\right)^2\right]}$$

此式与1世纪亚历山大里亚的海伦（Hero of Alexandria）提出的一个公式是等价的。

2. 圆形

圆是最常见而又充分体现完美和谐的一种平面图形，因而对圆的知识认识的程度，在一定程度上可以作为衡量一个古代民族数学水平的标尺。在计算圆的周长和面积时，都要考虑圆周与直径的关系，中国古代早已认识到二者的比率是固定的。

《周髀算经》与《九章算术》都取“径一周三”作为圆周率。刘歆曾为王莽制造过一批名为“律嘉量”的标准铜量器，从其上的铭文可以推测他所使用的圆周率在3.1498至3.2031之间。他对斛、

① （南宋）秦九韶：《数书九章》卷五，道光二十二年（1842）宜稼堂丛书本。

斗、升、合、龠没有采用统一的圆周率近似值，说明当时可能是通过实验方法来制作律嘉量器的。[①] 后来张衡、蔡邕、王蕃(228—266)、皮延宗等人都曾提出新的圆周率数据，说明从东汉到南北朝以来，改进圆周率的精度始终是当时算家关注的一个问题。

刘徽对圆的研究具有理论上的意义，他为《九章算术》圆田术作的注是一篇出色的论文，包括以下三方面的内容。(1)用出入相补原理证明由“径一周三”的古率和圆田术文所得到的结果不是圆而是圆内接正12边形的面积。(2)用无穷分割求和原理证明了《九章算术》中的圆田术，即圆面积公式。(3)计算圆周率的详细过程和数据。割圆术的精华主要体现在第二部分中。[②]

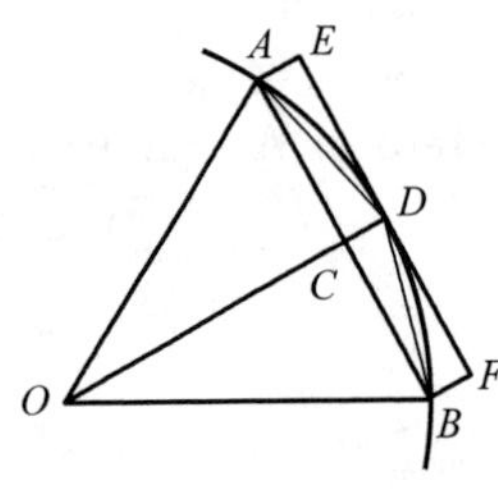

图4-3 刘徽割圆术示意

如图4-3所示，设AB是圆内接正n边形的一边，OC为相应的边心距，AD或BD是圆内接正2n边形的一边，CD称为余径，ABFE是以AB为长、CD为宽的矩形；又用S_n和S分别表示圆内接正n边形和圆的面积，则有

$$n \cdot AB \cdot CD = 2(S_{2n} - S_n)$$

把这个值加到S_n上，则有

$$S_n + 2(S_{2n} - S_n) = S_{2n} + (S_{2n} - S_n) > S$$

这就是刘徽说的“以面乘余径，则幂出弧表”。他把$S_{2n} - S_n$称为差幂，指出当分割次数多至无穷时余径和差幂都将为0，此时S_{2n}

① 白尚恕:《从王莽量器到刘歆圆率》,《北京师范大学学报》1982年第2期。

② 郭书春:《刘徽的极限理论》,《科学史集刊》1984年第11期。

$=S$,也就是他说的“若夫觚之细者,与圆合体,则表无余径。表无余径,则幂不外出矣”。接着他又指出,以圆内接正 n 边形的边长乘以半径,等于圆内接正 2n 边形面积的 2/n(在图 4-3 中可以看出,AB 与 OD 的乘积等于四边形 OADB 的 2 倍),而以圆内接正 n 边形周长之半乘以半径就等于圆内接正 2n 边形的面积;当 n 无限增大时,由于“表无余径”,圆内接正多边形的周长和面积就分别等于圆的周长和面积,但上述关系式仍然不变,这样就证明了“半周半径相乘得积步”的圆田术公式。

刘徽又用勾股定理计算圆内接正多边形的周长和面积。若以 a_n、c_n 分别表示圆内接正 n 边形的边长和周长,r 表示半径,在图 4-3 中有

$$OC=\sqrt{OA^2-AC^2}=\sqrt{r^2-\left(\frac{a_n}{2}\right)^2}$$

$$CD=OD-OC=r-\sqrt{r^2-\left(\frac{a_n}{2}\right)^2}$$

$$a_{2n}=AD=\sqrt{CD^2+AC^2}=\sqrt{\left[r-\sqrt{r^2-\left(\frac{a_n}{2}\right)^2}\right]^2+\left(\frac{a_n}{2}\right)^2}$$

这就是割圆术中的倍边公式。刘徽从 $a_6=1$(尺)算起,经过四次倍边,算得 $a_{96}=0.065438$(尺),再由公式

$$S_{2n}=\frac{1}{2}c_n\cdot r=\frac{1}{2}n\cdot a_n\cdot r$$

算得 $S_{192}=314\frac{64}{625}$(方寸)。舍去余分,以 314 方寸作为半径为 1 尺的圆面积,相当于取圆周率:“周得一百五十七,径得五十。”即

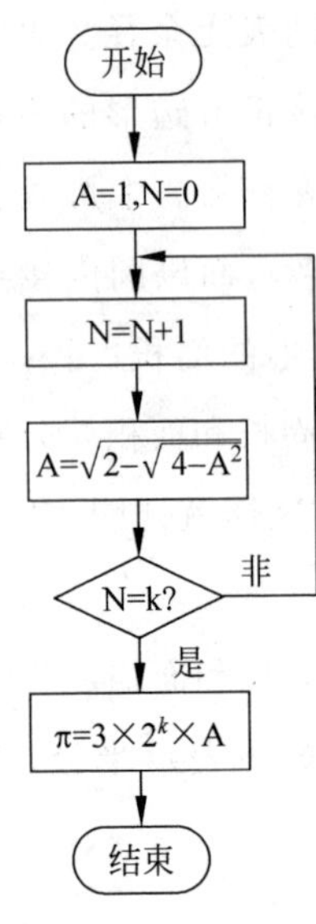

图 4-4 割圆术程序

$$\pi \approx 3.14 = \frac{157}{50}$$

若取 r=1 并简化倍边公式，通过计算正多边形面积获取圆周率近似值的算法可由图 4-4 表示。从理论上说，只要令倍边次数 K 足够大，就可以获得任意精度的 π 值。在以上术文中，起始数据 A=1，k=4。

另有一段注文，大意是对数值 $314\frac{64}{625}$ 进行调整以求更加密合，用算式写出来就是

$$314\frac{64}{625}+\frac{36}{625}=314\frac{4}{25}(\text{方寸})$$

$$=\frac{3927}{1250}(\text{方尺})$$

从而提出一个更精确的数据，相当于 $\pi \approx \frac{3927}{1250} \approx 3.1416$。注者又称只要继续运算求出 a_{1536}（即取 k=8），进而求出 S_{3072} 就能验证这一结果。关于这段注文的作者，数学史上尚未定论，多数学者认为是刘徽，也有人怀疑是祖冲之或其他人。①

祖冲之把圆周率的值计算到七位有效数字。由于《缀术》失传，后人对他的推导过程已无从知晓；如果他是按照如同图 4-4 的刘徽程序进行推算的，那么他要取 k=11，算出 a_{12288} 和 S_{24576} 才能

① 李迪：《〈九章算术〉争鸣问题的概述》，载吴文俊主编：《〈九章算术〉与刘徽》，北京师范大学出版社 1982 年版。

达到这一精度。祖冲之的圆周率纪录,在世界上保持了千年之久,直到 15 世纪才为阿尔·卡西突破。他又提出用两个近似分数来表达圆周率,即约率 22/7 和密率 355/113;前者与阿基米德在《圆的度量》中所取数据一样,后者由德国人鄂图(V. Otho,约 1550—1605)于 1573 年重新得到。

元代赵友钦在其《革象新书》中则从圆内接正方形开始运算,运用与刘徽类似的方法算出 a_{16384},从而验证了祖氏密率的精确性。

3. 其他曲边形

《九章算术》又有环形面积公式,方田章环田术曰:"并中外周而半之,以径乘之为积步。"设环形内外周分别为 c_1、c_2,环间距为 d,则有

$$S=\frac{(c_1+c_2)}{2}\cdot d$$

刘徽注曰:"并而半之者,以盈补虚,得中平之周。周则为从,径则为广,故广、从相乘而得其积。"十分显然,这是把环形截开展成一个梯形,然后再利用出入相补原理化成矩形来证明环田术。

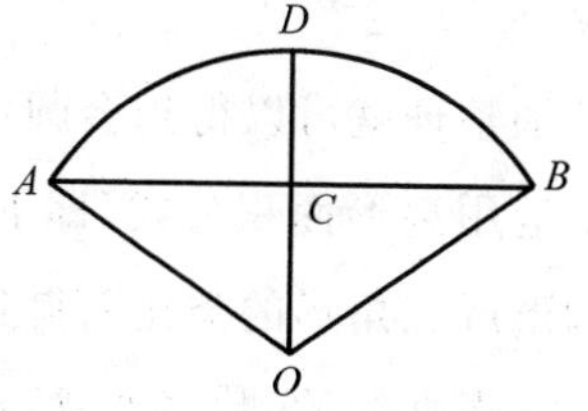

图 4-5 弧田术与会圆术

弓形在《九章算术》中被称为弧田,方田章弧田术给出的是一个近似公式:"以弦乘矢,矢又自乘,并之,二而一。"若令图 4-5 中之 AB = a,

CD=h,AO=r,即 $S=\frac{1}{2}(ah+h^2)$。

刘徽先以半圆为例说明此术“失之于少”,进而指出对于小于半圆的弓形来说,此术“益复疏阔”。然后,他提出应该用无穷分割求和方法计算精确值。最后,针对实际测田的需要肯定了原术在近似计算上的价值。

朱世杰的《四元玉鉴》卷下在应用《九章算术》弧田公式时引入了修正值:根据杂范类会第11、12两问所设方程,可以推知他所用的修正值分别是 $\frac{7}{400}h^2$ 和 $\frac{1}{56}h^2$。

关于弓形的弧长,《梦溪笔谈》卷18的会圆术给出近似公式

$$\ell=a+\frac{h^2}{r}$$

他没有交代这一公式的来源,但是很有可能与《九章算术》弧田术有关。在图4-5中可以看到扇形OADB由弓形ADB和三角形AOB合成,把弧ADB视为一个特殊三角形的底边,再应用《九章算术》的弧田、圭田二术,于是有

$$\frac{1}{2}\ell\cdot r=\frac{1}{2}(ah+h^2)+\frac{1}{2}a(r-h)$$

稍加整理就可以得到会圆术公式。如果确实如此,沈括就是第一个运用扇形面积公式(即上边的左式)的中算家,这很可能通过与圆形或三角形的类比而得到。

秦九韶的《数书九章》卷五有蕉田求积题,所谓蕉田(又称蕉叶田),意为形如芭蕉叶状的平面图形,从书中附图来看类似椭圆,题设两个数据中长b、中广a对应于椭圆的长、短二轴径,令S为蕉

田积,书中给出一个近似解法,需解方程

$$8S^2+(b^2-a^2)S-20(a+b)^3=0$$

其造术之根据有待进一步探索。

清代数学家用幂级数方法研究各类曲边形的面积和弧长,比较突出的工作有项名达的《椭圆求周术》、徐有壬的《椭圆正术》、李善兰的《椭圆新术》与《方圆阐幽》、夏鸾翔的《致曲术》等。

4. 立体表面积

《九章算术》涉及表面积的公式只有一种,即方田章第 33、34 两问涉及的宛田术。什么是宛田?自清代李潢的《九章算术细草图说》以来,大多数意见都认为是球冠形,最近又有人提出宛田是平面图形的优扇形。① 其实宛田很可能既不是球冠形,也不是平面优扇形,而是指一种下底为圆周、类似圆锥但顶部平滑的山包状立体的侧表面,它是古代土地测量中遇到山包、墓丘等地形的数学抽象。关于这一点,不但可从古汉语中"宛"字的释义得到支持,还可以通过刘徽注,以及《五曹算经》《田亩比类乘除捷法》等后来的数学著作得到印证。②

宛田术的术文是:"以径乘周,四而一。"如图 4-6 所示,若令圆周 AB 为 c,曲线 ACB 为 d,则术文表达的山包状立体之侧表面积为

---

① 肖作政:《"宛田"非球冠形》,《自然科学史研究》1988 年第 2 期。

② 李继闵:《〈九章算术〉及其刘徽注研究》,陕西人民教育出版社 1990 年版,第 277—285 页。

$$S=\frac{1}{4}cd$$

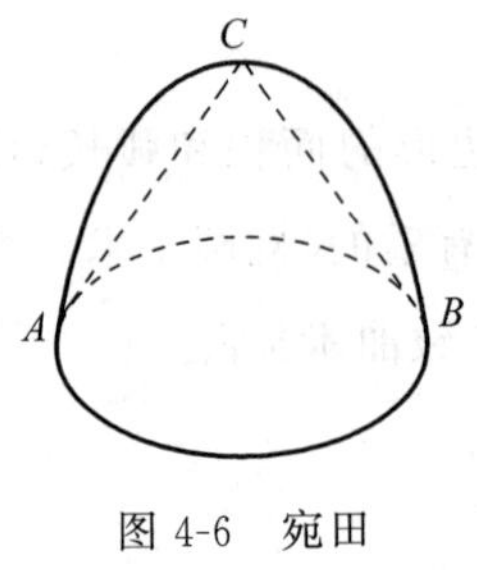

图 4-6 宛田

刘徽注称:“此术不验。……今宛田上径圆穹,而与圆锥同术,则幂失之于少矣。……故略举大较,施之大广田也。”认为这一公式实际上是图 4-6 所示内容圆锥体 CAB 的侧面积,比宛田面积略少;但用于大范围的丘陵状田地测量,可以作为近似公式来用。

中算家对球表面积公式的认识要迟于对球体积的研究,朱世杰曾错误地以为球的表面积等于其外切圆柱侧面积的四分之三。直到清代初年,梅文鼎在《测量全义》卷 6 介绍的阿基米德有关命题的启发下,才在《方圆幂积》一书提出了球面积和球冠形的公式:他把球的表面积看作球大圆与直径的乘积,而把球冠面积等同于一个以其顶点为圆心、以顶点到下周的距离为半径的圆的面积。

(三) 体积及有关问题

1. 一般多面体

《九章算术》商功章给出了立方、方堡壔、方仓、堑堵、阳马、鳖臑、堑(城、垣、堤、沟、渠同术)、方亭、方锥、刍甍、刍童(曲池、盘池、冥谷同术)、羡除共 20 个名目 12 种多面体的公式。以上 12 种多面体中,前三种分别是正方体、截面为正方形的长方体和三度皆不等的长方体。堑堵、阳马和鳖臑前面已介绍过,其余六种多面体的形状、求积术文及公式分述如下。

(1) 堑(两底面为等宽矩形的四棱台,见图 4-7):"并上下广而半之,以高若深乘之,又以袤乘之,即积尺。"也就是

$$V=\frac{1}{2}(a_1+a_2)bh$$

(2) 方亭(两底面为正方形的四棱台,见图 4-8):"上下方相乘,又各自乘,并之,以高乘之,三而一。"即

$$V=\frac{1}{3}(a_1^2+a_2^2+a_1a_2)h$$

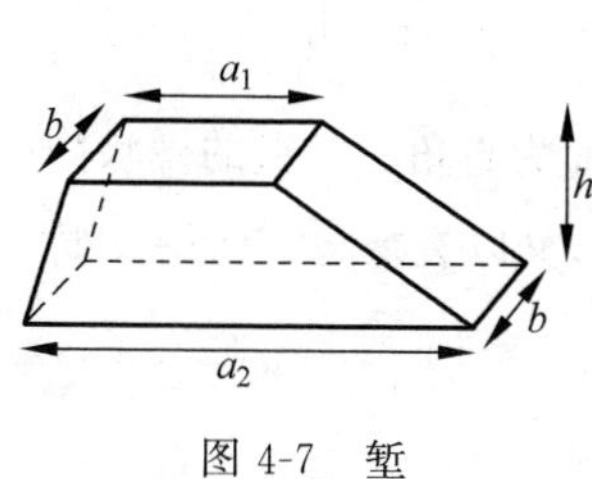

图 4-7　堑

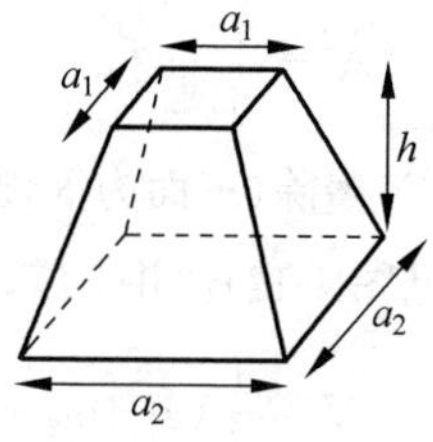

图 4-8　方亭

(3) 方锥(底面为正方形的四棱锥,阳马为方锥之一种,见图 4-9):"下方自乘,以高乘之,三而一。"即

$$V=\frac{1}{3}a^2h$$

(4) 刍甍(底面为矩形的楔状体;甍通蒙、刍甍原意为屋脊,见图 4-10):"倍下袤,上袤从之,以广乘之,又以高乘之,六而一。"即

$$V=\frac{1}{6}(2a_2+a_1)bh$$

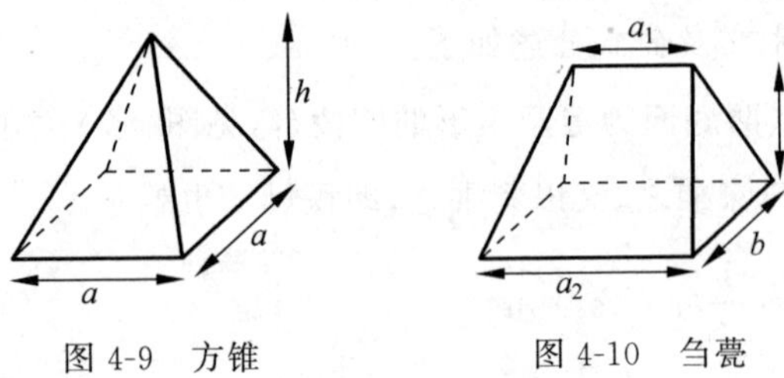

图 4-9　方锥　　　图 4-10　刍甍

(5) 刍童(两底面为矩形的四棱台,以上四个均可视为刍童之特例,又有曲池亦通①,见图 4-11):"倍上袤,下袤从之,亦倍下袤,上袤从之,各以其广乘之,并,以高若深乘之,皆六而一。"即

$$V=\frac{1}{6}[(2a_1+a_2)b_1+(2a_2+a_1)b_2]h$$

(6) 羡除(三面为等腰梯形,两面为直角三角形的楔状体;原意为墓道,见图 4-12):"并三广,以深乘之,又以袤乘之,六而一。"即

$$V=\frac{1}{6}(a_1+a_2+a_3)bh$$

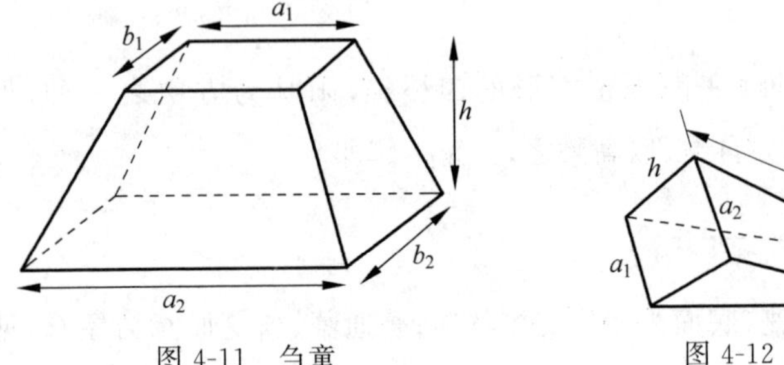

图 4-11　刍童　　　图 4-12　羡除

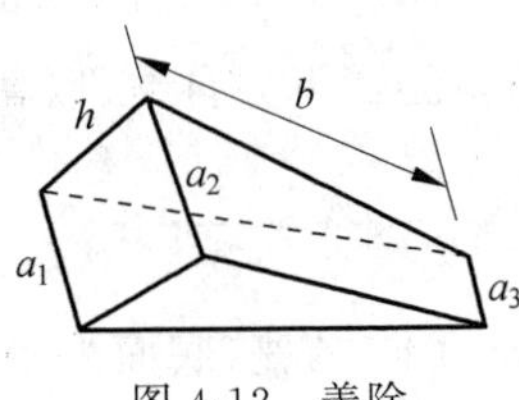

① 从商功章第 2 题及刘徽注可知,曲池两个底面为环形之一部分,两侧表面为圆锥面之一部分,另外两侧面为梯形,因而不是多面体;但《九章算术》把它归为刍童一类,刘徽又借助截面原理说明曲池与刍童等积。

刘徽用出入相补原理对以上公式逐一作了证明，在证明中使用长、宽、高均为1(尺)的标准立方、堑堵、阳马，称为“三品棋”，所以数学史家把他的这种方法叫作棋验法。现以刍童术的证明为例说明这一方法，刘徽注曰：

> 假令刍童上广一尺，袤二尺，下广三尺，袤四尺，高一尺。其用棋也，中央立方二，四面堑堵六，四角阳马四。倍下袤为八，上袤从之，为十。以高、广乘之，得积三十尺。是为中央立方各三，两端堑堵各四，两旁堑堵各六，四角阳马亦各六。后倍上袤，下袤从之，为八。以高、广乘之，得积八尺。是为得中央立方亦各三，两端堑堵各二。并两旁，三品棋皆一而为六，故六而一，即得。[①]

按图4-13对刍童进行分解，得到四部分体积：由两个标准立方组成的“中央立方”，由四个标准堑堵组成的“两旁堑堵”，由两个标准堑堵组成的“两端堑堵”，以及由四个标准阳马组成的“四角阳马”。在1立方＝2堑堵＝3阳马的前提下，刘徽分别考察了以下四种长方体中所含三品棋的数目：

$V_1=2a_2b_2h=$2(2立方＋2×4旁堑堵＋2×2端堑堵＋3×4阳马)

＝4立方＋16旁堑堵＋8端堑堵＋24阳马

$V_2=a_1b_2h=$2立方＋2×4旁堑堵＝2立方＋8旁堑堵

① 郭书春汇校：《九章算术》，辽宁教育出版社1990年版，第289—290页。

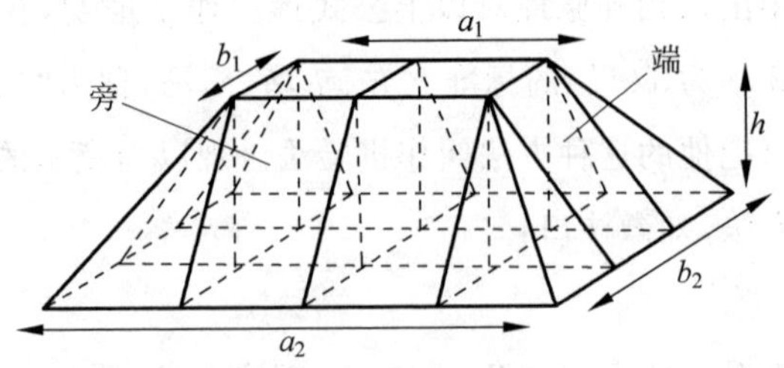

图 4-13 刍童的分解

故 $V_1+V_2=(2a_2+a_1)b_2h=6$ 立方$+24$ 旁堑堵$+$ 8 端堑堵$+24$ 阳马

$=3$“中央立方”$+6$“两旁堑堵”$+4$“两端堑堵”$+$ 6“四角阳马”

又 $V_3=2a_1b_1h=2\times2$ 立方$=4$ 立方

$V_4=a_2b_1h=2$ 立方$+2\times2$ 端堑堵$=2$ 立方$+4$ 端堑堵

故 $V_3+V_4=(2a_1+a_2)b_1h=6$ 立方$+4$ 端堑堵

$=3$“中央立方”$+2$“两端堑堵”

“并两旁”,则有

$V_1+V_2+V_3+V_4=[(2a_1+a_2)b_1+(2a_2+a_1)b_2]h$

$=6$“中央立方”$+6$“两旁堑堵”$+$ 6“两端堑堵”$+6$“四角阳马”

$=6$ 刍童

故 $$V_{刍童}=\frac{1}{6}[(2a_1+a_2)b_1+(2a_2+a_1)b_2]h$$

梅文鼎在《几何补编》中研究了五种正多面体和两种半正多面体,对它们的体积、棱长、内径及诸体间的关系做了系统的分析,在此基础上提出的球内容问题别开生面，并被收入《数理精蕴》下编，稍后和算家的累圆术中也出现了类似的问题。

2. 球体

《九章算术》少广章开立圆术给出的球体积公式是

$$V=\frac{9}{16}d^3$$

关于这一公式的来源，刘徽提出了两种解释：第一种是由“黄金方寸重十六两，金丸径寸重九两”实测而来；第二种是先由截面原理推得正方体与其内切圆柱体的体积比为 4∶3，再假定圆柱体与其内切球体的体积比也是 4∶3，进而由连比例得到。张衡则附会阴阳奇偶之说，提出过另一个近似公式

$$V=\frac{5}{8}d^3$$

刘徽对《九章算术》球体积公式进行了细致考察，指出若取 $\pi=3$，正方体与其内切圆柱体的体积比是 4∶3，但圆柱体与其内切球体的体积之比并不是 4∶3。为了论证这一点，他构造了另一个立体模型，实际上是两个正交的等径圆柱体的公共部分，其形状如同两把相对张开的伞盖，所以取名为牟合方盖（图 4-14）。它与内切球体的每一对等高截面都成方圆之比，由截面原理可知这个牟合方盖与其内切球体的比必定也是 4∶3。对于牟合方盖的体积，他只提出了应从立方割出牟合方盖之后所余“外棋”着手的设想，但因找不到其中的规律而未能成功，于是坦诚地宣布“敢不阙疑，以俟能言者”。

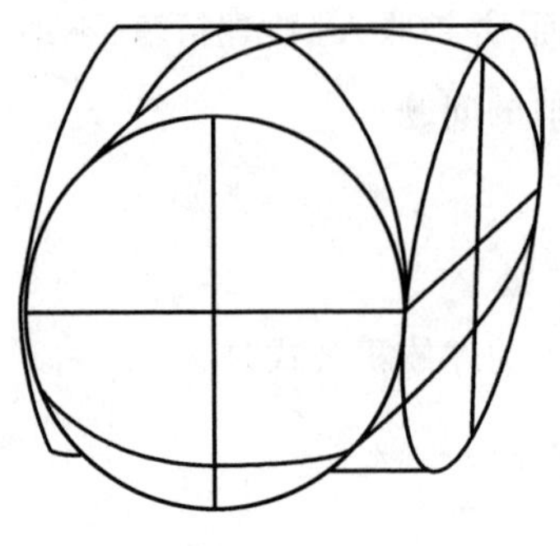

图 4-14 牟合方盖

祖暅解决了牟合方盖的计算问题，从而推出了正确的球体积公式。根据李淳风注摘引的“祖暅之开立圆术”，祖氏系对边长为 d 的正方体及其内容牟合方盖的八分之一进行考察，按照图 4-15 所示的切割法，将一块边长为 d/2 的小正方体分成四块，即一块内棋和三块外棋，其中内棋是牟合方盖的八分之一。

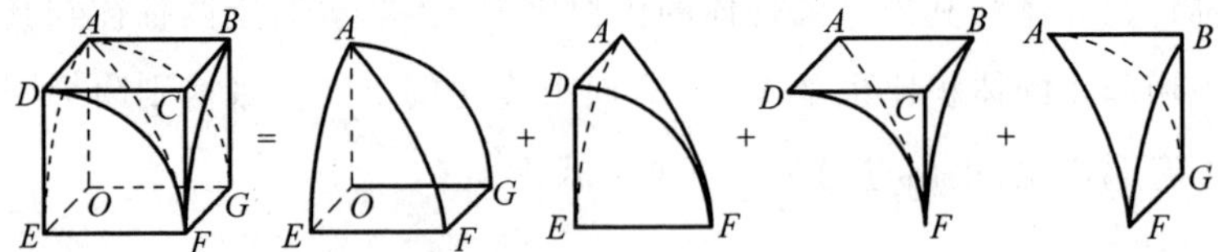

图 4-15 立方及其内容牟合方盖八分之一的分解

现在来考察“外之棋”的截面：如图 4-16 之左，由勾股定理可知 $OQ^2 = OP^2 - PQ^2$，即 $OQ^2 = QV^2 - PQ^2 = □VR + □RS + □UR$；后面三项是“外三棋”的截面之和，$OQ^2$ 是高的平方。而在图 4-16 之右，在一个长、宽、高皆为 d/2 的倒立阳马上作一等高截面 QLMN，由相似勾股形的性质可知 OQ=QL，故 $□QM = QL^2 = OQ^2$，说明此倒立阳马的截面积也等于高的平方，因而可知“外三棋”截面之和与倒立阳马的截面相等，由比较截面原理即得

$$V_{外三棋} = V_{阳马} = \frac{1}{3}V_{立方}$$

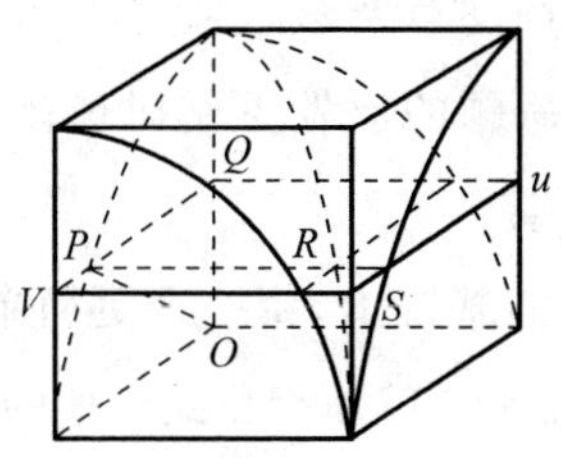

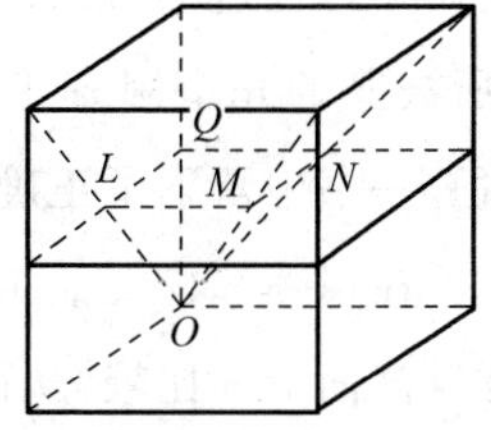

图 4-16　外三棋和倒阳马的等高截面

因而　$$V_{内棋}=V_{立方}-V_{外三棋}=\frac{2}{3}V_{立方}=\frac{2}{3}\cdot\left(\frac{d}{2}\right)^3=\frac{d^3}{12}$$

$$V_{牟合方盖}=8V_{内棋}=8\cdot\frac{d^3}{12}=\frac{2}{3}d^3$$

由于牟合方盖与其内切球体的截面适成方率与圆率之比，由广义的比较截面原理即得

$$V_{球}:V_{牟合方盖}=3:4$$

即　$$V_{球}=\frac{3}{4}V_{牟合方盖}=\frac{3}{4}\cdot\frac{2}{3}d^3=\frac{d^3}{2}$$

若已知球体积求直径，则有

$$d=\sqrt[3]{2V_{球}}$$

这就是祖暅的开立圆术："以二乘积开立方除之，即立圆径。"

如同刘徽一样，祖暅的工作是针对《九章算术》原术作出的，因而在推导过程中采用"周三径一"的古率；如果以 π 表示圆周率，则方、圆之比为 4 ∶ π，可得

$$V_{球}=\frac{\pi}{4}V_{牟合方盖}=\frac{\pi}{6}\cdot d^3$$

这就与现代的球体积公式完全一样了。

梅文鼎未曾见过《九章算术》商功章及李淳风注，他在《测量全义》卷 6 所披露的几个阿基米德命题的启发下钻研球体问题，在《方圆幂积》一书中留下了正确结果。

徐有壬在祖暅和梅文鼎工作的基础上，用一个更简单的模型与球体进行截面上的比较，从而证明了球体积公式。他的方法是：先取一个底面半径和高都等于 r 的圆柱体，然后从中挖去一个等径同高的圆锥，以之作为与半球体进行截面比较的模型（图 4-17）。如果截面的高为 h，在中空圆柱体上就得到一个内外径分别为 h 和 r 的环形截面，其面积为 $\pi(r^2-h^2)$；而在半球体上得到一个半径为 r^2-h^2 的圆形截面，其面积也是 $\pi(r^2-h^2)$，根据比较截面原理可知这两个立体的体积相等。由于圆锥体积是等径同高圆柱体积的三分之一，所以中空圆柱体是圆柱体的三分之二。由此可以推出：“球与圆困（即圆柱）相较必少一锥体矣。是故一锥一球相并与圆困同，而锥居圆困三分之一，球必居困三分之二矣。”即

$$V_{球}=\frac{2}{3}V_{困}=\frac{2}{3}\cdot 2\pi\cdot r^3=\frac{4}{3}\pi\cdot r^3$$

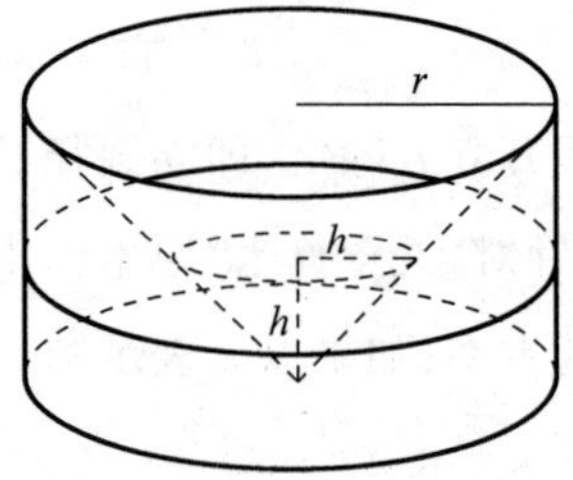

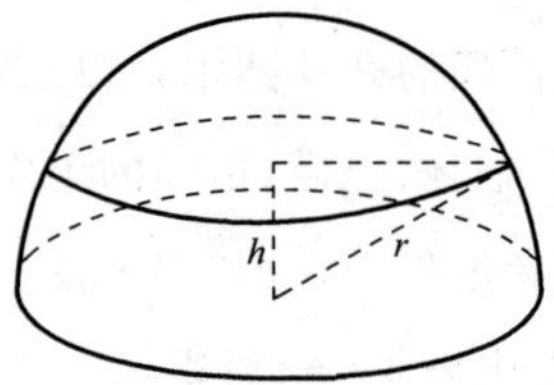

图 4-17　徐有壬的中空圆柱与半球体的比较

3. 其他旋转体和堤积问题

《九章算术》有圆柱(圆堡壔)、圆台(圆亭)和圆锥(又称委粟)公式,分别置于四方柱(方堡壔)、四方台(方亭)和四方锥之后,说明其作者很可能是通过比较截面原理得到这些公式的。刘徽注则明确交代了推理过程。举例来说,其圆亭术注称:"从方亭求圆亭之积,亦犹方幂中求圆幂。乃令圆率三乘之,方率四而一,得圆亭之积。"其委粟术注称:"从方锥中求圆锥之积,亦犹方幂求圆幂,乃当三乘之,四而一,得圆锥之积。"

王孝通的《缉古算术》中有一个特殊的拟柱体公式,因为有关题目都涉及筑堤开河,这里称作堤积问题。如图 4-18 所示,堤的东西两端为互相平行的梯形,其余四面皆为任意梯形面[①],王孝通给出的堤都积术为:

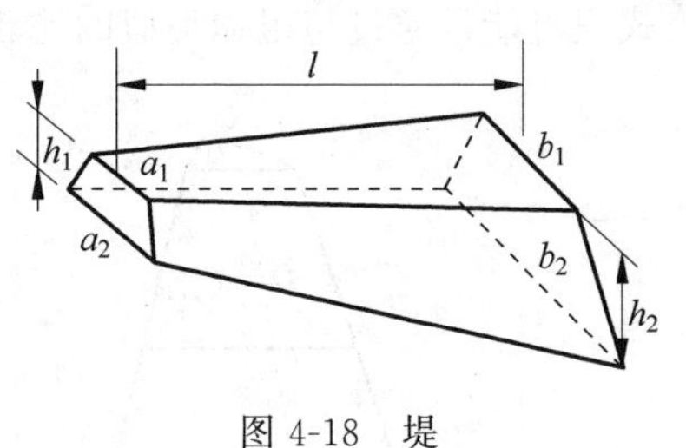

图 4-18　堤

置西头高倍之,加东头高,又并西头上、下广,半而乘之。又置东头高倍之,加西头高,又并东头上、下广,半而乘之。并二位积,以正袤乘之,六而一,得堤积也。[②]

---

① 实际上,王孝通的公式对于其余四面不是平面的立体同样适用,清代已有人根据《缉古算经》第三问所设数据指出"堤两旁决非平面",但王孝通是否意识到这一点是值得怀疑的。

② 钱宝琮校点:《算经十书》(下册),中华书局 1963 年版,第 506 页。

用图 4-18 标注的符号写出来就是

$$V_{堤}=\frac{1}{6}\left[\frac{a_1+a_2}{2}(2h_1+h_2)+\frac{b_1+b_2}{2}(2h_2+h_1)\right]\ell$$

王孝通没有交代这一公式是如何推导的，但是它的对称形式容易使人联想起《九章算术》中的刍童公式。实际上《缉古算术》第三、四、五题用到此式，而第二题的“太史造仰观台”则要用到刍童公式。此外，他在《上缉古算术表》中还提到：“祖暅之《缀术》，时人称之精妙。曾不觉方邑进行之术全错不通，刍甍方亭之问于理未尽。臣今更作新术，于此附伸。”可见他是知道祖暅的工作的，因此堤积公式很可能是通过与祖暅类似的比较截面，由刍童术推导而来的。

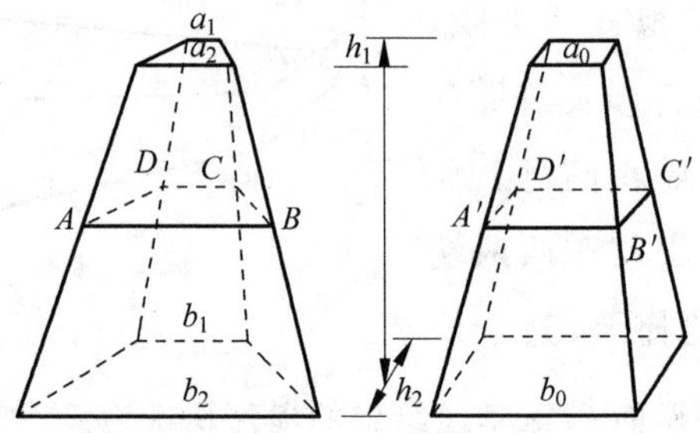

图 4-19　堤与刍童的等高截面

构造一个底面与堤底等积的刍童，如图 4-19 右所示，其中

$$a_0=\frac{a_1+a_2}{2},\quad b_0=\frac{b_1+b_2}{2}$$

利用比率算法可以证明两个多面体的任意等高截面 ABCD 与 A′B′C′D′相等，于是二者体积相等。[①] 将广、袤对换，由刍童公式可得

① 沈康身:《王孝通开河筑堤题分析》,《杭州大学学报》(自然科学版)1964 年第 4 期。

$$V_{堤}=V_{刍童}=\frac{1}{6}\left[(2h_1+h_2)a_0+(2h_2+h_1)b_0\right]\ell$$

$$=\frac{1}{6}\left[\frac{a_1+a_2}{2}(2h_1+h_2)+\frac{b_1+b_2}{2}(2h_2+h_1)\right]\ell$$

4. 隙积造术之原

现在我们来看前一章介绍过的沈括隙积术，因为他处理的长方台垛与刍童甚为相似，而且提到“用刍童法求之常失之数少”，“缘有刻缺及虚隙之处”。如果把隙积问题中的坛、罂、圆棋等物全部换成棱长为单位1的立方棋，问题的性质未变而垛积数目就可以由图4-20所示累棋垛的体积来表示。该垛的中间部分正是一个没有虚隙的刍童，但四周仍有刻缺。沈括指出：“刍童求见实方之积，隙积求见合角不尽，益出羡积也。”可以说，隙积术的关键正是计算这部分“益出羡积”。

如图4-20所示，设n层累棋垛顶层有a_1b_1个棋，底层有a_2b_2个棋，分别联结顶层四角棋的中心和底层四角棋的外端，得到一个上底长宽各为a_1-1和b_1-1，下底长宽各为a_2、b_2，高为n的垛内刍童，体积为

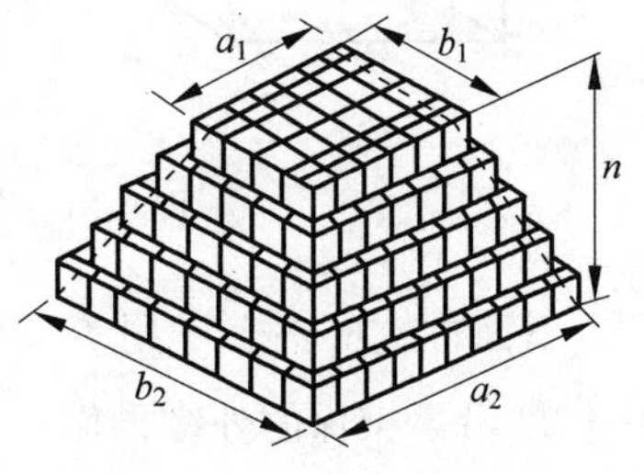

图4-20　累棋垛与刍童

$$V_{内刍童}=\frac{n}{6}\{[2(a_1-1)+a_2](b_1-1)+$$

$$[2a_2+(a_1-1)b_2]\}$$

$$=\frac{n}{6}[(2a_1+a_2)b_1+(2a_2+a_1)b_2]-$$

$$\frac{n}{6}[2(a_1+b_1)+(a_2+b_2)-2]$$

次求“羡积”。为此研究者们曾提出过几种不同方案，其要点都是先求出一层上的“羡积”，然后利用等差级数求和公式求出逐层“羡积”之和。[①] 图 4-21 表示累棋垛的一层，它是一个长方体，从中挖去一个刍童之后，剩下四个羡除，它们的体积之和就是分层“羡积”，可以通过羡除公式或长方体与刍童之差算出。由于各层隙积构成一个等差级数，总“羡积”是不难求出的。这一方案合理地解释了“羡积”一词的含义，很可能就是沈括的原始思路。

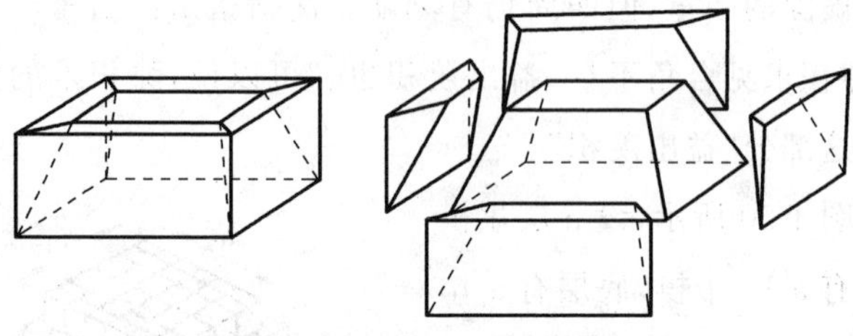

图 4-21 分层上的羡积

下面再给出一个不用等差级数求和公式的“羡积”算法。如图 4-22 沿累棋垛的外缘再作一个刍童，其上底长宽各为 a_1 和 b_1，下底长宽各为 a_2+1 和 b_2+1，高为 n，体积为

$$V_{外刍童}=\frac{n}{6}\{[2a_1+(a_2+1)b_1]+$$

① 李俨：《中国数学大纲》（上册），科学出版社 1958 年版；许莼舫：《中国代数故事》，中国青年出版社 1965 年版。

$$[2(a_2+1)+a_1](b_2+1)\}$$

$$=\frac{n}{6}[(2a_1+a_2)b_1+(2a_2+a_1)b_2]+$$

$$\frac{n}{6}[(a_1+b_1)+2(a_2+b_2)+2]$$

在内外两刍童之间以盈补虚，先求中平之数

$$\frac{1}{2}(V_{外刍童}-V_{内刍童})=\frac{1}{2}\left\{\frac{n}{6}[3(a_1+b_1)+3(a_2+b_2)]\right\}$$

此数比"羡积"略大，因为在内外两刍童间出入相补，每一层的四角都多出了两个阳马，这或许正是沈括所谓"隙积求见合角不尽，益出羡积"的真意。图 4-23 绘出了一个角上的情况：外阳马 A-A′B′C′D′和内阳马 A′-ABCD 正好可以相补，外阳马两边的两个外堑堵又能与包括内阳马在内的两个内堑堵相补，其结果是在一个角上多出两个内阳马，体积是

$$2V_{内阳马}=2\times\frac{1}{3}\times\frac{1}{2}\times\frac{1}{2}\times1=\frac{1}{6}$$

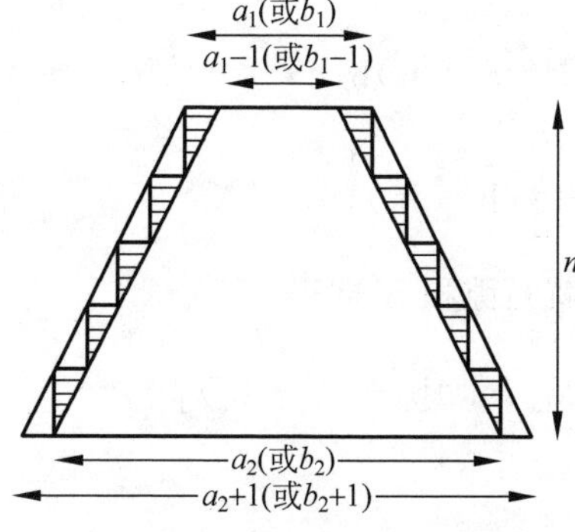

图 4-22　隙积及其内外刍童

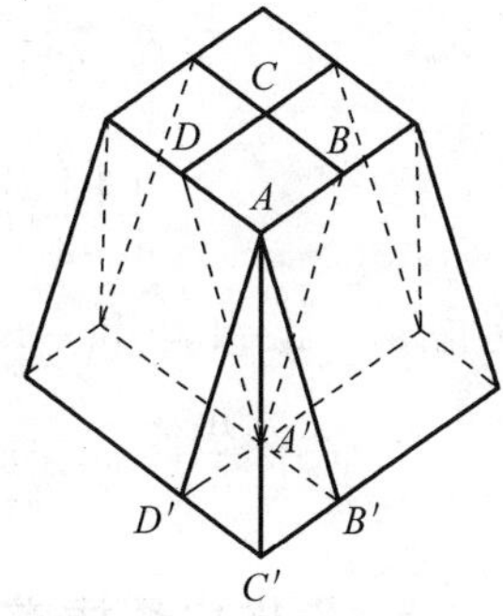

图 4-23　内外刍童之一角

全部“益出羡积”之数是其 4n 倍，即 $4n\cdot\frac{1}{6}$，所以

$$V_{羡积}=V_{内外刍童中平之数}+V_{益出羡积}$$

$$=\frac{1}{2}\left\{\frac{n}{6}[3(a_1+b_1)+3(a_2+b_2)]\right\}+4n\cdot\frac{1}{6}$$

$$=\frac{n}{6}\left[\frac{3}{2}(a_1+b_1)+\frac{3}{2}(a_2+b_2)+2\right]$$

因此 $$V_{累棋}=V_{内刍童}+V_{羡除}$$

$$=\frac{n}{6}[(2a_1+a_2)b_1+(2a_2+a_1)b_2]-$$

$$\frac{n}{6}[2(a_1+b_1)+(a_2+b_2)-2]+$$

$$\frac{n}{6}\left[\frac{3}{2}(a_1+b_1)+\frac{3}{2}(a_2+b_2)+2\right]$$

$$=\frac{n}{6}[(2a_1+a_2)b_1+(2a_2+a_1)b_2]+$$

$$\frac{n}{6}\left[\frac{1}{2}(a_2+b_2)-\frac{1}{2}(a_1+b_1)\right]$$

$$=\frac{n}{6}[(2a_1+a_2)b_1+(2a_2+a_1)b_2]+$$

$$\frac{n}{6}\left[\frac{1}{2}(a_2-a_1)+\frac{1}{2}(b_2-b_1)\right]$$

考虑 $a_2-a_1=b_2-b_1=n-1$，$V_{棋}$ 就是隙积 S，即得

$$S=\frac{n}{6}[(2a_1+a_2)b_1+(2a_2+a_1)b_2+(b_2-b_1)]$$

5. 果垛比类诸术之原

如同沈括的隙积术一样，杨辉的果垛比类诸术也来自《九章算

术》商功章的示范，但是这不意味着杨辉一定了解沈括的工作，或者说杨辉诸术就是作为沈括公式的特例类推而来的。相反，倒是有强烈的证据表明，杨辉的具体操作可能不同于隙积术所采用的那种普通的分解与组合，而与刘徽的棋验法有着相同的思路。

在杨辉的果垛比类级数中，方栈酒垛的各层是一常数，这与大多数垛积问题为等差级数是不同的。之所以把它作为垛积之一种，很可能是因为它所比类的方堡壔正是刘徽棋验法的基础。正如刘徽在立方棋（底边与高皆为单位 1 的方堡壔）中剖分得到的堑堵、阳马、鳖臑等立体，然后又用这些“功实之主”去构造整个多面体理论一样，杨辉很可能对屋盖垛、类方锥垛、三角垛实行一种“果垛验合”的运作，将它们拼成方栈酒垛，然后总结出与体积公式略有区别的垛积公式。[①]

杨辉对垛积公式的陈述形式有助于阐明这一观点，例如关于屋盖垛，其术为：“下广乘之为平积，以长加一乘之为高积（如方积不用加一），如二而一本法。”[②]说明他是把两个屋盖垛的合积当成一个类似于长方体的方栈酒垛来考虑的，这一过程与刘徽“斜解立方得两堑堵”的说明一致，因得公式

$$S=\frac{1}{2}n^2(n+1)$$

---

① 傅大为：《从沈括到朱世杰——由“体积”级数至“乘方图”级数典范转移之历史发展》，《第二届科学史研讨会汇刊》，台北，1991 年。“果垛验合”这一名词和杨辉方法论的意义均由该文提出。

② 此处“本法”指屋盖垛公式，放在括号中的“如方积不用加一”系针对相比类的堑堵所加的注释；若把它当作术文之一部分，不但前后不能连贯，也忽视了作者强调比类方法的本意。

具体的运作则如图 4-24 所示。

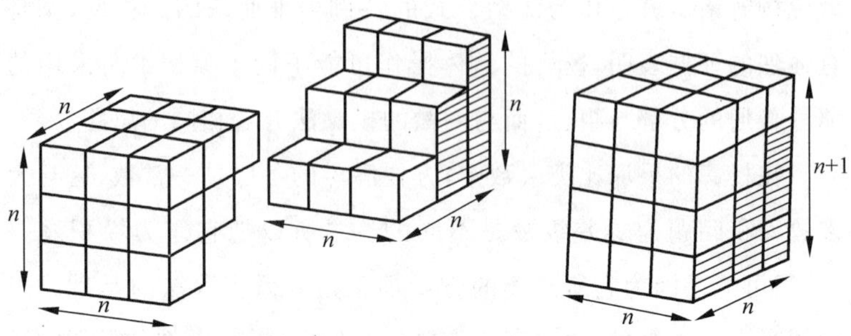

图 4-24　二屋盖垛合成一方栈酒垛

对于类方锥垛的处理完全类似，其术称："下方加一，乘下方为平积；又加半为高，以乘下方为高积，如三而一。"说明杨辉是把三个类方锥垛的合积当成一个三边各为 n、n+1 和 n+1/2 的方栈酒垛来考虑的，其思路相当于刘徽所说的"合三阳马而成一立方"，但是结果略有区别。这是因为按照图 4-25 拼合之后，在 C 垛的顶部仍有一层高出于 A 垛和 B 垛之上，此时只须从 C 垛顶部削去半层（图中绘有砂点的部分），再旋转 180 放到 A 垛上面，就刚好拼成一个长为 n+1、宽为 n、高为 n+1/2 的方栈酒垛。[①] 这也说明杨辉采用

$$S=\frac{1}{3}n(n+1)\left(n+\frac{1}{2}\right)$$

的表达形式 $\left[\text{而不是取其他形式如朱世杰的 } S=\frac{1}{6}n(n+1)(2n+1)\right]$ 乃

① 类方锥垛与下文三角垛的拼合方法均引自许莼舫：《中国代数故事》，中国青年出版社 1965 年版，第 49—53 页。尽管《数理精蕴》已绘出各种累棋垛的立体图并提示了拼合方法，但对具体的拼合技术都语焉不详。

是由其“果垛验合”的特殊技术所决定的。

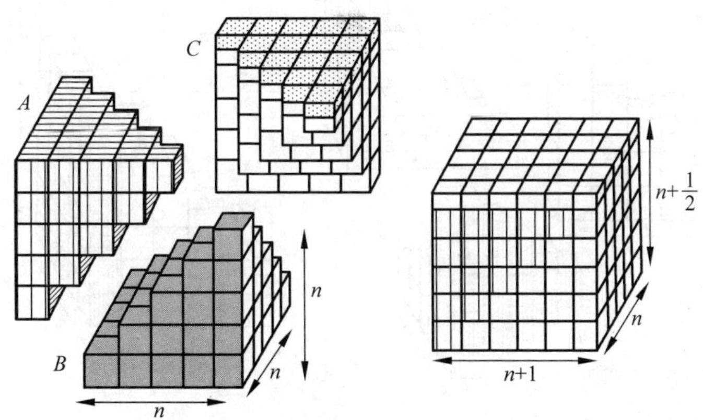

图 4-25　三类方锥垛合成一方栈酒垛

三角垛的术文为:“下广加一,乘之,平积;下广加二,乘之,立高方积;如六而一。”所谓“平积”,即一个方栈酒垛之底,“立高方积”则为其总数。这一术文类似于刘徽关于“(立方)亦割分以为六鳖臑”的说明,具体的运作则与斜解堑堵、鳖臑居其三分之一的棋验法一致。

由图 4-26 可以看出,三个三角垛刚好拼成一个长、宽、高各为 n＋1、n、n＋1 的类屋盖垛(标准屋盖垛的长、宽、高数应该相等),它等于长、宽、高各为 n＋1、n、n＋2 的方栈酒垛的一半,这一点可由图 4-27 所示剖面得到说明,即

$$S_{三角垛}=\frac{1}{3}S_{类屋盖垛}=\frac{1}{6}S_{方栈酒垛}$$

$$=\frac{1}{6}n(n+1)(n+2)$$

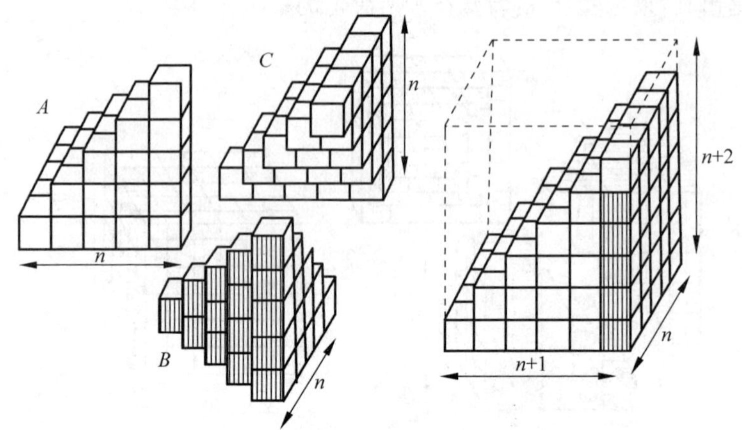

图 4-26　三个三角垛合成一个类屋盖垛

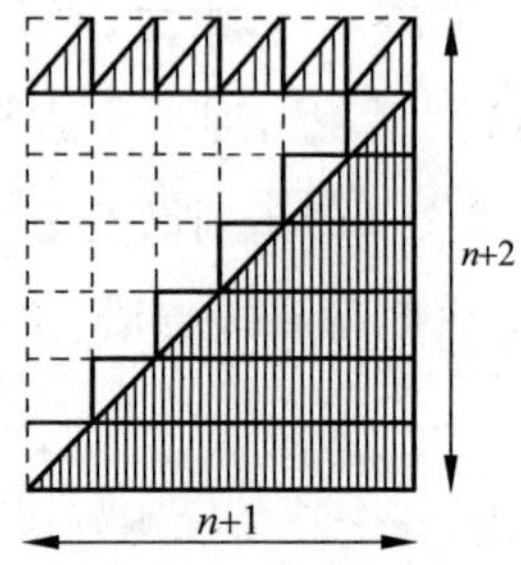

图 4-27　类屋盖垛的出入相补

对于其他的几种垛，也可以按照类似方法进行"果垛验合"。总之，杨辉的果垛诸术显示了《九章算术》体积公式和刘徽棋验法的示范作用，杨辉把它们作为商功诸术的比类是十分自然的。

二 直角三角形

17 世纪末，在《几何原本》前六卷已被译成中文并刊行于世，而一般士人把几何学与西学等量齐观的时候，梅文鼎在其第一部数学著作《方程论》的发凡中写道："数学一也，分之则有度有数：度者量法，数者算术，是两者皆由浅入深。是故量法最浅者方田，稍进为少广，为商功，而极于勾股。"这段话不但道出了传统数学中属于"量法"即几何学的内容，更强调了直角三角形的有关性质和算法在中国式几何学中的位置。故而，要想了解中国古代几何学的原貌，就得从勾股定理及勾股形的有关性质谈起。

(一) 勾股定理及勾股形的有关性质

1. 勾股定理

勾股定理的重要性可以从 1 世纪希腊学者普鲁塔克(Plutarch，约 46—约 119)留下的一个传说看出来。据说毕达哥拉斯为了庆祝自己发现了这一定理，特意命人宰杀了 100 头牛祭献给司掌科学和艺术的缪斯女神。无独有偶，在中国古代，人们也把对这一定理的发现权同古代圣贤联系起来：伏羲和大禹的形象常离不开矩；作为算经之首的《周髀算经》之开篇，就借周公与大夫商高的对话说出"勾广三，股修四，径隅五"的特殊命题，后文又借陈子与荣方的对话给出了"勾股各自乘，并而开方除之，得邪至日"的一般陈述。

过去一般认为，中算家对勾股定理的证明，最早是3世纪的刘徽和赵爽分别作出的；最近有人对《周髀算经》的商高论数之法作出新的解释，认为其中隐含着对此定理的一般证明。[①] 由于这段文字以“数之法出于圆方”开头，以往的研究者几乎都将注意力放在它的象数意义上，而忽视了其相当具体的数学内涵。现照录此节如下：

> 数之法出于圆方。圆出于方，方出于矩，矩出于九九八十一。故折矩以为勾广三，股修四，径隅五。既方之外，半其一矩。环而共盘，得成三、四、五。两矩共长二十有五，是谓积矩。故禹之所以治天下者，此数之所生也。[②]

矩是古代制图与测量的工具，其形状为一等腰直角三角形。用一斜线连接矩尺两边上任意两点，这就是“折矩”。如图4-28，若AB=3，BC=4，则AC=5，这里先以数例给出勾股定理的一个特例。选择这一组数据是为了附会“数之法出于圆方”之说，因为3和4正是古代的圆方之数，实际下文的证明与这组数据无关。“既方其外”就是在矩形ABCD之外作四个正方形；“半其一矩”是指取此矩形之半，也就是勾股形ABC；“环而共盘”的结果应如

① 先后就此发表见解的有陈良佐、李国伟、程贞一、李继闵等，关键是对“折矩”“环而共盘”等语的理解。本书介绍了李国伟的解释，参阅李国伟：《论〈周髀算经〉“商高曰数之法出于圆方”章》，《第二届科学史研讨会汇刊》，台北，1991年。

② 钱宝琮校点：《算经十书》（上册），中华书局1963年版，第13—14页。“既方之外，半其一矩”原作“既方其外，半之一矩”，今依南宋本改。

图 4-28 之右所示，由勾股形 ABC 环绕一周而成。

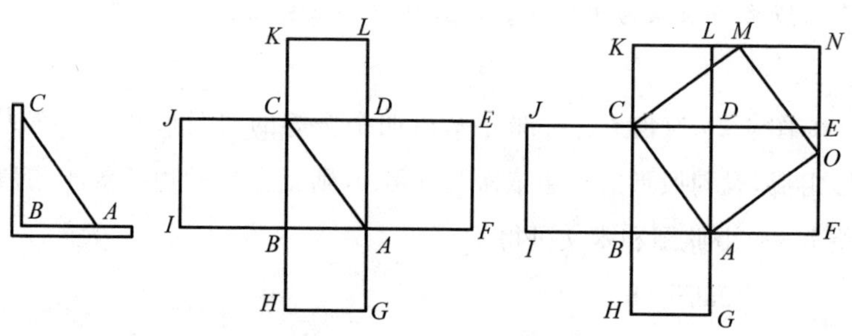

图 4-28　折矩盘矩和积矩示意

现在来看正方形 FBKN，它可由两个正方形和两个矩形组成，即

□NB＝□LC＋□EA＋□ND＋□DB

＝□LC＋□EA＋2□DB

另一方面，它又可由一个正方形和四个勾股形组成，即

□NB＝□MA＋△ABC＋△CKM＋△MNO＋△GFA

＝□MA＋4△ABC

而　　□DB＝2△ABC

故　　□LC＋□EA＝□MA

即　　□AH＋□CI＝□MA

仍以勾三股四为例，则有“两矩共长二十有五，是谓积矩”。这里的“两矩”意指□AH 和□CI，将它们化成一个宽为 1 的等积长方形（即“积矩”），其“长”为 25。

下面来看赵爽的《周髀算经》勾股圆方图注，其文是：

> 案弦图又可以勾股相乘为朱实二，倍之为朱实四。以勾股之差自乘为中黄实。加差实一亦成弦实。①

图 4-29 为弦图之一部分②，由四个全等的勾股形和一个正方形组成，设勾股形的三边依次为 a、b、c，则正方形的边长等于勾股差 b－a，由此图和术文可得

$$2ab+(b-a)^2=c^2$$

将 $(b-a)^2$ 展开即得勾股定理。

刘徽的证明则完全借助图形的出入相补而不需要相当于代数运算的恒等变换，前已述及。

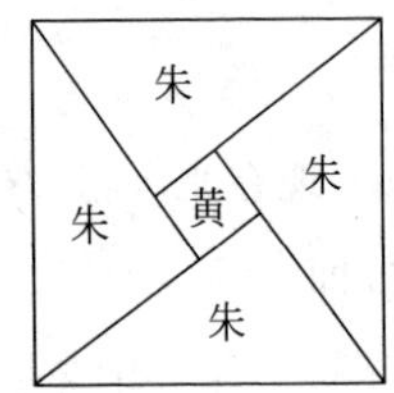

图 4-29 弦图之一

2. 勾股算术

除勾股定理之外，赵爽在勾股圆方图注中还证明了几个有关勾股形的命题，它们是：

(1)“勾实之矩以股弦差为广，股弦并为袤。”

如图 4-30 所示，大方形表示弦方，小方形表示股方，由勾股定理可知剩余曲尺形面积等于勾方。将此“勾实之矩”按虚线所示出入相补，得到一个等积的长方形，其长为股弦和，宽为股弦差，由此可知

① 钱宝琮校点：《算经十书》（上册），中华书局 1963 年版，第 18 页。

② 传本《周髀算经》中的弦图为下文图 4-33，钱宝琮认为不能完整解释赵爽的注文，遂补四图，又以传本之弦图为并实图，参阅钱宝琮校点：《算经十书》（上册），中华书局 1963 年版，第 15—18 页。

$$a^2=(c+b)(c-b)$$

(2)"股实之矩以勾弦差为广,勾弦并为袤。"

与(1)类似,由图4-31可得

$$b^2=(c+a)(c-a)$$

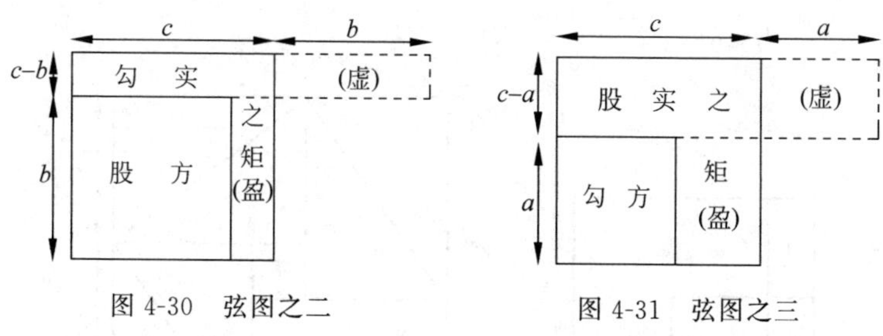

图4-30　弦图之二　　图4-31　弦图之三

(3)"两差相乘,倍而开之。所得,以股弦差增之,为勾;以勾弦差增之,为股;两差增之,为弦。"

如图4-32所示,大方形为弦方,内中两个部分重叠之小方形分别为勾方和股方。由图可知 $c^2-(\text{Ⅰ}+\text{Ⅱ})=a^2+b^2-\text{Ⅲ}$,再由勾股定理可知 $\text{Ⅰ}+\text{Ⅱ}=\text{Ⅲ}$,即

$$2(c-a)(c-b)=(a+b-c)^2$$

于是
$$a=\sqrt{2(c-a)(c-b)}+(c-b)$$

$$b=\sqrt{2(c-a)(c-b)}+(c-a)$$

$$c=\sqrt{2(c-a)(c-b)}+(c-a)+(c-b)$$

(4)"大方之面,即勾股并也。令并自乘,倍弦实乃减之,开其余,得中黄方。黄方之面,即勾股差。以差减并而半之,为勾。加差于并而半之,为股。"

如图4-33所示,弦方之外拼上四个勾股形成一大方,其边长

为勾股和。由图可知此大方比弦方之2倍少一中心黄方，黄方的边长是勾股差，于是有

$$(a+b)^2=2c^2-(b-a)^2$$

即
$$a+b=\sqrt{2c^2-(b-a)^2}$$

$$b-a=\sqrt{2c^2-(a+b)^2}$$

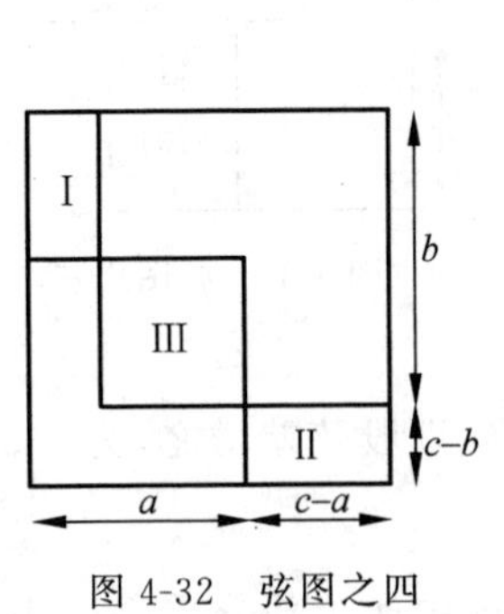

图 4-32 弦图之四

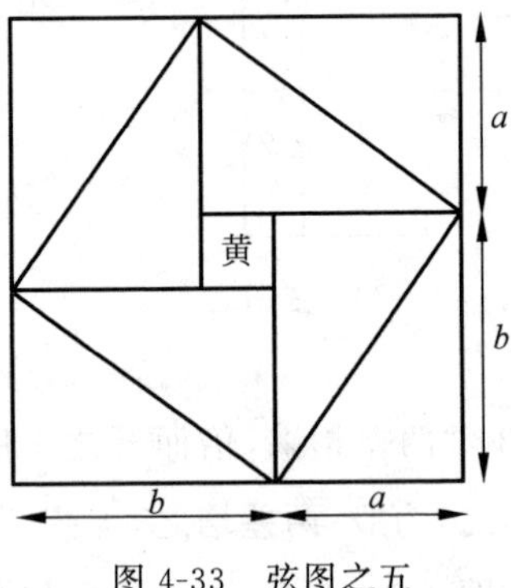

图 4-33 弦图之五

以上四类公式，《九章算术》中都有反映。勾股章第6至10题，以及第14、21题，皆属于已知勾（股）及股（勾）弦差求股（勾）、弦的类型，要用到(1)或(2)中的公式求解。例如，第6题为："今有池方一丈，葭生其中央，出水一尺。引葭赴岸，适与岸齐。问水深、葭长各几何？"

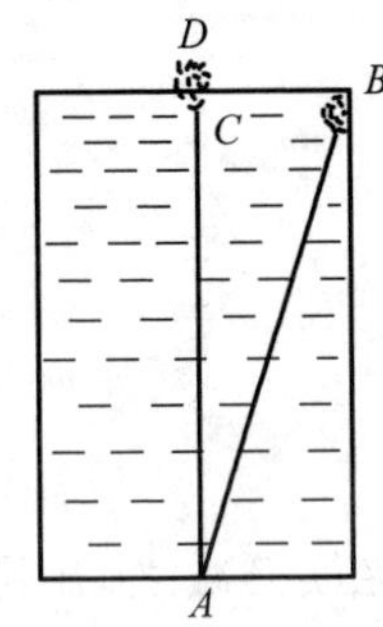

图 4-34 葭生池中

如图4-34所示，BC为勾，AC为股即"水

深”，DC 为股弦差即“出水”，应用(1)中公式可得股弦和 $c+b=\frac{a^2}{c-b}$，股弦和与股弦差之差的一半为股，即

$$b=\frac{c+b}{2}-\frac{c-b}{2}=\frac{a^2}{2(c-b)}-\frac{c-b}{2}$$
$$=\frac{a^2-(c-b)^2}{2(c-b)}$$

这就是术文说的“半池方自乘，以出水一尺自乘，减之，余，倍出水除之，即得水深”。

勾股章第 12 题为：“今有户不知高广，竿不知长短。横之不出四尺，从之不出二尺，斜之适出。问户高、广、袤各几何?”按题意可知“横之不出”为勾弦差，“从之不出”为股弦差，此题属于已知两差求勾、股、弦的类型，应用(3)中的公式即可求解。

勾股章第 11 题为：“今有户高多于广六尺八寸，两隅相去适一丈。问户高、广各几何?”按题意可知“高多于广”为勾股差，“两隅相去”为弦，属于已知勾股差和弦求勾股的类型，应用(4)中的公式即可求解。

刘徽对所有这些解法都给出了与赵爽类似的证明。同赵爽对勾股圆方图的说明一样，他的方法也是奠基在出入相补原理之上的图验法。① 刘、赵二人几乎同时却各自独立地对古九数中的勾股内容进行整合，标志着中国式的几何学已脱离纯粹应用的原始形态而呈现出理论化的倾向。

一般来说，若已知勾股形的 a、b、c、a+b、a+c、b+c、b−a、c−

① 梅荣照:《刘徽的勾股理论》,《科学史集刊》1984 年第 11 期。

a、c－b 中任何两项，求其他项的算法共有 $C_9^2=36$ 种类型，合并同类[例如上述(1)(2)两种就可视为同一类型，只须将 a 换成 b 即可]，则有包括勾股定理在内的六种基本类型。刘、赵二人证明了其中四种算法或公式。自斯厥后，中算家对这一课题的研究几乎连绵不绝，又陆续引入 $\Delta=\frac{ab}{2}$、$c+(a+b)$、$c+(b-a)$、$c-(b-a)$、$(a+b)-c$ 等项，共成 91 种组合 20 种基本类型。王孝通、朱世杰、顾应祥、周述学、梅文鼎、陈厚耀、梅珏成等人都曾研究过新的类型并提出相应公式或算法。从本质上说，这些公式和算法都是勾股定理的推广。有些数学家，例如顾应祥和李锐，就把这一整套围绕着勾股定理的算法或公式称为勾股算术。

下面来看梅文鼎在《勾股举隅》中提出的两个公式。

图 4-35 中大方表示弦方，右上角小方表示勾股差的平方，按图示虚线出入相补，则有

$$c^2-(b-a)^2=\mathrm{I}+\mathrm{II}+\mathrm{III}=\mathrm{I}+\mathrm{II}+\mathrm{III}'$$

再由图 4-33 可知

$$c^2-(b-a)^2=4\triangle$$

所以 $[c+(b-a)][c-(b-a)]=4\triangle$

图 4-36 中大方表示勾股和的平方，右上角小方表示弦方，按图示虚线出入相补，则有

$$(a+b)^2-c^2=\mathrm{I}+\mathrm{II}+\mathrm{III}=\mathrm{I}+\mathrm{II}+\mathrm{III}'$$
$$=[(a+b)+c][(a+b)-c]$$

而在图 4-33 中有

$$(a+b)^2-c^2=4\triangle$$

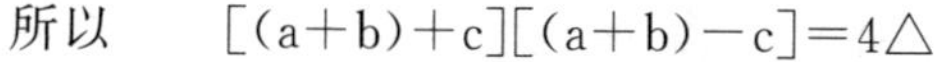

所以　$[(a+b)+c][(a+b)-c]=4\triangle$

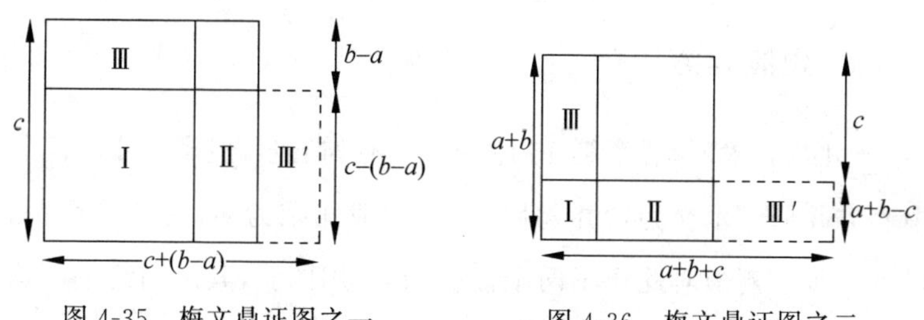

图 4-35　梅文鼎证图之一　　图 4-36　梅文鼎证图之二

对此两式梅文鼎总结道:“弦较较乘弦较和之积与弦和较乘弦和和之积等为四勾股乃立法之根也,而其理皆在古图中。”

值得指出的是,在代数符号系统未曾得到充分发展的时候,勾股算术中的术语往往是中算家用来描述二次代数关系的工具,例如对于恒等式

$$(b-a)^2=a^2+b^2-2ab$$

中算家会以“黄方之实等于弦方减四勾股”这样一种形式来表达。在中国古代数学中,勾股算术中的结论犹如欧氏几何中的定理一样被用来进行推理,这是勾股算术的一个重要特征。为了更好地说明这一事实,我们再用梅文鼎《几何通解》中的一个例子来说明。

证明《几何原本》卷 2 的命题 8——任意两分一线段 AB 于 C 点,则由原线段 AB 与其中一个分段 BC 构成之矩形的四倍,加上另一分段 AC 上的正方形,等于原线段 AB 与前一分段 BC 之和上的正方形。梅氏径取 AB 为股、BC 为勾,然后由图 4-33 立得“幂内有长方形四,皆勾乘股之积,又有勾股较自乘幂一”,也就是

$$4ab+(b-a)^2=(a+b)^2$$

即 $$4AB\times BC+AC^2=(AB+BC)^2$$

3. 勾股容方

《九章算术》勾股章第15题为："今有勾五步，股十二步。问勾中容方几何？"术文为："并勾股为法，勾股相乘为实，实如法而一，得方一步。"刘徽对此作了两个证明，其一用图验，其二用比率。这里仅介绍前者。

刘徽注称："勾股相乘为朱、青、黄幂各二。令黄幂袤于隅中，朱青各以类合，令从其两径，共成修之幂。中方黄为广，并勾股为袤。故并勾股为法。"如图4-37所示，若以d表勾股内容正方形的边长，由图显见

$$ab=(a+b)d$$

故 $$d=\frac{ab}{a+b}$$

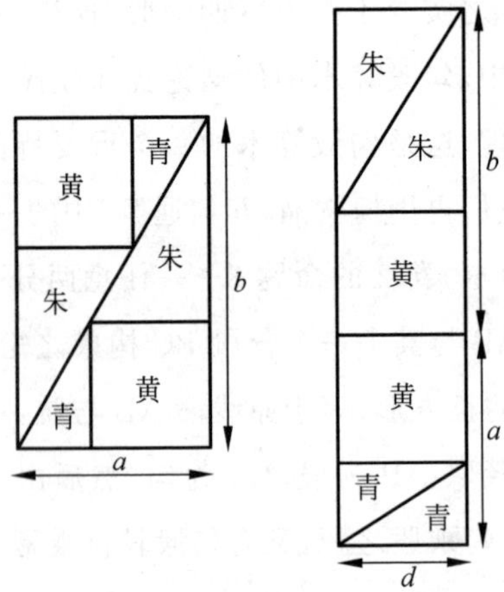

图4-37 勾股容方

这就是术文说的“并勾股为法，勾股相乘为实，实如法而一”。

勾股章第 17 至 21 题都以“今有邑方”或“今有邑”开头，其构图布算都与勾股容方（或长方）有关。

与勾股容方有点类似的一个问题由图 4-38 所示，图中Ⅰ＝Ⅰ′，Ⅱ＝Ⅱ′，由出入相补原理可得□直＝□横。中国古代数学家很早就已认识了这一命题：《周髀算经》中的日高图和赵爽的补注就利用了这一性质，刘徽对重差公式的推导也很可能与此命题有关；杨辉则首先用明确的文字将其表述出来：

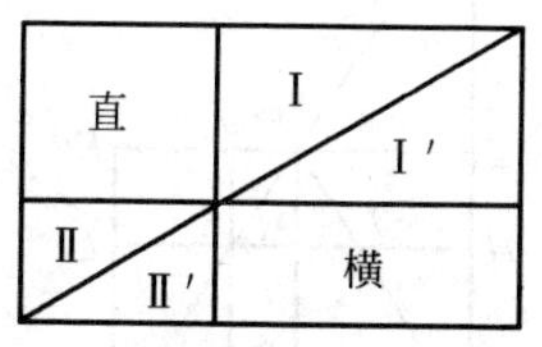

图 4-38 勾中容横与股中容直

> 直田之长名股，其阔名勾，于两隅角斜界一线，其名弦。弦之内外分二勾股，其一勾中容横，其一股中容直，二积二数皆同。①

他又指出这一命题是重差测量的理论依据，关于这一点我们将在后面讨论。

梅文鼎有一个应用此命题的精彩例子，这是中国古代数学中为数不多的一个极值问题。他在《几何通解》中提出，在所有两边与勾股重合、另一相对顶点在斜边上的勾股内容矩形之中，以其两边各为勾股之半的那一个面积为最大。他的证明很简单，在图 4-39

① （南宋）杨辉：《续古摘奇算法》卷下《海岛题解》，宜稼堂丛书本。

中,设D、E分别为勾和股的中点,S为弦上任意一点,则有

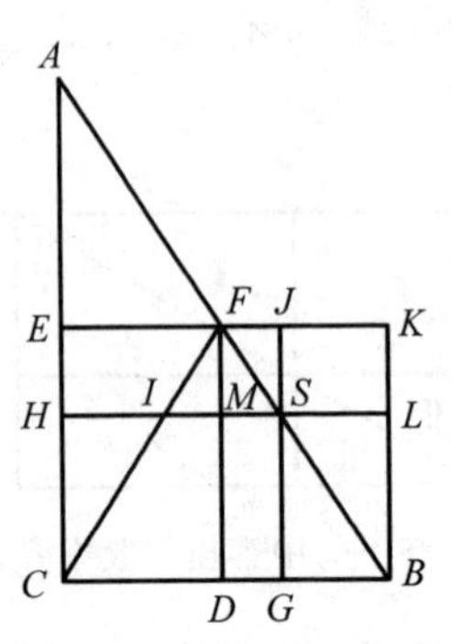

图 4-39 梅文鼎证图之三

□SD=□KS,

□FH=□KM>□KS,

于是□FH>□SD,两边再同加上□MC,即有

□FC>□SC。

4. 勾股容圆

勾股容圆问题最早也见于《九章算术》,勾股章第16题为:"今有勾八步,股十五步。问勾中容圆,径几何?"术曰:"八步为勾,十五步为股,为之求弦。三位并之为法,以勾乘股,倍之为实。实如法得径一步。"若以d表示勾股形内切圆直径,则

$$d=\frac{2ab}{a+b+c}$$

刘徽对此注曰:"勾股相乘为图之本体,朱、青、黄幂各二,倍之则各为四。可用画于小纸,分裁邪正之会,令颠倒相补,各以类合,成修幕:圆径为广,并勾、股、弦为袤。故并勾、股、弦以为法。"这是一个图验法的证明,"颠倒相补,各以类合"的方式应如图4-40所示。

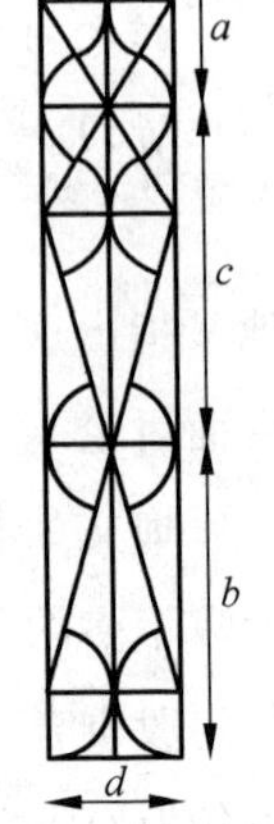

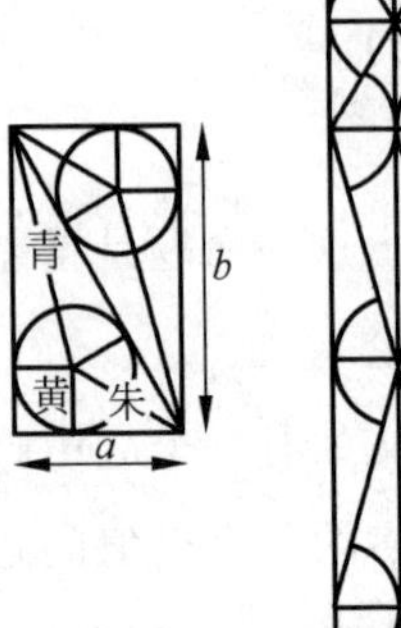

图 4-40 勾股容圆

刘徽也用比率理论对此术进行了证明，他又提出了两个新的公式

$$d=a+b-c$$

$$d=\sqrt{2(c-a)(c-b)}$$

联系此二式的就是已知两差求弦和较的公式，赵爽以及刘徽对勾股章第12题的注中都已证明；前式则可直接由图4-40得到。

宋元著作中有许多关于圆与勾股形关系的内容，《数书九章》《四元玉鉴》及石信道的《钤经》等均有反映，李冶的《测圆海镜》更是一部专门处理这一题材的著作。他在该书自序中称“老大以来，得洞渊九容之说”，“洞渊”是人名还是书名现已无从考证，但自清末李善兰以来，研究者都认为“九容之说”就是《测圆海镜》卷2之勾上容圆、股上容圆、弦上容圆、勾股上容圆、勾外容圆、股外容圆、弦外容圆、勾外容圆半、股外容圆半九道题目（图4-41）。[①] 现分述如下。

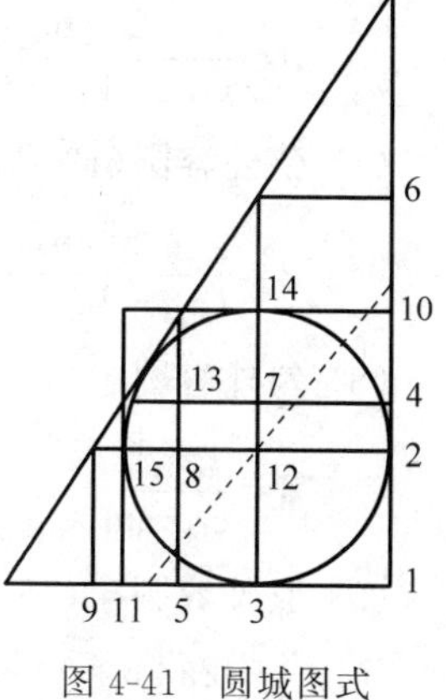

图4-41　圆城图式

（1）勾上容圆（2号勾股形，圆心在其勾 a_2 上）

$$d=\frac{2a_2b_2}{b_2+c_2}$$

（2）股上容圆（3号勾股形，圆心在其股 b_3 上）

① 图4-41为《测圆海镜》卷首绘出的圆城图式。李俨用 a_i、b_i、c_i 表示直角顶点在 $i(i=1,2,3\cdots13)$ 的勾股形之三边，这一表达给研究和陈述带来很大方便。参阅李俨：“《测圆海镜》研究历程考”，载李俨：《中算史论丛》（第四集），科学出版社1955年版。

$$d=\frac{2a_3b_3}{a_3+c_3}$$

（3）弦上容圆（指圆心在一勾股形的弦上，如图 4-41 中以虚线为斜边的勾股形，其勾股分别以 a_0、b_0 表示）

$$d=\frac{2a_0b_0}{a_0+b_0}$$

（4）勾股上容圆（12 号勾股形，圆心在勾 a_{12} 与股 b_{12} 的交点上）

$$d=\frac{2a_{12}b_{12}}{c_{12}}$$

（5）勾外容圆（10 号勾股形，其勾 a_{10} 外切于圆）

$$d=\frac{2a_{10}b_{10}}{c_{10}+(b_{10}-a_{10})}$$

（6）股外容圆（11 号勾股形，其股 b_{11} 外切于圆）

$$d=\frac{2a_{11}b_{11}}{c_{11}-(b_{11}-a_{11})}$$

（7）弦外容圆（13 号勾股形，其弦 c_{13} 外切于圆）

$$d=\frac{2a_{13}b_{13}}{(a_{13}+b_{13})-c_{13}}$$

（8）勾外容圆半（14 号勾股形，其勾 a_{14} 外切圆于直角顶点）

$$d=\frac{2a_{14}b_{14}}{c_{14}-a_{14}}$$

（9）股外容圆半（15 号勾股形，其股 b_{15} 外切圆于直角顶点）

$$d=\frac{2a_{15}b_{15}}{c_{15}-a_{15}}$$

以上九式的分子都是勾股积的 2 倍，分母为边的和或差，在形式上与勾股容圆公式十分类似。清代许多数学家都曾探讨过九容公式的来源，其中李善兰的见解最为合理。他在《天算或问》中写道:“勾股容圆及九题,皆以勾股相乘倍之为实,而法则各异,要皆以容圆之大勾股为主。大勾股以三事和为法,得圆径。勾上容圆之勾股,其三事和即大勾股之股弦和,故即以股弦和为法。股上容圆之勾股,其三事和即大勾股之勾弦和,故即从勾弦和为法。此即连比例中率自乘,末率除之,得首率之理也。”实际上,除了(3)式可以视为勾股容方以外,其余八个公式都可以由勾股容圆公式经过比率变换导出来。试以勾上容圆即公式(1)为例,因为图中的实线勾股形都相似,遂有

$$\frac{a_1}{a_1+b_1+c_1}=\frac{a_2}{a_2+b_2+c_2} \quad 和 \quad \frac{b_1}{b_1+c_1}=\frac{b_2}{b_2+c_2}$$

故
$$\frac{2a_1b_1}{(a_1+b_1+c_1)(b_1+c_1)}=\frac{2a_2b_2}{(a_2+b_2+c_2)(b_2+c_2)}$$

考虑到“勾上容圆之勾股,其三事和即大勾股之股弦和”,也就是

$$a_2+b_2+c_2=b_1+c_1$$

所以
$$\frac{2a_1b_1}{a_1+b_1+c_1}=\frac{2a_2b_2}{b_2+c_2}=d$$

李冶在洞渊九容术的启发下写成《测圆海镜》,全书 170 问都是围绕圆城图式展开的勾股形与圆的关系问题。卷 1 录有识别杂记 692 条,分别阐明各勾股形诸线段及其和、差、积之间的关系,各条内容深浅不一,其中名为诸杂名目中的最后 10 条可以说是全书的基本公式,多数题目的布列与演算都离不开它们。① 这 10 个公式是

---

① 梅荣照:《李治及其数学著作》,载钱宝琮等:《宋元数学史论文集》,科学出版社 1966 年版。李俨则以十四事为根本,另外四个公式是:$(c_1-a_1)(c_1-b_1)=d^2/2$,$a_{12}\times b_{12}=c_6\times c_8$,$a_{13}\times b_{13}=2a_{14}\times b_{15}$,$a_{13}\times b_{13}=2a_{15}\times b_{14}$,参阅李俨:《〈测圆海镜〉研究历程考》,载李俨:《中算史论丛》(第四集),科学出版社 1955 年版。

$$a_{11} \times b_{10} = \frac{d^2}{2}$$

$$a_{10} \times b_{11} = \frac{d^2}{2}$$

$$a_{13} \times b_1 = \frac{d^2}{2}$$

$$a_1 \times b_{13} = \frac{d^2}{2}$$

$$b_2 \times b_{15} = \left(\frac{d}{2}\right)^2$$

$$a_3 \times a_{14} = \left(\frac{d}{2}\right)^2$$

$$a_8 \times b_7 = \left(\frac{d}{2}\right)^2$$

$$(a_{15} + c_{15})(b_{14} + c_{14}) = \left(\frac{d}{2}\right)^2$$

$$(a_{14} + c_{14})(b_{15} + c_{15}) = \left(\frac{d}{2}\right)^2$$

$$a_5 \times b_4 = d^2$$

每一个公式都相当于一个几何学定理，它们对于后面诸卷中应用问题的解决是很重要的。例如，卷 3 第 2 题，相当于已知 a_{11}、b_2，求 d，由图 4-41 可知

$$2b_2 - d = 2b_{10}, \quad b_{10} = (2b_2 - d)/2$$

又因 $2a_{11} \times b_{10} = d^2$，将上式中的 b_{10} 代入，即得

$$a_{11}(2b_2 - d) = d^2$$

这是一个以 d 为未知数的一元二次方程，用天元术求解即得。

李冶在用天元术列方程和解方程的时候，通常都是直接引用识别杂记中的结果，用"本法识别得某某"注明立术和代换的理由，这种做法有点类似于欧几里得的《几何原本》，但与传统的九章著作体例相抵牾。不过《测圆海镜》中的内容基本上是在《九章算术》勾股容圆问题的框架上发展起来的，其识别杂记还不能等同于《几何原本》中的公理体系。但是这本书的确向世人证明了以勾股定理为核心的中国古代几何学，同样具有它自己特定的推理模式，《九章算术》也不是中算家从事数学著述的唯一范本。

(二) 勾股测量

1. 背景、原理和主要工具

中国古代有发达的测量技术。《周髀算经》开篇就借周公之口提出"夫天不可阶而升，地不可得尺寸而度，请向数安从出"的疑问，然后由商高大讲勾股术的基本原理和用矩之道。赵爽注则称："禹治洪水，决流江河。望山川之形，定高下之势……，乃勾股之所由生也。"的确，持续的天文观测记录、巨大的军事和水利工程、宏伟的王城与宫室建筑，乃至郡县村野的划分、田亩土地的丈量、地图的绘制等，无一离不开测量。

古代测量技术大致可分为两类：一类是直接的测量，另一类是间接的测量。在中国古代，前者处理的问题多为方田、商功之属，后者则是勾股、重差的主要内容。

勾股测量的理论依据是相似勾股形对应边成比例的性质。《周髀算经》测日径术提到"以率率之"，实际上就是利用了这一性质。刘徽在《九章算术》勾股容方术注中则明确提出了“(诸相似勾股形)其相与之势不失本率”的命题。同时我们也要注意,奠基在出入相补原理之上的“勾中容横股中容直二积二数皆同”命题,与上述“相与之势不失本率”的命题是等价的,因此中算家也可能采用后者这种更直观的形式来建立其勾股测量的理论。

勾股测量的主要工具有两种:一为矩,二为表。矩就是弯成直角的曲尺,有些两边还带有刻度。《周髀算经》中商高用矩之道为:“平矩以正绳,偃矩以望高,覆矩以测深,卧矩以知远。”它形象地描述了根据测量对象位置使用矩的不同方式。表就是垂直的量杆,古代立表测影以计时间,以至于我们今日还把手腕上戴的计时工具称作表。[①] 关于用表的方法,刘徽在《海岛算经》中有所介绍,关键的步骤是要“参相直”,即人目、表端和测点,或者两个表端和测点必须在同一直线上。

2. 旁要和其他简单的测量问题

郑众所注九数名目中,唯一不能与《九章算术》章名对应的是位于最后的旁要,而勾股不在郑注古九数之内。由此推测,古代旁要很可能是勾股之一部分。顾名思义,旁要乃从旁要(邀)取之意,引申来就是间接测量的技术。《九章算术》勾股章后八问皆为间接测量,尤其最后三题,刘徽谓:“立四表望远及因木望山之术,皆端旁互见,无有超邈若斯之类。”它们很可能就是古旁要的流风

---

① 《周髀算经》中的“髀”字也含表的意思,髀原意为大腿骨,与股同义,会意即为直立。

余韵。①

勾股章第 17 至 21 题皆与一方形城池有关,或以其为参照测其旁距离,或在旁设点测此城之大小。以第 17 题为例:“今有邑方二百步,各中开门。出东门十五步有木,问出南门几何步见木?”如图 4-42 所示,BC=EC=100 步,DE=15 步,按术文有

$$\mathrm{AB}=\frac{\mathrm{BC}\times\mathrm{EC}}{\mathrm{DE}}=\frac{100^2}{15}=666\frac{2}{3}(\text{步})$$

勾股章第 23、24 题属于同一类型,都需要借助一个表来进行测量。以第 23 题为例:“有山居木西,不知其高。山去木五十三里,木高九丈五尺。人立木东三里,望木末适与山峰斜平。人目高七尺。问山高几何?”如图 4-43 所示,CD=95 尺,EF=7 尺,BD=53 里,DF=3 里,按术文有

$$\mathrm{AB}=\frac{(\mathrm{CD}-\mathrm{EF})\times\mathrm{BD}}{\mathrm{DF}}+\mathrm{CD}=\frac{(95-7)\times 53}{3}+95$$

$$=1649\frac{2}{3}(\text{尺})$$

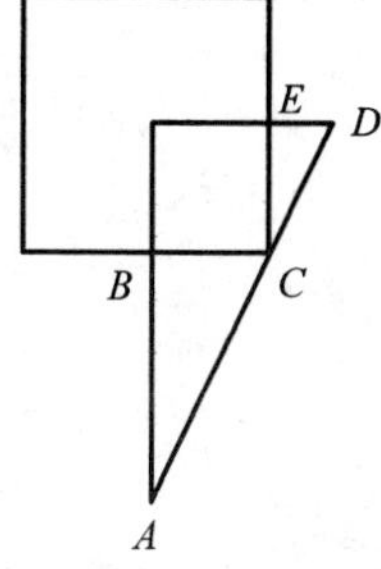

图 4-42　邑外见木

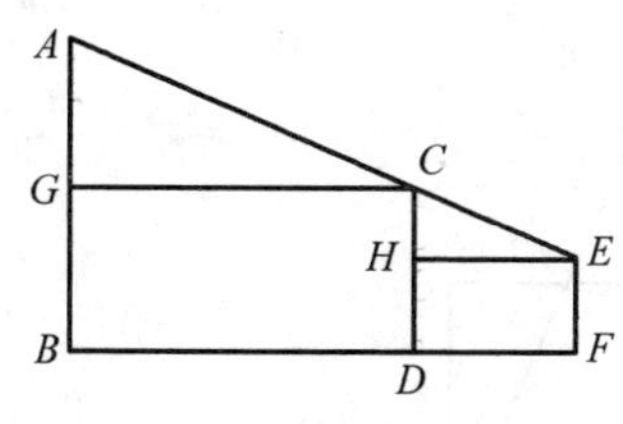

图 4-43　因木望山

① 钱宝琮:《中国数学史》,科学出版社 1964 年版,第 45—46 页。

勾股章第 22 题造术十分巧妙，因为测点周围无所依借，遂用四表构成一个类似方邑的图形，题为："有木去人不知远近。立四表，相去各一丈，令左两表与所望参相直。从后右表望之，入前右表三寸。问木去人几何？"如图 4-44 所示，A 为木，BC＝BF＝10 尺，EF＝0.3 尺，按术文有

$$AC=\frac{BC\times BF}{EF}=\frac{10^2}{0.3}=333\frac{2}{3}(尺)$$

利用勾股比率进行间接测量的问题，当以《孙子算经》卷下第 25 题为典型："今有竿不知长短，度其影得一丈五尺。另立一表，长一尺五寸，影得五寸。问竿长几何？"此题与古希腊哲人泰利斯(Thales，约公元前 624—约公元前 545)测量金字塔的传说如出一辙。

《数术记遗》甄鸾注中提到了一个利用全等三角形进行间接测量的方法，则与另一个关于泰利斯测量海中航船距离的传说相似。原题为："今有大水不知广狭，欲不用算法，计而知之。"如图 4-45 所

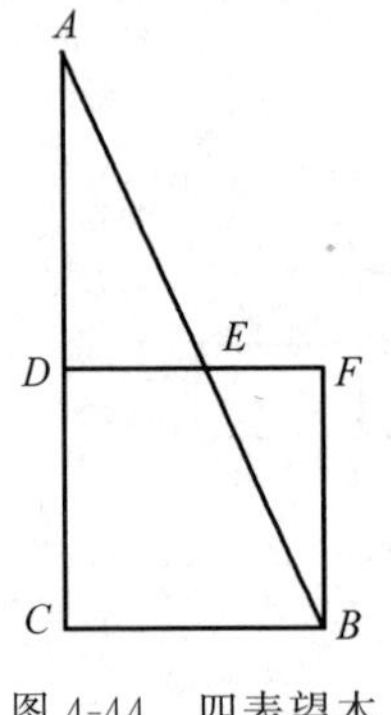

图 4-44　四表望木

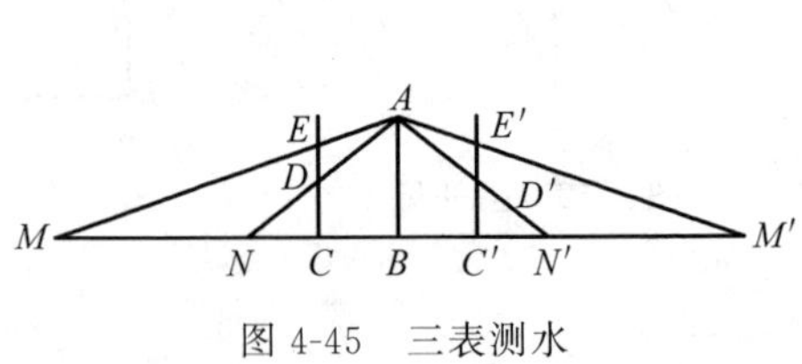

图 4-45　三表测水

示，MN为水宽，书中的办法是：在水一岸垂直方向等距离地竖立三表，由中表之A点望水两岸并将视线经过前表之E与D两点记下；然后在后表上标识出等高的E′与D′两点，视线AE′、AD′与大地交于M′和N′，度量M′N′即知水宽。

3. 勾股量天术

盖天说是流行于西汉的一种宇宙结构学说，在天高地广、人目有限的前提下运用勾股术间接地测出天地之数，是其显著的理论特征之一。《周髀算经》卷上陈子论日的一段话，就是关于这一技术的具体描述：

> 夏至南万六千里，冬至南十三万五千里，中立竿无影。此一者天道之数。周髀长八尺，夏至之日晷一尺六寸。髀者，股也。正晷者，句（即勾，下同）也。正南千里，句一尺五寸。正北千里，句一尺七寸。日益南，晷益长。候句六尺，即取竹，空径一寸，长八尺，捕影而视之，空正掩日，而日应空。由此观之，率八十寸而得径一寸。故以句为首，以髀为股。从髀至日下六万里而髀无影。从此以上至日，则八万里。若求邪至日者，以日下为句，日高为股。句、股各自乘，并而开方除之，得邪至日，从髀所衺至日所十万里。以率率之，八十里得径一里。十万里得径千二百五十里。故曰，日径千二百五十里。①

① 钱宝琮校点：《算经十书》（上册），中华书局1963年版，第26—27页。

这段文字包括下列五项内容。

(1) 由三组实测数据“夏至之日晷一尺六寸”“正南千里句一尺五寸”“正北千里句一尺七寸”得出，八尺之表在子午线方向上每隔千里日影相差一寸。在图 4-46 中，若以 A、B、C 分别表示彼此相距 1000 里的测点，在夏至日正午，AD＝1.7 尺，BE＝1.6 尺，CF＝1.5 尺。这一结论虽然是由夏至日正午的三个测点得到的，但对任何日子都适应，只要假定日高为常数且大地为平面状。①

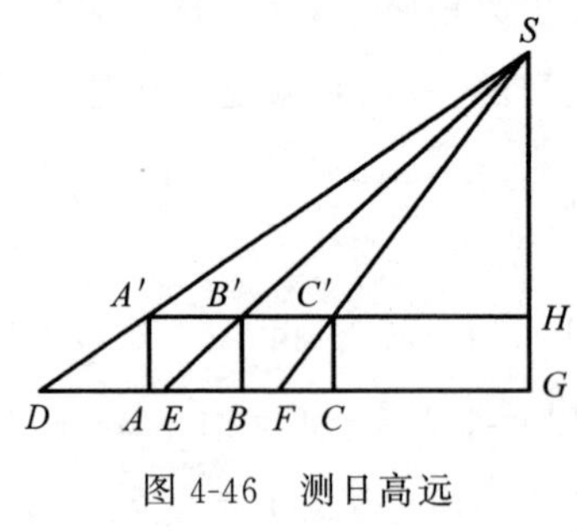

图 4-46 测日高远

(2) 由地隔千里日影差一寸的法则推出测点与“日下”(“日中立竿无影”之点)的距离(“髀至日下”)。在图 4-46 中，若以 B 表示测点所在，G 为日下点，夏至日影长 BE＝1.6 寸，由于地隔千里影差一寸，由此向北 16000 里则影长为 0，于是 BG＝16000 里；连同测点距冬至日下 135000 里，皆为“天道之数”。

(3) 当影长为 6 尺时(“候句六尺”)，由简单比率关系可求得日高。在图 4-46 中，设 BE＝6 尺，则 BG＝B′H＝60000 里，BB′＝8 尺，故得 SH＝80000 里；忽略表高不计，此为日高之数。

(4) 由“勾三股四弦五”可得该点至日距离(“邪至日”)为 100000 里，“候句六尺”的目的仅在于获得完整的数字。对于一般

① 关于盖天说之大地形状有不同的意见，就是《周髀算经》本文也有相互矛盾之处。但就陈子所述勾股量天术而言，无疑假定大地是平面状的。

情况，则应用勾股定理计算。

(5) 又可由简单的比率关系测得日径，在图 4-47 中，CD 为竹管径，OF 为管长，OE 为“邪至日”，AB 为日径，“以率率之”则有

$$AB=\frac{OE\times CD}{OF}=\frac{100000\times 1}{80}=1250(\text{里})$$

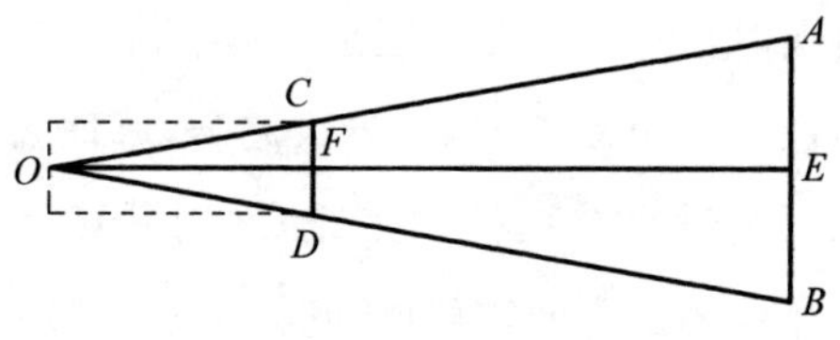

图 4-47　测日径

在西汉末年谶纬之学流行、儒生方士侈谈数术的时代，《周髀算经》以可征信于近物的勾股术和切实可循的步骤，测算出一组天地之数来建构宇宙体系，显示出其研究传统的独特风貌。尽管关于平面大地的前提并不正确，限于测量精度所得数据亦有一定误差，但其理论之自洽、算法之便捷却是无可置疑的。另一方面，当这一研究传统面临其他理论挑战之际，它也必然会通过改进和完善自己独特的测算技术来寻找进一步的发展，重差术的理论和算法就是在这种背景下诞生的。①

4. 重差术的起源、基本公式和原理

重差术是中国古代一种特殊的勾股测量技术，它的出现大致

---

①　傅大为：《论〈周髀〉研究传统的历史发展与转折》，《清华学报》(新竹)1988 年第 1 期。

可以定在1世纪初。尽管论者注意到《周髀算经》陈子论日中出现了两表(实际上是三表)及其影长数据,尽管后来的赵爽和刘徽都企图以重差理论来解释上述陈子论日的内容,但细究《周髀算经》就会发现,关于太阳高、远、大小的数据都是由简单的勾股比率推出来的。另一方面,郑众注九数时特别强调"今有重差",说明其时重差术已经出现但相对于古九数还是新鲜事物。比郑众略迟的张衡在《灵宪》中曾说:"用重差勾股,悬天之晷,薄地之仪,皆移千里而差一寸。"说明其时重差已被用来充实《周髀算经》的宇宙理论了。但无论是郑众还是张衡,对重差的技术细节都未予披露。

最早谈到重差术细节和造术原理的是赵爽,其《周髀算经》日高图注称:

> 黄甲与黄乙其实正等。以表高乘两表相去为黄甲之实。以影差为黄乙之广而一,所得则变得黄乙之袤,上与日齐。按图当加表高,今言八万里者,从表以上复加之。青丙与青己其实亦等。黄甲与青丙相连,黄乙与青己相连,其实亦等。[①]

图4-48[②]中,AB为日高,BD为南表与日下点之距离,CD、JK为南北二表。根据勾中容横等于股中容直的性质:□JB=□HJ,即

① 钱宝琮校点:《算经十书》(上册),中华书局1963年版,第34页。

② 传本《周髀算经》日高图有误,后人补图亦多与术文不符。此图和证明皆从吴文俊:《我国古代测望之学重差理论评介兼评数学史研究中某些方法问题》,《科技史文集》1982年第8辑。

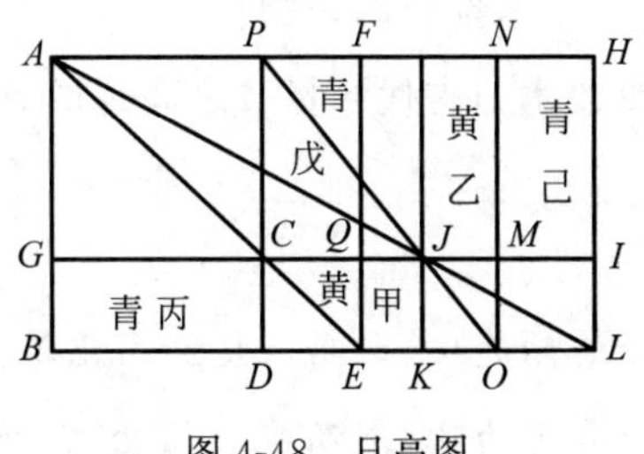

图 4-48　日高图

$$\square JD+\square CB=\square NJ+\square HM$$

而　$\square JD=\square NJ$

故　$\square CB=\square HM$

此即“青丙与青己其实亦等”。又考虑“以表高乘两表相去为黄甲之实”，即$\square JD=CD\times DK$

又因　$\square CB=\square HM=\square FC$

所以　$MI=CQ$

而　$JM=JI-MI=KL-OL=KL-DE$

这里 JM 是图中黄乙的宽，KL－DE 是两个影长之差，也就是术文所说的“以影差为黄乙之广”，再考虑

$\square JD=\square NJ$，即 $CD\times DK=MN\times JM$

于是　$MN=\dfrac{CD\times DK}{JM}=\dfrac{CD\times DK}{KL-DE}$

所以　$AB=\dfrac{CD\times DK}{KL-DE}+GB$

这就是重差术求日高的公式。赵爽特别指出：“按图当加表高，今言八万里者，从表以上复加之。”一方面指出《周髀算经》中计算日高时未加表高的疏漏，另一方面也向读者暗示《周髀算经》中的日

高、远等数据是由重差术推导而来的。

刘徽也认为重差术与古代测量日之高远的方法有关，其《九章算术》序称：

> 立两表于洛阳之城，令高八尺。南北各尽平地，同日度其正中之景。以景差为法，表高乘表间为实，实如法而一，所得加表高，即日去地也。以南表之景乘表间为实，实如法而一，即为从南表至南戴日下也。[①]

即
$$日去地=\frac{表高\times表间}{景差}+表高$$

$$(南表至)南戴日下=\frac{南表之景\times表间}{景差}$$

在这两个公式中，"表间"实为两表至日下距离之差，"景差"即两影（景通影）之差，重差可能由此得名。其中，前式就是赵爽注证明的日高公式 $AB=\frac{CD\times DK}{KL-DE}+GB$。

如不拘泥赵爽的注文，当有更为简捷的证明方法。[②]

如图 4-49 所示，

$$\square JB=\square HJ，\square CB=\square FC$$

故
$$\square JB-\square CB=\square HJ-\square FC$$

$$\square JD=\square HJ-\square FC$$

① 钱宝琮校点：《算经十书》（上册），中华书局 1963 年版，第 92 页。

② 吴文俊：《出入相补原理》，载中国科学院自然科学史研究所主编：《中国古代科技成就》，中国青年出版社 1978 年版。

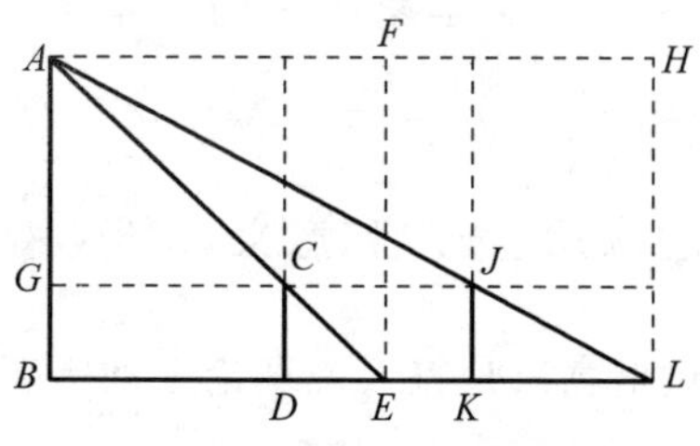

图 4-49　重差公式的证明

即 $$\begin{aligned} CD\times DK &= KL\times AG-DE\times AG \\ &= AG\times(KL-DE) \end{aligned}$$

所以 $$AB=AG+GB=\frac{CD\times DK}{(KL-DE)}+GB$$

这就是日去地公式。

又由 $\square CB=\square FC$ 和 $AG=\dfrac{CD\times DK}{(KL-DE)}$

得 $$BD\times CD=DE\times AG$$

$$BD=\frac{DE\times AG}{CD}=\frac{DE\times(CD\times DK)}{CD(KL-DE)}=\frac{DE\times DK}{KL-DE}$$

这就是(南表至)南戴日下公式。

刘徽《九章算术》序中还说:"周官大司徒职,夏至日中立八尺之表,其景尺有五寸,谓之地中。说云,南戴日下万五千里。夫云尔者,以术推之。"也就是说,由千里差一寸的原则和夏至日影长,可由第二个公式求出地中至夏至南戴日下之距为

$$BD=\frac{DE\times DK}{KL-DE}=\frac{15\text{ 寸}\times 1000\text{ 里}}{1\text{ 寸}}=15000\text{ 里}$$

这种解释虽然不是《周髀算经》本文的原意,但说明重差理论的出

现是与主张盖天说的天文学家改进勾股量天术的努力密切相关的。

5. 重差术的应用、推广和意义

测量日之高远毕竟只是盖天说理论上的需要，重差术的生命力在于它可应用和征信于人类在地上的实践活动，所以刘徽序云："虽天圆穹之象犹曰可度，又况泰山之高与江海之广哉？"于是"辄造重差，并为注解，以究古人之意，缀于勾股之下。度高者重表，测深者累矩，孤离者三望，离而又旁求者四望。触类而长之，则虽幽遐诡伏，靡所不入"。这里"辄造重差"的"造"，是相对"为之作注"的"注"而言，就是将自撰的《重差》一卷附于所注《九章算术》勾股章之后，所以《隋书·经籍志》有"《九章算术》十卷，刘徽撰"的说法。李淳风等人受诏注算书时，特意将此卷独立出来，并因其首问之义命名为《海岛算经》。

《海岛算经》共九问，是刘徽论述重差术之应用的杰作。书中第一问的重表法、第三问的连索法和第四问的累矩法，被认为是应用重差原理测量高深广远的三个基本方法。其实这三者之中，只有重表法是基本的。《海岛算经》中的九个问题，都可以依据勾股比率算法求得所谓"表高""表间""表景""景差"等数据，然后利用重表法求解。[①] "凡望极高，测绝深而兼知其远者必用重差，勾股则必以重差为率，故曰重差也。"刘徽在《九章算术》序中的这段话，提纲挈领地道出了重差术的广泛应用及其与勾股比率算法的

---

① 白尚恕：《刘徽〈海岛算经〉造术的探讨》，《科技史文集》1982 年第 8 辑。

关系。

《海岛算经》首题为："今有望海岛，立两表齐高三丈，前后相去千步，令后表与前表参（'参'同'叁'，以下同）相直。从前表却行一百二十三步，人目着地取望岛峰，与表末参合。从后表却行一百二十七步，人目着地取望岛峰，亦与表木参合。问岛高及去表各几何？"此题显然是重差测日的翻版，只不过把日高改成岛高、影长改成"人目着地"而已。因为要立两表观测，刘徽称为重表法。

第三题为："今有南望方邑，不知大小。立两表东西去六丈，齐人目，以索连之。令东表与邑东南隅及东北隅参相直。当东表之北却行五步，遥望邑西北隅，入索东端二丈二尺六寸半。又却北行去表十三步二尺，遥望邑西北隅，适与西表相参合。问邑方及邑去表各几何？"如图 4-50 所示，D、F 表示东西二表所在，中以绳索相连，故名连索法（其实原书并无此名，这是后人的叫法），CD＝22.65 尺称为"入索"；若以此"入索"作为虚构的"前表"，则第一次"北却行"步数 DE＝5 步即为"前表景"；再按虚线所示虚构"后表"JK，则 KL 即为虚构的"后表景"，因此问题就转化成重表类型求解了。关键是求出这一虚构的"后表景"KL。

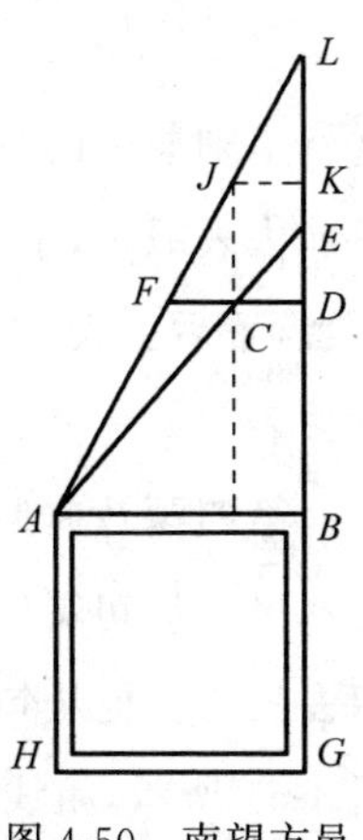

图 4-50　南望方邑

值得指出的是，刘徽将 KL 称作"景差"，但是这个"景差"并无海岛（即日高）公式中景差那样的实际意义，它不过是刘徽随意借来的一个术语而已。这个"景差"可以通过相似勾股形 LKJ 和 LDF 的对应边成比例而得到，即

$$KL=\frac{JK\times DL}{FD}=\frac{CD\times DL}{FD}$$

所以刘徽称："以入索乘后去表，以两表相去除之，所得为景差。"[①]

已知 KL、DE、DL、CD 诸数，就可以套用海岛公式来计算了，故

$$AB=\frac{(DL-KL)\times CD}{KL-DE}+CD=\frac{(DL-DE)\times CD}{KL-DE}$$

$$BD=\frac{(DL-KL)\times DE}{KL-DE}$$

这就是刘徽说的"以前表减之（'景差'），不尽以为法。置后去表，以前去表减之，余以乘入索为实。实如法而一，得邑方。求去表远近者，置后去表，以景差减之，余以乘前去表为实。实如法而一，得邑去表"。

第四题乃典型的累矩法，题曰："今有望深谷，偃矩岸上，令句高六尺。从句端望谷底入下股九尺一寸。又设重矩于上，其矩间相去三丈。更从句端望谷底，入上股八尺五寸。问谷深几何？"如图 4-51 所示，粗线绘出上下两矩，其中 KL＝FE＝6 尺，GF＝9.1 尺，JK＝8.5 尺，KF＝30 尺；若以 JK 为虚构的"后表"，再按虚线所示虚构"前表"CD，就将问题化为重表类型了。关键是要求出虚

① 自清代李锈修《海岛纬笔》以来，许多人都认为此句有误，而将"为景差"三字移至下句之后，读作"以入索乘后去表，以两表相去除之，所得以前去表减之，不尽为景差"，即以 KL－DE 为"景差"。这样改动固然可以使"景差"具有海岛公式中的意义，却不合作者之意。这里仅提出两条反驳的理由：第一，若按此思路理解，"两表相去"应为 DK 而非 FD，"后去表"应为 KL 而非 DL，但算理指示的恰是后者而非前者；第二，求"去表远近"（BD）术中"置后去表，以景差减之，余以乘前去表为实"，这里的"景差"也是指 KL 而不是 KL－DE。

构的“前表景”DE。由于△EDC和△EFG相似,可得

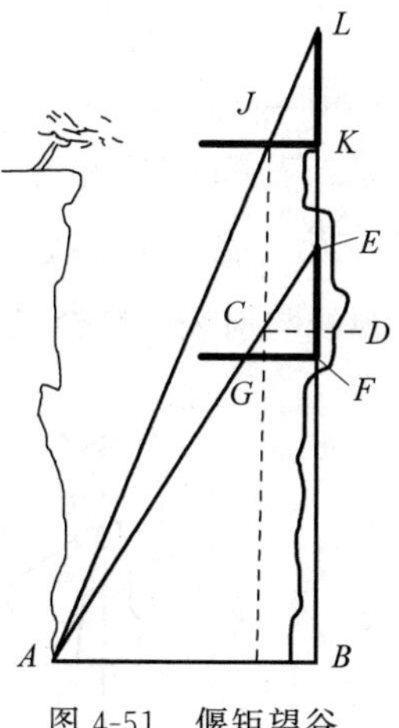

图 4-51 偃矩望谷

$$\frac{DE}{CD}=\frac{FE}{GF}$$

所以 $$DE=\frac{FE\times CD}{GF}=\frac{FE\times JK}{GF}$$

而 $$\begin{aligned}KL-DE&=FE-DE\\&=FE-\frac{FE\times JK}{GF}\\&=\frac{FE(GF-JK)}{GF}\end{aligned}$$

现在套用海岛求远公式

$$\begin{aligned}BD&=\frac{DE\times DK}{KL-DE}=\frac{DE\times(FK-FD)}{KL-DE}=\frac{DE\times FK}{KL-DE}-DE\\&=\frac{\left(\frac{FE\times JK}{GF}\right)\times FK}{\frac{FE\times(GF-JK)}{GF}}-DE=\frac{FK\times JK}{GF-JK}-DE\end{aligned}$$

所以 $$\begin{aligned}BF&=BD-FD=\frac{FK\times JK}{GF-JK}-DE-FD\\&=\frac{FK\times JK}{GF-JK}-FE\end{aligned}$$

这就是刘徽说的“置矩间,以上股乘之为实。上下股相减,余为法,除之。所得以句高减之,即得谷深”。

以上三题,都是经过两次测望得出基本数据入算。当问题更加复杂的时候,两个测点就显得不够了,《海岛算经》第二、五、六、八问就由三望求解,第七、九问则由四望求解。其实三望、四望也

都是从上述三种方法演变而来，现各举一例说明。

第二题大意为：如图 4-52 所示，欲测山顶一株松树的高 AH，先立二表 CD、JK 并确定 E、L 两点，此二点分别经前后表端 C、J 至松顶 A 在一条直线上（“参相直”）；再从 E 点“三望”树根 H，记下视线与前表的交会点 F 并量出 CF，就可求得松高

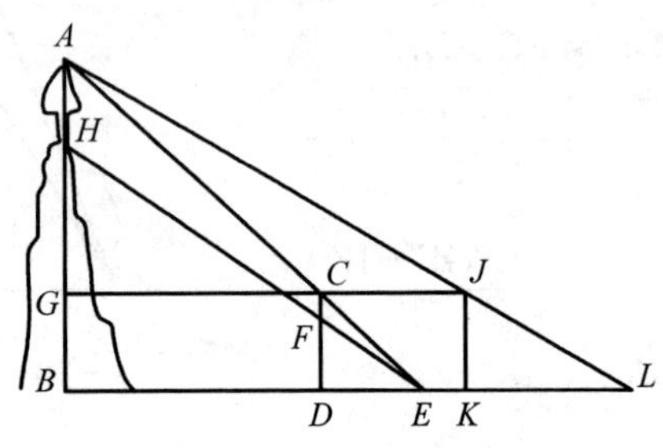

图 4-52 望松山上

$$AH=\frac{CF\times DK}{KL-DE}+CF$$

这一结果当是由比率算法结合重表法而来，因为

$$\frac{AB}{CD}=\frac{BE}{DE}=\frac{HB}{FD}$$

所以 $$\frac{AB}{CD}=\frac{AB-HB}{CD-FD}=\frac{AH}{CF}$$

$$AH=\frac{CF\times AB}{CD}$$

又由海岛求高公式

$$AB=\frac{DK\times CD}{KL-DE}+CD$$

所以松高 $$AH=\frac{CF}{CD}\times AB=\frac{CF}{CD}\times\left(\frac{DK\times CD}{KL-DE}+CD\right)$$

$$=\frac{CF\times DK}{KL-DE}+CF$$

第七题大意为：如图 4-53 所示，从岸顶 E、L 两点用矩下望水面之 A 点及渊底白石之 A′点，是为四望；在矩尺上分别量得 JK、J′K、GF、G′F，则水深

$$B'B=\frac{[(GF-JK)\times J'K-(G'F-J'K)\times JK]\times FK}{(G'F-J'K)\times(GF-JK)}$$

这是两次应用累矩法测深公式而得来的。由第四题可知

$$BF=\frac{FK\times JK}{GF-JK}-FE$$

和

$$B'F=\frac{FK\times J'K}{G'F-J'K}-FE$$

两式相减即得水深 BB′。

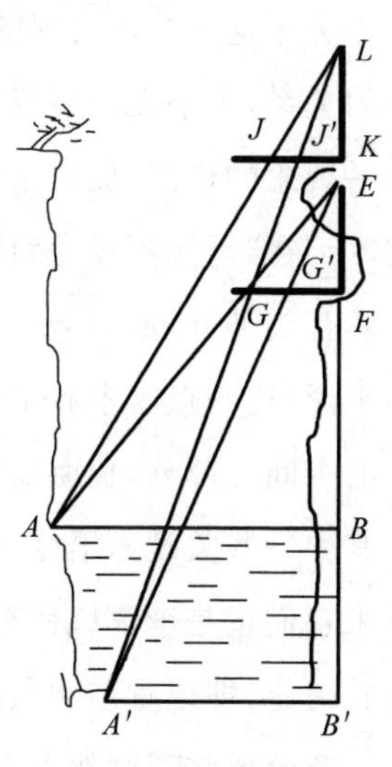

图 4-53　偃矩望渊底

关于重差测量的应用，《数书九章》《续古摘奇算法》《四元玉鉴》《九章算法比类大全》《神道大编历宗算会》《算法统宗》诸书都有记录。在重差理论和算法臻于完善的魏晋时代，中国古代的地图绘制技术也达到了一个高峰，这一事实似乎暗示重差术在当时得到了广泛的应用。反观西方，虽然古希腊有非常发达的几何学，但希腊人对实际测量并没有倾注过多的热情；即使有过一些著名的测天量地的例子，但是像《海岛算经》这样自成体系、构思巧妙、直接应用于事功的著作却不曾诞生。在中世纪的欧洲和其他地区，测量的技术只限于一望，直到 16 世纪

中叶以后才出现了与重表法相当的二望技术。毋庸置疑，在一个相当长的历史时期，中国在测量领域的成就是居于世界前列的。

6. 斜面重差术

《海岛算经》诸问的造术，多数是对重差基本公式的推广。这里专门介绍另外一种形式的推广，那就是李淳风提出的斜面重差术。

关于这一技术出现的天文学背景以及它与《周髀算经》研究传统的关系，本书无意多着笔墨。大致来说，斜面重差术是针对古代地平观念的错误，提出来的一种在斜面状大地上测量日之高远的技术。在《周髀算经》测日诸术之后，李淳风写了很长的一段注释，在其开头部分，他对“千里差一寸”的前提进行了批评，并且否定了地平说，这一点学术界早就注意到了。与此形成对照的是，这段长注的中间一部分，长期以来未能引起研究者的充分注意，原因大概是其中一些关键术语令人费解。不久前有人作出了圆满的解释，原来它们正是李淳风针对自己在前面提出的否定性结论而采取的补救措施，即把重差测量技术推广到斜面大地上的结果。[①]

李淳风注道：“然地有高下，表望不同，后六术乃穷其实。”后六术者是：“第一，后高前下术”；“第二，（前高）后下术”；“第三，邪下术”；“第四，邪上术”；“第五，平术”；“第六术者是外衡”。其中第五就是平面重差术，第六严格说来够不上“术”，只是一个借助比率算法揭示“不合有地平”的说明。现在我们介绍前面四术，先来看第

① 傅大为：《论〈周髀〉研究传统的历史发展与转折》，《清华学报》（新竹）1988年第1期。

一、二术：

第一，后高前下术。高为句，表间为弦。后复影为所求率，表为所有率，以句为所有数，所得益股为定间。第二，后下术。以其所下为句，表间为弦。置其所下，以影乘表除，所得减股，余为定间。①

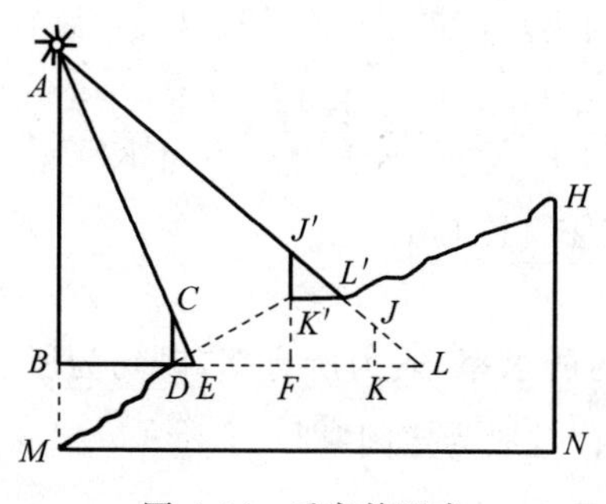

图 4-54　后高前下术

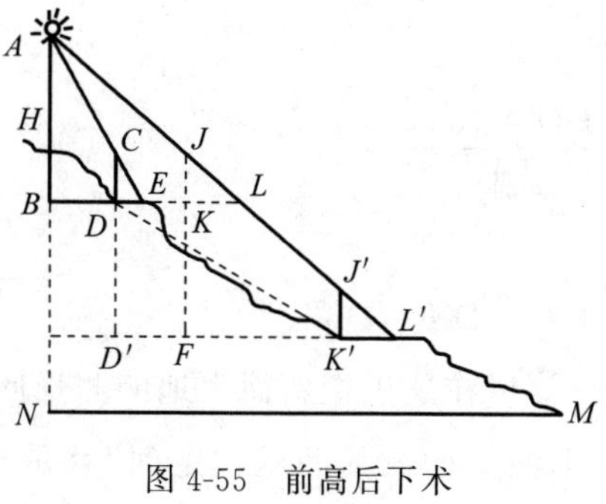

图 4-55　前高后下术

① 钱宝琮校点：《算经十书》(上册)，中华书局 1963 年版，第 29 页；本书改了一处标点。

“后高前下”是指在斜面大地上测日时前表低后表高，“前高后下”正相反。上面术文指示的是如何计算一个叫“定间”的量。什么是“定间”呢？推敲术文可知，它就是假定沿着观测（或日照）方向，把后表移至与前表同一水平位置时的两表距离，即图 4-54 和图 4-55 中的 DK。以第一术为例验证如下：“高为句”的“高”是指后表比前表高出的距离 $K'F$，“表间为弦”的“表间”是指两表间的距离 DK'。那么“股”就是线段 DF 了，“后复影”指后表影长 $K'L'$，“表”高为 $J'K'$，因为 $\triangle J'K'L'$ 与 $\triangle J'FL$ 相似，故有

$$\frac{FL}{K'L'}=\frac{J'F}{J'K'},\quad \frac{FL-K'L'}{K'L'}=\frac{J'F-J'K'}{J'K'},\quad \frac{FK}{K'L'}=\frac{K'F}{J'K'}$$

即

$$FK=\frac{K'F\times K'L'}{J'K'}$$

这就是“后复影为所求率，表为所有率，以句为所有数”的结果，可见 FK 为“所得”；“益股为定间”即

$$FK+DF=DK$$

同理，在第二术中“所下”为 DD'，“表间”为 DK'，“股”为 $D'K'$，“所得”为

$$FK'=\frac{DD'\times K'L'}{J'K'}$$

“定间”为

$$D'K-FK'=D'F=DK$$

显而易见，李淳风在这里把斜面大地的测量问题转换成了一个在虚构的 BL 平面上的测量问题，“定间”就是经过转化的“表间”，把它代入重差基本公式就可求出相应的日高 AB 和前表至日下点距离 BD，即

$$AB=\frac{CD\times DK}{KL-DE}+CD$$

$$BD=\frac{DE\times DK}{KL-DE}$$

李淳风的另一段术文对此作了更为详细的说明：

又按二表下地，依水平法定其高下。若北表（即后表）地高则以为句，以间为弦。置其高数，其影乘之，其表除之，所得益股为定间。若北表下者，亦置所下，以法乘除，所得以减股为定间。又以高下之数与间相约，为地高远之率。求远者，影乘定间，差法而一，[所得加影，日之远也。求高者，表乘定间，差法而一，]所得加表，日之高也。①

这段术文基本上还是对前二术的说明，关于“定间”的意义与前引术文完全一致；“求远”“求高”二者与重差基本公式的区别仅在于以“定间”取代了后者的“表间”。值得注意的是，“又以高下之数与间相约，为地高远之率”这16个字，它们提示了斜面倾斜程度的概念，即

$$\text{高远之率}=\frac{\text{高下之数}}{\text{表间}}$$

① 钱宝琮校点：《算经十书》（上册），中华书局1963年版，第28页。方括号中的19个字为钱氏所补，但傅大为认为不应有“所得加影”四字，而以南表所在与南戴日下的距离即BD为“日远”，这样才符合传统的测日术。钱宝琮则不但考虑了语句的搭配，更有可能照顾到后面“求邪去地”的一段话，因为在那里的确是以南表影所在的E点为观测基点的，也就是说李淳风有可能以BE（而不是BD）为“日远”。

也就是 倾斜度$=\frac{HN}{MH}=\frac{K'F}{DK'}$ （图 4-54）

或 倾斜度$=\frac{HN}{MH}=\frac{DD'}{DK'}$ （图 4-55）

下面还有一段至今尚未被人注意的注文，先照录如下：

> 求邪去地者，弦乘定间，差法而一，所得加弦，日邪去地。此三等至皆以日为正。求日下地高下者，置戴日之远近，地高下率乘之，如间率而一，所得为日下地高下。形势隆杀与表间同，可依此率。[①]

“邪去地者”即《周髀算经》本文中的“邪至日者”，已知日之高远即可依勾股定理计算出来。但是李淳风又提出了一种新的算法，如图 4-54（图 4-55 同）所示，因为△ABE 和△CDE 相似，所以

$$AE=\frac{CE\times AB}{CD}$$

代入日高公式有

$$\begin{aligned}AE&=\frac{CE}{CD}\times AB=\frac{CE}{CD}\times\left(\frac{CD\times DK}{KL-DE}+CD\right)\\&=CE\times\left(\frac{DK}{KL-DE}+1\right)\\&=\frac{CE\times DK}{KL-DE}+CE\end{aligned}$$

这就是“弦乘定间，差法而一，所得加弦，日邪去地”。注意这里的

① 钱宝琮校点：《算经十书》（上册），中华书局 1963 年版，第 28 页。

"弦"已不是前述"表间为弦"的"弦"DK′,而是小勾股形CDE中的弦CE,因为求"邪去地"与这个小勾股形有关。

"日下地高下者"系指虚构的测量平面和斜面上"日南下"点高程之差,在图4-54上为BM,在图4-55上为BN。因为△MBD(或△HBD)与△K′FD(或△DD′K′)相似,所以

$$BM=\frac{MD\times K'F}{DK'} \quad (图 4\text{-}54)$$

或 $$HB=\frac{HD\times DD'}{DK'} \quad (图 4\text{-}55)$$

这就是"置戴日之远近,地高下率乘之,如间率而一,所得为日下地高下"。注意这里的"地高下率"系指两测点高程之差K′F(或DD′),"间率"则指两表间的距离DK′。

"形势隆杀与表间同,可依此率",是说只有在整个测量范围的坡度都与两表间坡度相同的条件下,才可以用此关系计算"日下地高下"。

现在再来看李淳风的第三、四两术:

第三,邪下术。依其北高之率高其句影,令与地势隆杀相似,余同平法。假令髀邪下而南,其邪亦同,不须别望。但弦短与句股不得相应。其南里数亦随地势,不得校平,平则促。若用此术,但得南望。若北望者,即用句影南下之术,当北高之地。

第四,邪上术。依其后下之率下其句影,此谓回望北极以为高远者,望去取差亦同南望。此术弦长,亦与句股不得相

应。唯得北望,不得南望。若南望者,即用句影北高之术。[1]

这段术文看似复杂,其实应用起来远比第一、二术简单。李淳风认为,大地是一北高南低的斜面,邪下术适于一般的测日高,邪上术则适于测北极(图 4-56、图 4-57)。与第一、二术不同的是,邪下、邪上二术中的影长皆为斜面大地上的影长,而第一、二术中的影长是平面上的影长。换言之,应用第一、二术时必须在测点周围找到一小块平地,因此它们适合于台阶状地形上的测量;邪下、邪上二术则适于坡度始终如一的斜面大地上的高远测量。

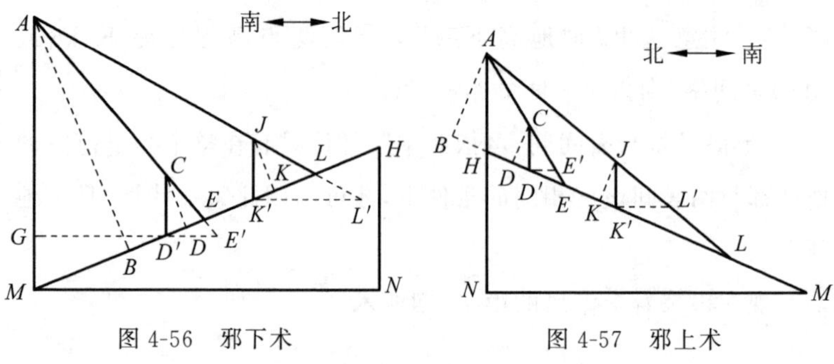

图 4-56 邪下术　　图 4-57 邪上术

具体方法是:对于后表 JK′高前表 CD′低的情况用邪下术,此时"高其句影,令与地势隆杀相似",也就是把应在平面大地上的影长 K′L′和 D′E′,"升高"为斜面大地上的影长 K′L 和 D′E(此时 JL′和 CE′变成了 JL 和 CE,是为"弦短与句股不得相应");对于后

① 钱宝琮校点:《算经十书》(上册),中华书局 1963 年版,第 29—30 页。本书中标点符号略有改动。

表低前表高的情况则用邪上术,此时“下其句影”,也就是以 $K'L$ 和 $D'E$ 取代 $K'L'$ 和 $D'E'$(此时 JL' 和 CE' 变成了 JL 和 CE,是为“弦长,亦与句股不得相应”);“余同平法”,意思是除了以斜面影长取代平面影长外,表间、表高等数据都保持不变,代入重差求高公式即有

$$AM(\text{或 }AH)=\frac{CD'\times D'K'}{K'L-D'E}+CD'$$

李淳风没有给出这样做的理由。实际上,邪上、邪下二术仍然是重差基本公式结合比率算法的产物。假定把 MH 看成是一个水平平面,在其上应用重差求高公式,可得

$$AB=\frac{CD\times DK}{KL-DE}+CD$$

在图 4-56 和图 4-57 中,很容易证明

$$\frac{AB}{AM(\text{或 }AH)}=\frac{CD}{CD'}$$

$$KL-DE=K'L-D'E$$

$$DK=D'K'$$

将它们代入 AB 即得 AM(或 AH)。

关于至南戴日下的距离,注文称:“其南里数亦随地势,不得较平,平则促。”就是说在图 4-56 中应为 MD',若以 GD' 为“其南里数”就会失之于少。

(三) 三角学和其他

1. 三角学的有关题材

中国古代缺乏一般角的概念,以至于系统的三角学未能充分

发展起来，但这并不等于说中算家在相关题材上毫无建树。实际上，古算中的勾股就包含许多三角学的内容。

刘徽的割圆术包含一个反复运用勾股定理计算弦长的过程，其割六觚以为十二觚过程中“半面五寸为句”，实际就是 30°角的正弦值；类似地，继续倍边运算可依次求得 15°、7.5°、3.75°…的正弦值。同理，赵友钦的割圆程序则依次给出 45°、22.5°、11.25°、5.625°…的正弦值。

唐代张遂在《大衍历》中通过观测八尺之表的影长求太阳天顶距，进而推算该地节气初日影长，这就是他提出的计算天顶距的步轨漏术，相当于一个从 0°到 80°之间间隔为 1°的正切函数表。①它们很可能是在阳城(今河南登封告成镇)夏至太阳天顶距和影长的实测数据基础上，由差分方法得到的。②

元代郭守敬等人的《授时历》中运用沈括的会圆术和勾股比率算法，在推算赤道积度和赤道内外度方面推陈出新，从数学上来说相当于提出了与球面直角三角形中已知一斜边求二直角边等价的算法。③

明末《大测》《割圆八线表》《测量全义》等书开始介绍西方的三角学，当时把正弦、正切、正割、正矢、余弦、余切、余割、余矢这八个三角函数叫作八线，三角学亦称八线学。

---

① C. Cullen, An Eighth Century Chinese Table of Tangents, *Chinese Science*, Vol. 5, 1984.

② 刘金沂、赵澄秋：《唐代一行编成世界上最早的正切函数表》，《自然科学史研究》1986 年第 4 期。

③ 钱宝琮：《中国数学史》，科学出版社 1964 年版，第 210—214 页。

清初梅文鼎的《平三角举要》《弧三角举要》是中国人自己撰写的第一套三角学教科书。

2. 三角学图解法：梅文鼎的例子

明末以来有学者把数学分为量法和算法两大支，大体上相当于今日的几何学与代数学。清代梅文鼎对"以量代算"很感兴趣，他的研究也有一定的创造性。

梅文鼎的《环中黍尺》载："所以明平仪弧角正形，乃天外观天之法。"所谓"平仪弧角正形"，就是如图 4-58 所示之天球在一子午平面上的平行正投影：图中 S 表示某一天体，Z 为极点，AB 为垂直于极轴的大圆弧，弧 ZS 为天体 S 的去极度，角 SZC 为天体所在经线与起始经线 ZB 之间的夹角。关于弧 ZS 和角 SZC 的量法，梅氏指出："以横线截弧度，以直线取角度，并与外周相应。"即作平行于 AB 的"横线"DC，截得弧 ZC 等于弧 ZS；又在以 DC 为直径的小圆（注意图 4-58 右边的小圆相当于左边的 DC 圈）上作"直线"RS，截得之弧 CR 即等于弧 CS，也就等于方位角 SZC。

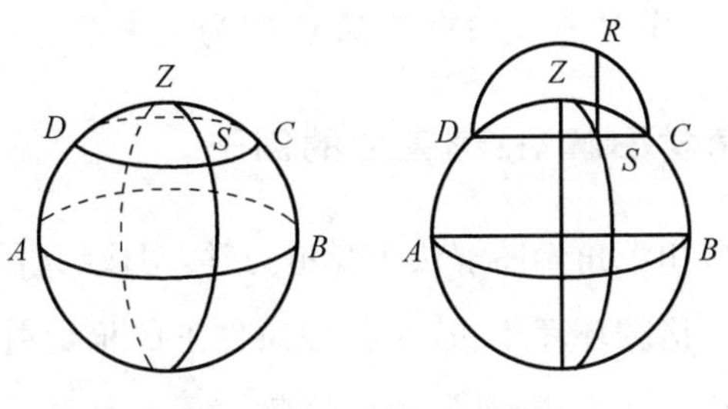

图 4-58　平仪弧角正形

利用这一法则，梅文鼎证明了球面三角的余弦定理，给出了已

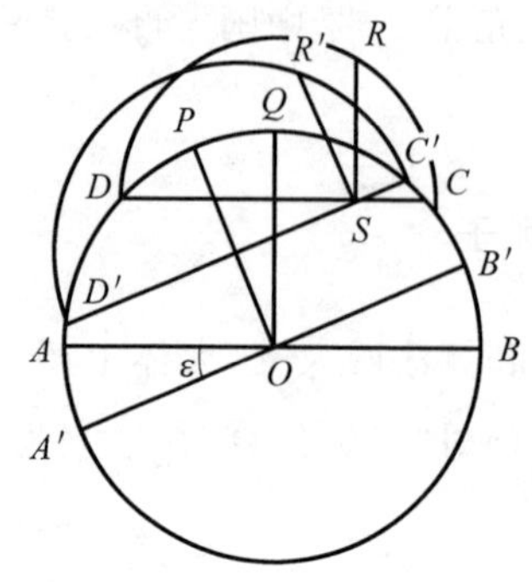

图 4-59 黄赤相求的投影

知三边、两边一夹角、两边一对角、两角一夹边四类球面三角形的图解法。[①] 下面用一个来自天文学的例子具体说明:如图 4-59,若已知星体 S 的距黄极度 α 和黄道经度 β,求其距北极度和赤道经度。解法依次为:

(1) 作大圆,定 Q 为黄极,AB 为黄道;

(2) 作弧 QC$=\alpha$;

(3) 作 CD//AB,以 CD 为直径作半圆;

(4) 在该半圆上截弧 CR$=\beta$;

(5) 过 R 作 RS⊥CD,垂足 S 即星体在"平仪正形"中的位置;

(6) 作直径 A′B′,令∠AOA′=黄赤交角 ε;

(7) 作 PO⊥MN,则 P 为北极;

(8) 过 S 作 C′D′//A′B′,则弧 C′P 为所求星之距北极度;

(9) 以 C′D′为直径作半圆;

(10) 过 S 作 R′S⊥C′D′,则弧 C′R′为所求星之赤经。

3. 三角学图解法:李善兰的例子

李善兰应用三角学图解法于弹道力学,写成《火器真诀》一书。全书共 12 款,诸款环环相扣,对各种条件下的枪炮射程与射角的关系展开讨论。从方法上讲,李氏诸款实质上是对一个理想力学

① 沈康身:《球面三角形的梅文鼎图解法》,《数学通报》1965 年第 5 期。

模型(不计空气阻力、温度及旋转效应等)进行代数处理,然后以几何形式表达出来的实用法则。特别值得注意的是,李氏的这种代数处理是通过传统勾股算术的语言实现的,因而他的研究可以看成是西方近代力学知识与中国古代数学传统相结合的产物。现以其第 10 款为例,概要说明这一方法:

> 斜面与平垂二线成勾股形,则平地最远界与斜面最远界比,若股弦和与弦比,而股弦交角之通弦即炮轴方向也。[①]

由普通力学可知,当抛射角为 45°时,抛射体在平面上可达最远射程

$$S_{max}=\frac{v^2}{g}$$

式中 v 为初速度,g 为重力加速度。而在一个倾角为 β 的斜面上,当抛射角 $\alpha=45°+\beta/2$ 时,抛射体达到最远射程

$$S'_{max}=\frac{v^2}{g(1+\sin\beta)}$$

作为西方近代力学著作第一个中文译本《重学》的译者之一,李善兰是知道这些公式的。[②] 令人感兴趣的是他的表达方法,如图 4-60 所示,由上两式可得

$$\frac{S_{max}}{S'_{max}}=1+\sin\beta=\frac{AB+BC}{AB}$$

---

① (清)李善兰:《火器真诀》,同治六年(1867)《则古昔斋算学》刊本。

② 1859 年 2 月 2 日李善兰在《火器真诀》自识中写道:“凡枪炮铅子皆行抛物线,推算甚繁,见余所译《重学》中。”《重学》译成于 1856 年左右,在《火器真诀》之前。

这就是李氏所谓“平地最远界与斜面最远界比,若股弦和与弦比”。

关于炮轴方向的后一句话较为费解,实际上这里讲的是发射角 α 的图上作业法。如图 4-61 所示,已知斜面与平面大地的倾角为 β,斜面上最远射程的发射角可按以下步骤求得:

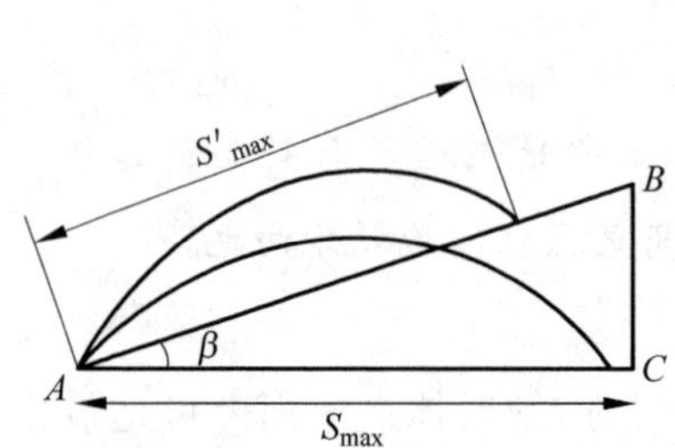

图 4-60 平面与斜面上的最大射程

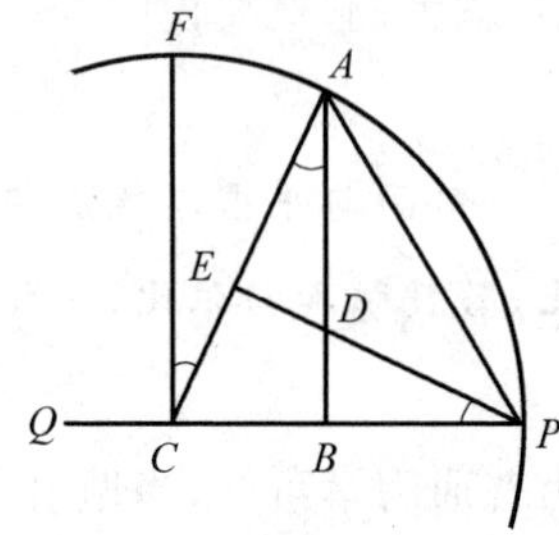

图 4-61 图解斜面最大射程及发射角

(1) 作勾股形 ABC,令$\angle B=90°$,$\angle A=\beta$,$AB=S_{max}$;

(2) 以 C 为圆心,CA 为半径作圆;

(3) 延长 CB 交圆于 P、Q 两点(Q 点在圆形另一端);

(4) 作 $PE\perp AC$ 并交 AB 于 D 点,则 $PD=S'_{max}$;

(5) 连 PA,则$\angle APC=\alpha$。

最后这一步所得之 PA,就是股 BC 和弦 AC 之交角$\angle ACP$的通弦,所以李善兰说:“股弦交角之通弦即炮轴方向也。”

以上图解法的正确性可说明如下:由作图法(1)(2)(3)(4)可知

$$\triangle PBD \cong \triangle AED$$

故 $$PD=AD$$

$$\frac{AB}{PD}=\frac{AD+BD}{PD}=\frac{PD+BD}{PD}=1+\sin\beta$$

即　$$PD=\frac{AB}{1+\sin\beta}=\frac{S_{max}}{1+\sin\beta}=S'_{max}$$

又由作图法(5)知

$$\angle APC=弧\ AQ/2=(\angle QCF+\angle FCA)/2$$
$$=(90^\circ+\beta)=45^\circ+\beta/2$$

由上可知，这样作的$\angle$APC 就是倾角为 β 的斜面上最远射程的发射角。

用李善兰这个别具一格的工作作为全书最后一个例子是有象征意义的。一方面，他既是中国古代数学传统的最后一位杰出代表，又是西方数学在晚近中国最有力的传播者，因而他的工作能够较好地反映那个时代中西数学交融的情况。另一方面，李善兰之后，作为九数之流的传统数学已经基本走完其漫长的历程，中国数学业已开始汇入整个世界数学发展的洪流之中。李善兰的个人经历就是这一历史转变的缩影——写作《则古昔斋算学》的李善兰仍是传统意义上的中算家，而参与上海墨海书馆译书和担任北京同文馆天文算学教习的李善兰则是近代科学的先驱。《火器真诀》的完成正好处在这两个时期之间，这个例子引出了传统数学与近代科学交汇的话题，对这一历史进程的细致讨论已经超出本书的写作计划了。

跋

在对中国古代数学的方方面面作过一番巡礼之后，现在可以考虑这样几个略带理论色彩的历史问题了，那就是：与古代世界上其他民族或地区的数学相比，中国古代数学有哪些显著的特征？在世界数学发展和人类科学思维演进的历史长河中，中算家的思想和方法占有何等位置？在数学观念和成果日新月异的今天，中华古算为我们提供了什么样的启示？

对这些问题作出回答的时候，我们由衷地推崇如下的原则："要真正了解中国的传统数学，首先必须撇开西方数学的先入之见，直接依据目前我们所能掌握的我国固有数学原始资料，设法分析与复原我国古时所用的思维方式与方法，才有可能认识它的真实面目。"[①]这是因为，我们今日所受过的数学教育，极容易使人得到一种偏颇的印象：当代数学的巨大成就，是沿着自古希腊人以来所走过的唯一一条王者之路发展来的。因此，如果不能在占有原始文献的基础上，对古人的工作、思想及方法予以合乎其传统和知识背景的解说，我们就将无法理喻中华古算的真谛。

中国古代数学有哪些显著的特征呢？谈到特征，我们不妨选

---

① 吴文俊：《对中国传统数学的再认识》，《百科知识》1987 年第 7—8 期。

择一个具有代表性而又可资比较的知识系统作为参照。最理想的参照系统无疑是古希腊数学,因为它常被说成是西方科学精神的具体体现。相对于古希腊数学,中国古代数学有如下一些显著的特征。

(一) 便捷的记数制度与计算工具

由于十进位值制的原理是这样简单而在今日又是这样深入人心,我们往往容易忽视这一发明的伟大意义。对此只要设想一下,如果我们现在采用的记数制度不是十进位值制,而是阿基米德在《数砂者》中描述的那种字母记数系统,那么每个人从开蒙识字起,要把多么大的精力花费在学习和掌握记数上面?我们也不妨尝试一下用古巴比伦人或古罗马人的记数系统作一个简单的四则运算,相信即使是训练有素的会计师也会为此感到头疼。这就说明采用合理的记数制度对人类是至关重要的。

实际上,中算家在算术和代数领域的成就长期居于世界前列,与其说他们比同时代的域外同行更聪明,不如说他们比后者更幸运,原因是他们在记数制度和计算工具方面具有得天独厚的优势。在十进位值制基础上发展起来的筹算,不但为中国人提供了记数和计算的有力工具,而且自然地引导出分离系数这一重要的数学方法。考察中国古代数学中一些脍炙人口的成就,如分数、负数、小数的概念及表达、比率算法、开方和解高次方程、线性方程组的表示及求解、天元术及四元术的表达、最大公约数及最小公倍数算法、两两互素算法、同余式解法等,无一不与应用便捷的记数制度和计算工具有关。相反,一个使用笨拙记数制度并轻视计算工具的民族，要想发展完善的算法体系就真是匪夷所思了。

（二）丰富多彩的推理方式

与古希腊人唯一接受演绎的逻辑推理不同，中国古代数学家不拘一格地采用各种形式的推理方法。这里我们首先要打破一个神话：长期以来，有人相信没有达到严格演绎的知识不算科学；照此理论，今天的物理学和化学就算不上科学，生物学更不待说，数学中的许多分支也不是科学，这当然是不合理的。况且，即使是公理化的严格演绎达到了，该体系中也不能包罗一切，这是近代数学哲学中最深刻的命题之一。其次，我们要弄清中国古代数学体系的建构形式：一般来说，中国古代数学是一种从实际问题出发，经过分析与综合，进而概括出一般原理、原则和方法，以求最终解决一大类问题的体系。

用出入相补、无穷分割求和、斜解堑堵、比较截面等原理处理几何求积问题的做法，就体现了中算家对公理方法的初步认识。刘徽的《九章算术注》也显示了强烈的演绎推理倾向，只不过限于作注的形式未能将其逻辑结构充分展现而已。[①] 李冶的《测圆海镜》中的“识别杂记”、李善兰的《方圆阐幽》中的十条“当知”，分别是作者阐述勾股容圆和尖锥术的基础，也体现了一定的演绎风格。但是在中国古代数学中，更多见到的推理是通过类比、观察、归纳

① 郭书春：《刘徽〈九章算术注〉中的定义及演绎逻辑试析》，《自然科学史研究》1983 年第 3 期；互见巫寿康：《刘徽〈九章算术注〉逻辑初探》，《自然科学史研究》1987 年第 1 期。

等非演绎方式实现的。[①]

与柏拉图痛斥他人"可耻地不顾纯理智的抽象对象,而回复到感性,并求助(这种帮助非得卑躬屈膝、丧尽尊严才能获得)于物质"[②]相反,刘徽在他的推理中不惮诉诸经验和直觉,图验法和棋验法的应用就是例子。类比推理在《九章算术》商功章中已现端倪,沈括、杨辉、朱世杰、吴敬、李善兰等人用之更是得心应手。观察与归纳也是中算家经常运用的推理方法,朱世杰对三角垛公式和高阶招差术的研究、李锐对方程根与系数关系的考察都是成功的范例。形数结合、寓理于算对中算家来说是天经地义的:开平方、开立方和解高次方程的方法都由几何模型导出;刘徽说明古率周三径一的粗疏,是通过实际算出圆内接正 12 边形的面积来实现的。宋元算家津津乐道的演段法,本质上与古代图验法无异,但是更侧重于论述算法的合理性而不是阐明几何关系。这一切说明,尽管中国古代没有欧几里得《几何原本》那样完整的演绎系统,但不能因此就认为中国古代数学没有逻辑思维与证明;恰恰相反,中国古代数学家的推理方式是丰富多彩的。

(三) 构造性的问题和机械化的算法

如果说古希腊的数学家以发现几何学定理为乐事,那么中算

① 袁小明:《论中国古典数学的思维特征》,《自然科学史研究》1990 年第 4 期。

② 〔美〕M. 克莱因:《古今数学思想》(第 1 册),张理京等译,上海科学出版社 1979 年版,第 53 页。

家则以构造精致的算法为己任。[①] 通过构造性的手段把实际问题化归为一类计算模型，然后用一套机械化的算法求出具体的数值解，这是中国古代数学中最为醒目的一个标志，难怪我们的先人把数学叫作“算”学。

今有术、齐同术、开方术、“方程”术、割圆术、更相减损术、增乘开方法、天元术、四元术、大衍求一术、调日法、招差术，这些法术虽然繁简不一，其实质都是一套机械化的计算程序，几乎可以照搬到现代计算机中。机械化的思想在中算家的著作中相当明显，《九章算术》中“以盈不足术求之”“以正负术入之”“如方程”等术文，即相当于调出盈不足、正负、“方程”等程序进行运算的指令；刘徽所谓“而今有之”、秦九韶所谓“以方程求之，正负入之”也都具有同样的意义。在割圆术、大衍总数术等程序中，可以发现十分明显的循环语句和子程序的思想。勾股算术中的基本公式，则被创造性地用来表达二次代数关系并进行推理。

在建立了一些最基本的算法之后，中算家还特别关注它们的普适性：盈不足术不仅可以应用于已知盈朒数据的五种基本类型，而且可以用来解决所有的一次代数问题，只要通过两设构造盈朒之数即可；重差术脱胎于在平面大地测量日高的模型，《海岛算经》中的连索、累矩等技术，以及李淳风的斜面重差术，都是根据不同的测量条件“虚构”重表所在的平面，然后借助比例关系，推出可应用基本公式的各项数据来解决问题的。贾宪三角形在中国古代数

① 李继闵：《试论中国传统数学的特点》，载吴文俊主编：《中国数学史论文集》(二)，山东教育出版社 1986 年版。

学中占有十分重要的地位，主要原因就是它的构造性质与中算家追求算法机械化的努力和谐一致：增乘开方法、垛积术、招差术以及后来清代学者对组合数的研究都与贾宪三角形有关。

此外还应注意，中国古代数学中的一些重要概念，往往由算法所定义或导出："凡数相与者谓之率"，"今两算得失相反，要令正负以名之"，"更相减损，求其等也"，"求等得一"，"若开之不尽者为不可开，当以面命之"，"凡可开四数或止二数，其二数不可开是为无数"，以上所举，正是中算家以算法揭橥的率、负数、最大公约数、互素、无理方根和虚根等概念的真髓。基本概念既由算法导出，问题的构造性和解的机械化也就是顺理成章了。

（四）经典著作的示范作用

如同西方把欧几里得《几何原本》看作"科学的圣经"一样，中算家把《九章算术》连同它的注解奉为从事研究与著述的圭臬。《详解九章算法》《数书九章》《九章算法比类大全》《九章翼》《九章袖中锦》《九章通明算法》《九章杂算文》……，从这些书名就可以推测它们与古代《九章算术》的关系。从西汉初以迄清末，《九章算术》成了中算家这一跨时空科学共同体的主要学术规范和富有生命力的研究传统。它不但为中算家准备了统一的术语辞典和著作体例，而且提供了多种多样的富有启发意义的思维模式。中晚期数学家使用的语汇同汉代数学家所用的术语没有多大区别：李锐的"实负、方正、隅正"，道中人一看就知道指的是形如

$$a_0x^2+a_1x-a_2=0 \quad (a_i>0)$$

的二次方程，李善兰的"股弦和与弦比"，对于熟悉勾股术的人无异

于给出关系式

$$1+\sin\beta \quad (\beta\text{ 为股所对锐角})$$

中国古代数学著作大多以分成章节的问题集形式出现，每一典型问题又都分为“问”“答”“术”“注”等不同名目。“问”提出含有具体数值的问题；“答”给出具体答数；“术”通常是解答此类问题的一般算法，有时也相当于一个公式或一个定理；“注”则是说明造“术”的依据，实质上相当于证明。宋元以来，大抵是由于印刷术的发达，又多了一种条目“草”，用以记述依“术”求“答”的详细过程。[①] 这一体例的形成与包括注释的《九章算术》大有关系。

《九章算术》又是中国古代数学问题和方法的渊薮：刘徽、祖冲之等人关于圆与球的研究，来源于对《九章算术》圆田和开立圆二术的改进；王孝通、刘益、贾宪、秦九韶、李冶等人一脉相承的对高次方程数值解的探索，皆发轫于《九章算术》的开方术；勾股算术以勾股章的几个题目为嚆矢；《测圆海镜》中的庞大公式系统盖出于勾股容圆一端；宋元数学家的垛积术研究中，商功和少广这两种不同的推理思路一目了然；清代数学家关于无穷幂级数的研究五花八门，但其主要研究手段不外乎连比例和垛积两种，在本质上仍未脱离《九章算术》之窠臼。难怪在西学传入之后，梅文鼎仍然发出“信古九章之义，包举无方”的感叹。

然而我们也应看到，正是由于《九章算术》示范作用的有效及研究传统的相对强固，中国古代数学中未曾产生过足以撼动其根基的挑战，当然也就不曾出现数学观念和方法的剧烈变革，即使际

① 吴文俊：《对中国传统数学的再认识》，《百科知识》1987 年第 7—8 期。

遇发展高峰期的宋元数学也是如此。因此，尽管梅文鼎、康熙等人企图以《九章算术》收摄包举西方数学，尽管戴煦、李善兰等人凭借他们的智慧和技巧把个别题材推到了微积分的门前，但《九章算术》的示范作用到了清代已成强弩之末，中国古代数学这一研究传统也就逐渐完成了它的历史使命。

(五) 浓厚的人文色彩和鲜明的社会性

与古希腊人把数学看作纯理念的精神活动相比，中国古代数学具有浓厚的人文色彩和鲜明的社会性。柏拉图标榜数学“迫使灵魂用抽象的数来进行推理，而厌弃在辩论中引入可见可捉摸的对象”[①]。欧几里得在《几何原本》中抹去了所有实际来源的蛛丝马迹。相反，中算家从不讳言他们的知识来源于社会实践，《周髀算经》陈述的勾股定理就产生于“古者包牺立周天历度”的需要。《九章算术》更是秦汉大一统帝国形成过程中政治、经济、军事、文化各层面的映射：粟米来自易物交换，衰分来自等级分配，商功来自土木和水利工程，均输来自官方摊派税负劳役。《五曹算经》体现了儒家治国精神主导下国家对行政官吏的技术要求。《数书九章》反映了作者在天文、地理、气象、音乐、建筑、商业、军事诸方面的广博知识和修养。刘徽注中广征博引，典籍如《墨子》《左传》《考工记》，实物如径寸金丸和律嘉量斛，只要有助于说理，一律采撷入书。他未能算出牟合方盖的体积，大概不是方法不当或思路不精，很可能是没能绘出这一模型的立体图；而曾为材官将军并目睹其

① 〔美〕M. 克莱因：《古今数学思想》(第 1 册)，张理京等译，上海科学出版社 1979 年版，第 50 页。

父制造指南车、千里船等物的祖暅，则有可能实际造出一个牟合方盖模型，由此“技术”地发现其中的数量关系。

中国古代数学中的许多杰出成就都有明显的实际背景：大衍求一术与古代历法推算上元积年有关；分数、小数及不同数制的换算问题，其动因主要是律学中确定标准律管的需要。此外，数学家的社会地位、数学教育的官守、数学发展与学术思潮的嬗递关系，这些都能够加强我们的结论：中国古代数学具有浓厚的人文色彩和鲜明的社会性。

（六）算法和演绎

中国古代数学是一个延续了两千年左右的知识体系，它有丰富的内涵并经历了不同的发展阶段，因此以上概括出的一些特征只能是就整体而言的。例如，我们说《九章算术》是儒家九数传统的流风，就是以秦汉之际的政治经济为背景得到的宏观论断。例外总能找到，但无关宏旨，否则历史学家就得完全摈弃理论。同样道理，古希腊数学也不是千篇一律的演绎推理，德谟克利特(Democritus，约公元前 460—约公元前 370)把原子论引入几何学，阿基米德和海伦借助力学与机械处理数学问题，丢番图的《算术》以问题集的形式研究代数问题，这些都与古希腊数学传统的主流有所偏离。然而就整体来说，古代中国和希腊的数学的确分别代表着东方和西方两大数学传统，前者是一个机械化的算法体系，后者是一个公理化的演绎体系。一部数学发展的历史，就是这两大数学传统反复互为消长的历史。[①]

① 李文林：《算法、演绎倾向与数学史分期》，《自然辩证法通讯》1986 年第 2 期。

当希腊人颠覆了古代埃及和巴比伦的算术基础而要求数学立足于几何的时候,张苍、耿寿昌等也冷落了墨家的逻辑而以儒家的九数为基础发展了自己的算法体系。中世纪以后,这两大研究传统经由伊斯兰文明得以交融,并对文艺复兴时期的欧洲数学产生了巨大的影响:代数符号的使用、小数和对数的发明、三次和四次方程根式解等成果纷纷涌现,它们应该说是以中国古代数学为代表的东方算法传统在新时代的产物。17 世纪初,法国的理性怀疑论者曾与号称"算盘师"(Reckoning master)的一批人就数学的本质和研究方法展开过争论,其间接结果是促使笛卡尔为寻求一般的方法而建立了解析几何。在笛卡尔的工作中不难发现逻辑和算法两大传统的影子:他以古希腊的几何学问题为依托,阐述的方法却与宋元算家使几何代数化的思想灵犀相通。18 世纪初,逻辑与算法两大传统的交锋通过贝克莱(G. Berkeley,1685—1753)对牛顿的批评而再度兴起,结果是后者的拥护者用缺乏逻辑严密性但可征于实的算法占得上风,算法的传统在微积分的胜利凯歌声中占据主宰地位,而微积分的基础直到 19 世纪才被秉持逻辑传统的数学家予以严格的甄别和重建。这些例子都表明,在数学发展的长河中,逻辑和算法各领风骚,二者互为补充,近现代数学就是融合了这两种古代传统而发展起来的。①

数系理论的完善和分析基础的奠立,非欧几何的诞生,伽罗瓦

① 近代数学逻辑主义学派的创始人怀特海(A. N. Whitehead,1861—1947)晚年对中国哲学倾注了很大热情,不知这种转变是否与哥德尔(K. Godel,1906—1978)不完备定理给逻辑主义带来的震撼有关。可惜的是他没有来得及研究中国古代数学,致使我们失去了一个在高智力层次上观察两大数学传统交流的机会。

理论和抽象代数的滥觞，公理化运动的兴起和对数学基础的严格审查，所有这些晚近数学的理论成就都容易给人造成一个粗略的印象，仿佛19世纪以来的数学是逻辑传统一枝独秀的世界。但是实际情况并不是那样简单，在现代数学的许多重要分支中，算法仍然是至关重要的因素，而多数一流的数学家无不在两种传统之间维持着平衡。面对数学基础方面的深刻危机，直觉主义学派极力推崇构造性的数学，他们怀疑实无穷，拒绝选择公理，极端的直觉主义者甚至否认无理数和连续函数，主要原因就是他们认为这些事物无法通过有效的步骤加以构造或判断，这一基本思想与中国古代数学的算法传统不无相通之处。

（七）中算仍有启发意义

中国古代数学是构造性观念的温床：全部"方程"理论和算法都是构造性的；大衍求一术实际上是孙子定理的一个构造性证明；所谓算法的机械化不过是构造性的自然体现而已。随着电子计算机的进一步发展和广泛应用，构造性观念和算法传统将日益显示出重要性，中国古代数学的启发意义也必将为更多的有识之士所认识。举例来说，用类似《九章算术》中的消元法在计算机中解线性方程组就远比用克莱姆（G. Cramer，1704—1752）方法简捷，对朱世杰四元术稍加推广的程序可以在计算机上轻易解决用当前最有效的一种方法未能顺利解出的多元高次方程组。[①]

即使不谈计算机，中国古代数学中的一些计算技术在今日仍

① 吴文俊：《对中国传统数学的再认识》，《百科知识》1987年第7—8期。

具实用价值。例如,由两两连环求等计算若干整数的最大公约数和最小公倍数的方法,在数字较大或较多的情况下就远比用分解素因数法来得方便。中国古代数学中的一些思想和方法则可由现代数学理论加以诠释:斜解堑堵原理昭示着对多面体体积理论的透彻领悟;靠运算引入新数的做法与现代数系理论关于运算封闭性的要求不谋而合;由垛积术和纵横图代表的中算家处理离散形问题的成果,有些已被现代组合学家加以利用;中国古代数学视勾股定理为几何问题的核心,这与现代度量理论以广义的勾股定理作为欧氏空间的标尺颇为相似;中国古代虽然缺乏一般角度的概念,但考虑到现代微分几何可以从无限小距离出发导出有关概念和性质,则中算家把长度置于角度之上也就不足为奇了。①

至于中算家不拘一格地进行推理特别是寓理于算的思想,受到现代从事机器证明的学者们的青睐是毫不奇怪的,该领域中的一些成果已为我们摹绘了逻辑与算法两大传统并驾齐驱的美妙前景。事实雄辩地说明,中国古代数学是一个具有鲜明特征的科学研究传统,不但在世界数学发展史和人类文明演进的历程中发挥过重要作用,对现代数学的发展也富有一定的现实意义和启示意义。

(八) 缀言

本书书名取自《周髀算经》。相传周公向善算的贤大夫商高请

---

① 李国伟:《中国古代对角度的认识》,第六届中国科学史国际会议论文,英国剑桥,1990 年。

教“数安从出”，商高一番宏论说得周公从心底发出这一赞美。“大”者至大也，今人对这个词的漫不经心就像对待十进位值制一样。《孟子·尽心》曰：“充实而有光辉之谓大。”以此标准来衡量中国古代数学，其成就可谓充实，其思想可谓光辉，一句“大哉言数”真可以概括万般崇敬和欣赏之情。[①] 对此传说的真实程度，我们现在无法说清，但周公上承尧、舜、禹、汤、文，下启孔、孟、董、韩、朱，其在中国传统文化中的地位是毋庸置疑的，《周髀算经》的作者或许是想用这样一个楔子来证明自家学说合乎其时的政治规范吧！但不管怎么说，周公为新王朝制定典章制度史有所载，所以刘徽说：“周公制礼而有九数，九数之流，则九章是矣。”至于周公时代或更早期数学的面貌，以及九数到《九章算术》的演进脉络，目前我们的认识还相当肤浅。除此之外，本书不尽如人意之处尚多：限于篇幅和体裁，更主要是由于作者学力不逮，一些问题没能充分展开，与域外数学的比较显得单薄，中西两种数学传统在明末以后的交汇则付之阙如。好在有刘徽的名言聊以自慰：“欲陋形措意，惧失正理。敢不阙言，以俟能言者。”就此搁笔。

---

① 有趣的是，阿拉伯人就把托勒密的天文数学巨著冠名为《至大论》(*Almagest*)。

人名和书名索引

C

H

M

N

R

S

T

W

X

Y

Z

修订后记

这是一本将近30年前的旧作，原为辽宁教育出版社1993年发行的“国学丛书”之一种。初稿完成之际，恰逢开启中国数学史之近代研究的两位大师李俨和钱宝琮先生百年诞辰，尽管未曾亲承教诲，作为一名后来的研习者，却能时时感受到他们的智慧与恩泽。因此，不揣浅陋，大胆地将此书题献给两位先生。

诚如恩师杜石然先生在本书序中指出的那样，中国数学史的研究得有今日蔚然大观的局面，应归功于李俨、钱宝琮两位前辈筚路蓝缕、以启山林的艰辛劳作。我在撰写本书的过程中，对这一点更有深刻的体会：许多重要题材的研究最终会追溯到两位先生那里，而他们那严密考证加以现代科学分析的审慎学风，亦使我在下笔前尽可能地阅读有关文献，从而能够通过分析比较，决定取舍和避免无用之功；更遑论李俨先生留下的那一批堪称天下独步的中算藏书，现在就保存在自然科学史研究所的图书馆中，可供后学随时翻检研读。

我是从1978年开始接触数学史研究专业的，师从杜石然先生研读中国古代数学经典，时雨春风，终生难忘。先生不但审阅了本书的详细提纲和主要章节，成稿后还慨然赐序一篇，为这本小书增添了光彩。

20 世纪 80 年代，在振兴科学繁荣文化的氛围中，中国数学史的研究在题材深化与方向拓宽这两个方面都呈现出生机勃勃的势头，本书对此气象力求做出较全面与客观的反映。数学大师吴文俊关于传统数学之机械化和构造性质的论述，始终是我理解古算真谛的一个指南。前辈学人三上义夫（日）、严敦杰、许莼舫、沈康身、李迪、白尚恕、李继闵、梅荣照、马若安（法），以及杜石然、何绍庚、郭书春、李文林的工作，极大丰富与深化了今人对中国古算的认识，特别是在《九章算术》及其刘徽注、《数书九章》、宋元与明清数学等方面，他们的著述为后人开辟出一片崭新的学术天地。王渝生、傅祚华、李兆华、罗见今、孔国平、刘洁民、李国伟、洪万生、傅大为、川原秀城（日）等人，亦师亦友，都是令人钦佩的同道，在多年的问学路上往来切磋，令我受益良多。以上各位先生的相关工作，写作时都作了参考并一一注明出处。至于本人求学途中的偶尔拾获，杜石然先生的序中已作了提示，道中人自可明鉴。

2013 年我从中科院退休后与清华大学结缘，先后受聘于社会科学学院的科学技术与社会研究所和人文学院科学史系，体验了有别于研究所的学术环境与文化生态，承蒙众多同事照顾与青年学子的鼓励，在这里度过了愉快而充实的八年时光。科学史系创系主任吴国盛将此书收入他主编的“清华科史哲丛书”，对此我心存感激并乐于接受。就中国古代数学的性质与意义而论，我与他的见解或许存在较大出入，但这不妨碍我们共同推进中国科学史研究与教学的努力。仅此一点，也能彰显吴国盛作为学术领导的魄力和清华科学史系追求多元化发展的愿景。

商务印书馆愿意接受这一修订本是我的莫大荣幸。学术编辑中心哲社室李婷婷主任的鞭策和体恤，责任编辑颜廷真先生的严谨和细心，都是我重审和检讨这份"少作"的重要动力。清华大学科学史系蒋澈博士代将旧版文字转换成工作文档，在此一并致谢。

原本想借此机会作一增订本，把近 30 年来中国数学史领域的一些新成果补充进来，不料被突发的新冠疫情拖累而长期滞留境外，搜检文献殊为不便。当然主要原因还是自己的懈怠和精力不逮，最终只是更正了旧版中的一些舛误，个别文字表述做了修改。最后，愿李俨、钱宝琮二位先生开辟的中国古代数学史研究事业，在新一代研习者那里继续繁荣兴旺。